OCTAVE LANDUYT

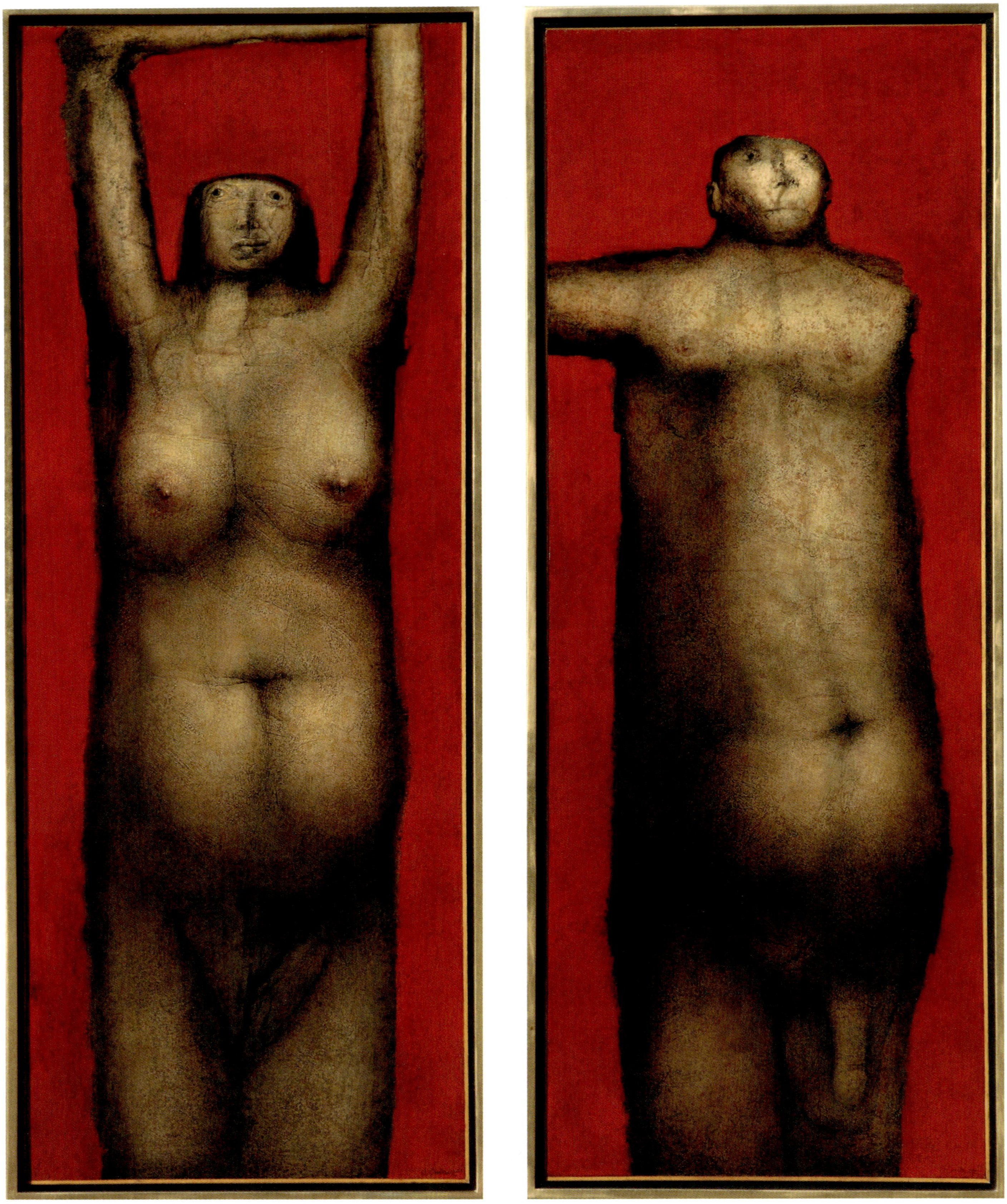

OCTAVE LANDUYT
RICORSO

ELIE SAEGEMAN

stichting kunstboek

Une chose est vraie dans la mesure où elle résulte d'un faire. (Octave Landuyt)

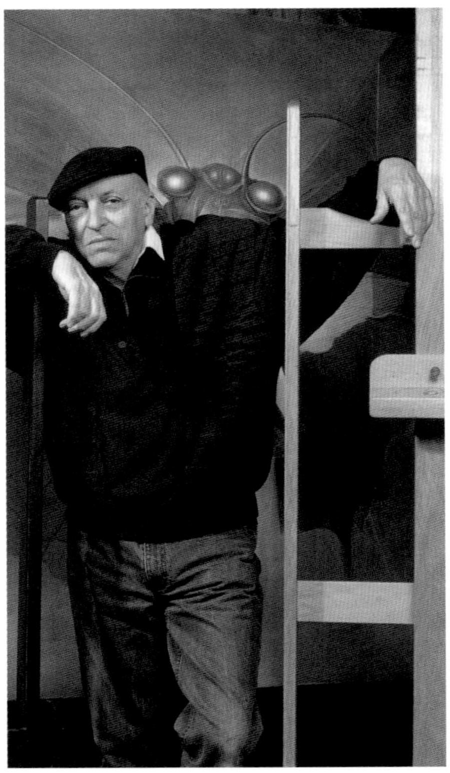

RICORSO
delle cose umane

Tout recommence, mais autrement. (Giambattista Vico)

Après leur avènement,
leur essor, leur apogée
et leur déclin, tous
les développements
dans l'histoire atteignent
un point à partir duquel
ils recommenceront à nouveau,
avec un déroulement comparable
et avec d'autres contenus.

Il en est également ainsi dans
l'art, depuis les peuples sans
écriture jusqu'à l'expression la
plus récente. C'est au spectateur
et à lui seul de donner une place
dans ce cadre à la maîtrise universelle
et à l'art d'Octave Landuyt...

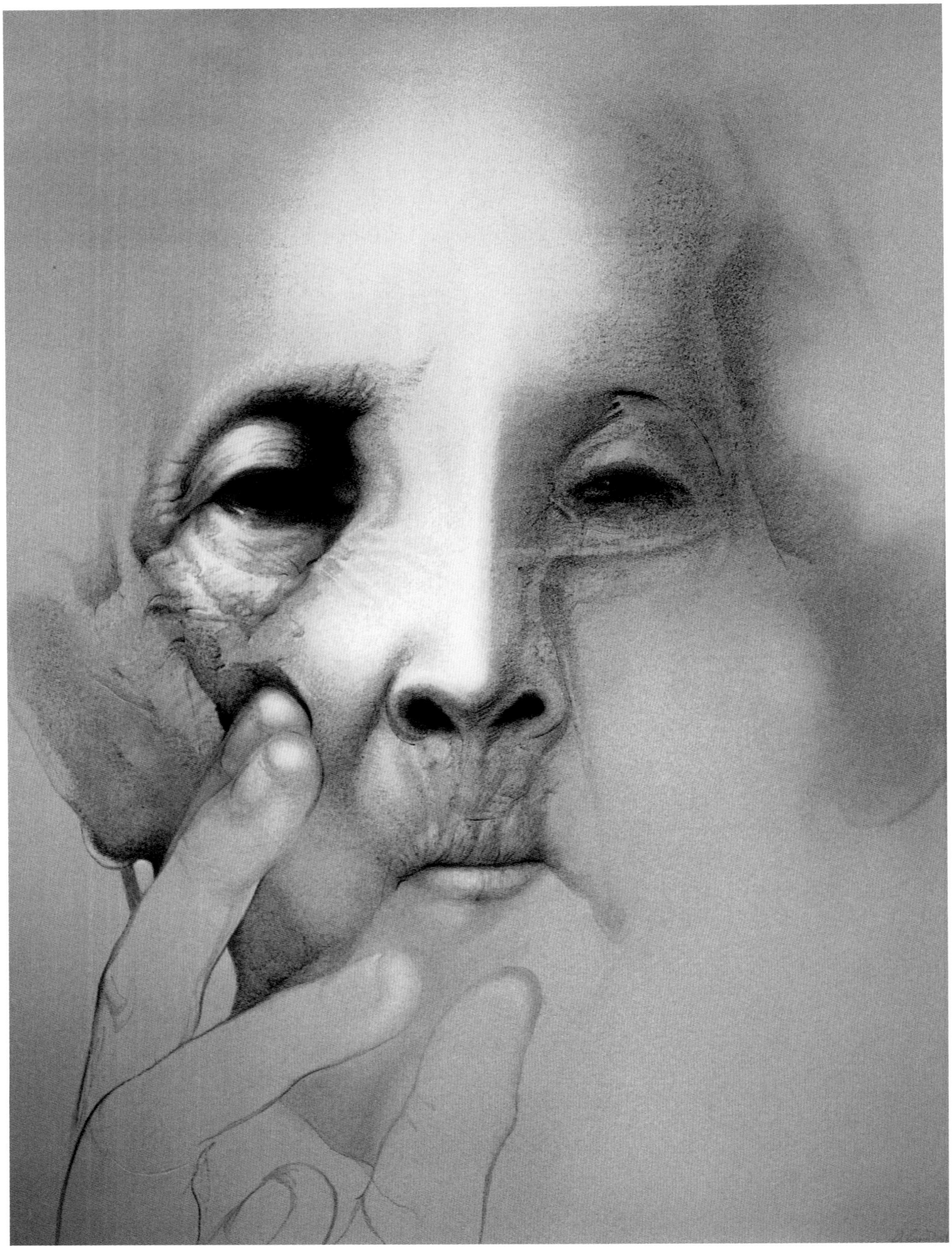

Les bons offices – 1980 – pastel sur toile – 155 x 125 cm – réalisé pour la pièce de théâtre de Pierre Mertens et comme couverture pour le roman *Le Gardien des Ruines* de François Nouissier, Ed. Grasset, Paris.

Introduction

Il n'arrive pas si souvent que les courants culturels les plus variés du présent et du passé se croisent dans la vision du monde d'une seule et même personne – *l'uomo universale* ? – et encore moins souvent qu'il soit un artiste tellement universel qu'il est en mesure de construire une œuvre sur cette base. A la fois dans le cosmos, dans l'univers mental et dans le processus créatif, pour Landuyt tout est entremêlé avec tout dans un ensemble dynamique insaisissable dont l'art est à la fois le miroir et une composante. Seule une approche multidisciplinaire, dans laquelle toutes les disciplines interfèrent les unes avec les autres, donne accès à cet immense processus créatif, dont à la fois l'être humain, les éléments organiques et la matière font partie : c'était décrit par les anciens maîtres comme étant 'la nature' en raison de son caractère insaisissable.
Dans ce contexte, les courants artistiques sont effectivement un outil pratique pour répertorier, mais ils ne sont pour le reste pas pertinents parce qu'ils se basent plutôt sur les caractéristiques extérieures que sur le fonctionnement interne, dont un savoir-faire poussé fait d'ailleurs partie.
L'art de Landuyt est tout sauf sans engagement. Comme Mozart utilisait la musique la plus sublime pour représenter les caractères les plus hideux, Landuyt donne forme aux sujets les plus émouvants au moyen d'un art pictural aujourd'hui inégalé. C'est ce que Karel Geirlandt, autrefois le pionnier de la promotion de l'art contemporain en Flandre, n'a eu de cesse de souligner à des époques dénuées de tout soupçon.
Indépendamment de toutes les approches, Landuyt peint en fait l'art pictural en tant que tel, il dessine et sculpte l'essence de l'art du dessin et de l'art sculptural, comme écrivent également des maîtres férus de langue : pour le jeu et pour son degré de difficulté. C'est également la conviction de Paul Valéry, de Georges Steiner, d'Octavio Paz et de quelques autres maîtres à penser, qui ont largement influencé le déroulement de cette démonstration. Leur longue expérience de la vie, leur érudition et leurs conceptions les ont transformés en observateurs extérieurs, en habitants de Mars auxquels on peut confronter les péripéties actuelles. Leurs conceptions peuvent parfois apporter beaucoup d'éclaircissements.
C'est à ce sujet que j'échange depuis vingt ans déjà des idées et des livres avec Landuyt dans un rituel inexplicable du dimanche pendant quelques heures, et peu à peu j'en ai conservé outre une amitié également une inestimable formation plastique – bien que théorique.
En dépit de sa reconnaissance et de sa maîtrise, on ne sait aujourd'hui pas très bien comment classer Landuyt. Les innombrables modes et courants, sous lesquels le demi-siècle dernier à gémi, n'ont pas eu de prise sur lui, alors qu'il était dans son domaine pour la plupart des peintres un sculpteur et un céramiste fantastique et pour la plupart

des céramistes et des sculpteurs un peintre et un dessinateur phénoménal. La reconnaissance mondiale dépend en général de la taille et de l'importance du domaine culturel dans lequel on est actif.

Au seuil de l'époque binaire et de la société de l'information, peu de développements peuvent être prédits à cet égard – pour autant que cela ait déjà pu être le cas. Mais il est difficile d'ignorer le retour d'une oralité oubliée du fait de l'explosion de la musique populaire gouvernée par la technologie : les guitares électriques sont depuis longtemps les orgues de nos cathédrales acoustiques actuelles et il ne faut pas non plus exclure que via le web mondial une nouvelle forme d'art communautaire et anonyme puisse apparaître. Et un dimanche, nous avons découvert que le philosophe italien oublié Giambattista Vico avait déjà reconnu dès le dix-huitième siècle ce phénomène dans le cours (*corso*) de l'histoire et lui avait donné le nom de 'ricorso'.

D'où le titre de ce livre et des trois expositions rétrospectives de 2007, dans lesquels tout le *corso* de Landuyt est passé en revue.

Elie Saegeman

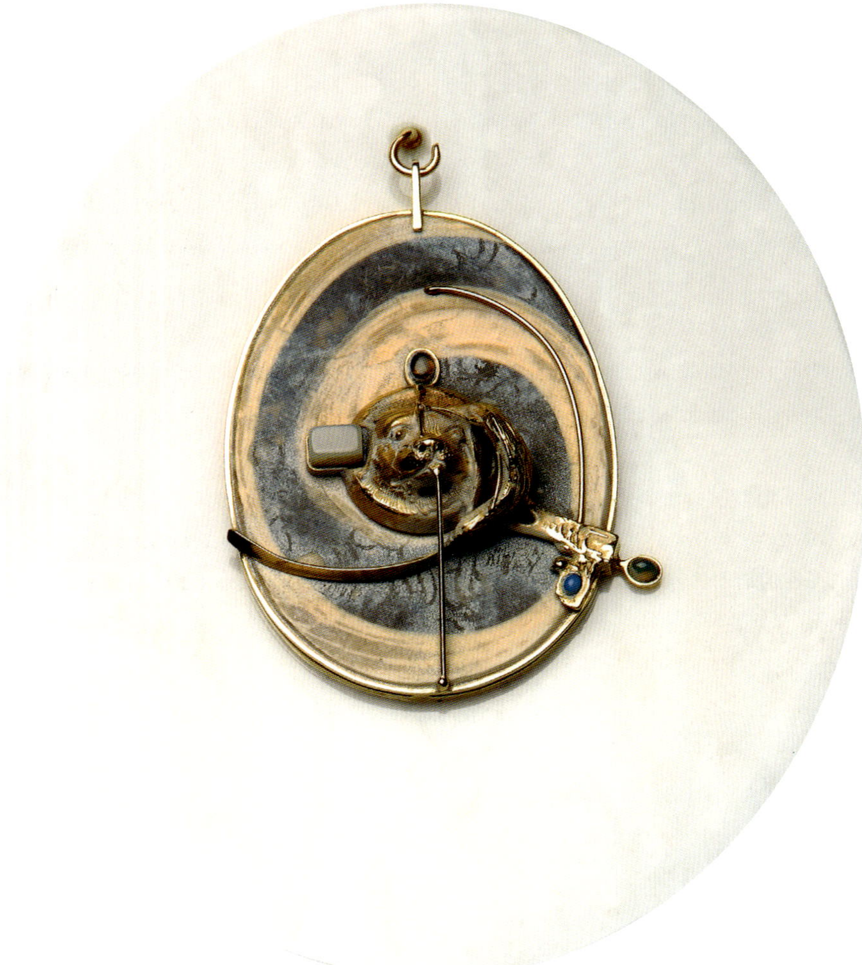

Images sépia gantoises

La jeunesse de Landuyt se déroula dans la Merelstraat, une petite rue en cul-de-sac entre la Zwijnaardse Steenweg et la Korte Stropstraat de l'époque ; son berceau se trouvait sur la rive gauche de l'Escaut et à l'ombre du Strop, une institution pour malades mentaux. Les résidents de cette institution tenaient régulièrement compagnie au cordonnier et à son petit-fils car ils étaient respectés en tant qu'être humain. La cour intérieure de l'établissement constituait un décor sonore continu qui fait penser aux œuvres chorales de Stockhausen. Dans le milieu familial protégé, ces premières impressions étaient donc tout sauf sans engagement et l'artiste a continué à se souvenir des images de personnes comme Line : une pauvre et brave fille, handicapée, monstrueusement déformée, avec du tabac à priser brun pastel collé comme du pollen sur son tablier à fleurs.

Fons, le clochard sans abri, accueilli chez ses grands-parents, avait fait den Oost *(l'Est) en Indonésie et c'est lui qui fit découvrir la broderie au garçon de cinq ans : l'enfant avait déjà des talents prometteurs en dessin mais il voyait Fons faire cela avec des aiguilles, avec du fil coloré sur du tissu noir, avec des inversions dans toutes les directions et des lignes qui étaient interrompues à l'avant mais continues à l'arrière. Cette découverte précoce fut un événement pour la vie plastique du futur artiste, qui découvrit qu'un dessin pouvait naître d'une ligne pointillée avec des intervalles changeants, et qui se retrouva ainsi confronté au double dessin dont l'avant et l'arrière se faisaient simultanément, et avec le secret du fil de couleur changeant, appelé le 'brillanté d'Alger'. Tout ce principe avait beaucoup de points communs avec la boucle de Mobius, dans la mesure où une boucle fermée et un fil tourné dans sa totalité sont impliqués. Il s'en servira plus tard pour captiver l'attention de ses étudiants et fera référence à des artistes comme Max Bill et Escher, en posant la question de savoir qui était plus près de l'essence des choses, ces artistes ou Fons. Le futur dessinateur sur tissu et créateur de broderies et de vêtements se souviendra également de l'activité de Fons lors de chaque double face ou tissu de poche, et également à la vue du portrait de Nietzsche, à qui il ressemblait comme deux gouttes d'eau.*

Une autre impression plastique de cette période est celle de 'l'eau noire'. Le long du chemin de halage, on pouvait se promener sous le pont le long de l'Escaut, une zone interdite pour les enfants, où l'eau était noire comme du charbon et angoissante et avait une forte odeur de vase, exactement comme dans le puits d'eau de pluie à la maison ou près du réservoir d'eau noire dans la cave chez sa tante dans la région minière. C'était une zone dans laquelle l'incertitude est latente et d'où des images monstrueuses peuvent apparaître. L'eau noire l'a poursuivi jusque dans les miroirs noirs des futurs projets d'intérieur, jusque dans la peinture laquée noire réfléchissante de son design de meubles, jusqu'à l'Expo Universelle de Montréal, où il fit refléter sa grande tapisserie murale dans un étang noir, et jusque dans une série de peintures des années nonante qu'il plaça, par analogie avec son ancien tableau d'école, sur des panneaux noirs plutôt que sur des blancs, et il inversait ainsi le processus de peinture pour explorer de nouveaux domaines.

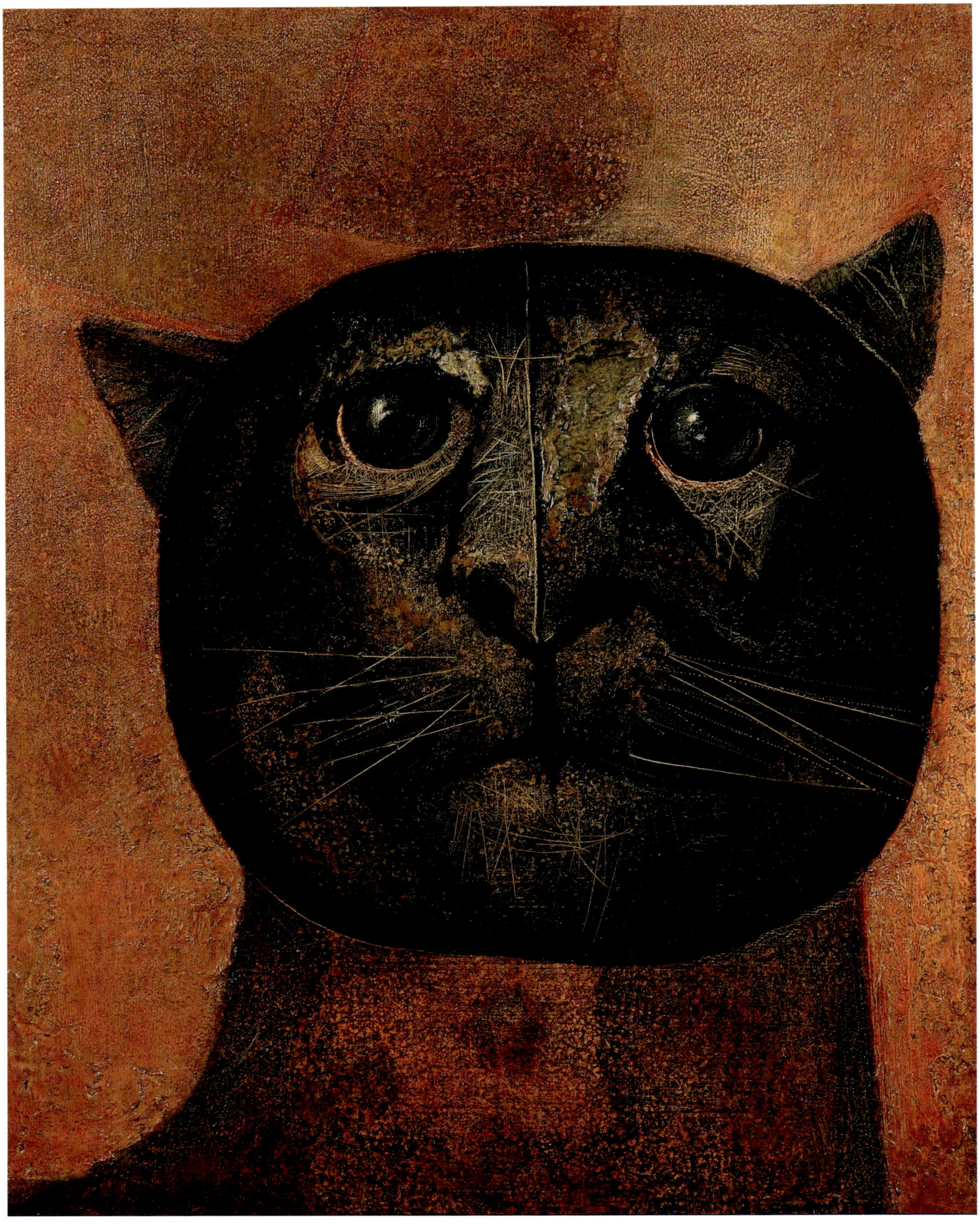

Felis (panthère) – 1957 – huile sur panneau – 53 x 43 cm

A la maison chez grand-père : tout est normal

Une façade avec une seule porte et une seule fenêtre, une petite cour de quatre mètres sur quatre. Des grands-parents, un oncle et une tante, des parents et un petit-enfant : un microcosme dans les années vingt, un monde de différence avec le monde extérieur. Son grand-père trônait devant la lumière sur une hauteur, avec en dessous, à côté des semelles de chaussure usées et arrachées, de l'amidon liquide et une brosse dans un sabot mis au rancart. Toutes les personnes du quartier venaient en visite car le cordonnier était quelqu'un d'autre ; il chantait en outre à l'opéra et en français.

Tout le monde chantait. Sa grand-mère avec sa petite voix très fine, son père normalement, son grand-père avec sa voix de stentor. Et le vendredi, ils chantaient ensemble car il y avait de la viande : de la viande de cheval avec de la sauce de sang pour les pommes de terre car un petit-enfant doit devenir fort. Puis tante Berthe est également venue, une dame qui venait elle aussi d'un autre monde avec du rouge et de la poudre et du maquillage. Elle fumait des cigarettes et était donc un peu suspecte. Elle chantait des petites chansons parisiennes des cafés chantants, dont tout le monde reprenait le refrain :

> *« Je cherche fortune, autour du Chat Noir,*
> *au clair de la lune, à Montmartre le soir. »*

Ses grands-parents connaissaient les chansons d'Aristide Bruant. Ils furent photographiés un jour à Paris avec la tante Berthe devant la Tour Eifel : une image sensationnelle pour le quartier. Grand-père aimait les longues écharpes. Fons devait toujours broder la sienne plus longue afin qu'il puisse la lancer avec élégance autour de son cou. Grand-père savait qu'Aristide Bruant portait toujours une longue écharpe noire, même quand il se produisait au 'Chat Noir'. Le petit-fils reçut de son grand-père un chat noir comme du charbon, son premier. C'était une femelle et elle allait s'appeler Turco. Aucun de ses petits ne seraient tués car elle appartenait désormais à la famille. Elle fit ses petits dans la cuisine sous l'œil plein d'intérêt du petit-fils : c'est donc ainsi que cela se passait, avec du sang. L'enfant poursuivait ensuite sa lecture de Zig et Puce, *où deux personnages de bande dessinée avec leur pingouin Alfred essaient de se rendre en Amérique pour devenir millionnaires. Cela ne réussit jamais parce qu'ils n'ont pas d'argent ou parce qu'il se passe toujours quelque chose. Lorsque Landuyt prit lui-même beaucoup plus tard vraiment l'avion vers l'Amérique, un jour par hasard un dessinateur occupait le siège à côté de lui : c'était Gregh, l'homme qui avait repris les histoires de Zig et Puce !*

« Je cherche fortune, autour du chat noir. » Des vendredis joyeux avec la famille. Ils se déguisaient parfois et se coiffaient d'un abat-jour. On ne buvait jamais car il n'y avait pas d'argent pour cela. L'après-midi, ils oubliaient parfois de retirer cet abat-jour quand il y avait de la visite. Quand c'était 'pour les pieds', les gens s'adressaient à grand-père. Si ce n'était pas pour les pieds, c'était pour les autres. Des gens coiffés d'un abat-jour qui chantaient en français, qui lançaient avec élégance une longue écharpe autour du cou et qui partaient à l'opéra. Le cordonnier qui quittait son travail et chantait. Un enfant était heureux. C'est ainsi que l'on devient artiste. Avec élégance et avec Zig et Puce et Alfred le Pingouin, qui n'arrivent jamais en Amérique...

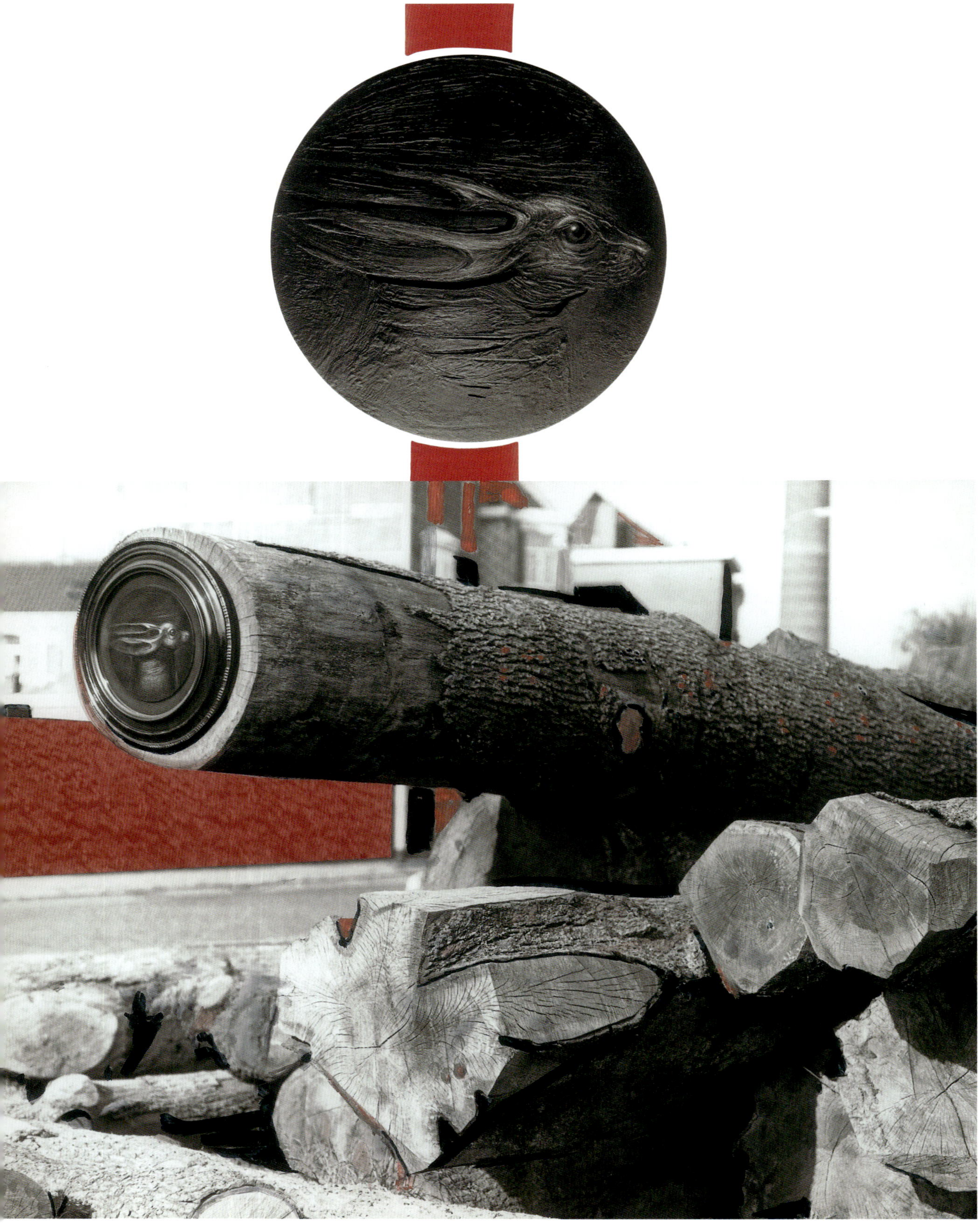

Dans le corps enfermé – 1980 – huile sur panneau – Ø 43 cm

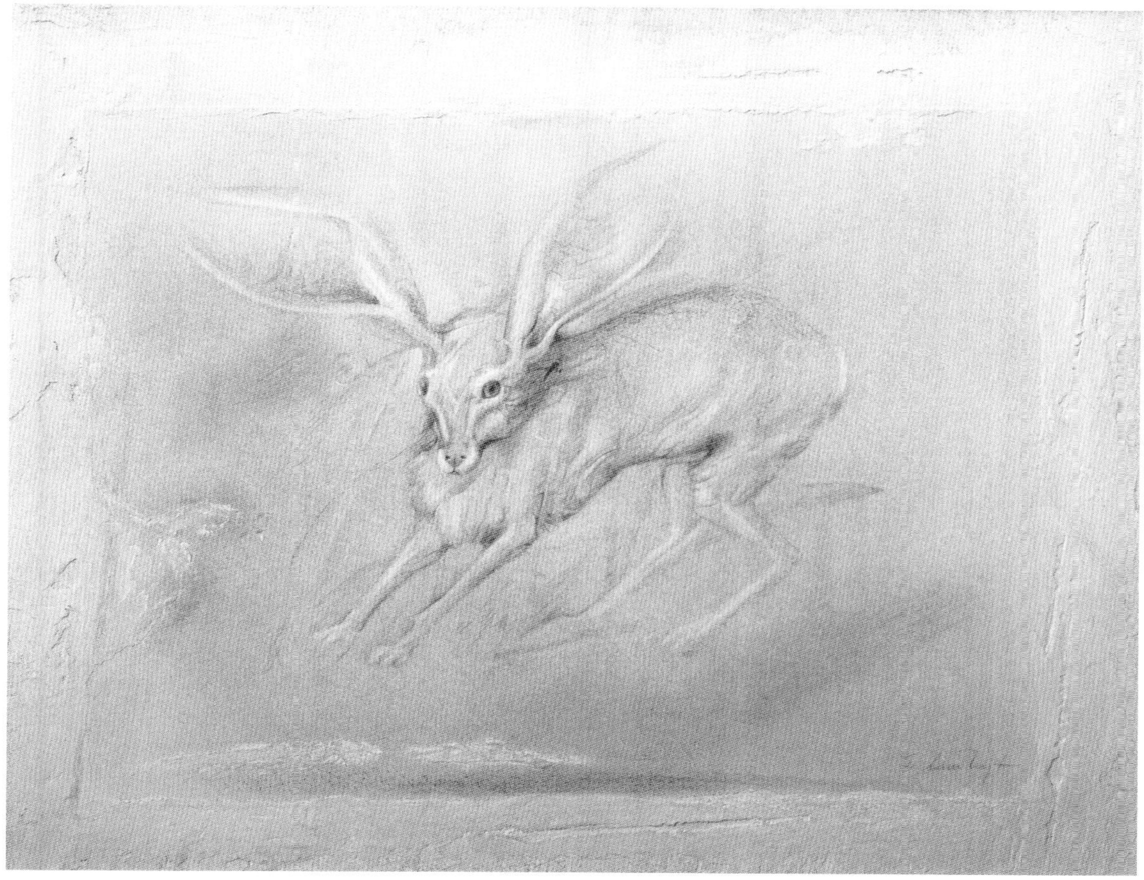

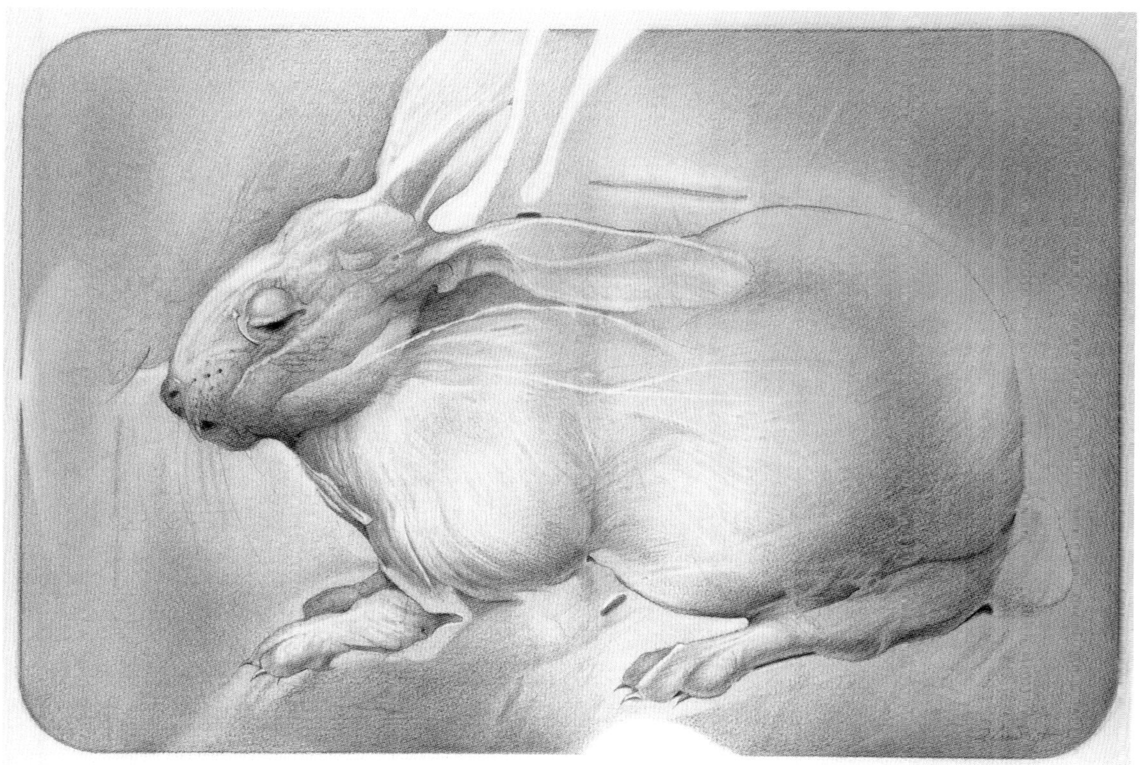

Dans un banc de brouillard – 1976 – crayon sur papier – 38 x 48 cm

La sensation d'un corps – 1982 – pastel et crayon sur papier – 34 x 49 cm

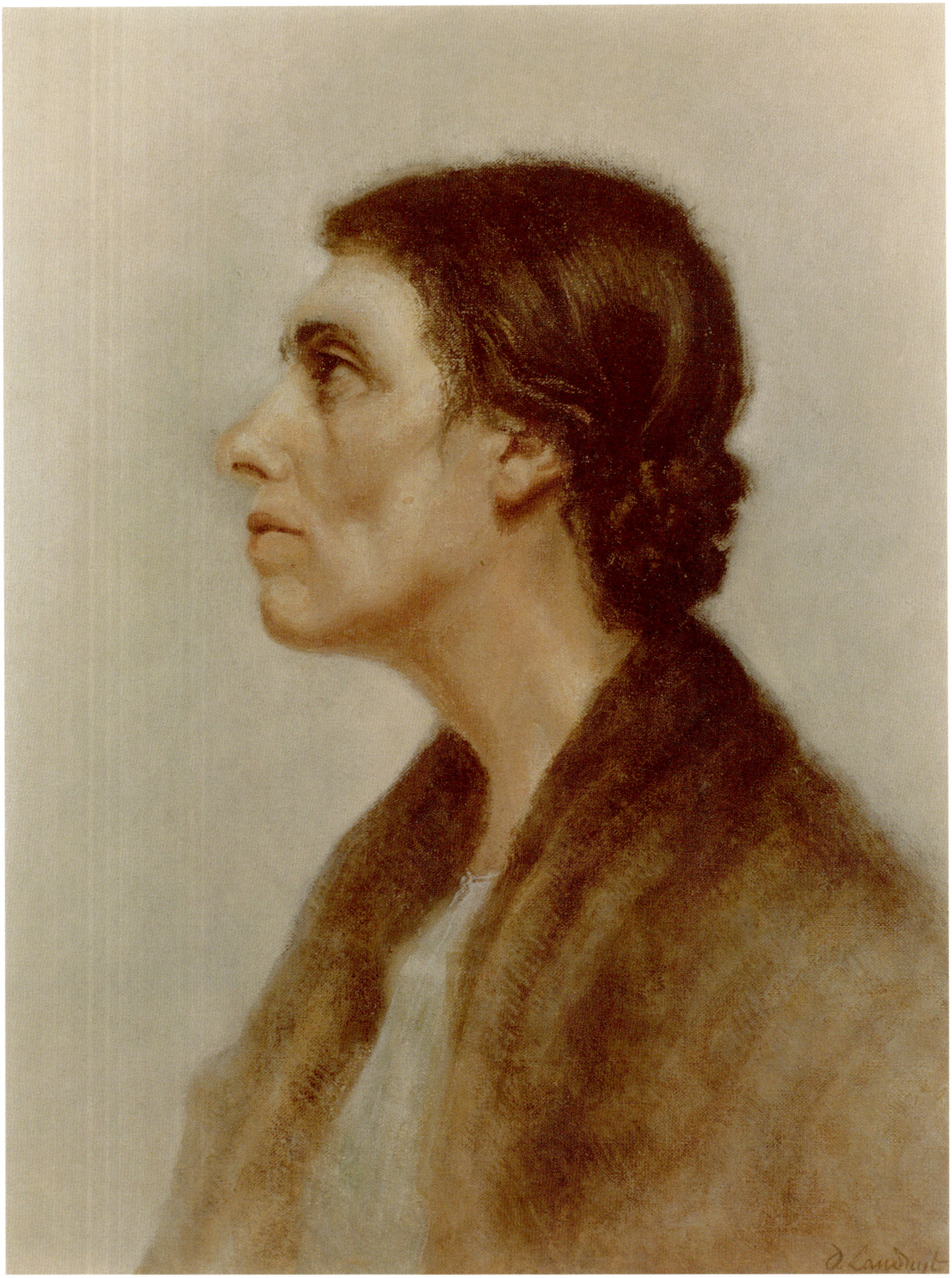

Portrait de la mère – 1940 – huile sur toile – 54 x 42 cm

Le cours de sa vie ou 'corso delle cose umane'

La capacité créatrice ne nous appartient pas, elle s'arrête dans un continuum éternel entre ce qui a été créé et ce qui doit encore l'être, entre la matière qui a été inspirée et celle qui ne l'a pas encore été, dans le monde intermédiaire dans lequel aussi bien les anciens Egyptiens, les Grecs que les Indiens ont su manier l'immense mystère de la vie et de la mort. Les Dante, Picasso, Rubens, Einstein et Rimbaud existaient déjà avant que leurs parents ne les aient engendrés ; ils ont été allaités comme des enfants humains ordinaires mais dans chaque cellule, leur ADN n'est pas une spirale ordinaire mais une guirlande. Ils trouvent parfois les bons parents qui les choient ou les délaissent, les frustrent ou les adulent comme cela peut arriver à n'importe quel être vivant mais le génie trouve toujours lui-même sa propre terre nourricière.

Si le verbe 'aspirer à' n'avait pas de connotations matérielles et n'était valable que pour l'esprit, il comprendrait précisément l'ambiance et le sol dans lesquels l'élan créateur inné de Landuyt a pu prospérer, où sa créativité a pu s'acclimater. Le contexte est l'émancipation de la classe ouvrière, personnifiée dans la vie de Landuyt par son grand-père, un cordonnier remarquable doté d'une voix de stentor, membre du chœur de l'opéra de Gand, tendre anarchiste avant même que la notion n'existe et plaque tournante d'un petit cercle familial plein d'espoir et magique, qui était également une maison temporaire pour les pauvres êtres agités, les révolutionnaires errants et les artistes de la foire de la place Saint-Pierre. Sa présence est, avec celle de sa mère, le secret incontestable de toute son œuvre.

L'origine de sa mère est encore aujourd'hui une énigme mais elle apparut – probablement par le biais du monde des saltimbanques de la foire – comme une sans-abri dans la famille des grands-parents, où elle se maria après un certain temps avec le fils de la maison et mit ainsi fin à son errance. Son père devint employé des postes en autodidacte ; après sa tâche journalière, il consacrait des parties de ses nuits à des cours par correspondance, une forme d'autodiscipline que nous retrouverons par la suite chez son fils unique. Si c'est un exemple de la manière dont le père personnifiait l'aspiration, c'était encore beaucoup plus intentionnel et encore plus explicite du côté de la mère.

A l'approche de la fin de son chemin presque bouddhiste au fil des creusets de la création, Landuyt en est arrivé à l'idée que pour une civilisation, ce ne sont pas les résultats – tels que les pyramides, les monuments, les toiles, les objets ou les statues – qui sont le plus important mais la ligne de conduite qui en est à la base. Sans cette démarche, ou pour employer un mot plus à la mode, cette 'attitude' de constructeurs, de francs-maçons, de maîtres et de leurs compagnons (eux-mêmes très probablement des futurs maîtres) dans les ateliers, les cathédrales et les grandes œuvres d'art n'auraient même

pas existé. Cette attitude de vie, cette éthique professionnelle de l'artisan tourné vers la perfection, qui est son propre maître à la fois dans son savoir-faire et dans sa vie, constitue à ma connaissance le seul credo dans l'existence de Landuyt. Un grand-père exceptionnel, d'excellents professeurs – à l'époque également des 'maîtres' ! – et de nombreuses rencontres marquantes lui servirent de modèles, ainsi qu'un père honorable, mais derrière le faisceau lumineux orientant dans lequel tout son opus a pris forme se trouve la figure frêle de sa mère.
Beaucoup d'encre a déjà coulé et quelques claviers d'ordinateurs seront encore sacrifiés pour analyser la terre nourricière de la création. Francis Galton et de nombreux autres chercheurs placent l'accent sur l'incitation, la stimulation de la curiosité et la recherche de la vérité ; une mère autonome encourage un large intérêt et incite – de même que le respect et la confiance du père – à agir indépendamment et à rechercher soi-même des solutions. Plus d'un exégète d'art peut se retrouver dans ce raisonnement. Le grand-père cordonnier a sans aucun doute stimulé le bambin à dessiner sur des feuilles de cuir. Il est certain que sa grand-mère l'emmenait régulièrement au musée pour admirer l'œuvre des grands maîtres, que les rares temps libres – placés sous le signe de l'élévation de l'homme simple – étaient absorbés par l'Opéra Français car à Gand il n'y en avait pas de flamand, que sa mère faisait preuve d'un respect particulier pour l'art et pour les premières expressions de celui-ci chez l'enfant ; il existe en outre des points communs entre l'école de violon japonaise et l'école d'apprentissage des acrobates de foire et des jongleurs, qu'elle connaissait certainement. Mais comment en est-elle arrivée à recommander à un adolescent qui peint 'qu'un tableau doit faire sa maladie' et à toujours pouvoir lui indiquer les possibilités d'améliorer son travail ?
Hubertine Maricq, née 'quelque part' sur la place Saint-Pierre de Gand, d'origine française et ayant encore un peu de famille dans la région minière wallonne, fut confiée dans son enfance à des fermiers et aux meilleures familles, parfois nobles, où elle effectua des tâches manuelles. Comme beaucoup d'enfants de cette époque, elle y fut parfois mal traitée et bien qu'elle soit restée très discrète au sujet de cette période de sa vie, c'est lorsqu'elle fut employée chez le portraitiste et sculpteur Léon Mignon qu'elle aurait ressenti le plus de respect. On doit à cet artiste la statue équestre de Léopold II et le *Taureau de Liège*, une sculpture de bronze plus qu'honnête du taureau, qui fut longtemps le symbole de la ville de Liège et dont le concept fut déjà couronné à Berlin, après quoi la statue fut exposée pour la première fois à l'Exposition Universelle de Liège en 1905. Outre ses tâches ménagères, elle y aurait également travaillé à l'atelier, y aurait maintenu l'argile humide avec des chiffons mouillés et probablement lavé les pinceaux. Est-ce par la fréquentation de ce maître honnête que son respect pour l'artiste est né ? Il est un fait que son enfant a pu se défouler avec de la craie, au fusain et avec des restes de peinture sur tout ce qui pouvait servir à cela. A Gand, les murs de la chambre à coucher ont également dû y croire – les armoires étaient mises sur le côté pour permettre à la maîtresse d'école de s'assurer de tout ce talent mural. A Eeklo, où la

famille logeait au-dessus d'un abattoir, l'enfant pouvait sans problème travailler les os et les cotyles des carcasses d'animaux pour son théâtre d'ossements, sous la forme d'une version précoce de Landuyt de notre théâtre classique de marionnettes dans les Kleiputten de Courtrai, il remodèlera la boue des points d'eau où le bétail s'abreuvait en des personnages d'animaux et les amènera à la maison parentale : sa mère recouvrira l'argile du chiffon humide de ses paroles encourageantes.

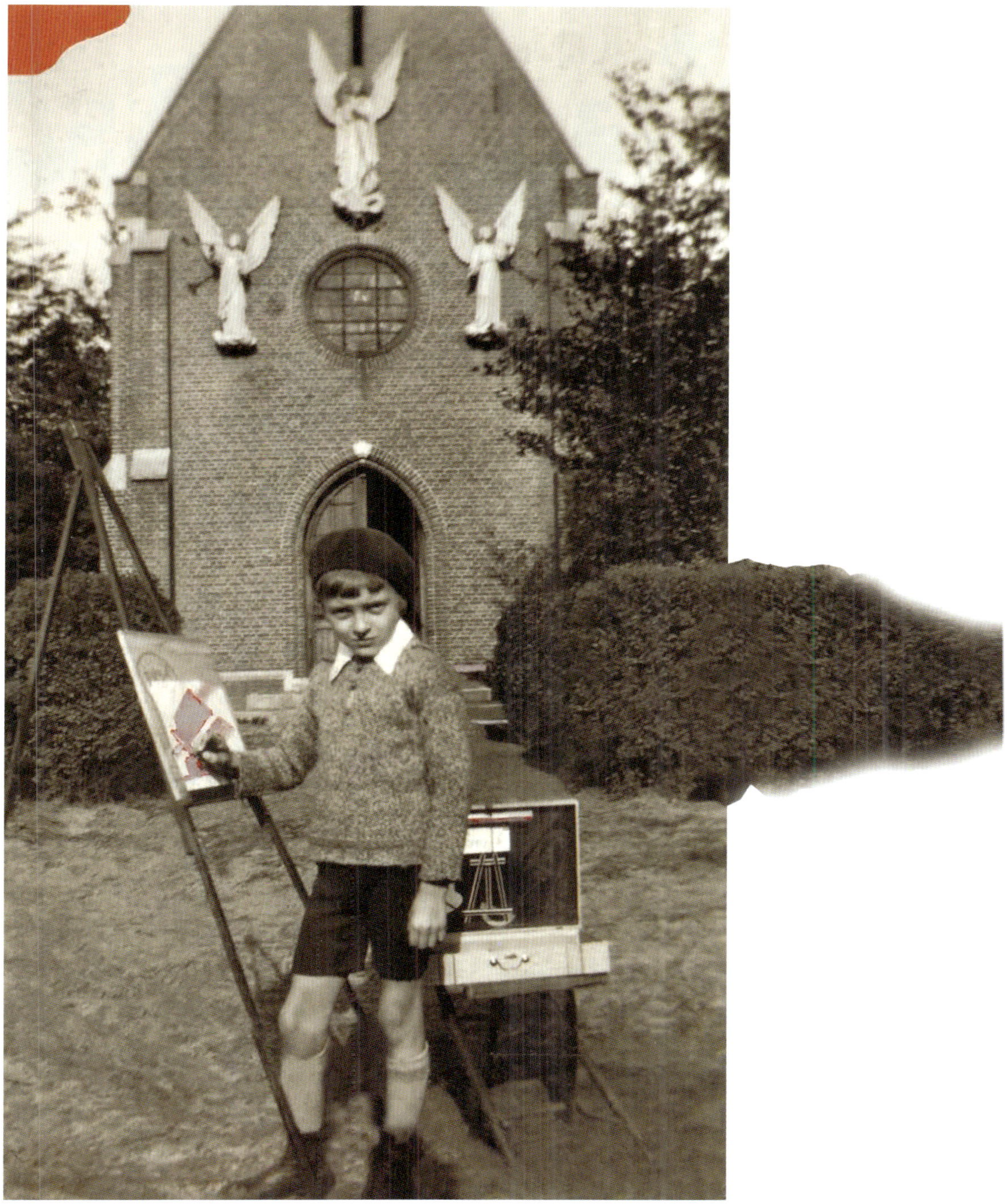

Eeklo, 1929

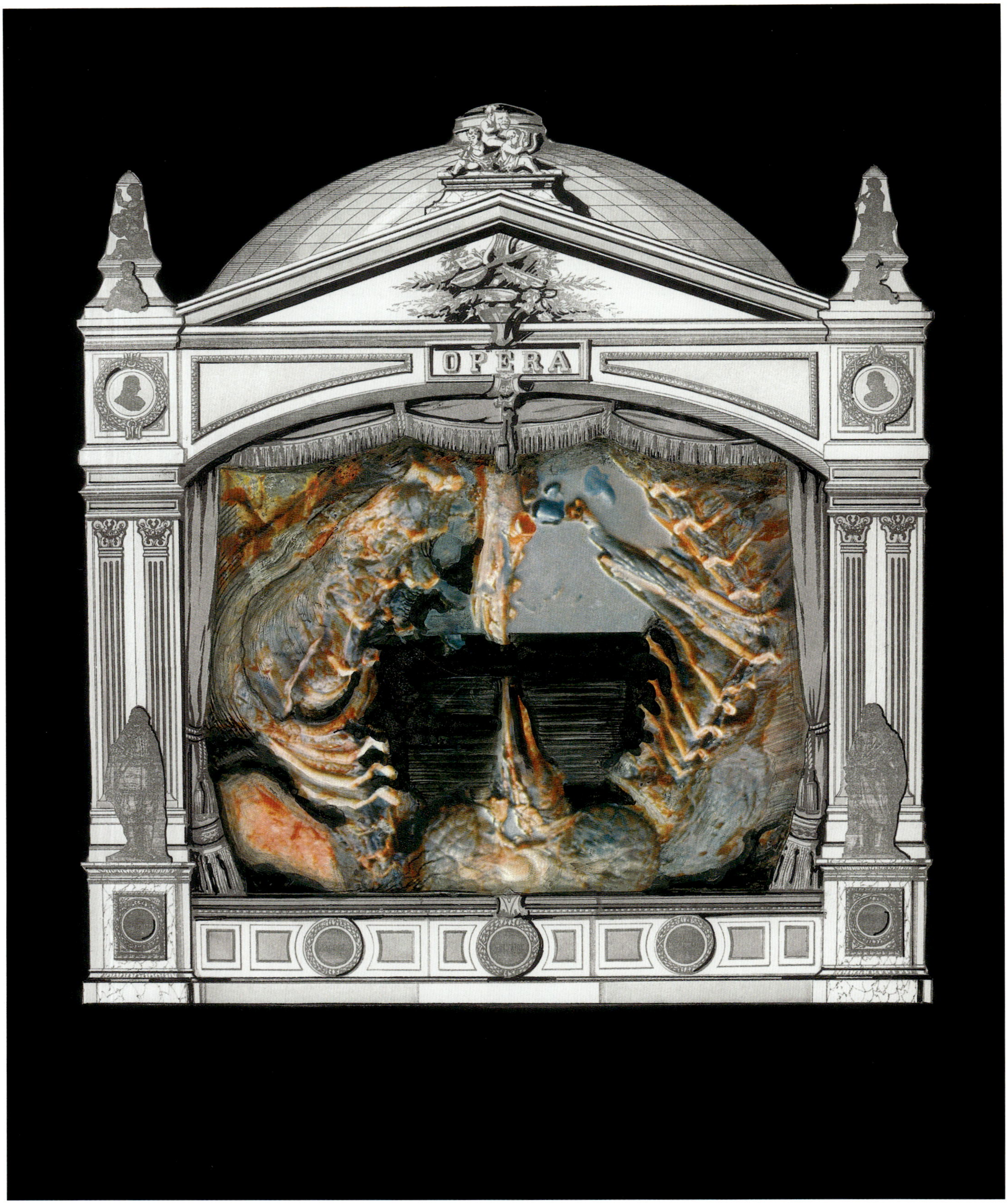

Opéra comme ossuaire et jeu d'enfant

Un étage au-dessus de la mort

Landuyt avait huit ans lorsqu'il déménagea à Eeklo, dans le sillage de son père, intérimaire auprès des Postes Belges de l'époque. La famille y emménagea un étage au-dessus d'un abattoir et d'une forge, seulement séparés l'un de l'autre par un passage vitré dont les fenêtres étaient toujours embuées. Le terrain de sa passion du dessin s'étendait entre-temps à une dimension supplémentaire car l'enfant pouvait désormais aussi façonner avec du mastic ou du lut, le précurseur de notre plasticine pédagogique. Son odeur, qui lui plaisait selon ses propres dires déjà beaucoup à l'époque, continuerait à le suivre car en plus des huiles, le mastic contenait à l'époque également la résine pistacia lentica, qui est également présente dans le vernis des peintures.

Son terrain de jeu était le rez-de-chaussée. Dans le feu de la forge, il voyait le fer rougir et devenir de ce fait malléable comme ses morceaux de mastic, à la différence près qu'après immersion il devenait dur comme l'acier. Le feu, la chaleur et le processus de fusion et de solidification seront par la suite explorés minutieusement avec la céramique et le bronze. Depuis la forge, il pouvait observer par la fenêtre les allées et venues fatales de la vie et de la mort. Les animaux passaient vivants et par secousses et revenaient fumants et en gros morceaux sur les épaules des tueurs. Les dalles de l'allée étaient imprégnées de sang indélébile. Avec un copain, il y construisit un théâtre de marionnettes mais faute de marionnettes, le scintillement du théâtre, qu'il connaissait grâce à l'opéra, était représenté par des os peints issus des déchets d'abattage.

L'accent a souvent été placé sur l'influence directe que cette période aurait eu sur l'aspect 'macabre' d'une partie de l'œuvre de Landuyt. L'autre chemin qui conduisit à cela est peut-être moins évident mais plus logique. Dans l'évolution de sa pensée plastique, il entreprit une recherche approfondie des formes authentiques telles que le cosmos et la nature les produisent. Combinées avec les structures naturelles, elles étaient la direction logique vers laquelle l'œuvre allait évoluer temporairement. L'étude et l'examen des formes et des structures organiques, avec leurs ramifications complexes, conduisirent également dans cette direction. Le rouge en était la couleur dominante, de même que dans ses peintures et dessins.

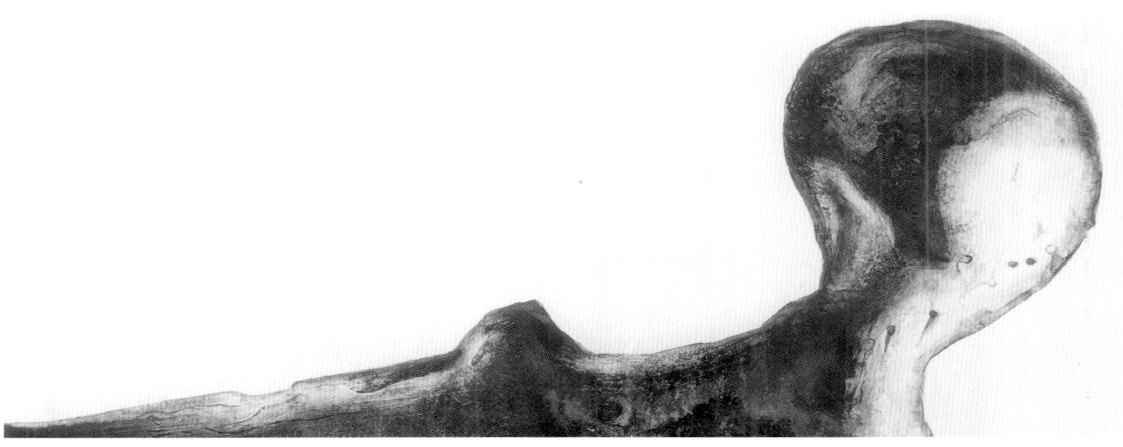

Os – 1960 – dessin sur papier (détail) – 60 x 50 cm

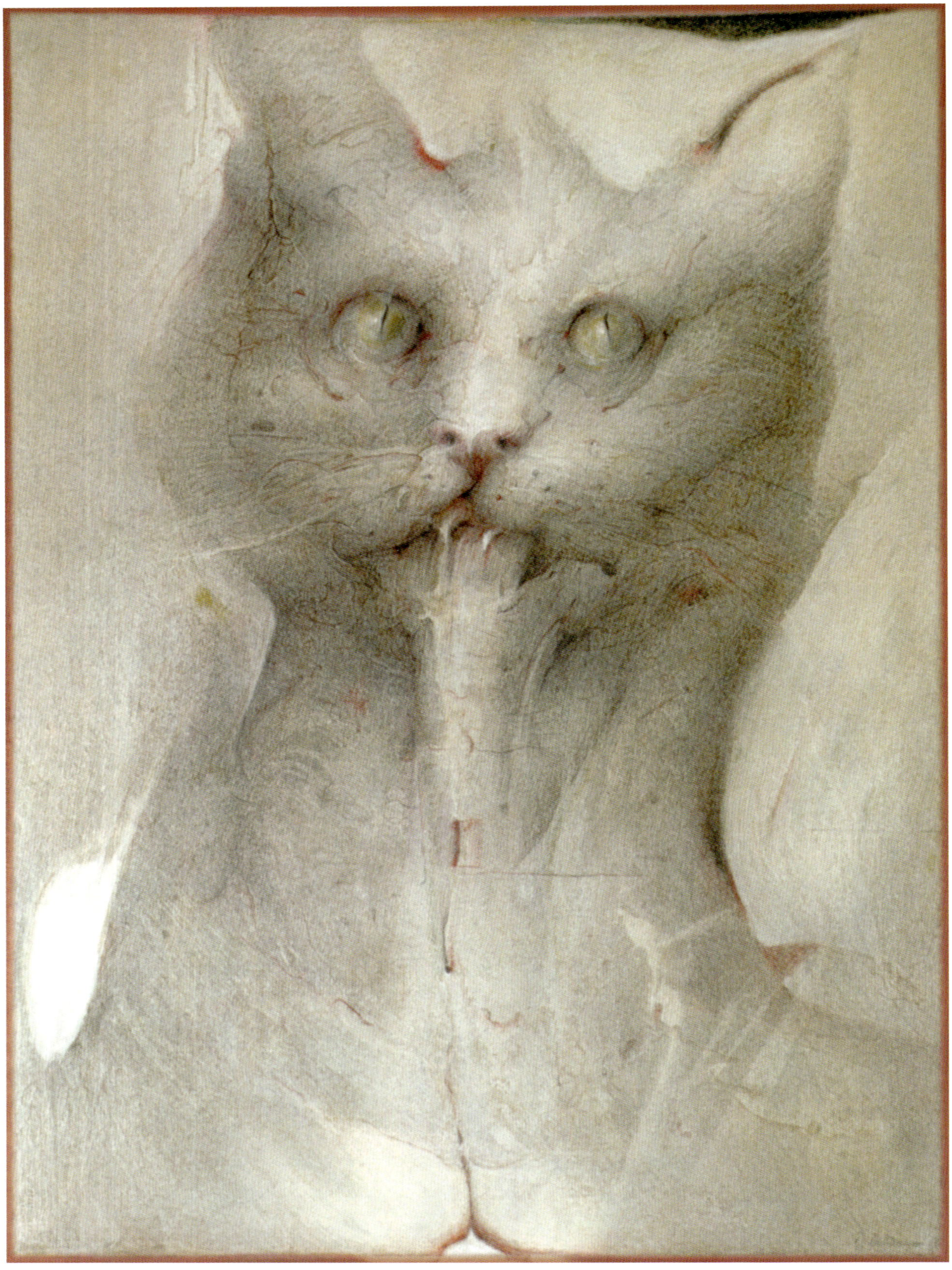

Pour Bastet: l'air d'un feuillage – 2001 – mixed media sur papier – 20,31 x 15 cm

Le chat chez Landuyt.

En Egypte, où il fut domestiqué, il n'y avait pratiquement pas de temple où le chat n'était pas vénéré. Au cours d'une certaine période, leur abattage était même puni par la peine de mort, car Bastet, représentée avec la tête d'un chat, était une déesse protectrice. Dans la culture occidentale, les chats noirs portent malheur et sont des messagers du diable. C'est la raison pour laquelle, comme antidote et pour conjurer toutes les superstitions, Landuyt a reçu de son grand-père quand il était enfant une chatte noire comme du jais, la mère originelle de tous les chats qui allaient lui tenir compagnie à travers sa jeunesse. 'Le chat noir' n'est pas seulement le nom du cabaret d'Aristide Bruant mais regorge également de connotations. Sur le célèbre tableau Olympiade *de Monet, un chat noir avec la queue dressée est debout sur le lit de la femme nue et de son serviteur : également un chat noir. Le noir représente le bouc émissaire, le paria, d'où le choix du grand-père rebelle de Landuyt. Dans son œuvre, le chat est un thème permanent dans les dessins, les sérigraphies et les peintures de la première partie de sa carrière. Le chat était pour lui plus qu'un animal domestique : en tant qu'enfant il était son égal, un camarade de jeu, plus tard un ami qui, comme le chien, établissait un lien avec un monde intermédiaire inconnu sur lequel l'être humain n'a pas de prise, contrairement au chat ou au chien. De grote ontmoeting est une œuvre de 1954, sur laquelle un chat noir découvre l'homme déchu. Lorsqu'il dessinait l'affiche pour* Les rapaces, *le film d'Erich Von Stroheim, la porte de la cuisine était ouverte dans la Korte Stropstraat gantoise, et un étrange chat noir est entré tout à fait tranquillement et est venu se placer juste devant la feuille de dessin. Il était noir de jais et atteint de strabisme et Landuyt l'a immortalisé dans la peinture à l'huile Kater (1958). Autrefois, lors de la construction des maisons, des chats étaient maçonnés dans le mur pour conjurer le malheur. Landuyt reçut un jour un fossile d'un tel animal, ce qui donna lieu à la sculpture* Lentement exagéré *(1990). Dans sa période organique, Landuyt peignit un utérus de chatte sanguinolent de 2,3 sur 3,10 mètres, qui suscita l'émoi lors de l'exposition au Palais des Beaux-Arts. Veranneman, qui exposait une table en dessous et qui n'avait jamais peur de créer un peu de sensation, mena l'agitation à cet égard à son paroxysme de manière hilarante en se plaignant publiquement qu'il devait exposer son œuvre sous un objet de si mauvais goût !*
Le chat est également traité comme thème dans les statues en céramique et dans l'œuvre des années septante.

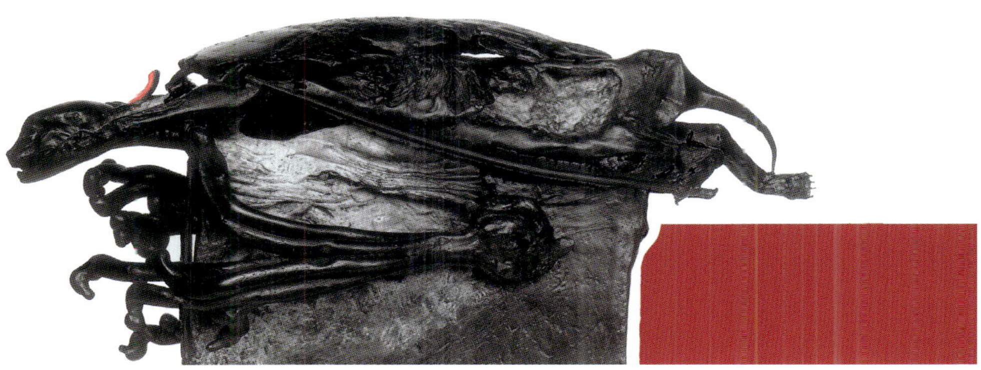

Lentement exagéré – 1990 – bronze – 33 x 52 x 22 cm

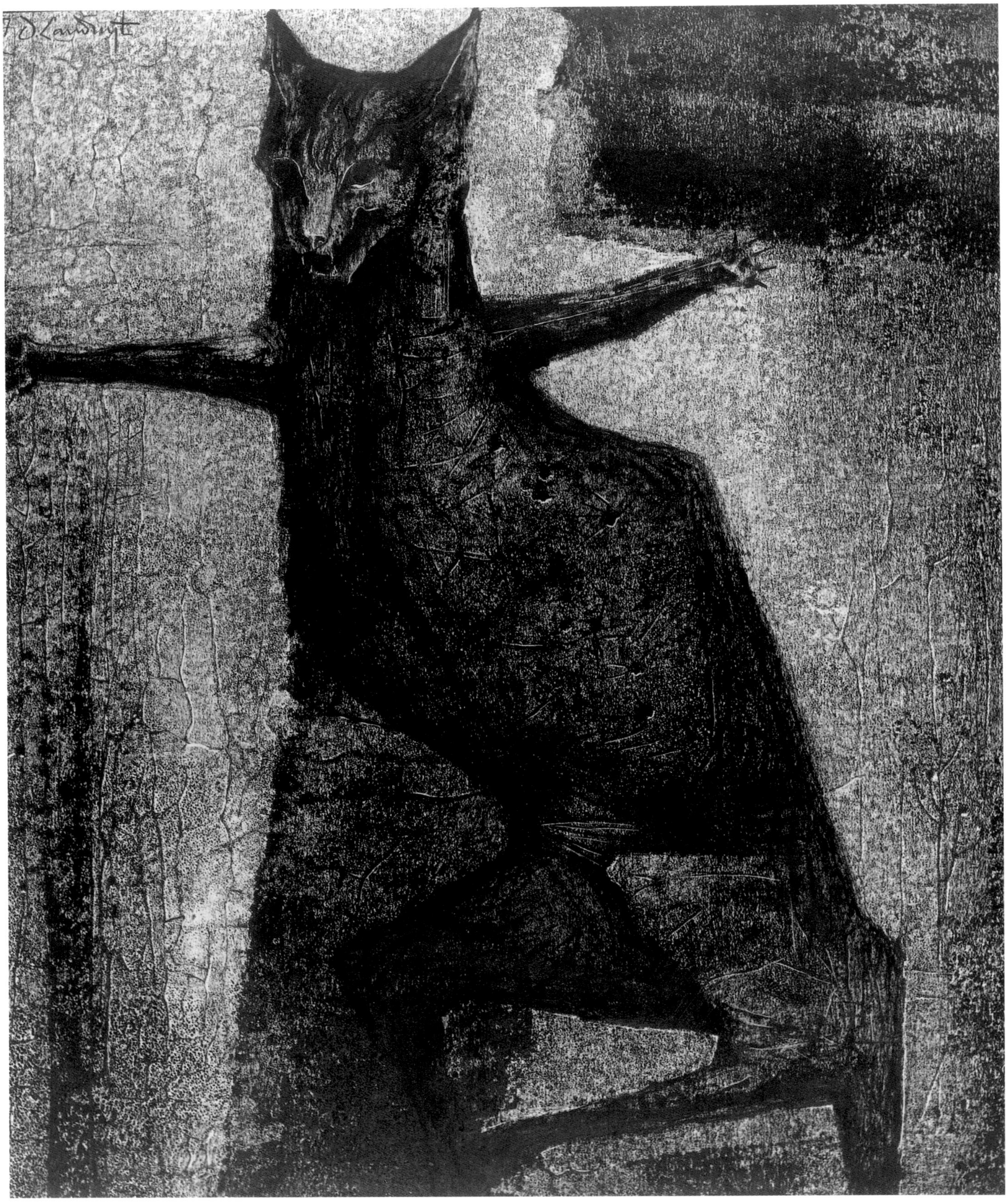

Chat – 1957 – encre typographique sur papier – 60 x 50 cm

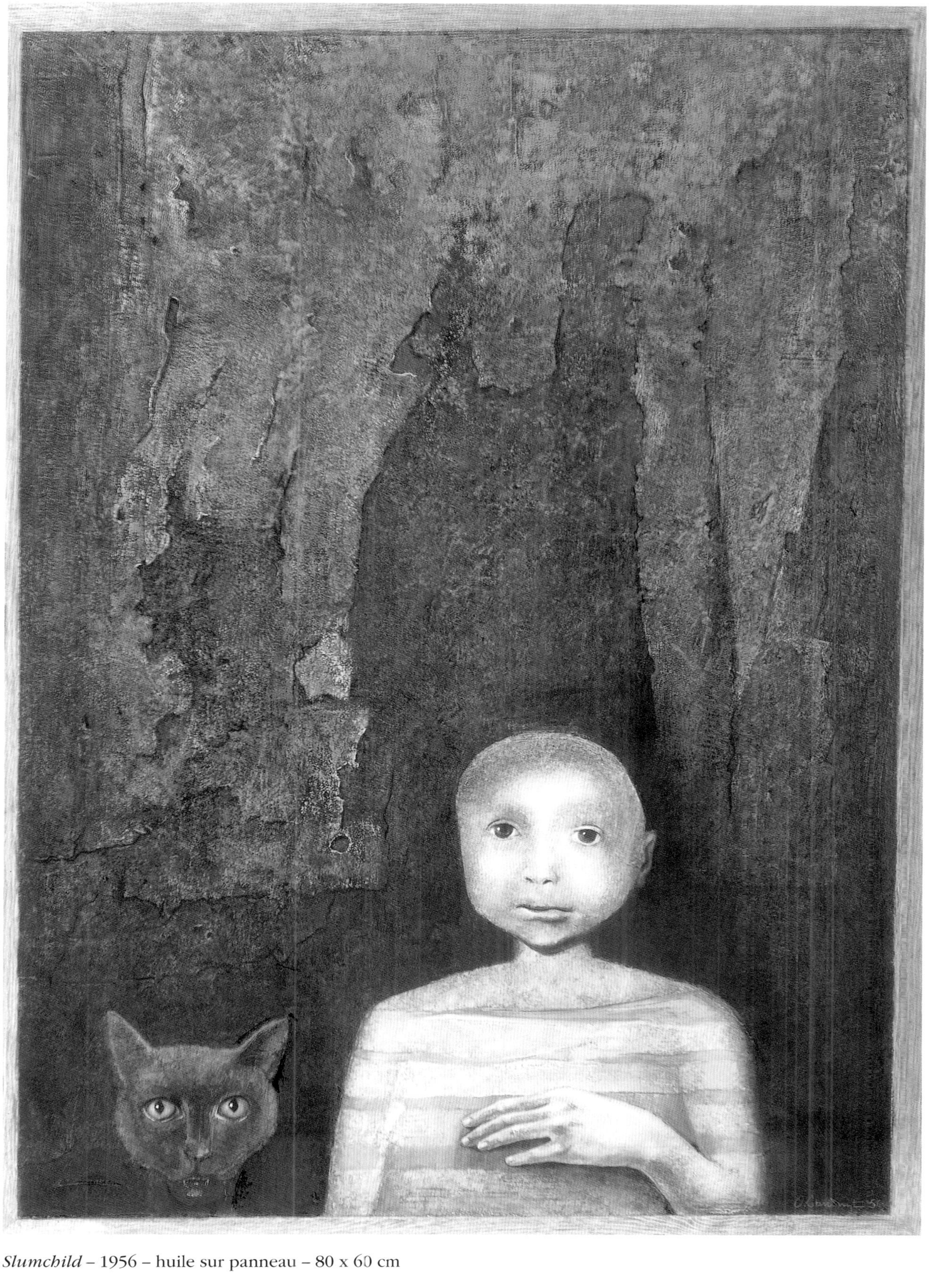

Slumchild – 1956 – huile sur panneau – 80 x 60 cm

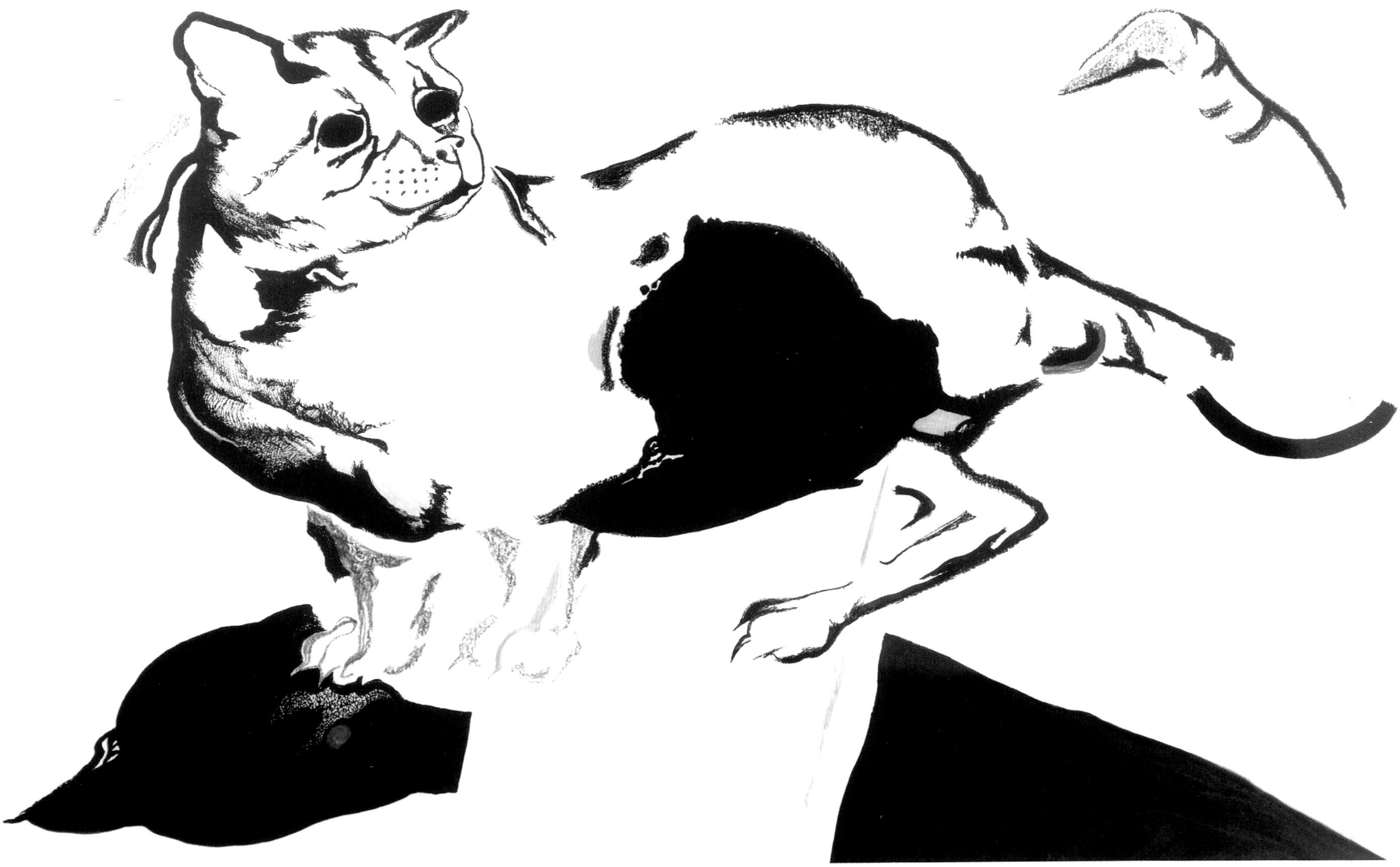

Pour qui un chat – 1995 – mixed media sur carton – 50 x 72 cm

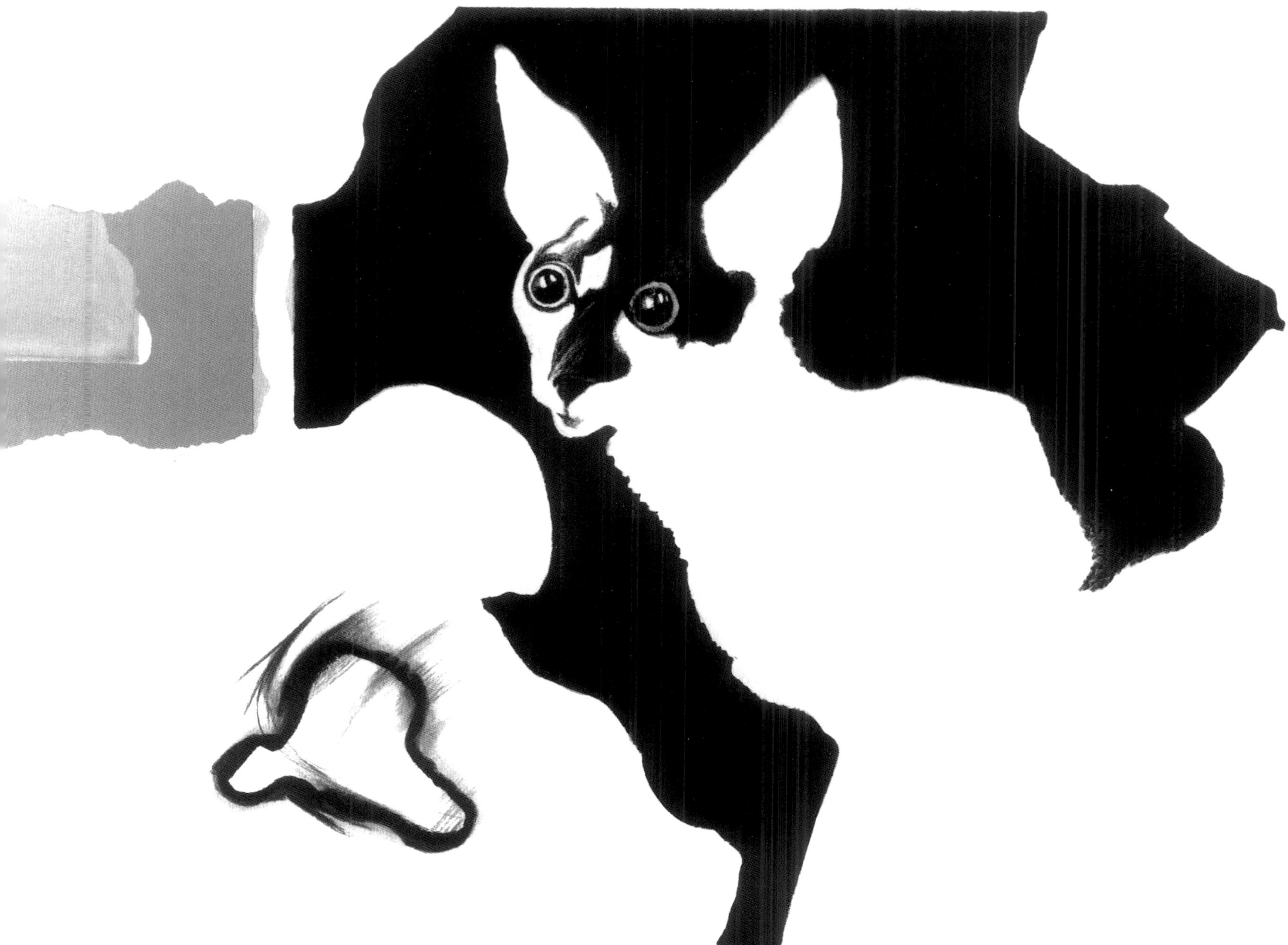

Ce frisant, quand même d'un chat – 1995 – pastel et gouache sur papier – 49 x 64 cm

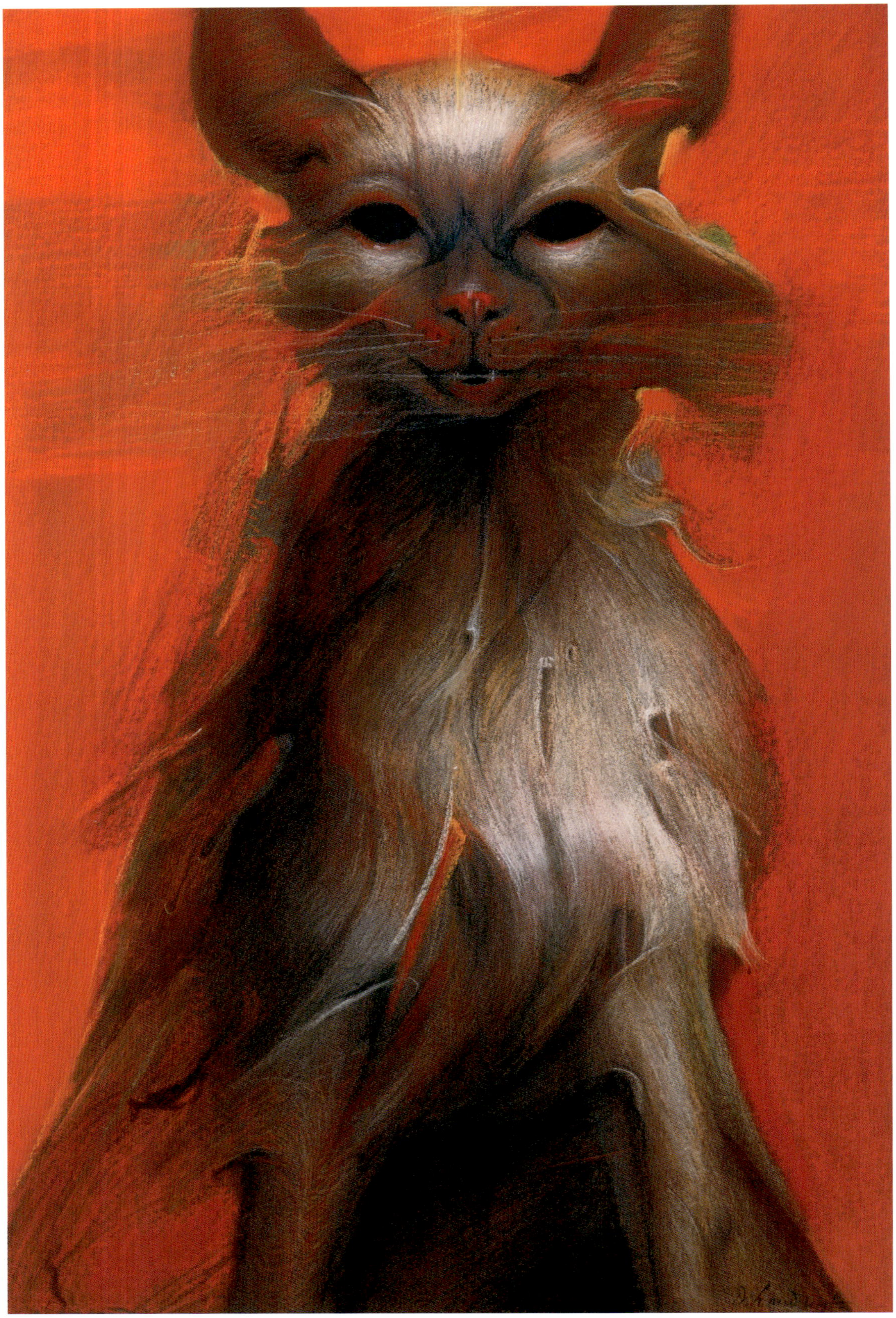

Conduire jusqu'à la bête – 1986 – pastel sur panneau – 31 x 42 cm

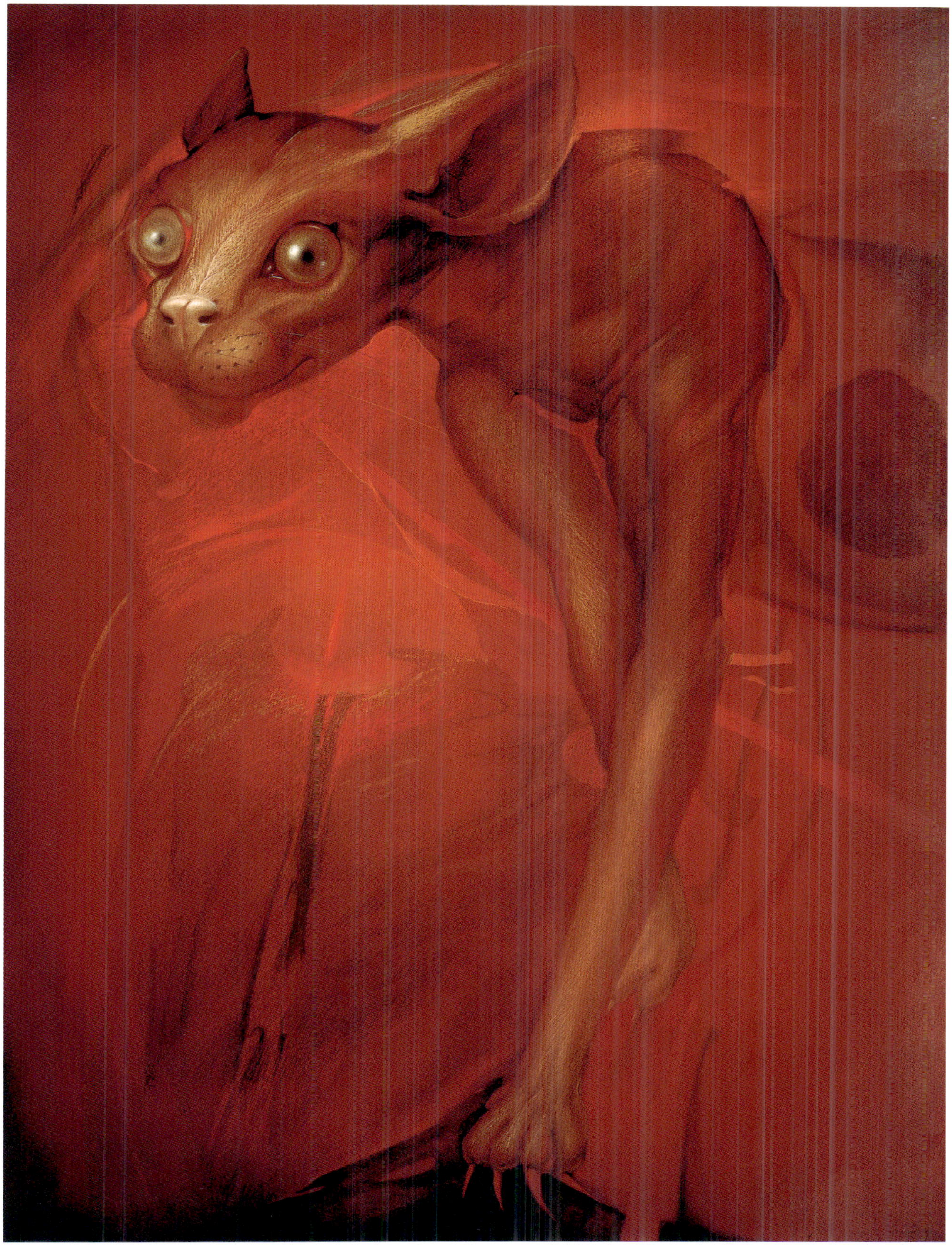

Par exemple, l'animal rouge – 1986 – pastel sur panneau – 172 x 30 cm

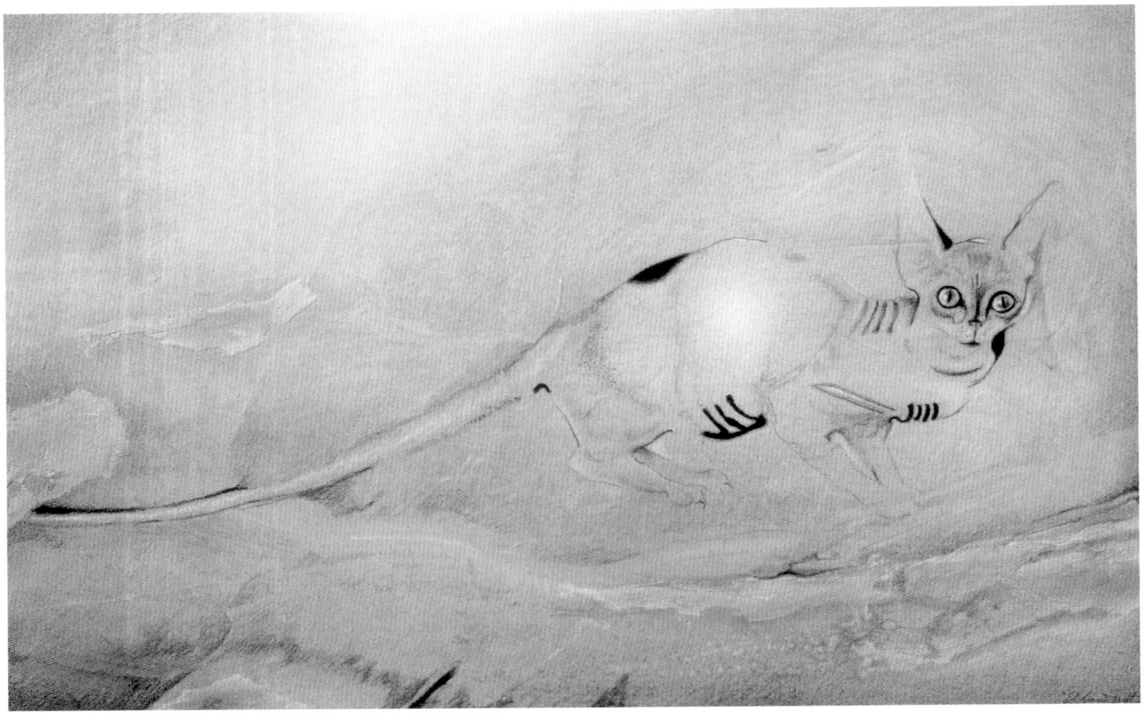

Ce qu'un chat est pour la lumière – 1975 – mixed media sur papier – 39 x 61 cm

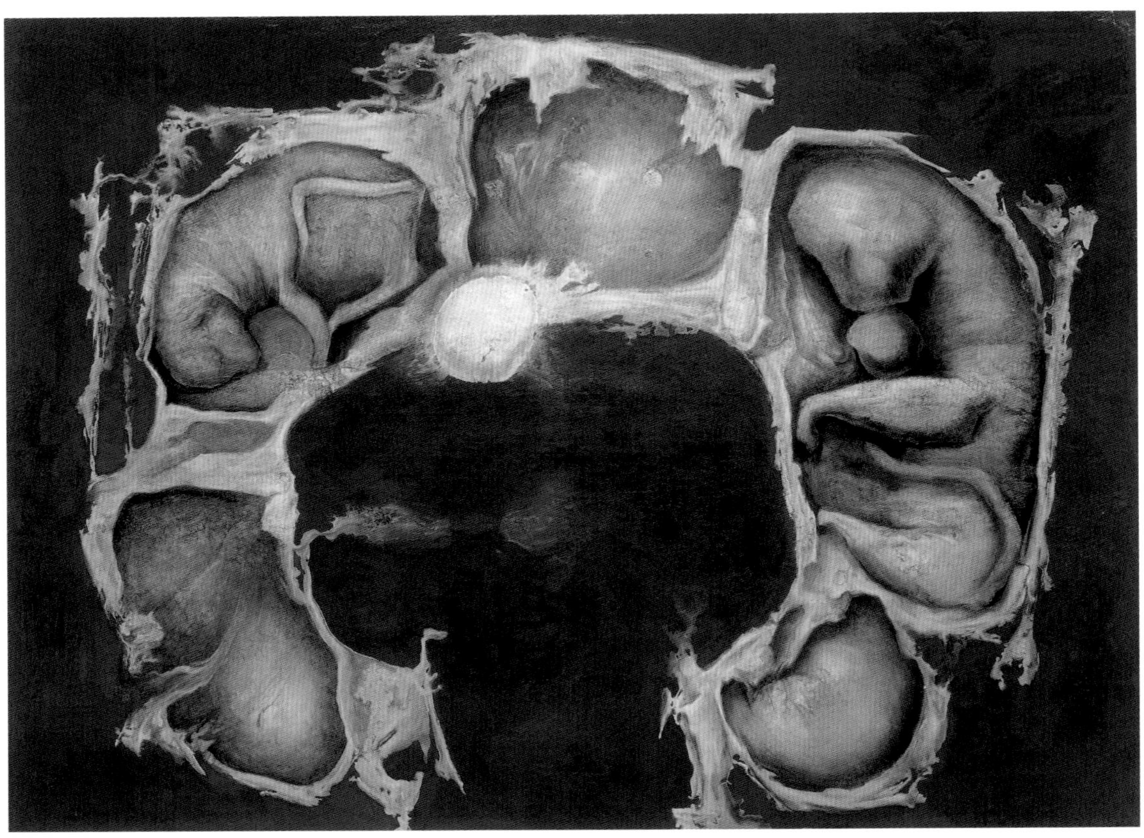

Uterus – 1958 – huile sur panneau – 233 x 300 cm

Jusqu'en 1930, le domicile de la famille dépendait de la nomination de son père, sans perdre cependant le lien intense avec la famille. Ils déménagèrent à Coxyde, après un temps d'arrêt à Eeklo. La mesure dans laquelle le séjour d'environ huit mois dans un appartement au-dessus d'un abattoir peut revêtir une importance pour l'évolution d'une vie humaine est l'objet d'une étude d'une nature différente. Le fait de voir administrer le coup de marteau, décrit par la suite par l'artiste comme 'le coup sourd', où l'animal passait de sa forme noble en une masse de viande informe, cette soudaine *Verdinglichung* au degré le plus littéral : que fait un cerveau d'enfant de cela, et celui d'un enfant surdoué ? De telles images resteront stockées longtemps dans la boîte noire, dont les possibilités plastiques ne se révèleront que dans les années soixante, dans les méandres d'un chapitre inattendu de son développement.
Les années 1930-31 furent des années charnières pour la famille. Karel Landuyt, dont les poumons avaient été attaqués au cours de la Première Guerre mondiale par le gaz moutarde, reçut enfin une nomination comme employé des postes et il ne devrait désormais plus trimbaler de lourds sacs de lettres ni avoir des postes éloignés et changeants. Le trio déménagea le 17 février 1931 vers la banlieue de Courtrai.
Cela aurait pu être la séquence d'un film muet de l'époque : les images d'un véhicule de déménagement rempli, les adieux à un quartier familier et aux grands-parents réconfortants ; sur des gros plans, une larme est essuyée d'un geste rapide, l'enfant fait tendrement ses adieux à ses deux chats qu'il aime bien et qui se balancent dans leurs deux paniers des deux côtés du camion, quand celui-ci se met en mouvement en vacillant sur les pavés. Mais en dehors de la petite salle de cinéma, la réalité était un peu plus crue : les parents et l'enfant voyageaient en train vers un environnement inconnu, leur maison était encore en partie en construction, seules la cuisine et les chambres pouvaient être fermées à clé. Lorsque les chats furent décrochés du véhicule de déménagement et leurs paniers ouverts, ils étaient terrifiés et avaient dans les yeux le regard horrible et désespéré, que l'on retrouvera plus tard dans toutes les représentations des chats et parfois aussi d'autres animaux.
La ville se trouvait au cœur de la crise, il y avait des grèves contre les réductions salariales qui touchaient le plus les plus pauvres et après peu de temps les chats avaient disparu : il est probable qu'ils furent mangés dans le café du coin, ce qui arrivait fréquemment à l'époque, car l'enfant retrouva leurs deux peaux dans la décharge toute proche, un de ses futurs terrains de jeu...
Landuyt sera inscrit à l'école primaire de l'état, dans une ville qui était dirigée par les catholiques pratiquement sans interruption depuis 1830, avec une offre d'enseignement catholique à l'avenant, dont la pensée était en contradiction flagrante avec celle de l'école où se retrouvaient les enfants de la misère et des grévistes contre 'la grande réduction salariale'. Ils peuplaient des rues comme la Toontjesstraat, « où habite le mauvais peuple qui vit de l'assistance publique et qui boit tout cet argent, les femmes étaient assises sur le seuil avec des enfants pleins de gales, une honte perpétuelle, cette

ruelle si près de l'église de Saint-Antoine, où ils n'entrent jamais, sauf pour s'y réfugier quand la police les poursuit », comme en témoignait Hugo Claus, dans *Le chagrin des Belges*, lui qui habitait juste au coin de la rue.

Landuyt passa par la section préparatoire de 'l'école des pauvres' sur le Houtmarkt, où il suivit l'enseignement en sens inverse : de la sixième année vers la quatrième et dans l'autre sens, car il n'y avait que deux instituteurs, et il se souviendra de ces enseignants simples mais passionnés lorsqu'il aidera lui-même par la suite à former des enseignants. Bien que les Landuyt étaient des immigrants et que la langue de la famille était essentiellement le français, le garçon sut créer des liens, s'intégrer et se défendre à l'école. Mais les événements les plus déterminants, les plus significatifs pour le développement du futur artiste se déroulaient tout autant en dehors des murs de l'école et en dehors de la maison familiale. Car il y avait une décharge juste en face de la maison.

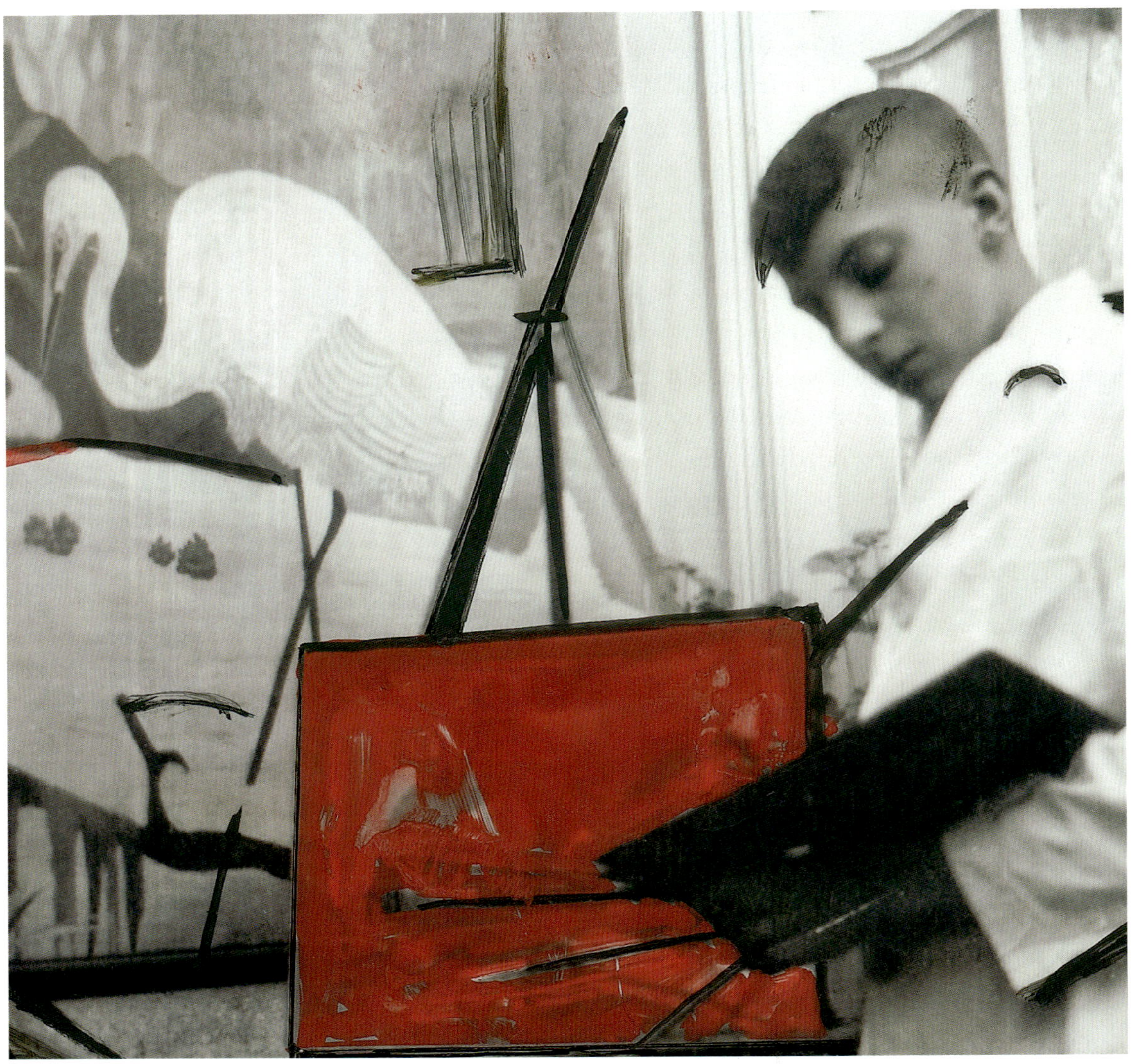

Courtrai – juillet 1935

Cela fumait et couvait jour et nuit en raison des processus pyrophores dans les déchets et cet élément était l'alibi pour le jeu d'enfant bien connu mais pas dénué de danger avec les pots de fumée : une révélation pour l'enfant de la ville ! On faisait des trous dans le fond et sur le côté d'une boîte de conserve en frappant avec un clou, jusqu'à ce qu'un courant d'air s'y fraye un passage, afin de pouvoir y brûler des déchets comme du foin, du bois, du papier, de l'écorce et d'autres objets inflammables de la décharge. Les enfants soufflaient dedans jusqu'à ce que le feu prenne et à l'aide d'une boucle de fil d'acier, ils pouvaient faire tourner les pots de fumée : le pot qui couvait était alimenté en air et en oxygène, fumait et se mettait ensuite également à chanter ! Un lien remarquable apparaît ainsi entre l'acteur en tant que point central du cercle de rotation et le feu dans le pot. En raison de la force centrifuge, on est lié au feu, qui devient plus menaçant à mesure que l'on accélère ou que l'on ralentit l'action : en fait, on est prisonnier de l'action ! Selon Landuyt, il n'existe pas de meilleure métaphore pour le lien entre le créateur et l'œuvre d'art sauf peut-être, quand on joue au cerf-volant, la sensation du fil tendu à travers duquel on peut ressentir les forces du cosmos. Il existe en outre clairement des analogies avec la tension et la décharge qui caractérisent l'acte créatif. La décharge était atteinte en faisant s'écraser les pots dans un feu d'artifice d'étincelles contre un mur.

Les expériences avec ces pots de fumée ont également laissé des traces concrètes dans l'œuvre et l'enseignement de Landuyt. Du fait qu'il était déjà à l'académie à l'époque, il découvrit rapidement que la plupart des noirs – sauf le noir de lampe – étaient extraits de la combustion : le noir d'os et le noir d'ivoire, le noir de carbone et de graines en sont des exemples. Il a par la suite intégré ce processus dans son art pictural ; dans certaines œuvres des années soixante, la fumée était conduite vers la feuille par des techniques d'inclinaison, de distance, de mouvement, de durée, d'intensité et de densité des combustibles. Les précipitations de leurs turbulences étaient génératrices : on peut dessiner, graver et faire des ajouts sur ces surfaces et les surfaces de nuances ne sont plus délimitées normalement. Elles débordent imperceptiblement les unes sur les autres, comme la fumée : *sfumato* est le terme italien spécialisé qui a été rendu célèbre par De Vinci. Landuyt suspecte même que Léonard ait également fixé de telles fumées dans ses couches de peinture. Après sa carrière d'enseignement, l'artiste acquerra, via le monde des systèmes instables et les entretiens avec Prigogine, beaucoup plus de notions de ce qui constituait une expérience dans l'art des années soixante et également ailleurs (Zéro et l'art cinétique).

Aujourd'hui, les pots de fumée sont, depuis longtemps déjà, transformés en bombes aérosols. La fumée est comme un parfum de roses et est « déjà connue depuis aussi longtemps que les roses existent mais sa reconstruction sur base de molécules de C O N – c'est assez nouveau. » (Paul Valéry)

Loin derrière les panaches de fumée de la décharge, une jungle de mares et de ruines remplies de reptiles, d'insectes, d'oiseaux et de papillons s'est développée sur des hectares, et encore plus loin se trouvait le canal qui relie ces trous d'argile délaissés au Bossuyt lointain. La richesse de formes et de couleurs de cet eldorado (*el dorado* signifie 'la terre dorée') se déposera initialement sur les feuilles de dessin d'un enfant mais plus tard aussi sur l'or des objets d'art, des statues et des bijoux de l'artiste. Nous attirerons à maintes reprises l'attention sur de telles coïncidences car elles sont présentes de manière si remarquable, si impressionnante que nous devons les signaler en permanence. Mais comment un enfant développe-t-il l'intuition de choisir, dans le chaos des choses, la forme qui émeut ou comment est-il lui-même touché par de tels objets ?
Sa mère guide une nouvelle fois le processus en attirant notamment l'attention de son fils sur la forme du clocher de Courtrai, qui pour elle était 'bien décolleté'. Elle parlait en outre de vases et de goulots de bouteilles bien décolletés et elle allait évaluer pendant toute sa vie les formes naissantes de Landuyt à leur 'décolleté', même encore lorsque l'artiste sera lui-même familiarisé au jargon spécialisé des anciens ateliers. Mais un enfant se pose finalement la question de la signification, en fonction de son talent et de sa curiosité, même lorsqu'elle est difficile ou impossible à découvrir.

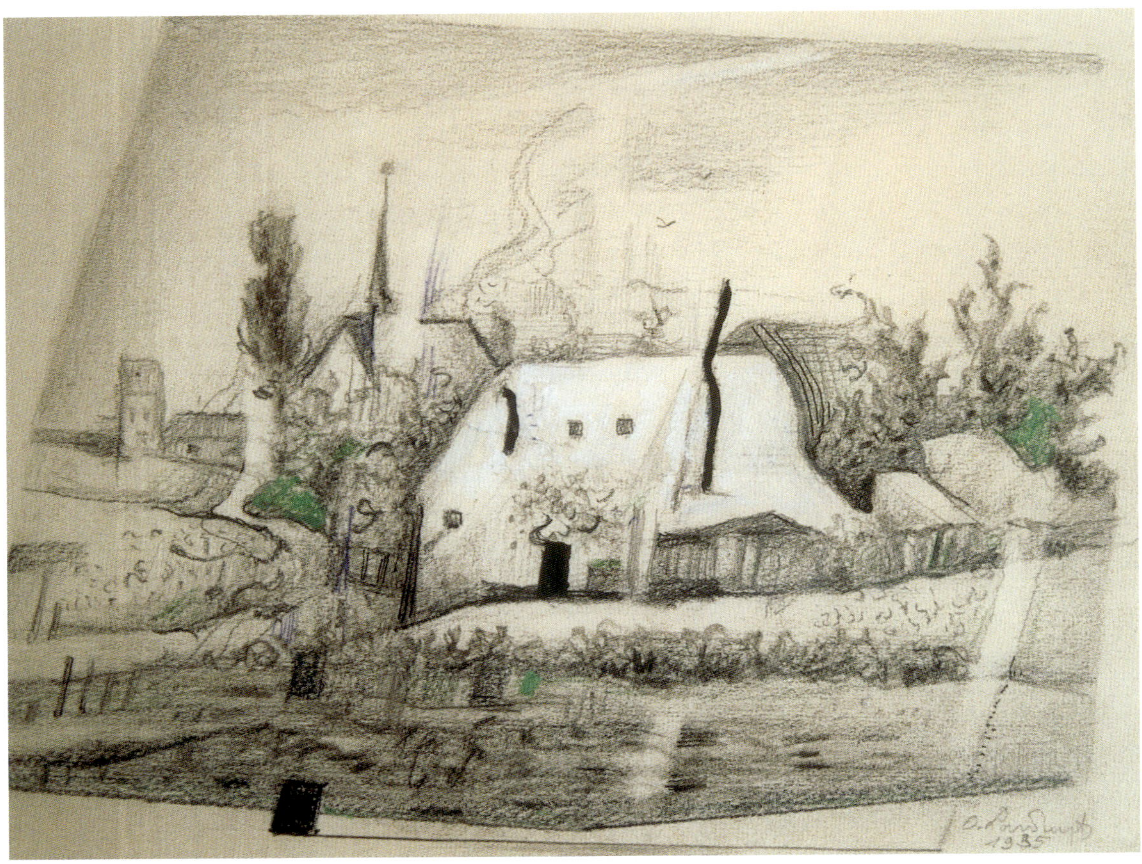

La parure du printemps – 1935 – dessin sur papier – 14 x 20,5 cm

La notion de 'décolleter' appartient à la grammaire des formes courbées, des hyperboles et d'autres paraboles dont les courbes peuvent déborder parfaitement les unes sur les autres à travers un point de tension. Il s'agit en fait de fonctions mathématiques, mais les solutions géométriques de ces formes notamment elliptiques furent dans la pratique généralement abordées par l'application d'accessoires comme des ovales ou des modèles simplificateurs. Le mot 'décolleté' signifiait le passage vers un amincissement, et également au sens presque figuré, vers un (r)affinement. Mais ce passage – le 'collet' est le cou ou le passage du corps vers la tête ! – a des caractéristiques spécifiques qui n'ont pas échappé à l'attention des anciens maîtres car il s'agit d'une forme d'élégance courbée et orientée. La notion déploie un éventail de variantes plastiques : les moulures de gorge, les profilés de socles, les ogives des cathédrales ou simplement le collier, en néerlandais un pendentif, mais en français dérivé de 'col' et ancré dans une très ancienne grammaire, dans laquelle les formes gothiques sont liées à celles des cous peints en blanc de céruse des geishas japonaises. Il y a souvent une connotation d'ouverture et de présentation. Exactement comme pour la pointe en couture, beaucoup des socles de Landuyt se rétrécissent en hauteur mais ils ouvrent et élèvent simultanément la statue pour la vue. Dans son esthétique plastique, la ligne décolletée, ou la surface décolletée, ou pour ceux qui veulent s'y intéresser de plus près, même la couleur est une caractéristique incontestable. Cela vaut la peine de s'arrêter ici un peu sur la signification littérale et figurée de la notion de '(r)affinement'. Elle le met en rapport avec le langage des formes de la verrerie italienne et de la sculpture baroque, où les formes courbées indiquent la direction et la dynamique.
Pour Landuyt, tout cela a commencé par l'attention de sa mère pour le langage des formes, par des vases cassés qui n'étaient jamais jetés à la maison : la cassure était enveloppée d'un lambeau de tissu coloré et recevait de ce fait la valeur ajoutée, qui est insondable et qui dépasse de loin le décolleté ordinaire des modes...

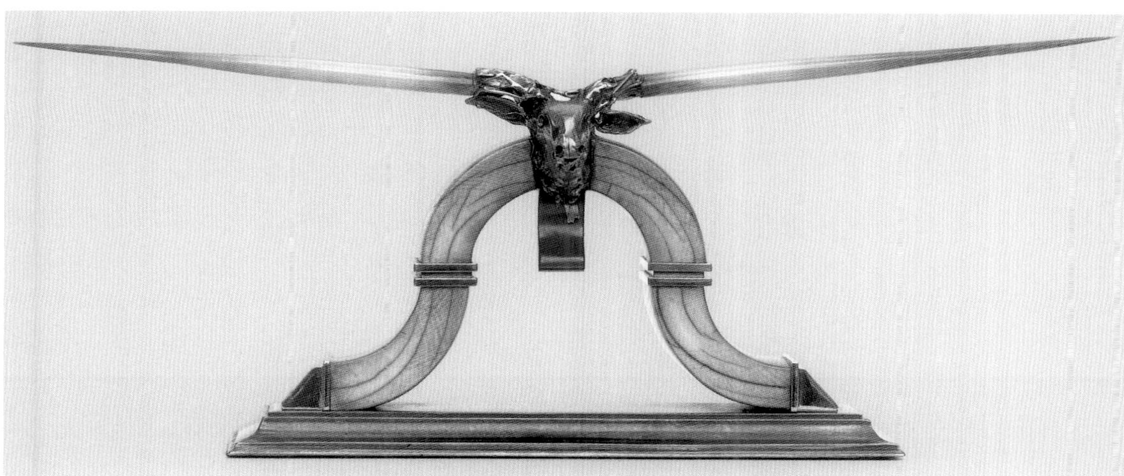

Sur arc d'ivoire, la chèvre se désagrège – 1996 – or, ivoire, bronze – 16 x 40 x 10 cm

Nous ne nous sommes pas encore arrêtés sur le rôle de la figure paternelle dans l'épanouissement du talent plastique de Landuyt. L'enfant connaissait un père qui travaillait la journée et étudiait le soir. Des meubles d'occasion allaient accompagner le couple depuis leur mariage jusqu'à leur décès, mais ils les transformaient tous les deux pendant tout ce temps de manière inventive via toutes sortes d'adaptations. Alors que sa mère portait des pantoufles peintes – que l'enfant pouvait parfaire ! – son père créa à Gand pour la fenêtre de la cuisine une variation très personnelle sur le châssis : pas une imitation mais quelque chose de remarquable, et dans ce cadre l'enfant pouvait aider à appliquer les vernis enrichis de pigment. Ce n'était donc pas une famille ordinaire ou terne, d'autant plus qu'il arrivait également à son père de peindre le plancher, à nouveau avec une création propre qui faisait pour le moins penser à un tapis, et là où cela convenait, les meubles avaient eux aussi parfois droit à cette décoration. Dans la maison familiale à Courtrai également, les planchers étaient pris en main en fonction de leur destination et munis de motifs peints, mais c'est ici que le garçon put pour la première fois vraiment mettre la main à la pâte. Le sol du grenier fut doté d'une ligne d'encadrement le long du mur, comprenant diverses surfaces de couleurs triangulaires, sur lesquelles des petits et des plus grands cercles de couleurs serpentaient comme des confettis. Les motifs du sol de la cuisine de Hoffman au Palais Stoclet à Bruxelles lui rappelleront cela plus tard et le ramèneront brutalement à l'époque où son père découpait des dentelures avec un couteau dans un vieux morceau de tuyau de gaz en caoutchouc, qui allait servir à tamponner la peinture sur le sol en sa compagnie. Un peu plus tard, juste après son inscription à l'académie, les trois grands panneaux de la véranda furent peints, ils firent le premier ensemble et le fils put ensuite prendre à son compte les murs restants tout seul.

Est-ce que la conviction chez les parents que leur enfant a du talent est fondée ou est-ce une illusion bien connue que beaucoup de parents chérissent ?

Lorsque le fils de neuf ans fut inscrit à l'école moyenne, le professeur de néerlandais fut non seulement étonné de son âge mais surtout de ses dessins, que le père avait amenés. En qualité de connaisseur d'art et d'auteur de quelques monographies sur la peinture, Frans De Vleesschouwer remarqua immédiatement ce qui se passait et présenta les petites œuvres au directeur de l'époque de l'Académie des Beaux-Arts de Courtrai, Emmanuel Viérin (1869-1954), un impressionniste non sans mérite et un bon ami de Jozef De Coene et de Stijn Streuvels, comme cela ressort des journaux intimes de guerre de celui-ci. Il lui laissa le souvenir d'un monsieur élancé, distingué, surtout décidé avec une petite barbe, qui sut par son sens pédagogique et sa forte personnalité faire passer la décision d'accepter un enfant de neuf ans à l'académie. En réalisant des commandes de natures mortes originales, le garçon fut au début tenu à l'écart des 'adultes', mais finalement le directeur entra résolument la main dans la main de son élève dans la classe de peinture du professeur Jules Verwest (1883-1957). En tant qu'artiste, nous trouvons Verwest notamment en compagnie de Jules De Bruycker dans la

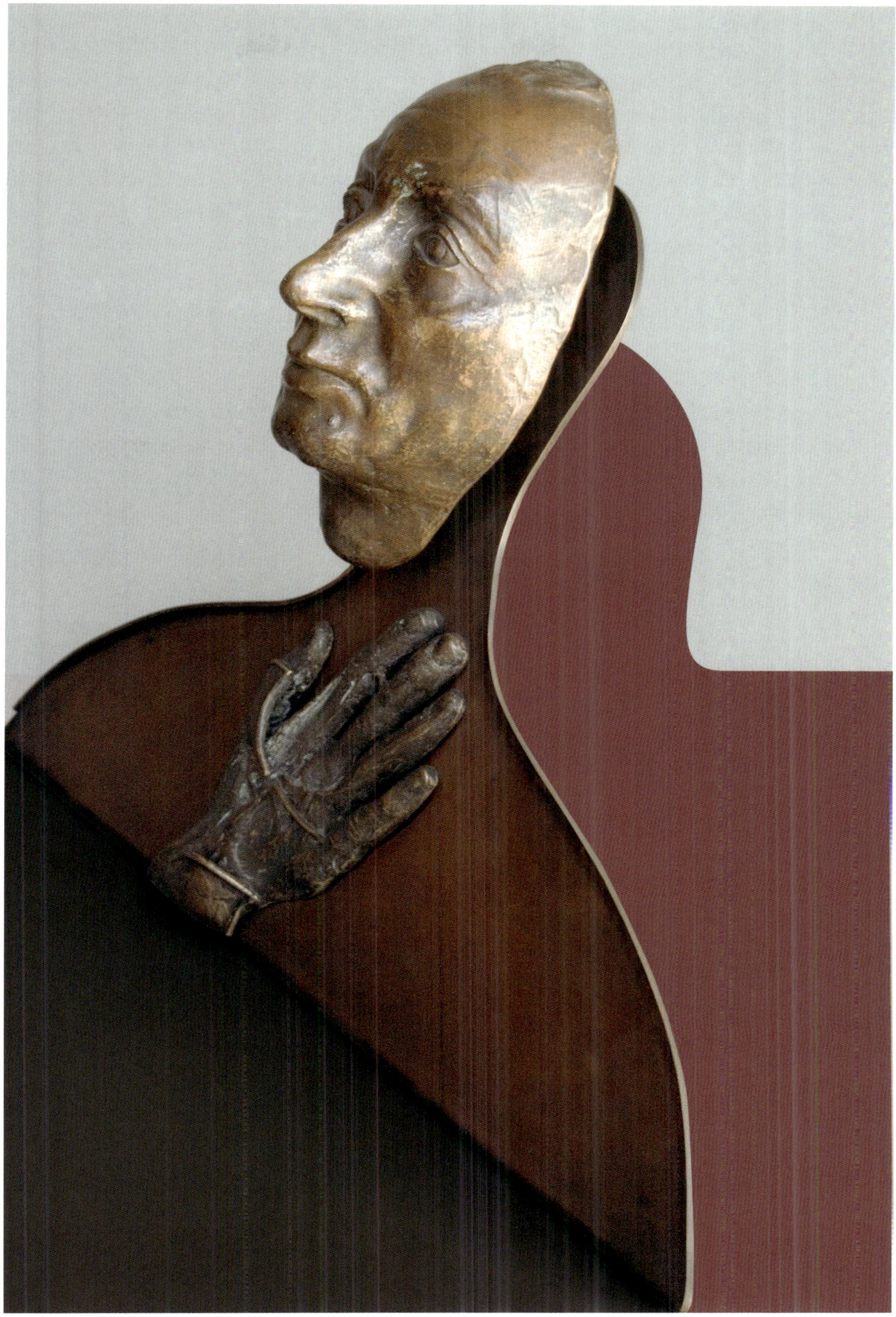

Portrait du père – 1938 – bronze – 24 x 14,5 x 9 cm

loge de concierge alors célèbre de l'amphithéâtre de l'université, une sorte de bateau-lavoir sur la scène artistique gantoise de l'époque, un jour décrite dans *La Cuisine des Fous* de Frans Hellens. Mais c'est surtout en tant que professeur que le pédagogue Landuyt ne cessa jamais de l'apprécier. Lorsque l'élève fut présenté à la classe de peinture, Jules Verwest était convaincu au début qu'il s'agissait d'une blague de son directeur mais il évalua lui aussi immédiatement le potentiel de l'élève. Autre chose allait en outre les lier par la suite : leur origine gantoise à tous les deux et leurs racines anarchistes. Le célèbre atelier de Landuyt se trouve d'ailleurs fortuitement à Heusden, à un demi-kilomètre du domicile de l'époque de Jules Verwest.
Nous sommes également conscients du fait qu'il s'agit d'une histoire isolée, dont l'emblème luxueux de l'entre-deux-guerres dissimule la stérilité d'une région qui panse ses plaies de la Première Guerre mondiale, loin des réactions révolutionnaires face à celle-ci, qui faisaient vaciller les bases de l'art autour de Voltaire Keller dans la ville hors de danger de Zürich, et dont la répercussion devait encore voir le jour en Flandre.
A l'académie, le garçon eut pratiquement immédiatement accès à 'la classe de la vie', où l'on travaillait sur base de modèles nus. Par arrêté du conseil municipal et de l'Eglise, c'était très relatif : le nu féminin n'était pas autorisé ; les modèles masculins – en général des quartiers pauvres – étaient tenus de dissimuler leurs parties génitales dans un cache-sexe en tissu, généralement un petit sac de toile noué. Ici aussi, le jeune élève fut si vite accepté qu'il devint rapidement la mascotte de l'académie : un rôle qui lui allait comme un gant en raison de son passé à l'opéra de Gand. Ce statut, ainsi que l'engagement de son professeur d'athénée et admirateur Frans De Vleesschouwer, lui donna l'occasion de visiter des ateliers, dont celui de Valerius De Saedeleer. Il eut également accès au musée local, où il pouvait copier des peintures pour pouvoir ainsi réemprunter

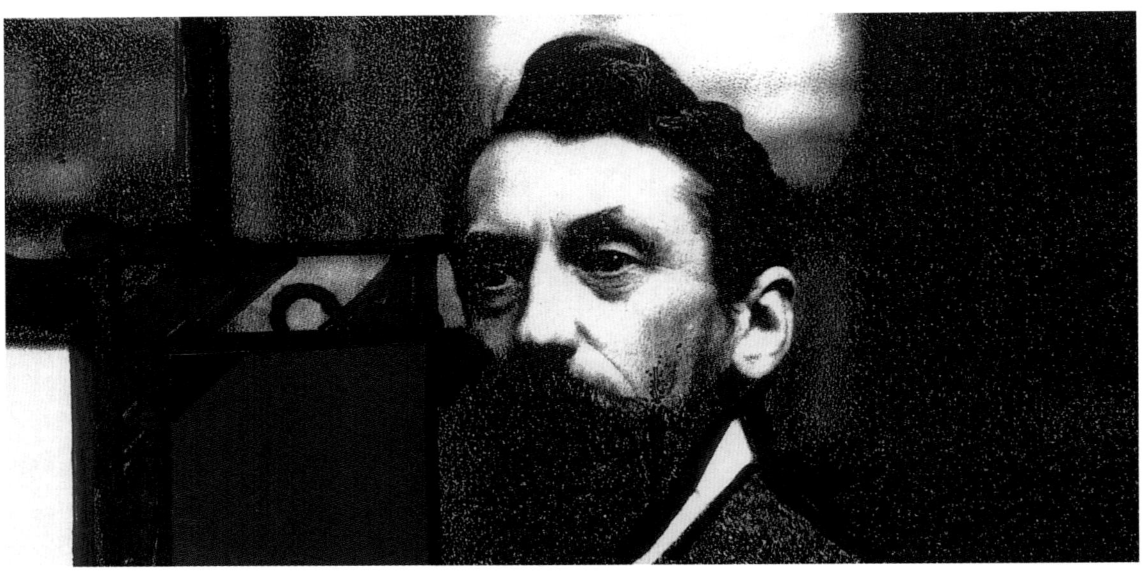

Emmanuel Viérin, directeur de l'Académie – Courtrai

le chemin, parcouru dans une œuvre réalisée par de bons spécialistes, et pour avoir une idée des difficultés qui furent un jour leur lot. Le maître ose jusqu'à aujourd'hui mettre en doute l'inutilité de cet exercice, quoique sous un certain nombre de conditions.
Les aptitudes du futur artiste faisaient également grand bruit hors des murs de l'école. Dans les trous d'argile, le territoire marécageux bossué abandonné par l'exploitation d'argile pour la fabrique de tuiles, il découpait et roulait 'à la demande' des formes et des petits animaux dans la boue assombrie près des endroits où le bétail s'abreuvait. Sur la route en béton qui venait d'être aménagée et qui donnait non loin de sa maison sur la Toontjesstraat mal famée, il dessinait des scènes interminables avec de la craie que ses copains de toutes les écoles chipaient et ramenaient pour lui. Nous remarquons qu'il découpait pour cela des moules dans du carton ! Accroupi et sur une jambe, il sautillait au-dessus de l'immense dessin à la craie, que ses compagnons de classe et voisins admiraient comme s'il s'agissait des lignes de Nasca.
En tant que jeune élève d'athénée, il gagna le Prix du Roi pour le dessin et la peinture, une initiative qui s'efforçait d'encourager la créativité des jeunes. Dans le jury siégeait Jozef De Coene, initiateur des 'Kortrijkse Kunstwerkstede Gebroeders De Coene' célèbres à l'époque, un des grands acteurs dans la production Art déco européenne de cette période et le premier fabricant de triplex en Belgique. C'est ce Jozef De Coene, qui donna le conseil au lauréat de travailler sur de grands panneaux et lui offrit les toiles nécessaires tendues sur des panneaux parce que ses parents n'auraient jamais pu payer quelque chose d'aussi coûteux. Le garçon fut invité à l'entreprise et il en reçut autant qu'il pouvait en emporter en une fois gratuitement. Par la suite, l'artiste considérera cela comme une des premières confrontations avec le phénomène de la profusion et de l'abondance, qui le préoccupera encore souvent dans son développement plastique ultérieur. Et pour les véritables connaisseurs de Landuyt : le célèbre portrait de sa mère a été peint sur un de ces petits panneaux...
Ce n'est que lorsqu'une curiosité extraordinaire compléta l'étonnement enfantin que les trous d'argile devinrent plus qu'une simple réserve bucolique. Tout ce qui lui était enseigné dans l'enseignement normal et artistique pouvait y être testé dans la réalité. Le fait que les élèves connaissaient par cœur des noms tels que 'langue de vipère', 'épervière' et carex comme ils connaissent aujourd'hui une chanson pop, provenait de l'obligation de dresser un herbier. Comme Mondrian le fit toute sa vie durant, Landuyt collectionnait des plantes, séchait les fleurs dans du papier buvard et les dessinait. Mais l'élève d'académie découvrit rapidement qu'il se passait ici davantage de choses que ce qui était enseigné en classe de dessin. Tous les phénomènes récursifs du monde en trois dimensions disparaissaient dans le néant en les aplatissant, lors du passage de la forme à la surface ! Il existe un seul moment où ce bond entre les deux dimensions ou catégories (ou plus) voit le jour, et il essaiera plus tard de saisir ce phénomène dans de nombreuses formes 'aplaties' de grenouilles, d'oiseaux ou d'objets. On remarque déjà ici les germes de l'étude poussée des phénomènes plastiques, qui le caractérisera tant par la suite.

Dans cette phase de son développement, c'était donc le papillon qui le passionnait parce que sa forme se trouve le plus près de la frontière entre les dimensions. Ajoutez à cela un certain nombre de superbes problèmes bipolaires comme : comment l'aspect du côté supérieur est-il influencé par le côté inférieur ou l'inverse et selon quels principes une structure interne détermine-t-elle les aspects de la forme extérieure, et l'on a rapidement suffisamment de matière pour occuper une demi-vie d'artiste. Soyez attentif à l'inutilité totale et au manque complet d'intérêt – comme l'acte créatif lui-même – de tels problèmes, qui ont préoccupé les artistes plastiques les plus importants à travers les siècles.
Ce qui a débuté au milieu des Kleiputten, avec les papillons alors encore innombrables autour d'un abri souterrain abandonné de la dernière guerre, avec l'acquisition secourable – sa maman ! – d'un filet à papillons et avec la mise sur pied et la collection par ses propres soins d'espèces de papillons, a été par la suite l'objet de nombreux cours ou discussions avec des personnes ayant les mêmes intérêts, et ultérieurement aussi avec des scientifiques. Et en sachant que tout ne peut pas être découvert, – alors que nous sommes déjà dans les années septante – il crée la peinture avec le papillon, qui est aussi translucide, vulnérable et raffinée que le papillon lui-même. Cela lui prit pratiquement un an de travail et de telles peintures montrent l'essence de l'esthétique de Landuyt : un processus extrêmement complexe, avec des effets de particules et un document tourné vers l'observation subconsciente, qui n'est plus de ce monde.
Quand nous revenons de la symétrie pure et de l'équilibre presque parfait de la forme du papillon à l'habitation dans la banlieue de Courtrai, le monde émotionnel de Landuyt est encore en plein développement, et de ce fait pas dénué d'angoisses. Pour se rendre à son école, il devait passer par le marché aux bestiaux, où l'activité était fébrile le lundi. Il y ressentit une nouvelle fois ce qu'il avait déjà ressenti auparavant : des bêtes ayant la même panique et la peur de mourir dans les yeux, la même manière de se détacher et de s'enfuir. En prévention contre la fièvre aphteuse, elles étaient conduites à coups de bâtons entre deux murs bas à travers une cavité allongée, profonde, qui était remplie d'une solution de chaux. Par pure panique, elles tombaient régulièrement dans cette pâte blanche et chaque fois qu'elles se relevaient, l'artiste qui arrivait se trouvait les yeux dans les yeux avec des images de plâtre surprenantes, qu'il n'a par la suite jamais vues d'une manière équivalente, sauf peut-être une fois par son ami Roel Dhaese, avec la sculpture blanche du crâne d'une vache. A l'académie, l'élève avait déjà ressenti le caractère essentiel d'une ossature pour la statue et la difficulté de la construire avec des supports et des appuis. Mais sur base de ces monuments vivants blancs de chaux, Landuyt découvrit qu'ils étaient supportés par leur propre carcasse parfaitement seyante et que l'être humain a encore tout à apprendre de l'esthétique de la nature ; ce fut également le message qu'il retrouva plus tard dans la sculpture d'os de Dhaese. Au cours de la suite de son développement, Landuyt continua à approfondir la grammaire de ces formes dans les musées d'histoire naturelle et sur base des squelettes épurés du monde fascinant des taxidermistes.

Comment ces images stockées très profondément et très loin dans le cerveau et par quels réseaux neuronaux sont-elles en liaison directe avec les images angoissantes de quelque part dans un petit abattoir de son enfance ?
Mais le pire était encore à venir, et est venu...

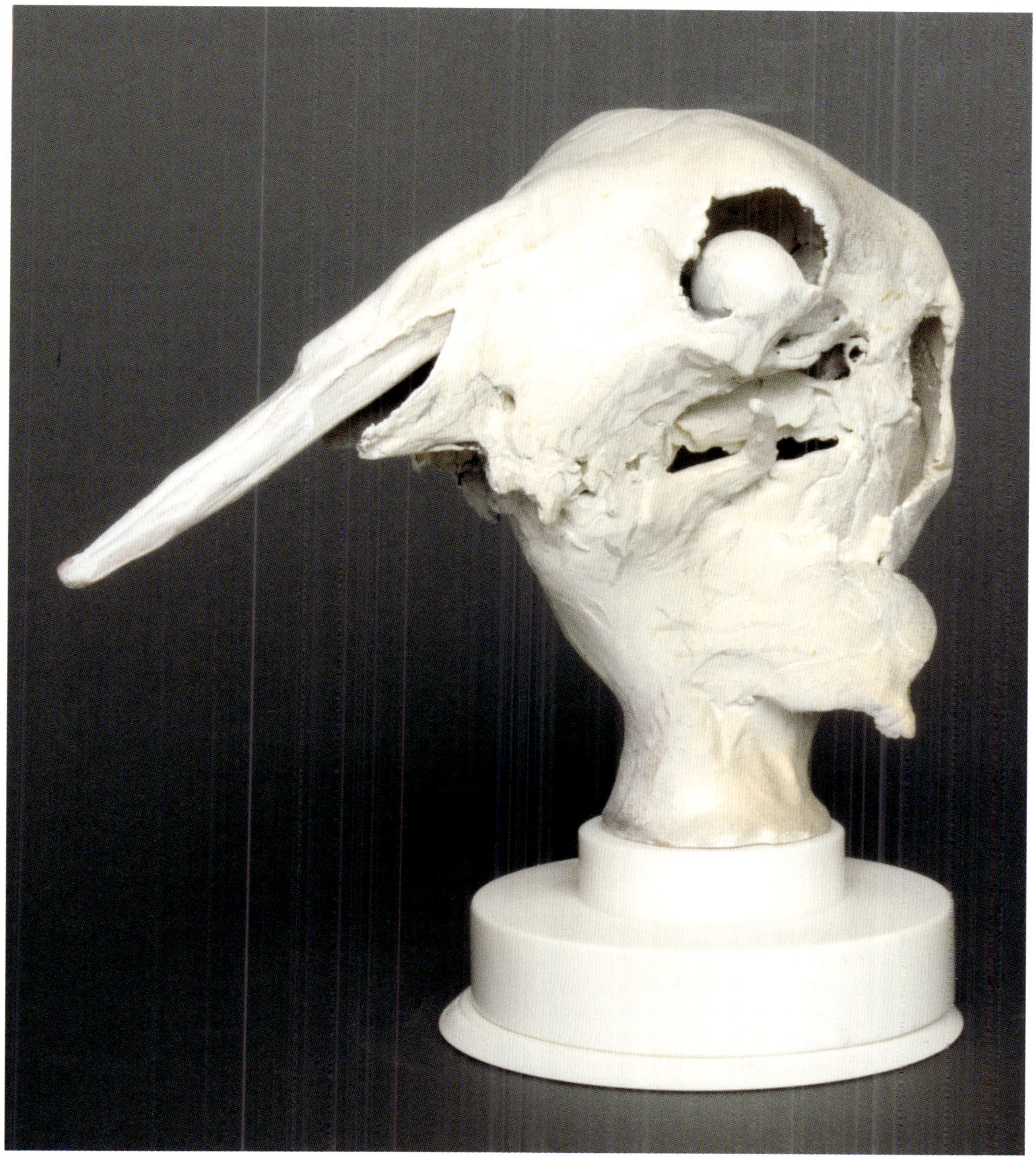

Le bouc émissaire – 2006 – céramique – 25 x 13 x 27 cm

La Vache Recto Verso

Le petit jardin de Courtrai était séparé de la prairie voisine par une balustrade peu élevée, sur laquelle les vaches venaient poser leurs têtes pour regarder à l'intérieur et vers les gens. En hauteur au-dessus de cela se trouvait de biais une barre en fer, à laquelle on pouvait effectuer des culbutes. Cette clôture fut à la base d'une des œuvres précoces de peinture à l'huile Don't fence me in *(1954). En fait, Landuyt voulait représenter la clôture sur toute sa largeur mais en raison du format, c'était à l'époque impossible. Sa mère connaissait bien les vaches, probablement du fait qu'elle était d'origine normande et qu'elle avait beaucoup travaillé dans des fermes : elle savait même traire. Pour elle, la vache était un animal alimentaire et était sacrée, comme chez les Indiens. Mais un élément beaucoup plus important était l'observation de Landuyt de la répartition des taches sur ces animaux, un problème qui reste énigmatique jusqu'à aujourd'hui mais qu'il étudiera minutieusement plus tard et résoudra en grande partie. L'Ecossais Jonathan Bard découvrit comment les structures étaient liées à l'élément temporel et Türing essaya d'expliquer les motifs de la peau avec un de ses modèles informatiques, mais à côté de cela peu de personnes s'occupèrent de ce problème à la fois sans engagement et magnifique... Toutes ses constatations furent déjà appliquées très tôt dans des dessins, sur le rare papier qui était disponible : donc souvent au verso. C'est également de ces expériences vécues que partira son étude ultérieure du phénomène du lambeau, un élément plastique qui est fréquemment présent dans son œuvre. Il l'utilisa également pour sa grande rétrospective de 2007 lors de la présentation de quelques œuvres de jeunesse au Musée de la Région de la Lys à Deinze, comme ce dessin de 1938, en sachant que dans une œuvre, comme dans une vie humaine, il s'agit en général d'une constellation de lambeaux.*

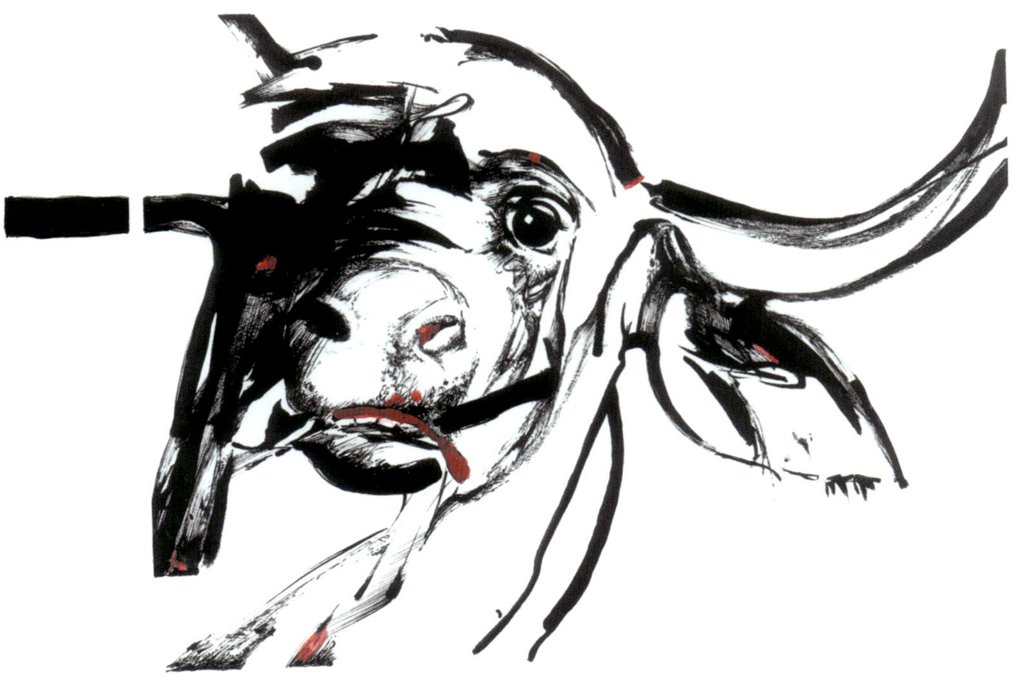

Récemment, le taureau – 1984 – dessin sur papier – 42 x 32 cm

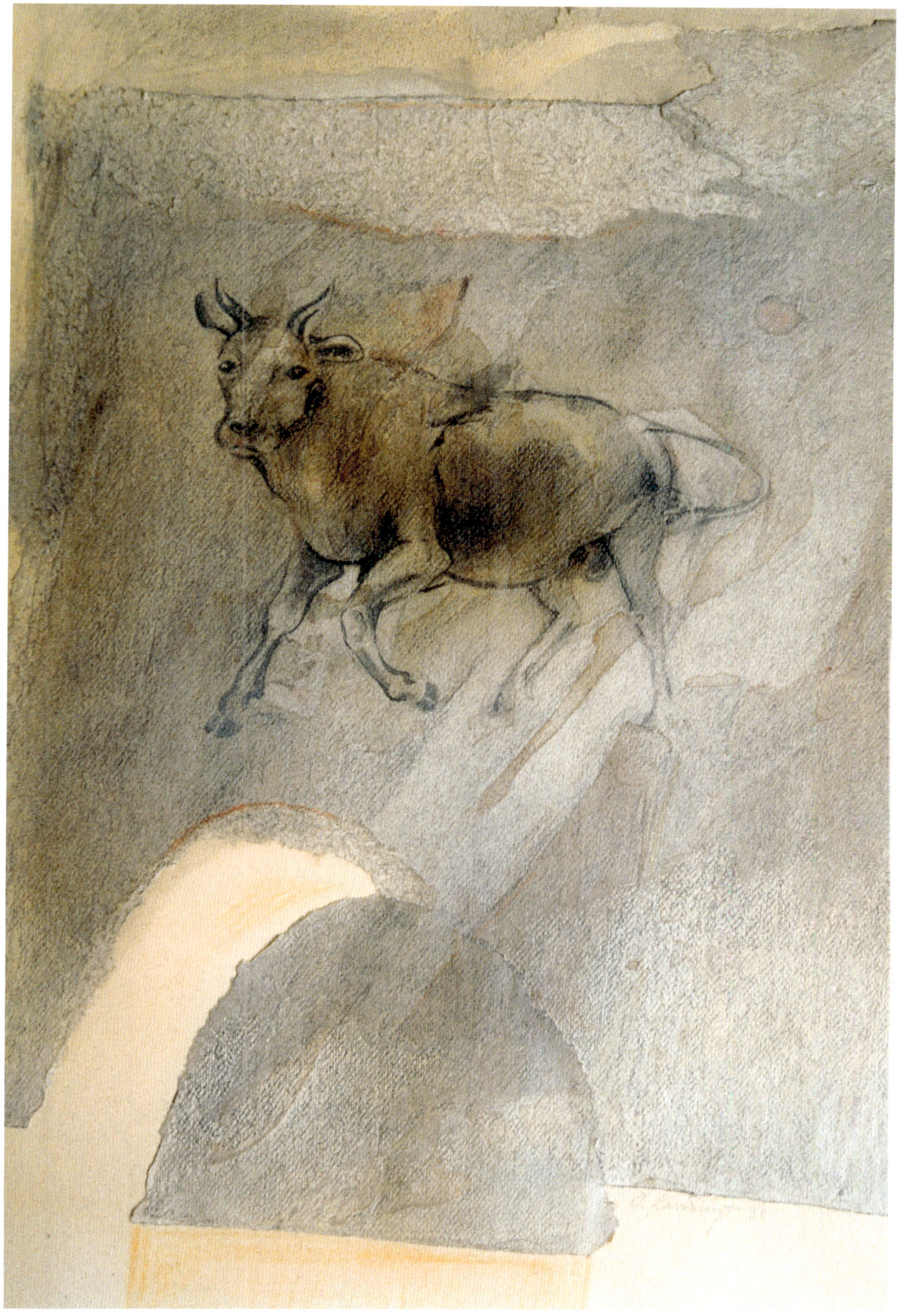

Le taureau taroudé – 1938 – mixed media sur papier – 47 x 35 cm

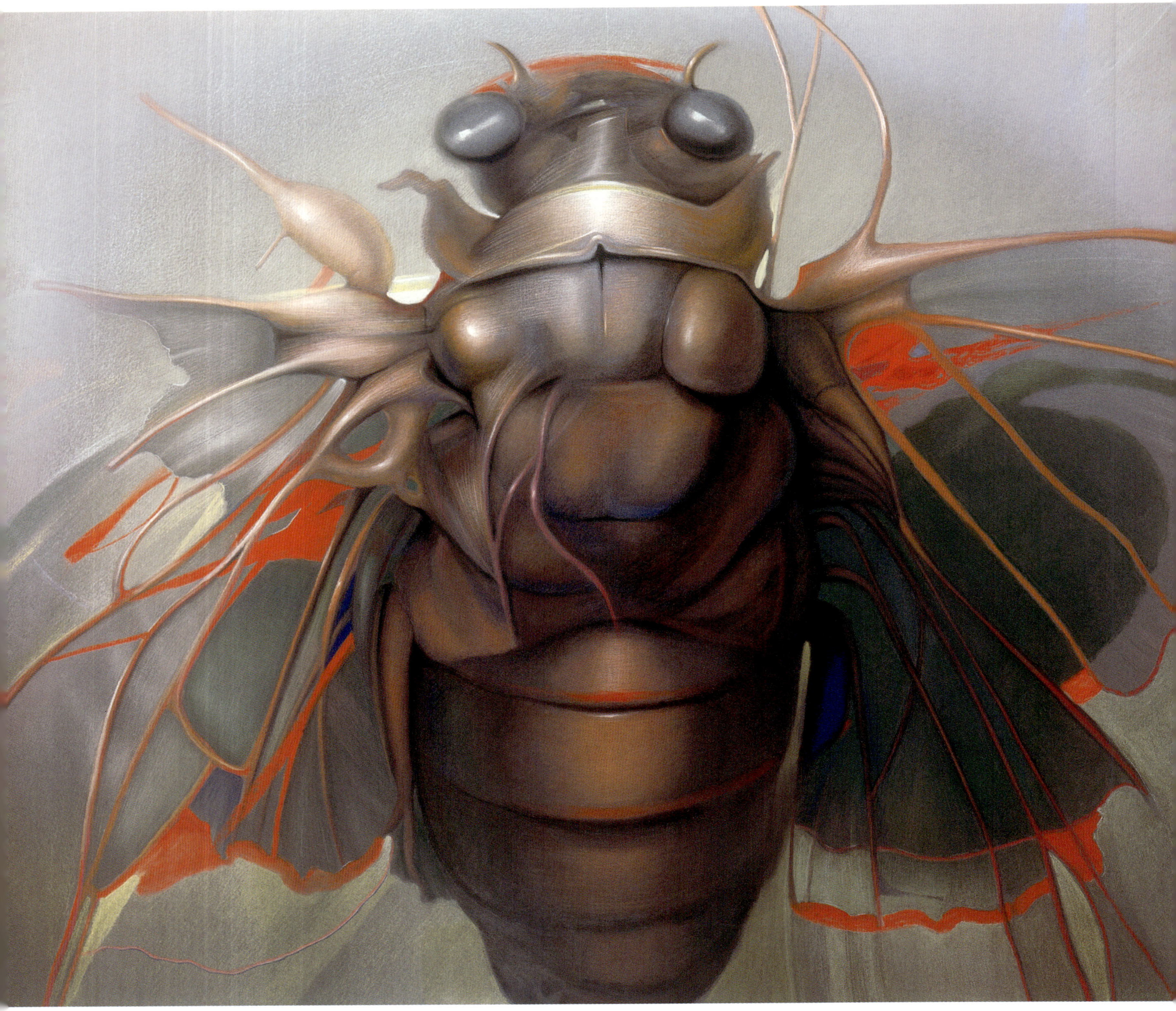

Le samurai – 1985 – pastel sur panneau – 126 x 145 cm

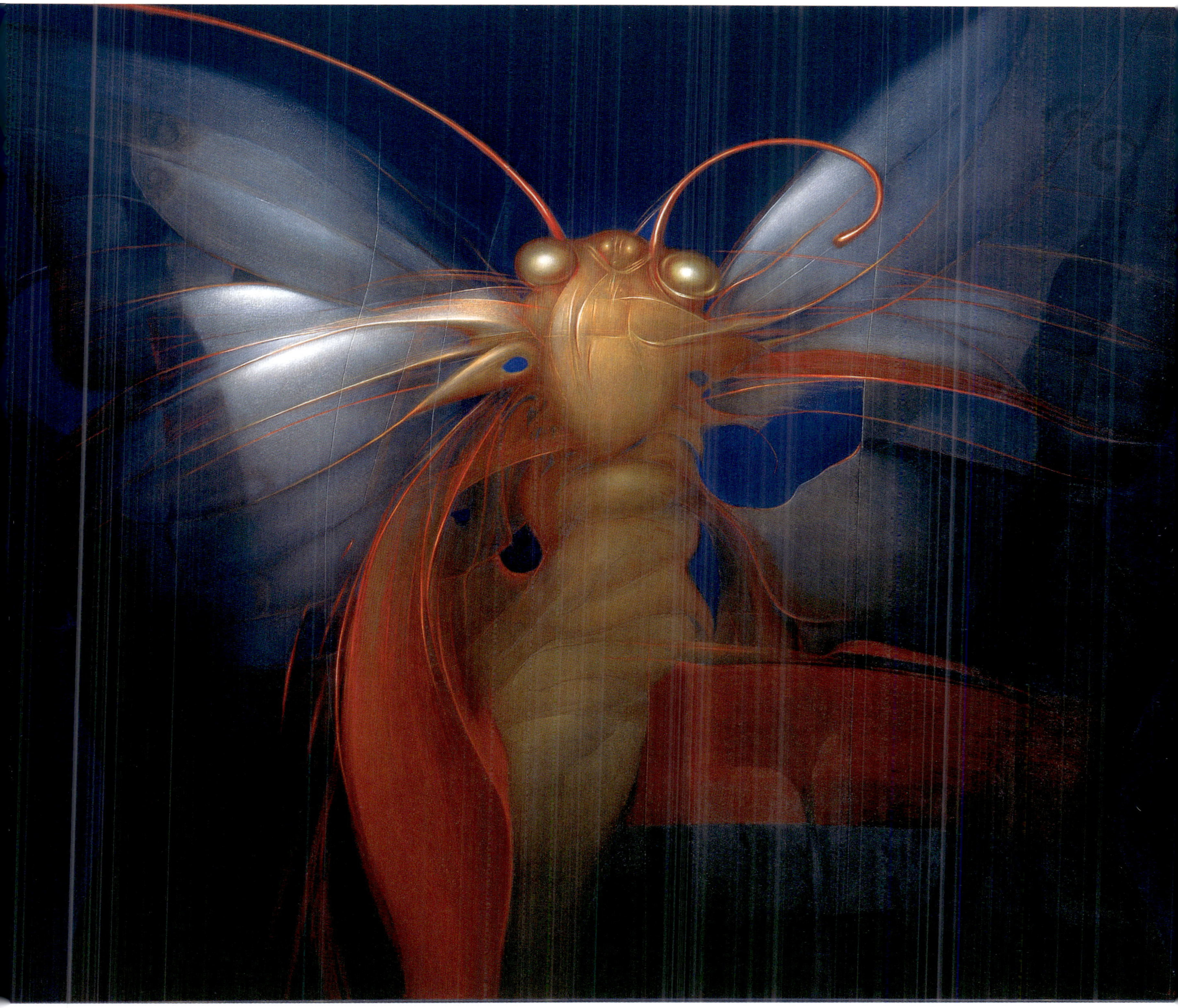

Le vestige du ciel – 1994 – huile sur toile – 168 x 202 cm

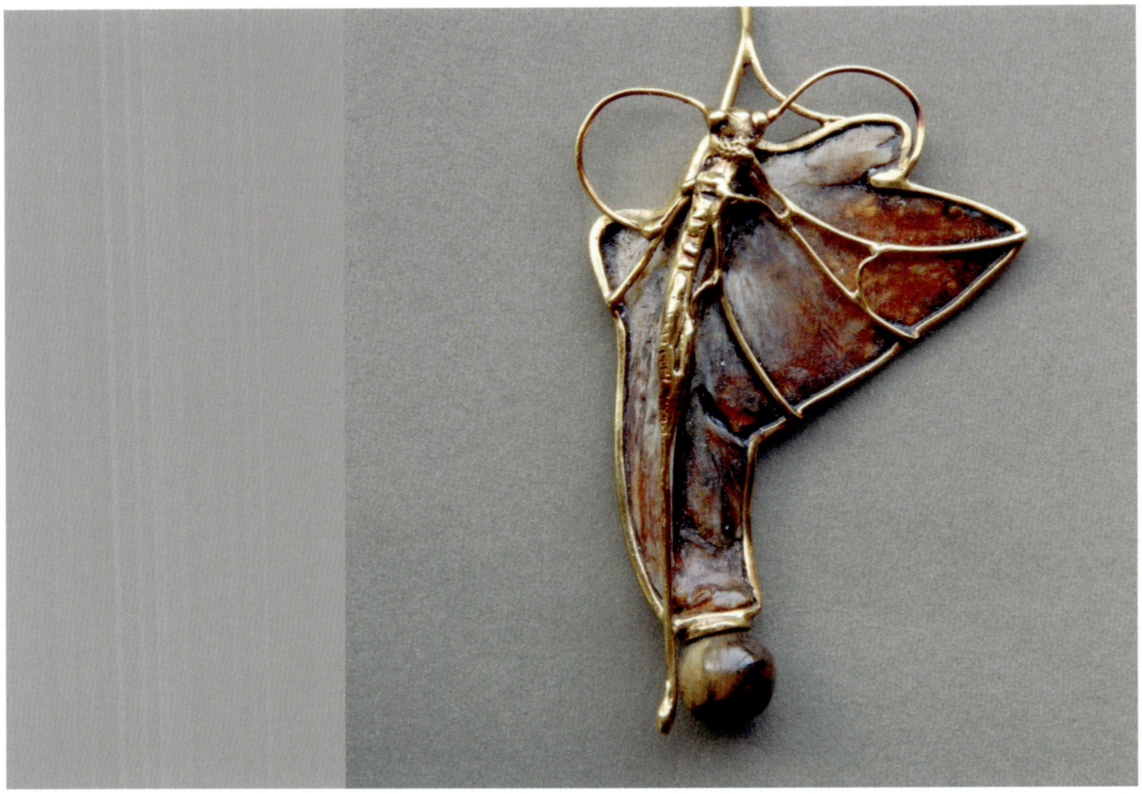

Les membranes de la nuit – 2004 – or jaune – 8,9 x 4,6 cm

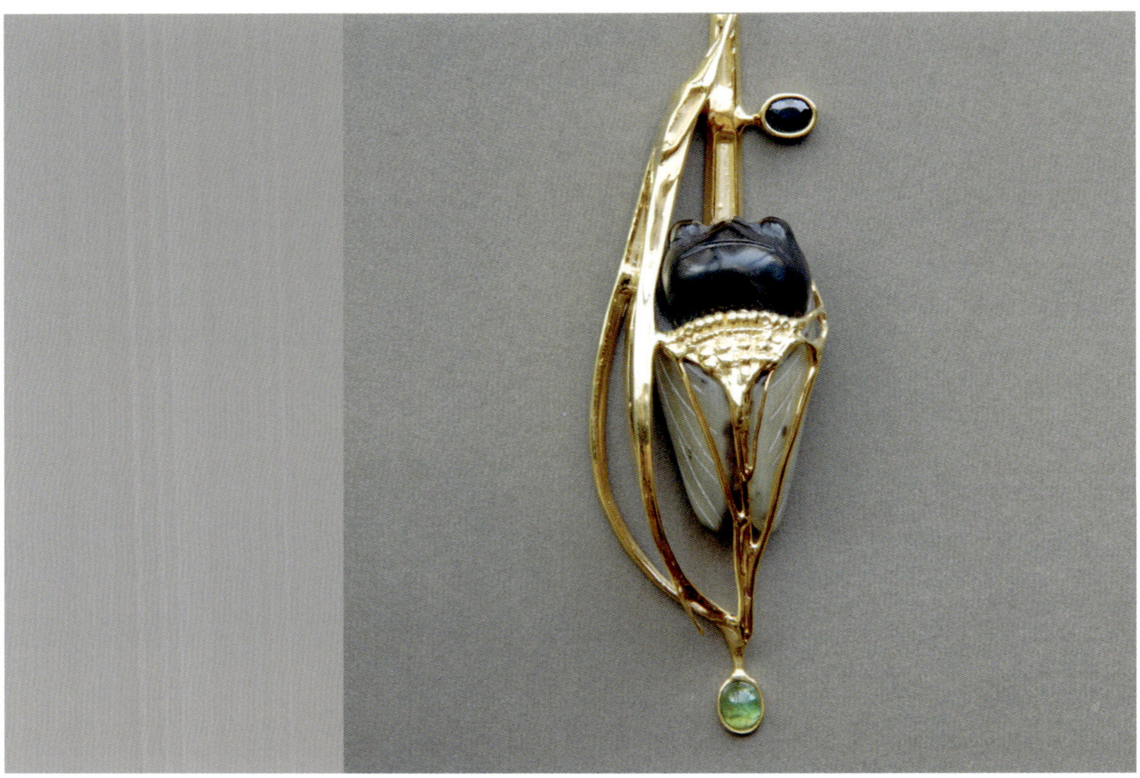

Les ailes repliées – 2007 – or jaune, jade, émeraude, tourmaline – 10,2 x 2,8 cm

Forme et couleur à usage interne : les papillons

Dès son enfance, Landuyt fut intrigué par les formes et les couleurs sur les ailes des papillons. Etant donné que sa mère prenait le sujet au sérieux, elle lui avait offert un petit filet à papillons et il ne quitterait dès lors plus le terrain de chasse des champs de trèfle. Il a certainement nourri des sentiments très contradictoires car pour pouvoir posséder cette beauté passagère, il devait chaque fois tuer un petit animal. Il les collectionnait dans sa petite caisse en bois et il fit un jour un collage remanié de leurs ailes tombées, qu'il conserva pendant des décennies ! Mais conformément à la nature, les papillons sont pour lui l'apparition fugitive de la beauté parfaite, inaccessibles dans leur statut entre statue et surface, entre leur symétrie qui apparaît et disparaît. Dans le cadre de l'étude de Landuyt de l'authenticité de la couleur et de la forme, les papillons furent particulièrement importants. Les couleurs à usage interne se présentent sous deux formes chez le papillon : sous la forme du pigment, la poudre de couleur se trouve sur l'aile comme en fait la poudre de pastel devrait se trouver sur un dessin ; sous la forme de la structure, les couleurs apparaissent en raison de la nature des écailles des ailes et des motifs dans lesquels elles se recouvrent mutuellement à la manière des tuiles d'un toit. Si la forme du pigment fait référence à la peinture, la forme de la structure est composée de couleurs lumineuses, insaisissables dans leur irisation, que l'on retrouve également dans l'éphémère du feu d'artifice et des fontaines - ainsi que dans le film. Les premiers dessins animés mettaient d'ailleurs en scène pas mal de papillons qui voletaient !
La raison pour laquelle ou le principe par lequel ces formes et couleurs des ailes de papillons se présentaient de ces manières spécifiques a continué à le préoccuper et la même chose était valable pour les oiseaux, les poissons et d'autres espèces animales intrigantes sur ce plan. L'étude fondamentale de ce phénomène n'offre pratiquement pas de perspective sur les applications pratiques et le terrain n'est de ce fait pour ainsi dire pas exploité. Dans les années quatre-vingt, le biologiste Diakonoff de l'université de Berlin, avec qui Landuyt aborda le problème lors d'une visite d'atelier, indiqua cependant qu'il avait un jour été membre d'un jury d'une thèse de doctorat qui concernait ce phénomène mais que, selon ses propres dires, il ne l'avait jamais totalement comprise ! Landuyt reçut immédiatement cette Biologische Farbenlehre, Chronologische Analyse des Farbenspiels der Fauna und Flora *de Lucas Peterich (1966) par la poste et apparemment, c'est à peu près la seule chose qui ait jamais paru au sujet du problème de Landuyt. L'œuvre de la vie de Peterich consistait à analyser les combinaisons de couleurs telles qu'elles sont présentes sur les plantes et les animaux. Il en ressortait que ces combinaisons ne comportaient pratiquement pas d'exceptions et que la théorie classique de la formation des couleurs typiques était en soi insuffisante pour étudier les phénomènes des couleurs biologiques. Dans la première, les combinaisons qui sont constituées de couleurs complémentaires sont les plus fortes, mais dans la théorie biologique de la formation des couleurs, des proportions non-complémentaires peuvent générer autant d'intensité de couleur. Cela n'avait jusque là encore frappé personne… Mais la théorie biologique de la formation des couleurs s'est également arrêtée là car pour l'étayer, toutes les espèces végétales et animales vivantes devaient être étudiées. Et à quoi cela peut-il encore servir aujourd'hui ?*

A un grand âge, l'artiste, qui se voit dans son souvenir jouer au football dans la prairie, reconnaît des situations qu'il ne comprenait pas encore à l'époque : il ne savait pas encore qu'une manière d'agir ou de jouer était déterminée par des paramètres inconscients. Il jouait au football entre les bouses de vache entourées d'hautes herbes de la même manière qu'il devrait plus tard travailler dans le tableau entre les points d'appui de la composition. L'adolescent ressentait la situation politique d'avant-guerre et son climat à travers son cercle familial qui affichait une attitude critique vis-à-vis de la société, un antidote contre le nationalisme flamand de l'époque. Les slogans pacifistes, qui rappelaient encore la guerre précédente, cessaient rapidement ou étaient dissimulés pour laisser la place à des circonstances suivantes – qui ne se font jamais attendre.
Il s'agit cependant d'un tout autre jeu qui influencera bientôt le déroulement d'une vie humaine – et de l'histoire. Dès 1936, il avait été ordonné que tous les bâtiments publics devaient être dotés d'un abri à l'épreuve des bombes et des gaz et dès 1937, des instructions avaient été décrétées concernant les cours sur la protection contre les attaques aériennes, devant être dispensés dans les écoles.

Lorsque l'Allemagne débuta la guerre et avant qu'aucun coup de feu n'ait été tiré à Courtrai, une grande partie de la population, qui ne se rappelait que trop bien de la Première Guerre mondiale, prit la fuite. Les Landuyt partirent en Normandie avec une famille d'amis et avec leur camionnette parce que Hubertine Maricq y avait autrefois longtemps séjourné et connaissait la région et la route. La panique était entre-temps devenue totale après une première attaque aérienne sur la gare de triage, lors de laquelle il y eut des morts dans l'usine voisine de la Kunstwerkstede De Coene, où plus de trois mille personnes étaient employées à l'époque.
A la situation stratégique de la gare de triage, la dernière avant le lieu de débarquement possible des alliés, et des bâtiments de la Kunstwerkstede liés à celle-ci, nous devons ajouter celle de l'athénée ou de l'école de Landuyt, qui se trouvait juste en face de la fabrique de meubles. Après la guerre, tout sera rasé.
Entre-temps, les Landuyt étaient pris dans l'exode, un long chemin de souffrance parmi les nombreux réfugiés avec des charrettes, des vélos et des voitures qui étaient poussées pour économiser l'essence. L'occupant y maintenait la panique en prenant régulièrement les colonnes sous le feu des mitrailleuses.

L'enfer de cet exode dépassait dans son horreur tous les souvenirs de l'abattoir et des images de plâtre du marché aux bestiaux. Des charognes de vaches et de chevaux gisaient tout le long du trajet, parfois avec les pattes en l'air et gonflées par les processus de fermentation qui duraient depuis des jours. De telles formes se trouvent à leur tension extrême et sont pratiquement littéralement marquées au fer rouge sur la rétine. Elles ne quitteront plus jamais l'artiste – pour qui l'œil pense toujours avec le cerveau –, et influenceront de manière durable son langage des formes avec leurs variantes topologiques.

Topologie pour les enfants

Une des images mémorables de l'enfance de Landuyt est le décollage du ballon, un événement qui dans les années vingt avait plus d'impact pour la population que le lancement d'une nouvelle station spatiale aujourd'hui. Ceux qui ont encore pu vivre cela savent qu'il fallait une demi-journée pour rendre cet événement possible. Il y avait d'abord un immense sac plissé sur la place, que l'on remplissait d'hélium. De petits sacs de sable étaient préalablement fixés au filet qui allait entourer le ballon pour maintenir le colosse au sol. Le remplissage du ballon avait pour l'enfant Landuyt quelque chose de mystérieux : il y avait un disque plat qui allait devenir une boule ; pendant les premières heures, une sorte de bas-relief se formait, celui-ci changeait en permanence de forme du fait de ses boursouflures qui bougeaient. Le futur artiste plastique était capable d'y reconnaître des formes et des personnages toujours différents pendant tout le déroulement. Sur base de ses croquis d'enfant de cet événement, il réalisa en 1945 le dessin La victime *(13,2 x 26,5 cm).*

Il ne pouvait à l'époque pas encore établir le lien avec la Plateaustraat, qui ne se trouvait pas très loin du ballon et du parc. Dans le film Ballon Rouge*, la Palme d'Or du court-métrage de 1956, Lamorisse (1922-1970) utilisait une inoubliable scène du trépas. Le rôle principal, un enfant qui s'est lié d'amitié avec un ballon rouge, qui le suit partout, est tellement envié par les 'autres' que ceux-ci vont crever volontairement le ballon. Lamorisse filme le processus du ballon qui se dégonfle et ce ballon devient pour ainsi dire un objet angoissé dans toutes ses formes transitoires en se ratatinant. Pour Landuyt, cela constitue un des jalons de ce film esthétique. Le déroulement de tels processus était si intriguant pour son travail que cela le conduisit à la topologie. Il discuta certainement de ce problème dans ses conversations avec Lamorisse, avec qui il fut mis en relation via le photographe français Sutre. Il n'existe pas de biographie de Lamorisse, qui perdit la vie lors d'un enregistrement dans un accident d'hélicoptère. La nouvelle vague signifiera d'ailleurs la fin du cinéma poétique.*

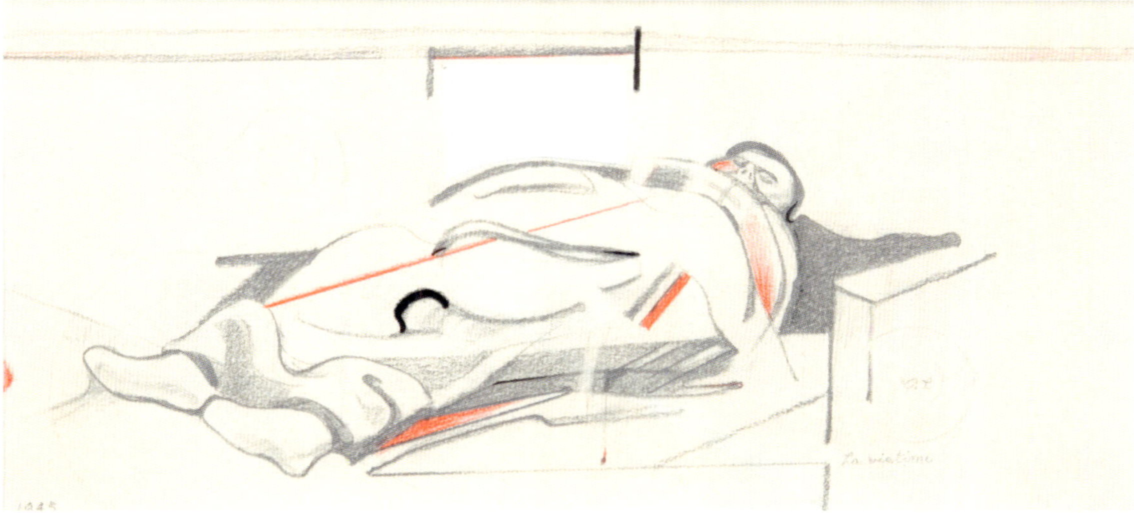

La victime – 1945 – dessin sur papier – 13,5 x 26,5 cm

Le contexte social et culturel de cette période n'est pertinent dans cette approche que dans la mesure où il a influencé l'artiste sur le plan du contenu ou dans sa pensée plastique. Nous partageons la conviction que le premier souci d'une famille ordinaire pendant l'occupation n'était pas politique mais bien celui de survivre, et que seule une minorité a choisi le côté de l'occupant pour des raisons matérielles et idéalistes. Au cours de cette période limitée, leur influence ne fut cependant pas si innocente et elle mérite que l'on s'y attarde un instant, même si le temps a fait en sorte de tout estomper. C'est ainsi que nous pouvons à peine encore nous imaginer qu'en raison de la disette, des terres en friche, des accotements et des parcs étaient réquisitionnés pour la culture des pommes de terre. La crainte permanente des bombardements n'était pas sans fondement et Landuyt l'a exprimé plus tard dans la célèbre peinture *Escadrille*. A partir de 1943, des abris furent improvisés massivement et une grande majorité des habitants de la ville partirent pour des villages de campagne moins menacés. La population (41.464 en 1940) baissa en centre-ville à 4.000 en 1944. Il faut également signaler que la résistance était déjà active depuis 1941 et se développait en un mouvement non négligeable. Pour être complet, ne devons-nous pas, également, parler en passant du monde artistique ? C'est en 1943 que fut créée la commission culturelle municipale, dont faisait également partie le président de l'assez active corporation des artistes de Courtrai. Il fut décidé qu'il 'allait de soi' que cette organisation soit appelée à jouer un rôle essentiel dans une administration de la terre taillée sur le modèle des coopératives. Ceux qui connaissent un peu la fondation du nouvel ordre le savent certainement. Cette corporation faisait à son tour partie de la fédération des artistes flamands, dont Emiel Hullebroeck était le président. Lorsqu'une exposition fut inaugurée solennellement le 19 janvier 1943 dans le théâtre municipal de Courtrai, nous notons la présence du président du conseil culturel flamand, le prêtre-poète Cyriel Verschaeve et du vice-président de la fédération des artistes flamands, Albert Servaes. Leur position favorable au nouvel ordre ressort clairement des discours. A ce moment-là, Emmanuel Viérin était déjà pensionné, d'autres artistes continuaient à travailler dans l'espoir de jours meilleurs et d'autres encore faisaient déjà partie de la résistance. Il ressort très clairement de ces données que le mode de pensée de la scène culturelle locale était en contradiction flagrante avec celle de cet artiste de 21 ans et de sa famille. Il n'empêche que Landuyt considère le *Chemin de Croix* d'Albert Servaes comme l'un des chefs-d'œuvre de l'art européen.

Dans le langage des formes des corps dilatés lors de l'exode se trouve le germe de l'exploration de la tératologie par Landuyt. Le normal – selon la *norme* – n'est qu'une catégorie de la réalité visible, et il découvrira bientôt que les phénomènes de forme, en tant qu'aspect du monde biologique et de l'univers, changent ou mutent sans cesse – la mort aussi est une transformation – et que dans l'art il s'agit également de changements qui forment des genres. La déviation par rapport à la forme normale peut être réduite et malgré tout déjà provoquer des effets particuliers lors de l'observation. L'influence de

telles expériences visuelles de la guerre passeront au début des années cinquante à l'avant-plan et mettront le monde artistique de l'époque sens dessus dessous.
Alors que les jeunes de la guerre se cherchaient un chemin dans ces temps incertains, l'un dans l'expérience du quotidien, l'autre dans le travail obligatoire en Allemagne et un autre encore sur le Front de l'Est et alors que les parents s'efforçaient de traverser cette période, le canal de Bossuyt avec son pont et ses équipements de natation avec de véritables cabines était l'un des rares endroits de détente, où les jeunes se réunissaient avec les soldats, et où l'on pouvait avoir l'impression qu'il ne se passait pas tant de choses que cela.
Mais en fait la résistance était à l'époque déjà un fait incontestable sous ses innombrables formes cachées, et beaucoup de ces mouvements trouvaient leurs racines à l'Athénée. En 1942, une vague d'arrestations dans cette école fut déjà néfaste pour toute la résistance locale. Les opinions politiques des professeurs et de la direction étaient diamétralement opposées et beaucoup d'élèves se trouvaient dans plusieurs mouvements de résistance en même temps. La portée de cette situation n'apparut qu'après la guerre lorsque l'athénée avait été détruit par les bombardements et que l'on devait donner cours dans des baraquements provisoires : chaque baraquement portait le nom d'un élève qui était mort lors d'exécutions ou dans des camps de concentration.
Landuyt et son père étaient eux aussi des maillons dans une chaîne de la résistance, dont les participants ne connaissaient chaque fois que quelques segments pour des raisons de sécurité. A cette époque, toute personne qui ne travaillait pas ou qui n'allait pas à l'école était tenue de se déclarer, mais avec le temps les critères étaient devenus plus vagues et tous les jeunes pouvaient être arrêtés et même être déportés pour le travail obligatoire. Pour y échapper, Landuyt suivit, sur conseil de son mentor De Vleesschouwer, une formation complète de dessinateur sur tissu dans l'école technique municipale. Lorsque, après cette formation, il se retrouva à nouveau dans la rue, il fut arrêté et mis au travail obligatoire dans une usine de meubles à Anzegem, où il apprit à manipuler toutes les machines. Après la guerre, ces machines seront confisquées et utilisées dans l'école normale de Blankenberge pour la formation des professeurs de travail manuel – où Landuyt put alors à nouveau les manipuler en tant qu'élève ! Après l'industrie de meubles, il se retrouva dans la *Umschulungswerkstatt* de la firme Erla, l'usine de Messerschmidt à Leipzig ; pour cause de mauvaise conduite, il fut placé dans la section disciplinaire, où il fut reconverti en ouvrier métallurgiste sous le contrôle de gardiens d'usine armés. L'artiste y apprit beaucoup de choses qui lui seront utiles plus tard, mais il se préparait cependant très intensément à la simulation d'une syncope ! Il obtint ainsi une attestation pour aller chez un docteur et alla se cacher chez un ami aveugle accordeur de pianos. Il y apprit que son père avait été arrêté, interrogé sur sa cachette et tabassé brutalement à cette occasion. L'artiste y consacrera en 1967 une peinture combinée à de la céramique. Dans le titre de ce tableau, le mot *roos* se réfère à l'expression allemande '*Raus!*'. Toute son œuvre comporte fréquemment de telles

expressions cachées qui témoignent d'une certaine réserve, d'un camouflage des émotions dont l'œuvre est elle-même chargée.
Vers la fin de la guerre, la ville fut encore bombardée à plusieurs reprises : en mars, 2.100 bombes anéantirent à nouveau la gare de triage en vingt minutes et provoquèrent la mort de 250 personnes ; le 10 mai, il y eut dix morts mais les rails de la gare pointaient comme des spaghettis dans l'air. Le 21 juillet, le centre-ville fut touché de manière fatale et seuls les églises et l'hôtel de ville étaient encore debout : le bilan était de 175 morts et quelques 1.000 blessés. Landuyt vécut les bombardements de Courtrai depuis sa cachette et vit ensuite personnellement quelques corps qui étaient pendus dans les fils électriques près de la gare visée. Ces événements laissèrent une empreinte sur notre témoin oculaire, que nous ne pouvons plus nous imaginer aujourd'hui, dans notre société où les atrocités lointaines nous parviennent sous forme numérique et pratiquement comme au cinéma. « Le soir pendant le couvre-feu, on ne pouvait pas fumer de cigarette sous peine de se faire arrêter pour ce petit point rouge mais lorsque le bombardement débutait, on pouvait lire le journal dans l'abri souterrain. Ce n'était pas une lumière ordinaire mais un flamboiement rouge et sinistre qui mettait déjà le feu à l'avance à la ville, et qui reliait tout dans un glacis rouge. »
Est-ce là l'origine du mystérieux rouge de Landuyt ?

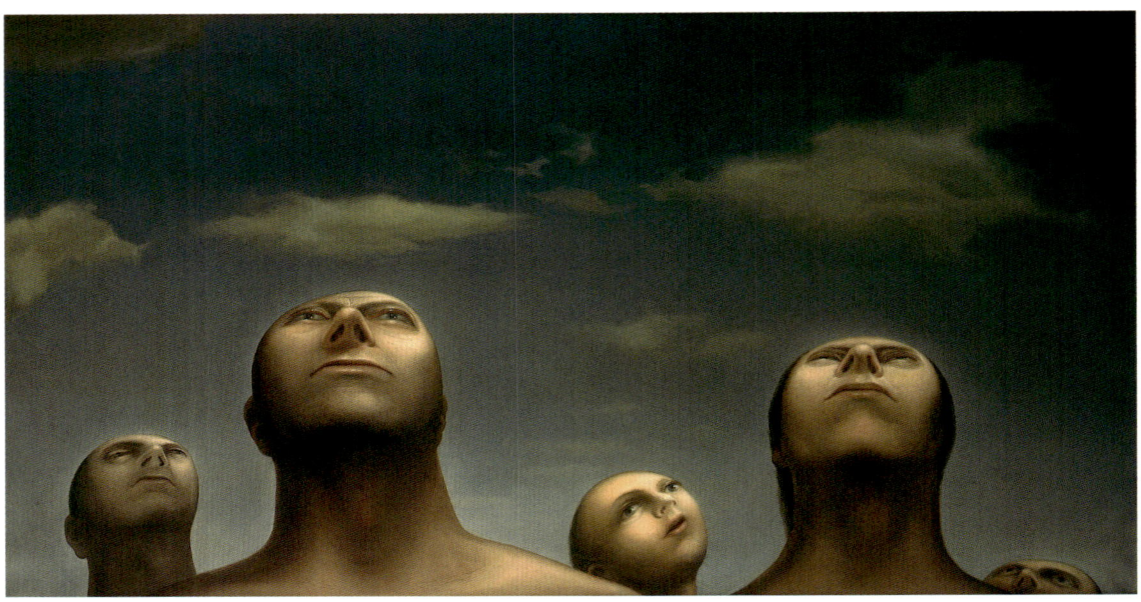

Escadrille – 1952 – huile sur toile – 70 x 31 cm – SMAK Gand
Sans doute l'oeuvre la plus connue, utilisée en Israël comme symbole de la menace de guerre en 1956.

Le rouge est infiniment plus que de la pâte dans un tube, des pigments dans une boîte, une fréquence ou une couleur lumineuse qui avertit (pourquoi ?). Pour Landuyt, le rouge est une notion, un monde, un aspect fondamental de l'univers, un petit morceau de soleil ou de magma qui peut être mis en marche par l'homme pour cuire un œuf ou anéantir une ville. Cela l'a accompagné du point de fusion de la poix du cordonnier au creuset du bronze, de la forge au feu d'artifice éphémère que ses pots de fumée déclenchaient lorsqu'ils s'écrasaient dans l'obscurité contre un mur, du rougeoiement dans le four à céramique au flamboiement rouge dans la peinture. *Rudhir*, le mot sanskrit pour rouge, est l'un des plus anciens synonymes de sang, et il n'est pas étonnant que la période organique de Landuyt s'y réfère car c'était également un symbole pour la vie, pour la fertilité et pour l'amour : c'est la raison pour laquelle la rose doit encore être rouge maintenant – rouge sang même. Dans les anciens textes religieux, il était déconseillé d'utiliser ce rouge ; cela s'était également mal passé avec Adam, lui aussi créé avec de l'argile rouge. Mais dans l'expression plastique, le sang fut très vite utilisé comme pigment, on distingua rapidement les rouges organiques des plantes (lies) et des animaux (garance) des rouges inorganiques : l'oxyde de fer qui se trouvait partout dans la terre qui rouille. Le rouge le plus saturé était la terre glaise et était utilisé par les anciens maîtres pour polir, et ils découvrirent le rouge des rouges dans l'hématite sanguine, également appelée *Caput Mortem*. Cette hématite, extraite en Egypte près de la mer Rouge, est le summum de tout le pouvoir colorant et peut être diluée à l'infini, elle permettait donc aux maîtres d'accentuer leurs peintures ou simplement de peindre des sanguines. C'était également la couche de fond utilisée par Breughel, le diapason sur lequel il greffait sa palette avec toutes les magnifiques conséquences que cela engendra...
Mais tous ces rouges sont de la matière, ils ne suscitent dans l'art qu'une illusion. Le rouge du bombardement est d'un autre ordre thermodynamique, que l'on ne voit pas mais que l'on ne peut ressentir que là, dans cet enfer et que nous appellerons le rouge de Landuyt. Son rouge est greffé sur Dresde et Hiroshima et fait également pour cette raison référence à la mort et à la précarité, au verso. Ce jour de juillet, il fit l'expérience de se trouver au centre de l'univers, dans le moteur même de la théorie des ions, au cœur de la 'catastrophe ultraviolette', où les couleurs ne reflètent plus sur des corps noirs mats mais prennent forme par un pur rayonnement d'énergie. Il était confronté ici à un tout autre aspect du phénomène couleur, qui était pour ainsi dire arraché de son support, et ce fut probablement l'un des motifs des nombreuses expériences effectuées dans son centre de recherche visuelle qui verrait le jour plus tard. C'est un domaine que Landuyt pourra explorer – chaque homme sage a ses maîtres – sur base d'Ilya Prigogine, qui a reçu le prix Nobel pour son étude de ces processus thermodynamiques et a pu lui fournir énormément de notions sur les systèmes stables et surtout instables, dont la fumée et le feu font partie. L'essence de toute existence est peut-être elle-même un flamboiement indéfinissable, même si le rouge n'est alors depuis longtemps plus une couleur mais une notion.

Céline se demandait un jour : « l'art est-il possible sans une danse avec la mort ? » Le fait est que Landuyt n'avait jusqu'à cette époque fait aucune œuvre avec des dominantes rouges et qu'un flamboiement rouge dominera à partir de ce moment-là beaucoup de ses œuvres.
L'auteur américain Kurt Vonnegut, qui survécut à la catastrophe de Dresde dans la cave à viande d'un abattoir (!), note : « A l'intérieur, il n'y avait plus rien sauf des cendres et des grumeaux de verre fondu. La flamme dévorait tout ce qui était organique et qui pouvait brûler. Le bois était digéré et les pierres tombées par terre, les unes au-dessus des autres, jusqu'à ce qu'elles forment finalement des courbes basses, élégantes. » Chez Landuyt, le choc visuel à la vue des ruines était encore beaucoup plus profond.

Lorsque, après le bombardement, plus aucune rue n'était reconnaissable dans la ville, l'artiste ressentit – et une nouvelle fois l'œil s'associe à la réflexion – ce qui était décrit inconsciemment par Vonnegut. D'un point de vue plastique, la vue d'une ville en ruine est fascinante. Des pans entiers des maisons étaient arrachés et seuls quelques murs restés debout témoignaient encore de la forme qu'elles avaient autrefois. Ici aussi, les briques gisaient en vagues sur les gravats, dans un désordre dont l'ancien ordre n'avait pas encore totalement disparu et tout se trouvait sur un chemin de retour, dans une phase de transition. Les supports des caves se trouvaient dans le vide comme des colonnades carbonisées ; sur le sol, les charpentes ressemblaient à des squelettes déformés, qui constituaient ensemble une rue déformée qui faisait partie d'un quartier déformé.
Un squelette de dinosaure et une charpente de toit se ressemblent au niveau des structures fonctionnelles, mais ici la cohésion avait été perturbée de l'extérieur par une force intégrale. Landuyt étudiera le comportement de ces formes transitoires, lorsqu'il fera usage de la topologie dans son langage des formes. Il fixera très souvent dans son œuvre des états transitoires entre la construction et la déconstruction, comme sur une photo instantanée, et il en accentuera également la direction. Construction et démolition, composition et décomposition sont équivalentes dans le processus plastique de Landuyt et c'est précisément pour cela que l'art implique pour lui souvent une destruction.
Un artiste dessine toujours ce qui l'a marqué. On retrouve dans ses céramiques ou dans ses grandes statues en bronze les nombreuses armatures à béton des ponts explosés restées debout, les rails se dressant vers le haut et les chevrons asymétriques debout dans les tas de gravats comme un jeu de lignes de barres. Dans les peintures ou les dessins, ils apparaissent sous la forme de petits tuyaux ou de lignes qui ne se rapportent encore à aucun niveau à cette période mais y sont pourtant fortement liés.

Dans le vacuum bizarre, né du retrait de l'occupant et du doute que la guerre soit maintenant oui ou non vraiment terminée, Landuyt partit sur le littoral avec ses amis José Vermeersch, peintre et à l'époque pas encore céramiste, et le sculpteur De Cnock, pour y visiter le mur de l'Atlantique. En fait, c'était alors encore une zone réellement dangereuse, car rien n'avait été déminé ni évacué. Le trio occupa d'abord une ferme abandonnée à Westvleteren et séjourna ensuite un certain temps au 'Het Gemeentehuis', un petit café d'Uitkerke. Ce fut la période au cours de laquelle, dans leur obsession de l'art véritable, ils s'interrogeaient sur *l'authentique*. C'est ici que réside le germe d'une des plus importantes caractéristiques de l'œuvre de Landuyt, et nous devons déjà indiquer qu'il ne s'agit pas de caractéristiques isolées mais que tout interfère de telle manière que dans l'œuvre d'art un nouveau fonctionnement autonome voit le jour, et plus encore : celui-ci établira lui-même à nouveau des liens avec l'environnement, et y mettra en marche un nouveau processus, ce qui à nouveau... On suspecte déjà à quoi cela pourra mener !

Celui qui correspondait le mieux à leur critère d'authenticité dans la peinture de cette période était Constant Permeke. Landuyt le connaissait déjà depuis 1943 et ils allèrent donc à nouveau lui rendre visite. Le trio était tellement sous le charme qu'ils en firent un petit jeu quotidien de découvrir l'authentique de Permeke dans le paysage et dans la vie paysanne ! En effet, qu'y avait-il de plus authentique que la terre, qui se trouvait déjà en tant que telle dans les tubes de terre de sienne et d'ocre ? Qu'y avait-il de plus authentique que la rouille, née de l'oxydation, de laquelle tant de rouges proviennent ? Et dilemme : est-ce encore *authentique* quand on l'emploie dans l'art dans cet état épuré ? Mais qu'y avait-il d'encore plus authentique que le noir momie ? Permeke le savait et utilisa certainement – comme beaucoup d'autres – cette couleur noire brunâtre dans ses toiles. Le pigment était extrait par le broyage d'*authentiques* momies égyptiennes et était disponible jusqu'à environ 1925 sous forme de peinture à l'huile. Un détail marquant : 'momie' provient du mot arabe *mumya*, qui signifie bitume, car le baume était composé de natron, une substance ressemblant à de l'asphalte. Est-ce une des nombreuses raisons pour laquelle ces œuvres foncent déjà maintenant ?

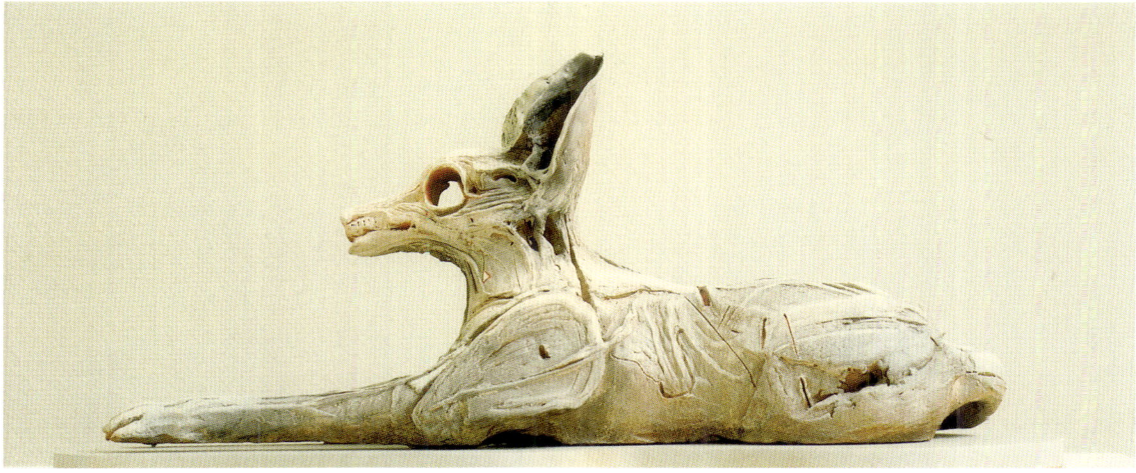

En reniflant un vaste horizon – 1983 – céramique – 24,5 x 58 x 23 cm

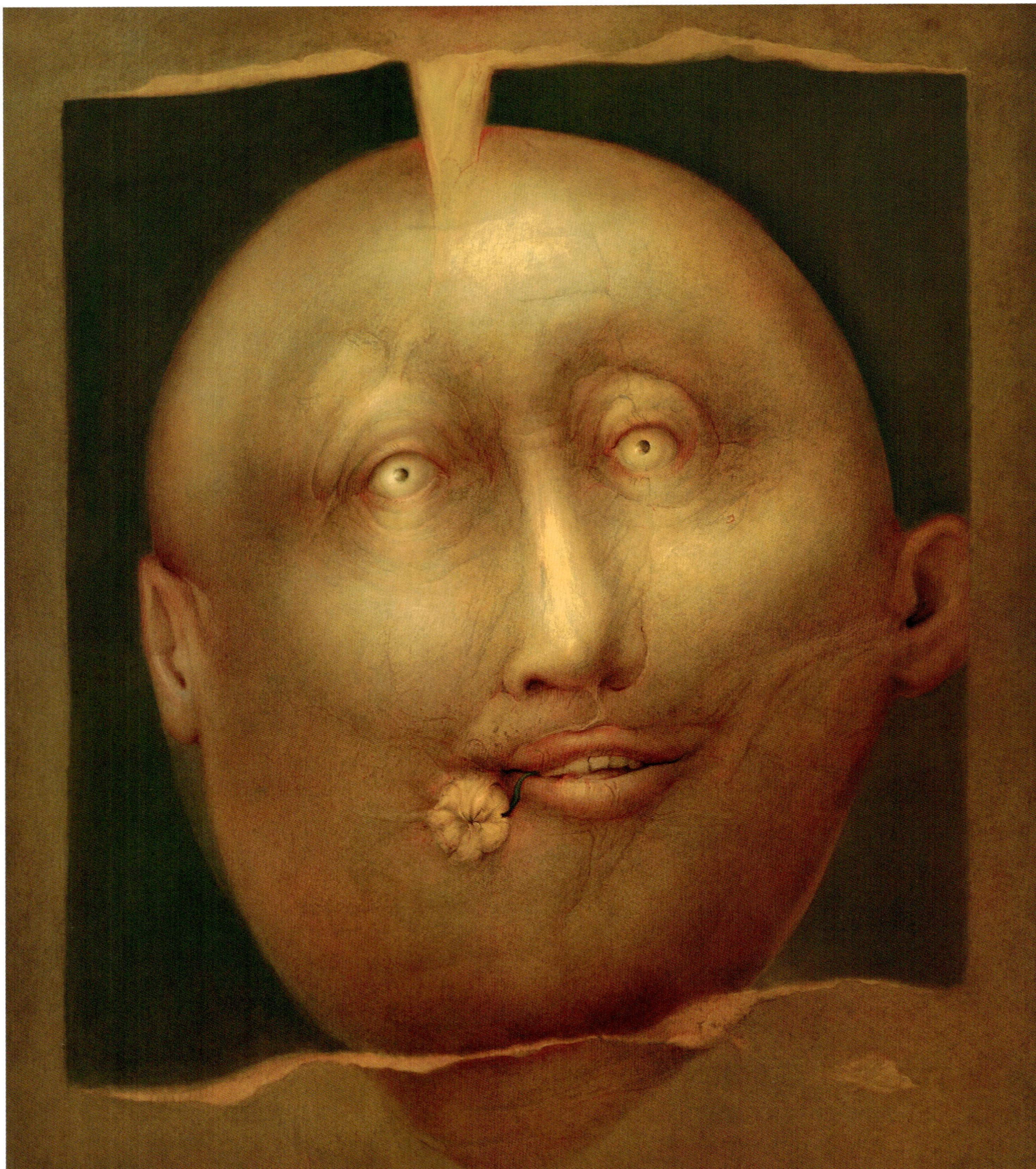

La saveur d'un jaune en fleur (le soufreur sicilien) – 2005 – huile sur toile – 157 x 147 cm

Pétrole

A l'occasion d'œuvres comme H2 SO4 *et* Petroleum *(1956), Landuyt reçut une commande de la Shell Oil Company et il passa de ce fait plusieurs semaines dans la raffinerie de pétrole de la ville néerlandaise de Pernis. Il y fut saisi par la beauté plastique surréelle de l'organisme comportant des milliers de tuyaux, où d'innombrables cœurs hydrauliques pompaient le liquide noir dans un périmètre de soixante kilomètres à travers un corps immense. Les conduites se tortillaient dans d'élégantes courbes autour des réservoirs cylindriques, sur lesquels débouchait parfois une ramification. Pour l'artiste, la raffinerie était un poème symphonique géométrique. Son idée mégalomane de décorer ces cylindres en glissant dessus des lambeaux, en fait des manchons en bas-relief, resta un rêve inexaucé en raison de son ampleur démentielle. Il avait pourtant déjà découvert dans une entreprise le principe qu'il devrait utiliser. Il donnerait la forme qu'il avait conçue à vide à des feuilles de plastique chauffées sur des moules en bois, pour les fixer ensuite sur les conduites. Les personnes de contact de l'entreprise acclamaient la proposition, mais on peut sans peine s'imaginer la réaction d'un membre du conseil d'administration à ce projet gigantesque, et le cas échéant encore plus facilement celle des actionnaires. Mais à cette époque, l'artiste était un ermite et pas encore un entrepreneur.*
Dans ses peintures et ses sculptures en céramique, d'élégants petits tuyaux rappellent ici et là son expérience dans la raffinerie de pétrole, et une œuvre en particulier : Golden Gate *(1968), qu'il réalisa juste après* Petroleum. *A Pernis, Landuyt fut très impressionné par les inimaginables, immenses tas de soufre d'un jaune éclatant qui se trouvaient au centre de la raffinerie. Il n'avait jamais ressenti le jaune de cette manière auparavant et cette peinture en est la conséquence. La surface rectangulaire sur la partie inférieure de l'œuvre en constitue un élément remarquable. Ce procédé de style oublié (le tablier) était en fait la solution esthétique pour le problème très fréquent qui survenait quand des peintures étaient suspendues au-dessus d'un meuble sur lequel on plaçait généralement des fleurs ou des objets qui masquaient partiellement la peinture. Cette surface neutre était alors le moyen d'intégrer les deux éléments.*

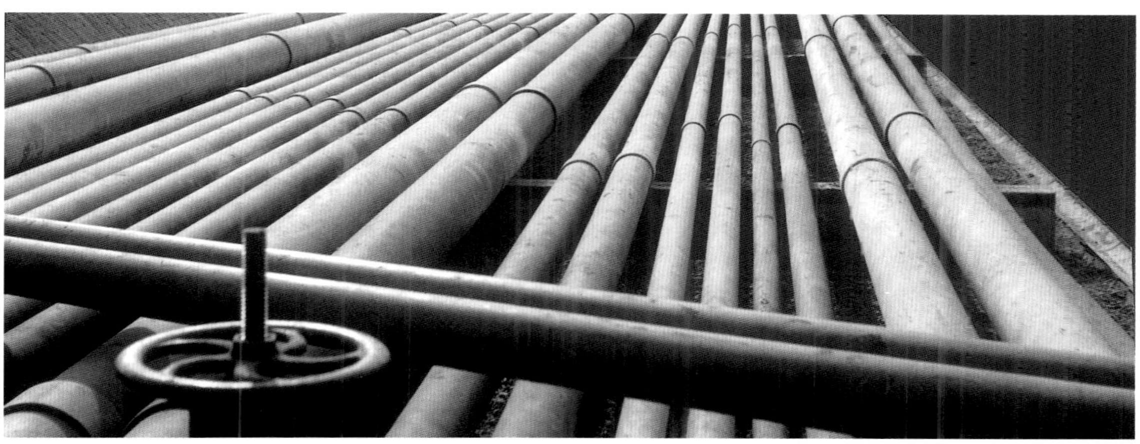

Pernis, 1955

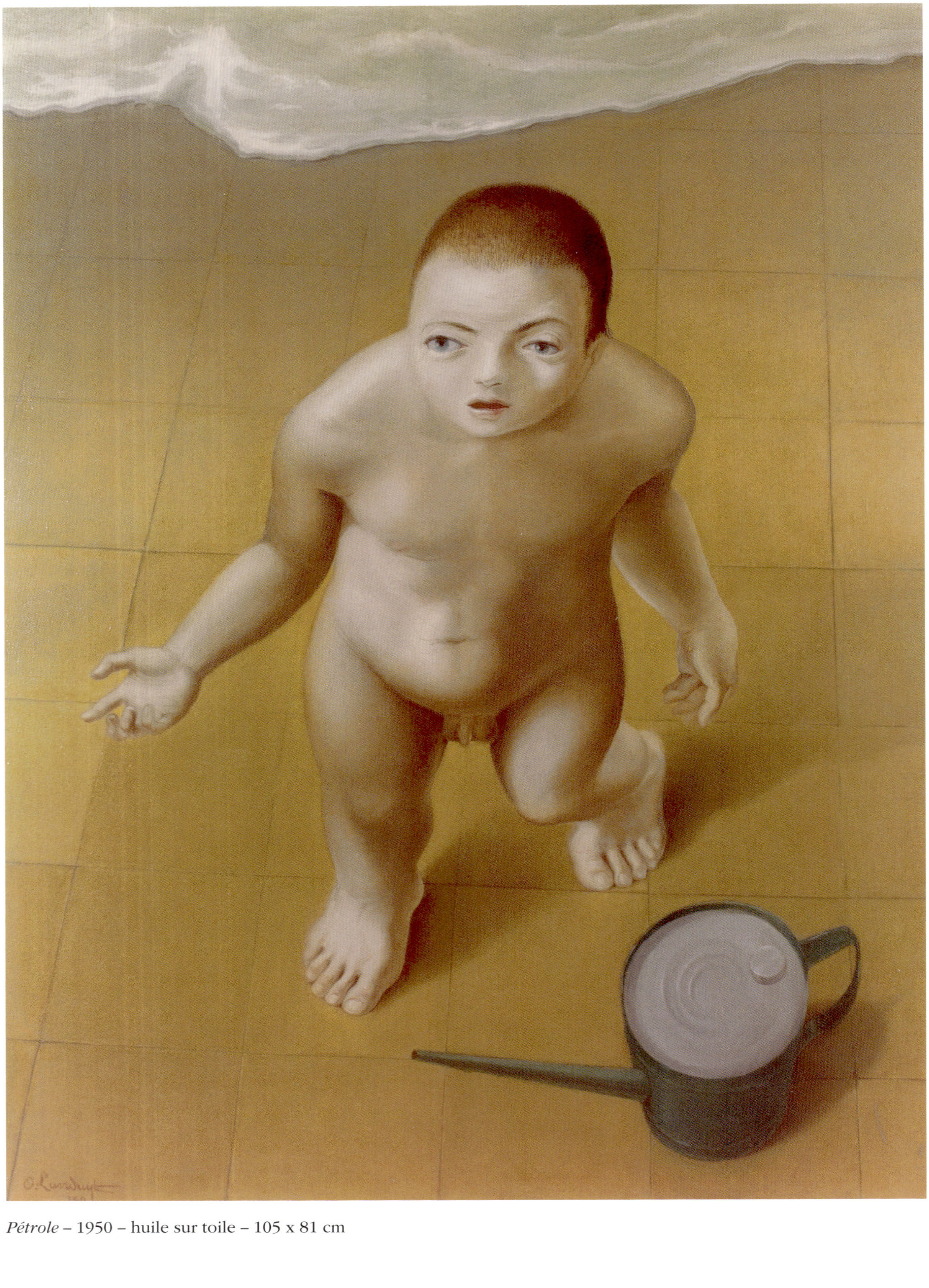

Pétrole – 1950 – huile sur toile – 105 x 81 cm

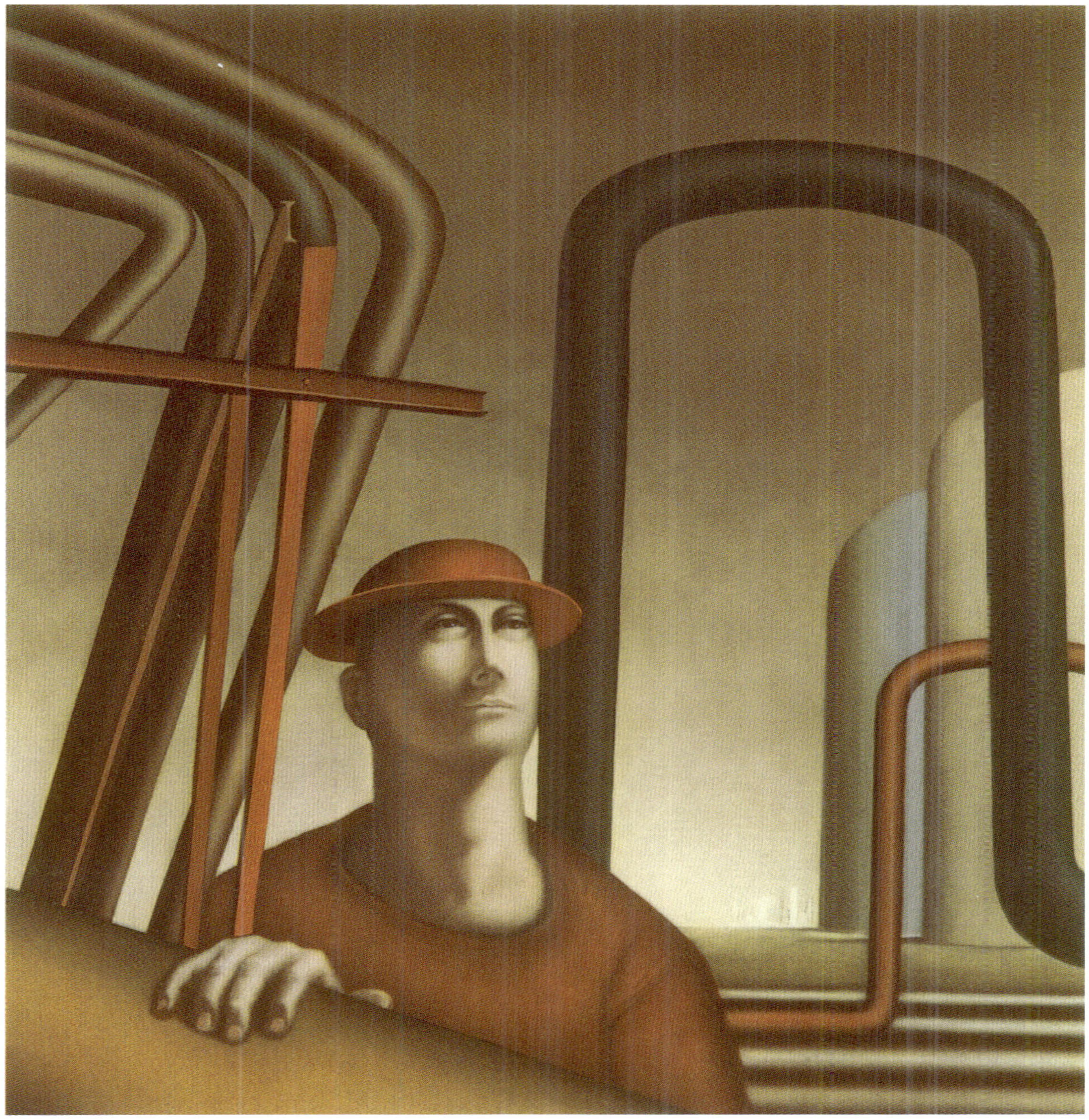

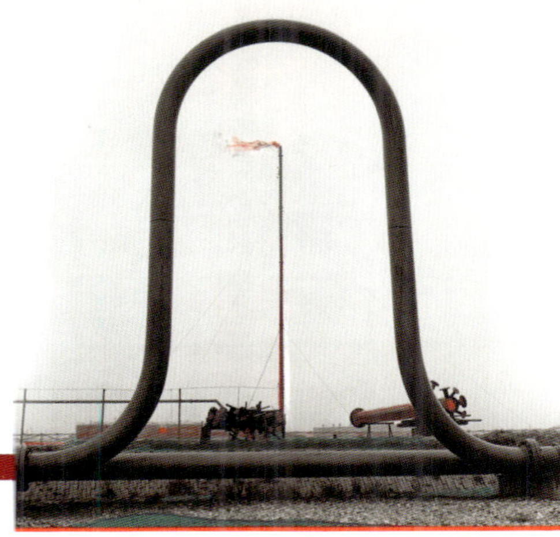

Hommes et huile – 1957 – huile sur toile – 130 x 125 cm

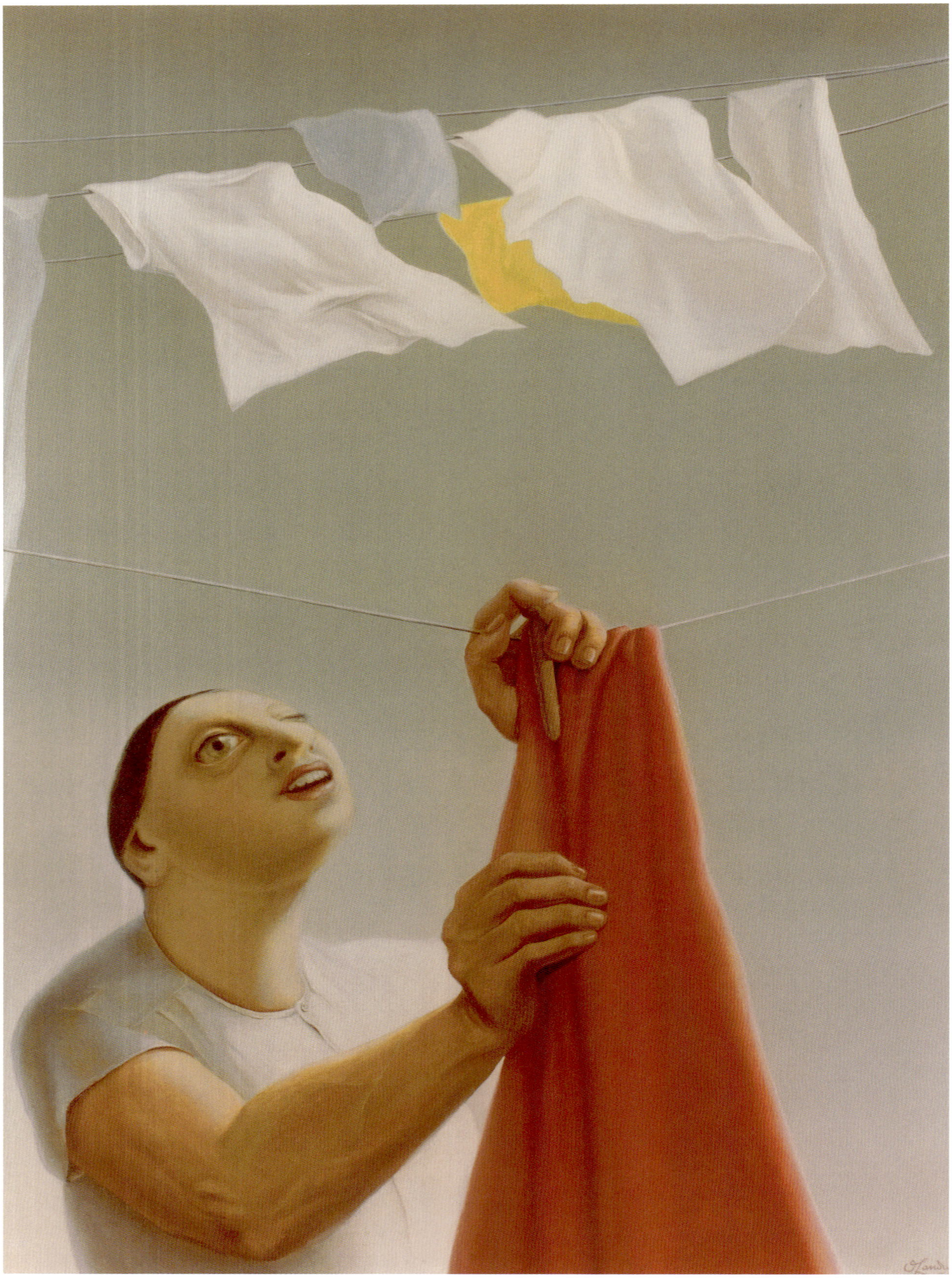

La dame blanche – 1954 – huile sur toile – 120 x 90 cm

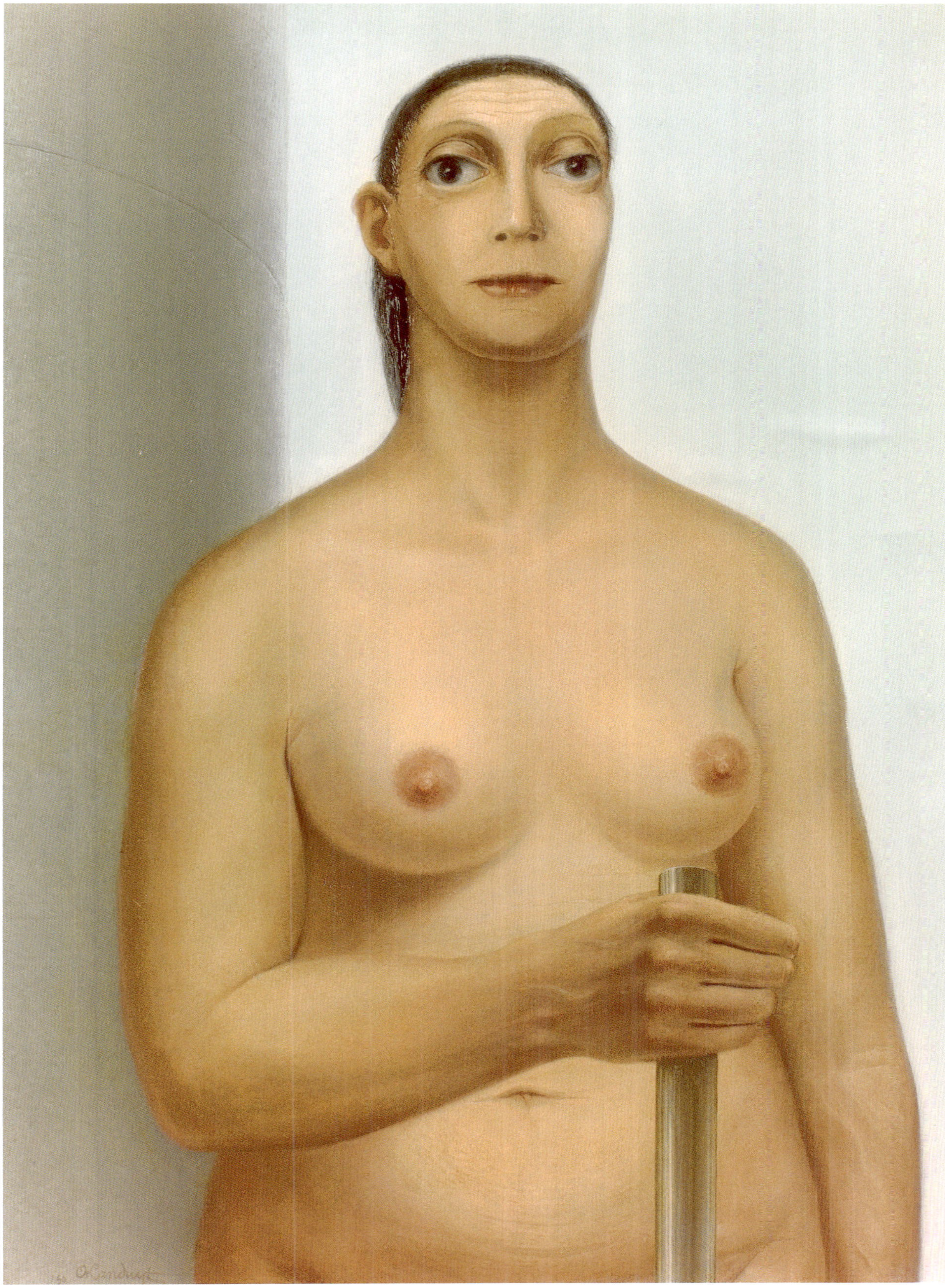

Cosmopolitaine – 1950 – huile sur toile – 100 x 75 cm

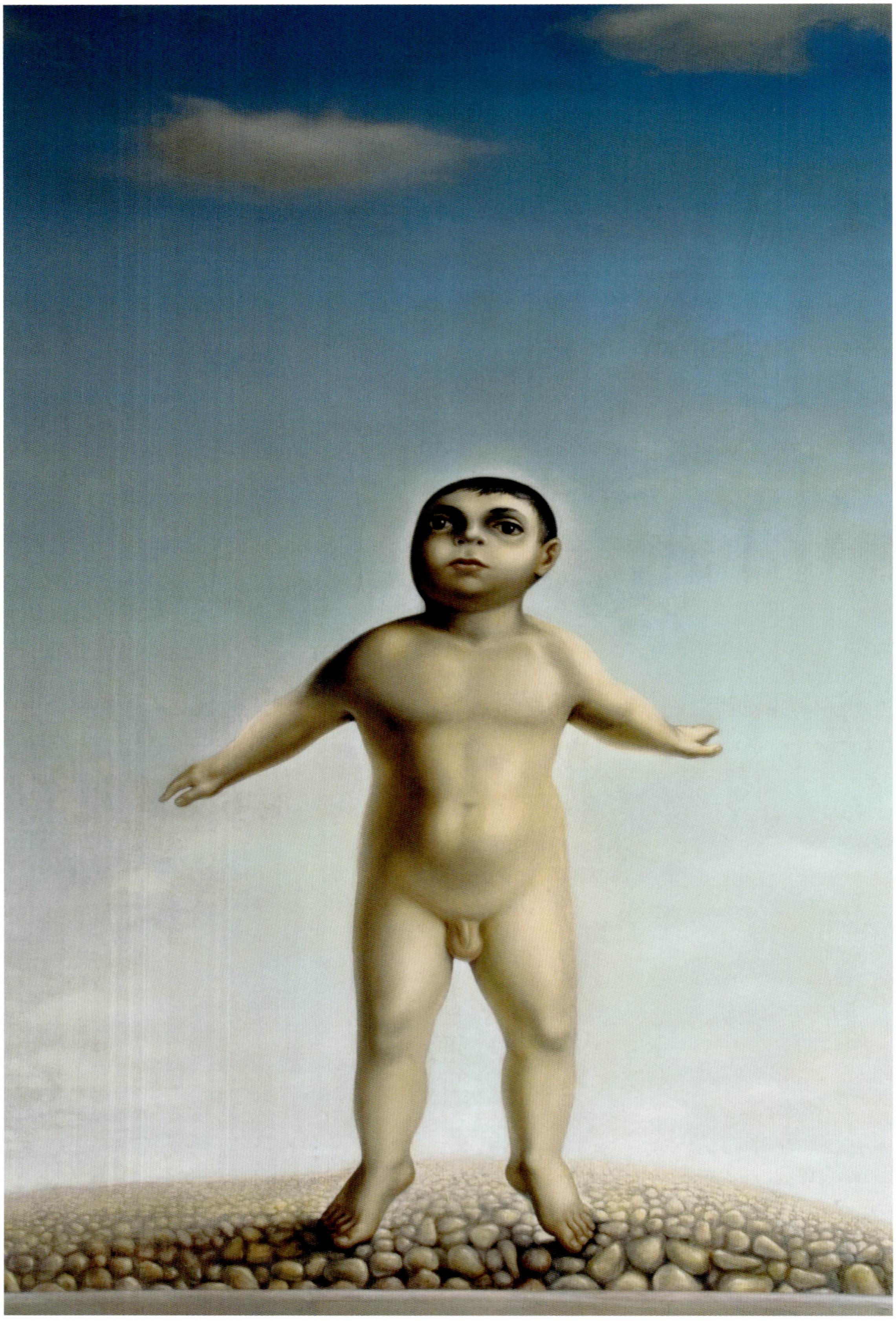

L'avion – 1954 – huile sur toile – 200 x 170 cm

Dans la grammaire plastique de Landuyt, les objets et les choses peuvent être répartis en artefacts et en ce qu'il appelle des 'choses authentiques'. Contrairement à ou à côté de tout ce qui peut naître du cerveau et des aptitudes de l'homme, les artefacts donc, les choses nues ou authentiques, tout comme nous-mêmes, font partie de la nature ou de la vie : l'arbre, la fleur, l'oiseau, la pierre, le soleil, la naissance et la mort. Ce qui est authentique est en contradiction flagrante avec l'artefact, dans la mesure où il n'est pas intégré dans l'art pour le rendre plus beau. On rencontre déjà cela dans les cultures les plus primitives, où l'usage de coquillages ou d'os renforce l'objet ; l'esthétique du *sabi-wabi* était basée sur ce principe dans l'ancien Japon, mais chez nous c'étaient surtout les maîtres italiens qui plaçaient leurs statues de bronze dans un local de vapeur ou les exposaient aux éléments par tous les temps, dans l'espoir de les rendre plus authentiques. Ce fut pour ainsi dire la base de leur patine inimitable. Landuyt dispose d'un septième sens et d'un œil perçant pour les objets qui sont devenus beaux du fait de manipulations humaines et qui ont acquis un caractère propre en raison de centaines de millions d'éraflures microscopiques. Il les fait intervenir lors de sa création ou ils servent de point de départ. Leur magie réside dans le fait que la nature en reprend possession presque imperceptiblement et sur ce chemin de retour, ils acquièrent les charmes d'une ruine ; tout ce qui existe est en effet en permanence en chemin entre la naissance et la disparition, la combinaison et la dissolution.

Le terrain d'action insondable au sein duquel ces changements s'opèrent est la matière en tant que telle dans son activité moléculaire et subatomique. En tant que principe actif de l'univers, le comportement de ces particules de matière est plus authentique qu'authentique, et de ce fait pour Landuyt, pour les anciens maîtres et pour leurs successeurs, les 'automatismes de la matière' étaient un partenaire à ne pas sous-estimer dans leurs processus créatifs. Lorsque Dalí remplissait d'encre lithographique de fragiles coquilles d'escargot et les laissait éclater sur ses feuilles, il avait préalablement fait appel à la presse pour qu'elle le fasse déclarer fou mais il voulait en fait montrer ce que l'automatisme de la matière provoquerait sur la feuille et ce qui en résulterait d'utilisable. Picasso utilisait une petite auto et un panier d'osier dans ses sculptures, car plus quelque chose est authentique, moins l'artiste doit y ajouter de choses. Dans le célèbre *frottis*, les structures authentiques de la peau des objets sont intégrées par frottement dans le dessin. Avec De Vinci, Fra Angelico et beaucoup d'autres, Landuyt part plus qu'il n'est d'usage de surfaces ou d'objets 'préparés' par la nature. Et un nouvel élément entre à nouveau en jeu ici, car entre toutes les venues et tous les départs, les apparitions et les disparitions de ce qui est authentique, se trouve une zone de transition, un monde intermédiaire (la *douat* chez les anciens Egyptiens), qui comporte un arsenal inépuisable d'images *possibles*, que l'artiste essaiera d'incarner – s'il est, lui aussi *authentique*. Il est indispensable d'aborder tous ces aspects interférants, que nous voulons signaler tout en les décrivant si on veut comprendre la stratification unique de l'art de Landuyt.

Lorsque l'on se rendit compte de manière générale que la guerre touchait à sa fin, il apparut qu'aussi bien les collaborateurs que la résistance s'étaient occupés intensivement de dresser des listes. Chez les premiers, elles servaient à tenir l'occupant au courant des activités suspectes, chez les autres – dont le nombre avait augmenté de manière saisissante ! – à régler le compte des collaborateurs : un jeu funeste de méfiance et de rancune qui dégénéra rapidement. Alors que des résistants de la première – ou de la dernière – heure internaient des dizaines de milliers de suspects dans tout le pays, il y avait plus de 2.200 dossiers de ce type chez l'auditeur-général de Courtrai. Le fait que le nombre de détenus était encore beaucoup plus élevé était dû aux nombreuses arrestations à la fois légales et illégales sur ordre du 'Comité d'Epuration de Courtrai', par la suite appelé 'Zuiveringscomité'. Au début, c'était une entreprise d'une seule personne, dirigée par un imprimeur local, qui était notamment assisté par Landuyt, le jeune artiste très prometteur. Bien que sa tâche consistait surtout à recueillir et à transmettre des données des Kommandanturs et des aéroports, il allait rapidement découvrir que la bassesse de notre espèce humaine est en contradiction flagrante avec sa grandeur sporadique et qu'une même société peut engendrer à la fois Bach et Goethe et l'holocauste et les chambres à gaz. Et dans cette situation, Landuyt a donc rapidement jeté l'éponge : d'autres choses l'attendaient…

Le Mur de l'Atlantique était la ligne de défense qui avait été aménagée par un demi-million de forçats entre Den Helder et Brest, une immense bande de béton de bunker à bunker. Landuyt le découvrit dans toute sa force : des bunkers abandonnés, vidés, dotés de meurtrières ressemblant à des cavités orbitaires, dans un éventail époustouflant de couleurs allant du gris béton au jaune plage et au bleu gris du ciel. Des kilomètres de barbelés étaient encore déroulés entre les rangées de croix de Saint-André et toutes les rues qui donnaient sur la digue étaient tout simplement murées dans les stations balnéaires. Les digues étaient elles aussi dotées d'abris souterrains et de meurtrières, derrière lesquelles des canons pouvaient être installés. Si vous avez déjà observé la mer du Nord à travers le mur en béton d'un bunker et si vous avez déjà ressenti cet immense vide gris, vous savez que le surréalisme peut aussi exister dans la réalité.
Landuyt fut surtout submergé par l'intensité du gris (comportant du sable !), par le jaune plage (lié par le sable avec le gris du bunker !) et par le bleu du ciel, dans lequel les deux étaient intégrés. Du fait que les couleurs étaient ton sur ton et avaient pratiquement le même coefficient de vibration, elles étaient pour ainsi dire brûlantes. Ces jaunes, ces gris et ces bleus domineront très largement le travail de Landuyt des années cinquante.

Un des importants éléments de forme de son œuvre est ce que Landuyt définit comme 'la forme primitive'. Elle se présente sous diverses formes mais elle est surtout ronde, et en analogie avec la forme primitive platonicienne, elle est la matrice d'innombrables

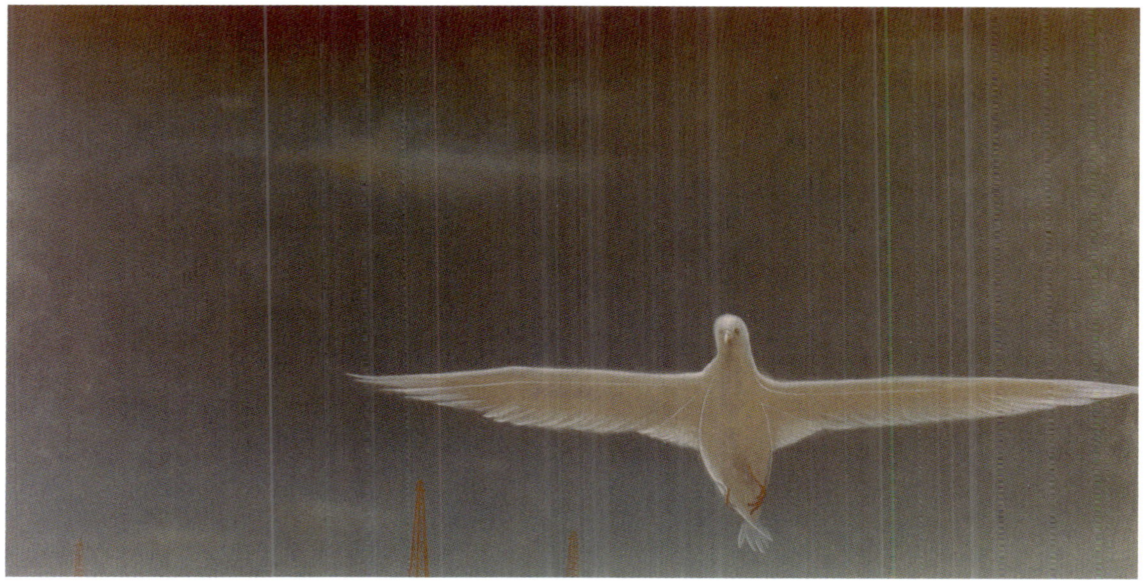

Même l'oiseau – 1952 – huile sur panneau – 26 x 48 cm

dérivés. Alors que la forme idéale est géométrique, celle de Landuyt est complétée par tout ce que la nature peut en faire pour la rendre plus authentique et plus parlante. L'élément à la base de cette notion était la forme de la bitte d'amarrage, telle qu'elle est utilisée sur les pontons pour y attacher les bateaux. Il l'avait déjà rencontrée en petit le long du canal de Bossuyt, mais elles l'ont définitivement accaparé sur les quais du Mur de l'Atlantique.
Cette forme idéale est présente partout dans la nature et est personnifiée par des champignons, des saules étêtés, des pilons, des fleurs, des poings, des têtes humaines ou d'autres formes animales, et en tant qu'artefact, il peut s'agir d'une lampe, ou d'une coupole, d'une décoration circulaire ou d'un objet d'usage courant.
La forme primitive naît de la vie même. Sur le littoral australien, le stromatolithe est une forme de croissance où les algues bleues poussent sur le dessus tandis qu'elles meurent en dessous, ce qui a pour conséquence que la forme primitive est conservée en permanence ! C'est ainsi que Landuyt a également découvert la richesse des formes des matières en expansion, qui se boursouflent sous l'effet de la chaleur. Le nuage ou le 'champignon' de l'explosion nucléaire en est un exemple. Cela vaut la peine de rechercher ces formes primitives cachées ou non dans l'œuvre de Landuyt et de découvrir leur multiplicité. Elles se sont mises à vivre leur propre vie dans la perception jusqu'au début des années cinquante comme les formes de Landuyt par excellence et elles sont devenues presque inconsciemment une marque de fabrique, d'autant plus que le pendentif exige pratiquement de telles formes dans l'art des pierres précieuses. Par la suite, cette forme primitive continuera à jouer un rôle plus discret mais tout aussi important dans l'œuvre d'art.

Entre-temps, la bibliothèque municipale était le grand refuge du jeune artiste avide d'apprendre qui dévorait les œuvres aussi bien en néerlandais qu'en français, pratiquement dans l'ordre alphabétique. Il est aujourd'hui encore reconnaissant à ses professeurs stricts pour leur méthodologie, qu'il n'a pu évaluer qu'après coup à leur juste valeur. C'est ainsi que l'étude du français était si poussée dans l'enseignement néerlandophone que les élèves d'humanité devaient interpréter des extraits de pièces de théâtre classique, écrire eux-mêmes des poèmes, préserver les vraies rimes et supprimer les 'fausses rimes' et apprendre par cœur plusieurs textes : une formation que l'on ne peut plus s'imaginer aujourd'hui. Mais pour un élève intéressé ayant le français comme langue maternelle c'était évidemment une bénédiction.
Il n'est donc pas étonnant que l'artiste ait écrit et échangé des poèmes par la suite avec son ami intime Jaques Piette, qui habitait dans sa rue, et dont le recueil de poésie *Clom*, illustré par Landuyt, sera être édité chez Grassin à Paris en 1962. Piette était un jeune homme de lettres francophone remarquable, un ardent adepte d'Antonin Artaud, et selon ses anciens élèves un inoubliable professeur de français. Le fait qu'il ait été à l'époque probablement l'ami le plus proche de Landuyt ressort de leurs échanges poétiques écrits. Un fragment de lettre de Piette nous apprend en outre comment la famille Landuyt était vue dans son quartier de Courtrai : « Samedi je viendrai chercher tes poèmes. Si tu n'es pas libre, je les demanderai a tes parents. Ils sont bien gentils tu sais. Dans ma rue, ils passent pour des fous. Je sais pourquoi maintenant. »
Il ne faut pas négliger non plus ses relations avec Pietro Barrez, un sculpteur et bohémien italien, ne serait-ce que parce qu'il enseigna les principes du véritable moulage au jeune Landuyt. Il faisait cela d'une manière très personnelle : l'élève n'était admis dans la fonderie que dans son costume du dimanche, car cela devait contribuer à la précision des gestes, qui sont nécessaires pour éviter de se salir avec du plâtre !
Il dira plus tard que ces amitiés et ces souvenirs artistiques précoces l'ont marqué et qu'il continue à les chérir.

Le 21 novembre 1954 eut lieu un événement qui signifiait un jalon pour l'enseignement artistique en Flandre : Landuyt devint professeur. D'abord simplement professeur de dessin à l'athénée de Courtrai, mais il obtint dans la foulée tous les diplômes – également pour le bricolage ! – pour l'enseignement plastique en humanités et dans l'enseignement normal. C'est ainsi qu'il allait créer à partir de 1954 une forme d'enseignement innovatrice à l'école normale de l'état de Gand, qui allait encore perdurer longtemps dans beaucoup d'écoles secondaires et sur laquelle nous reviendrons encore ailleurs. La formule artiste-professeur a déjà souvent été remise en question, mais elle offrait cependant à Landuyt et à beaucoup d'autres la liberté et l'indépendance requises dans un monde artistique où c'étaient surtout les modes et les leaders d'opinion qui commençaient à déterminer le marché. En outre, la formule maître-artiste a depuis toujours été le moteur du maintien des acquis et de l'exploration de nouveaux domaines. Les ateliers de

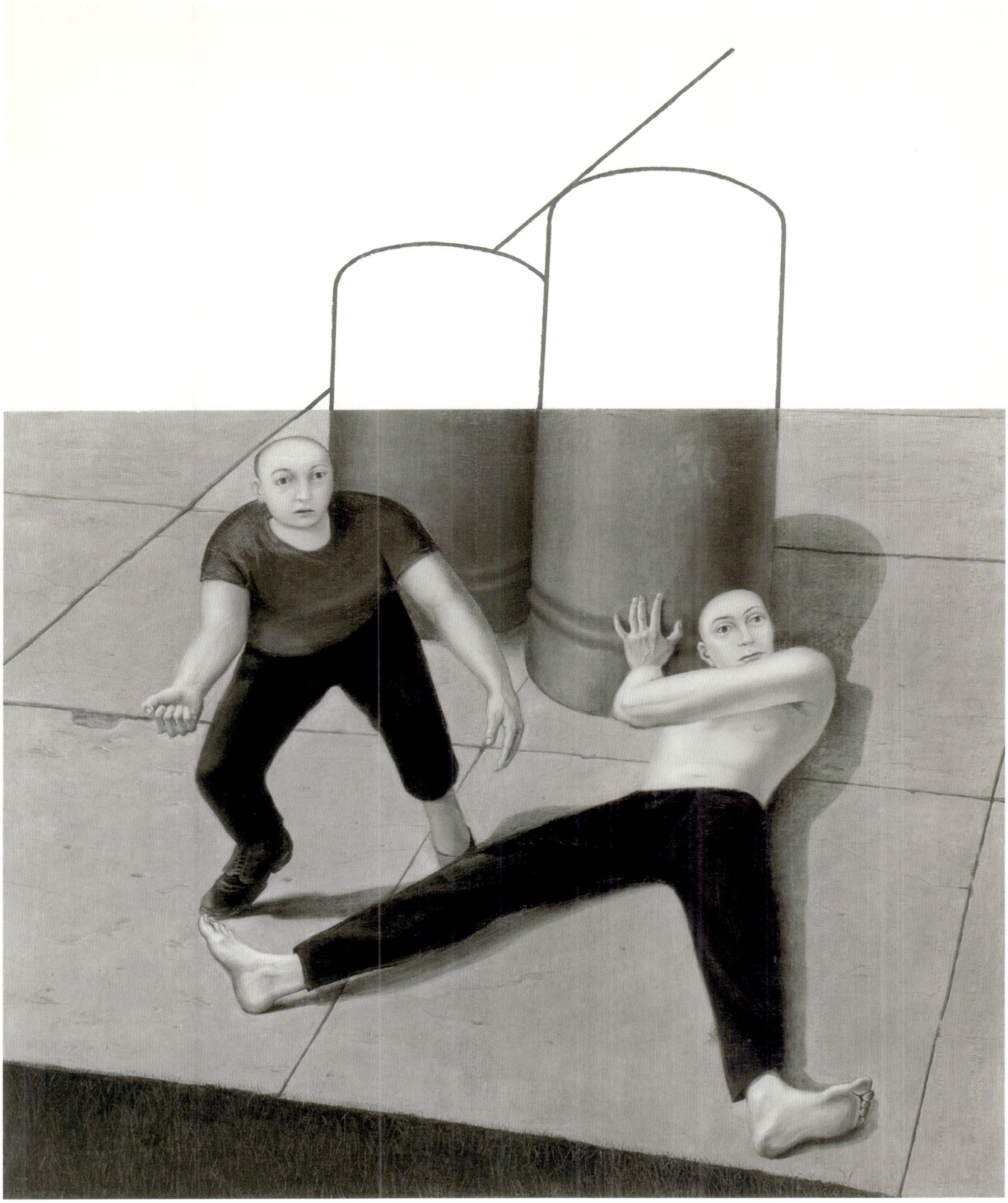

Petite image de grève – 1952 – huile sur toile – 80 x 100 cm

l'époque sont depuis devenus des équipes scientifiques ou industrielles, mais celles-ci continuent à transmettre leurs connaissances comme un bâton de marche – afin que tout le monde doive marcher d'un bon pas – pour pénétrer dans de nouveaux domaines.
Mais nous nous trouvons pour le moment à l'époque de la reconstruction, de l'espoir d'un nouveau monde offrant un avenir meilleur et plus juste, où un bilan est établi par des penseurs et des artistes, où les causes sont sondées et où les gens pansent leurs plaies dans tous les sens du terme. On ne se rend aujourd'hui pas encore totalement compte de ce que cette guerre de trente ans de 1914 à 1945 a signifié pour la civilisation, de l'influence exercée par septante millions de morts sur le potentiel de développement de la science, de l'art et de la culture. Cette guerre la plus cruelle et la plus totale de l'histoire a marqué au fer rouge la terre et les hommes et dans ses ombres portées elle a également changé les expressions artistiques.

Au début des années cinquante, l'artiste fit son entrée sur le forum du monde artistique de l'époque : d'abord assez innocemment comme vice-président du 'West-Vlaamse Kunstkring', mais quand il exposa également lui-même, cela fit immédiatement du grabuge. A Bruges, ses œuvres furent retirées de l'exposition sans avertissement, ce qui n'était pas si inhabituel à l'époque, mais pour Landuyt, cela allait prendre des proportions jusqu'à Venise et New York ! Bruges ne lui avait rien appris, au contraire...
Comme tout le monde, il était, pendant des années, resté privé de ce qui s'était déroulé dans le monde artistique international. Hormis le *Signal* allemand et une presse censurée d''Art dégénéré', il connaissait peu de choses hormis l'expressionnisme et il pouvait maintenant se gorger comme une éponge de ce qui s'était depuis également frayé un chemin jusqu'en Flandre. Et autant qu'il l'avait été par le Mur de l'Atlantique, il fut ému par le cinéma néoréaliste italien, qui avait alors conquis l'Europe avec plus de la moitié des parts de marché. Outre par une thématique de problèmes de la vie quotidienne, le genre était également caractérisé par des positions de caméra étonnantes : les perspectives de la grenouille et de l'oiseau (de la Renaissance !) qui ouvrirent les yeux de l'artiste plastique sur de nouveaux angles de vue : *Pétrole* (1950), *Escadrille* (1952), *Petite image de grève* (1952), *L'avion* (1954) en sont les témoins avec d'autres œuvres.
Son travail de ces années connut une accélération du fait que le jeune artiste faisait interférer d'une manière personnelle ses acquis dans le langage plastique des formes. Il maîtrisait depuis longtemps déjà le métier et ce avec intrépidité, un portrait unique et d'avant-guerre de sa mère faisait déjà apparaître sa faculté de se mettre à la place des autres. Mais un nouveau langage des formes, des concepts de couleurs et des notions qui lui étaient propres se présentaient alors déjà comme des cartes à jouer dans une main ferme : il pouvait commencer un jeu qui ne prendrait plus jamais fin et la question reste ouverte de savoir si ce jeu ne l'avait à l'époque pas en quelque sorte ensorcelé car il a dominé sa vie. Il manque encore une carte imprévisible pour clôturer le processus créatif de Landuyt de cette période : la tératologie.

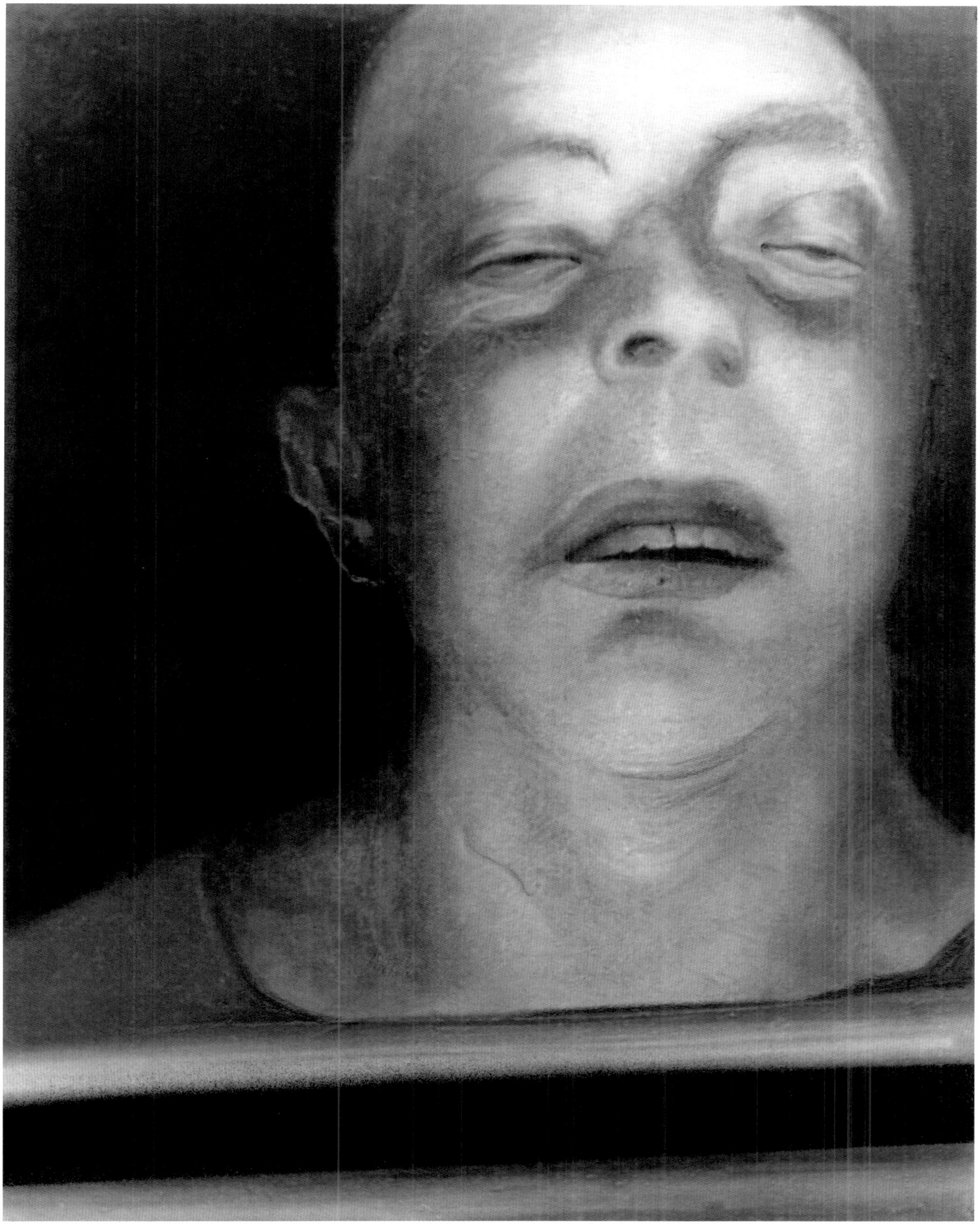

Homme de Métropolis (le nègre blanc) – 1952 – huile sur toile – 70 x 50 cm

Je suis le nègre blanc, celui que tout le monde insulte,
je suis le mystère des enfants, je suis la honte des adultes...

Mort Shuman

Une des premières œuvres de Landuyt à trouver preneur fut Le nègre blanc *; via le gérant de galerie Veranneman, elle fut acquise par le baron Lambert de la banque du même nom. C'est également une des premières œuvres dans laquelle l'anomalie se dessine comme un thème. L'artiste avait à l'époque déjà compris que l'exception dévoile souvent plus le sujet que la règle elle-même. L'albinos noir est encore aujourd'hui discriminé dans sa propre société. Dans les années septante, l'artiste fit la connaissance dans la périphérie de Brel de Mort Shuman, l'auteur de chansons américain extrêmement modeste et décédé beaucoup trop tôt, qui connut également le succès chez nous avec la chanson poétique* Le lac majeur *et le titre poignant* Le nègre blanc *après avoir écrit pour Elvis, Janis Joplin, Brel, etc. Mort Shuman était lui-même un nègre blanc...*

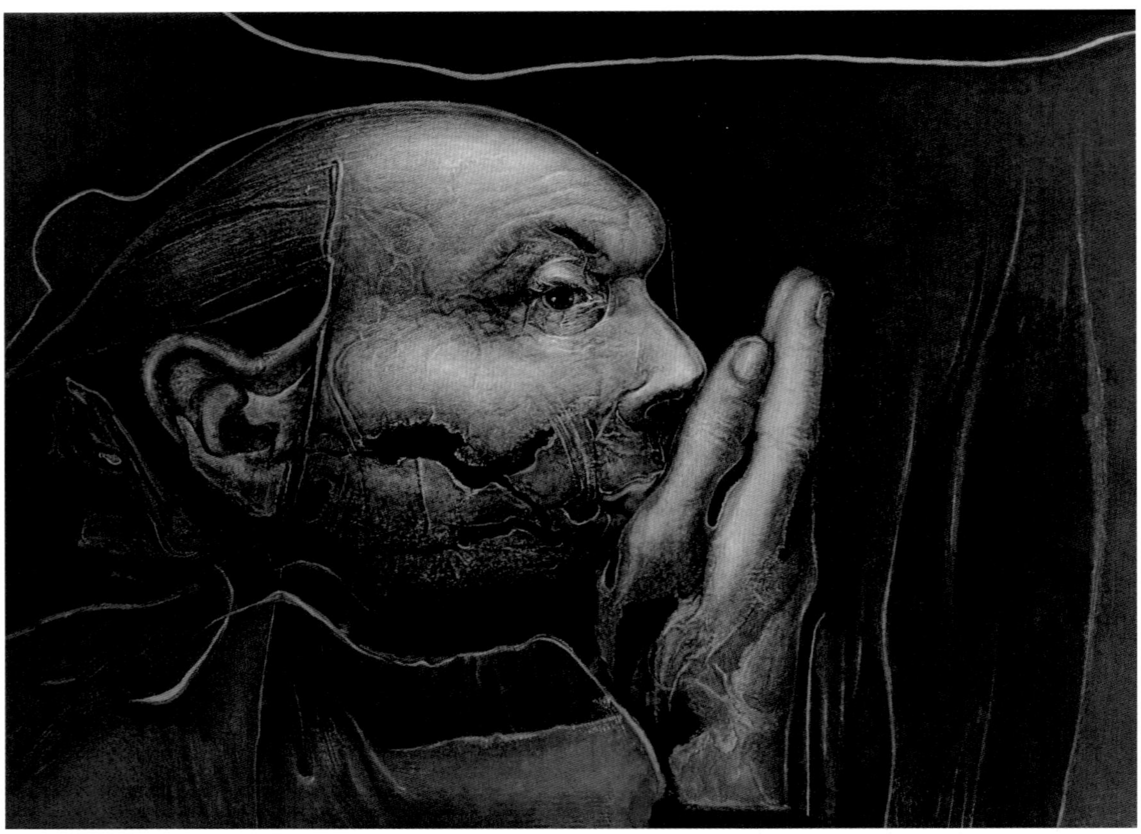

Le relent corporel – 1994 – huile sur panneau – 41 x 30 cm

Le fait que son œuvre occasionna directement une certaine répulsion était précisément dû à ses perspectives inhabituelles qui résultaient en des déformations. Elles faisaient basculer les têtes, rendre étrangères les structures du visage et en les faisant coïncider avec la forme primitive, le spectateur était durement et profondément touché par ces images au niveau inconscient. L'association avec des monstres et des têtes mongoloïdes était évidente. Pourtant, tout le processus était une conséquence naturelle d'interventions purement plastiques – Bracque et Picasso ne donnaient jamais de frissons, alors qu'ils étaient tout autant en rupture avec la norme ! La différence était que Landuyt voulait absolument relever le défi figuratif et que de ce fait il allait pratiquement de soi qu'il se retrouve sur le terrain de la tératologie : le monde du monstre et les anomalies chez l'homme et l'animal.

Cela en dit long sur une époque mais tout autant sur la nature la plus profonde de l'être humain en tant que telle, qui s'oriente vers le *normal*. Heureusement, la très grande majorité des observateurs savent que la déviation par rapport à la norme, la *dé*-formation, est quasiment essentielle dans l'art plastique, et c'est pour cela que Landuyt eut immédiatement aussi beaucoup de partisans, que d'importants prix lui furent assez rapidement décernés et qu'il fut sélectionné dès 1954 pour la Biennale de Venise !

Mais cette répulsion est restée comme une première griffe : il passa de l'enveloppe au papier à lettre. Le fait que sa marque de fabrique se soit encore exacerbée venait du fait que le joueur rusé s'était installé avec les mêmes cartes à la table de dissection du monde organique et utilisait dans ce cadre un microscope électronique. Cela allait devenir encore plus radical que la tératologie mais également encore beaucoup plus authentique et fondamental. Ce n'est que là, dans les formes de croissance, qu'il découvrirait seulement vraiment la grammaire plastique sur laquelle les maîtres classiques avaient affûté leurs burins.

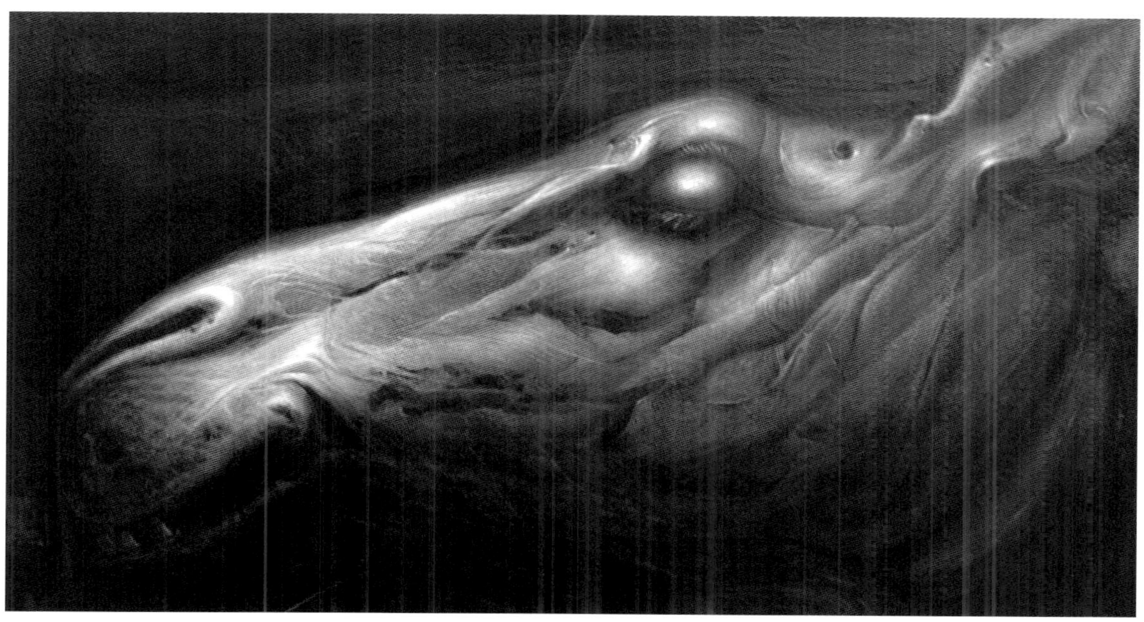

Pour tout l'or des sables – 1989 – huile sur panneau – 63 x 100 cm

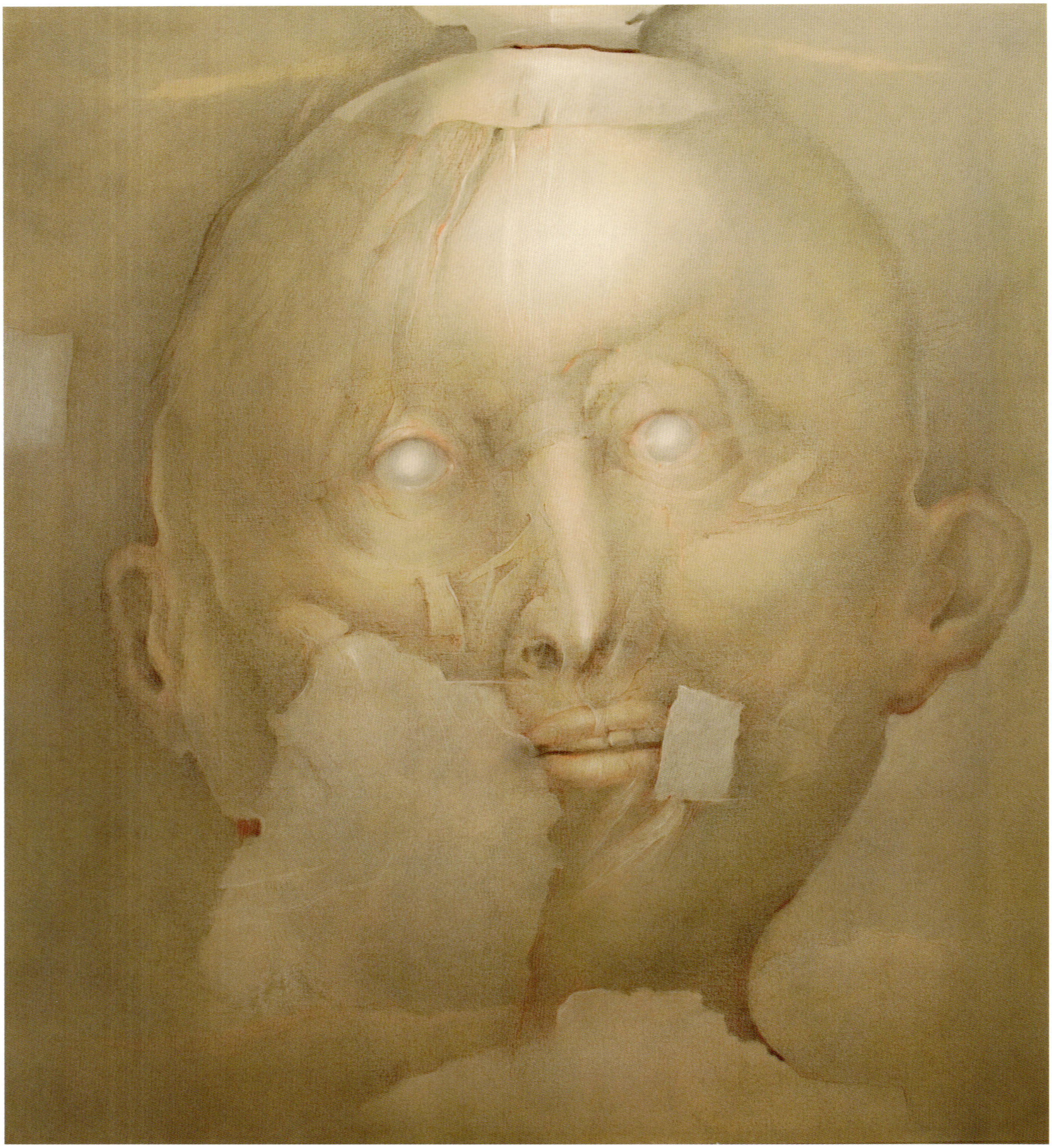

Le vague attouchement – 2005 – pastel sur toile, marouflé sur panneau – 205 x 183 cm

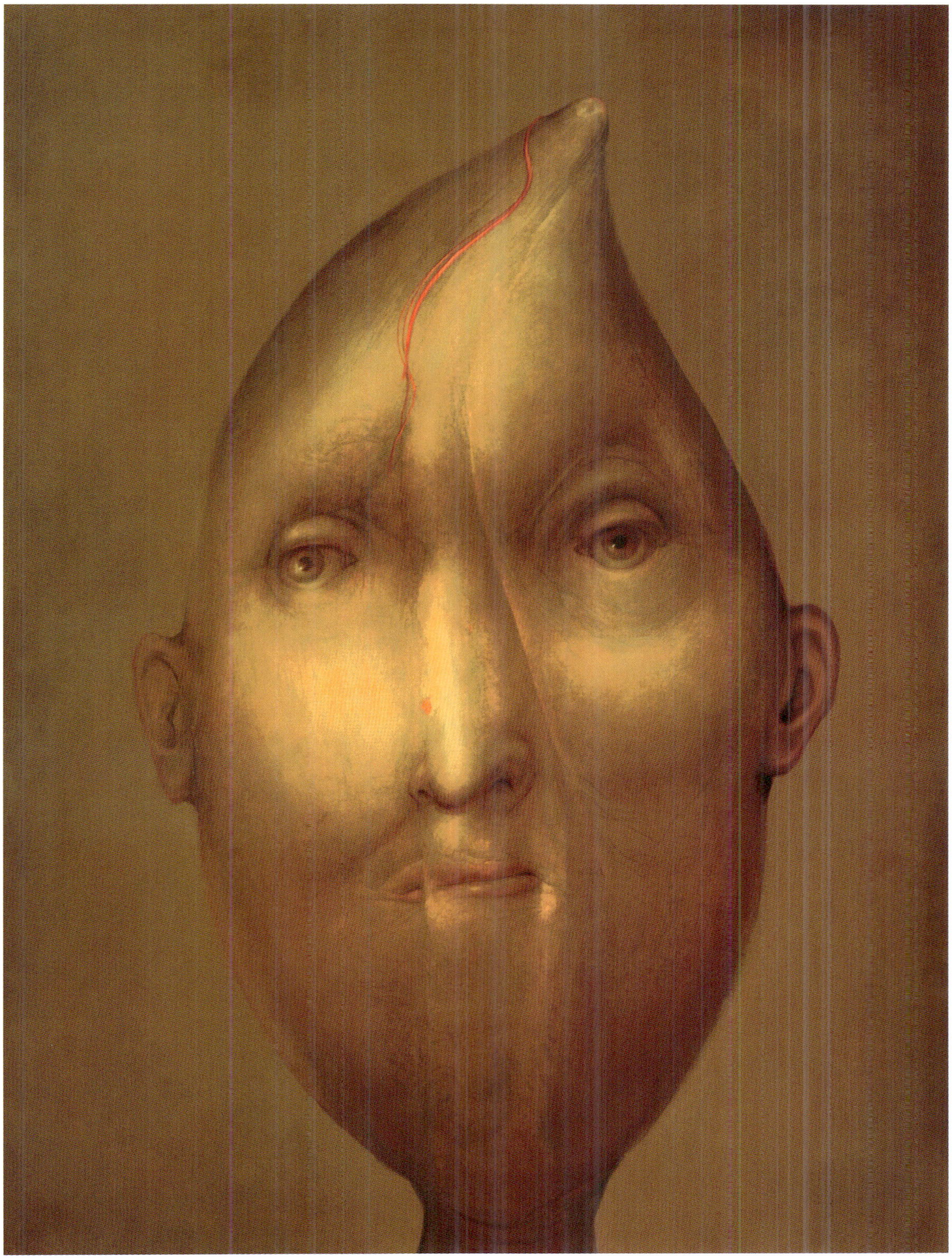

Persona non grata – 2005 – huile sur panneau – 157 x 125 cm

La forme et les lunettes du temps ou art et tératologie

Notre perception et interprétation du langage des formes se limite à peine à quelques millénaires, dont seuls les derniers siècles ont été étudiés en détail. C'est ainsi qu'un même système de classification répertorie le langage des formes de Landuyt dans la tératologie, et celui de l'époque Amarna égyptienne dans les grands moments de la sculpture : les statues divines d'Akhenaton, certainement fabriquées par Thoutmôsis (Thotmès), dont l'atelier fut retrouvé à Tell-el-Amarna, d'où le nom de style 'Amarna'. L'idéal de ce style était la reproduction parfaite de la réalité, conformément à la création formatrice de Maät, 'l'ordre universel', et cela doit également avoir été le cas de la commande d'Akhenaton à son/ses sculpteur(s). Mais il est loin d'être exclu que le dieu-roi doive être lui-même classé physiquement dans la tératologie ; les déformations dans ses statues seraient donc tout sauf stylistiques mais la reproduction réelle d'un handicap physique ; il aurait souffert (notamment selon N. Reeves) du 'syndrome de Marfan'. Ses caractéristiques : une forme corporelle longue et fine, un visage long et étroit, un crâne mince de forme allongée (dolichocéphalie) etc., bref précisément la reproduction réaliste du sculpteur ! Le fait que son épouse Néfertiti, originaire de Mittanie (la Syrie actuelle), est également représentée avec un crâne déformé est une nouvelle fois lié à sa recherche du statut divin de pharaon, personnifié par Akhenaton. Il n'est pas exclu qu'elle se soit fait à cette fin ligaturer le crâne et il n'est pas exclu non plus qu'un style soit apparu de ce fait. Mais curieusement, ce ligaturage avait également eu lieu antérieurement dans l'Australie préhistorique, dans le Pérou précolombien et chez les Mangbetus africains, pas si éloignés de l'Egypte. De tels phénomènes peuvent parfois déstabiliser considérablement la science de l'art. Quelle sera encore dans cinq millénaires, après quelques glissements tectoniques et autant de déluges la pertinence des figures étirées de l'art étrusque, ou de Giacometti qui le redécouvrit, des femmes girafes birmanes et des cous étirés de Modigliani, des images japonaises de sumo et des formes boulimiques de Botero ? Dans les fouilles archéologiques, indique Landuyt, on ne mettra à nu de notre époque peut-être qu'au plus une boule de billard, ou une tenaille de menuisier comme objets de culte d'une culture oubliée, qui devait avoir existé entre le 19ème et le 25ème siècle…

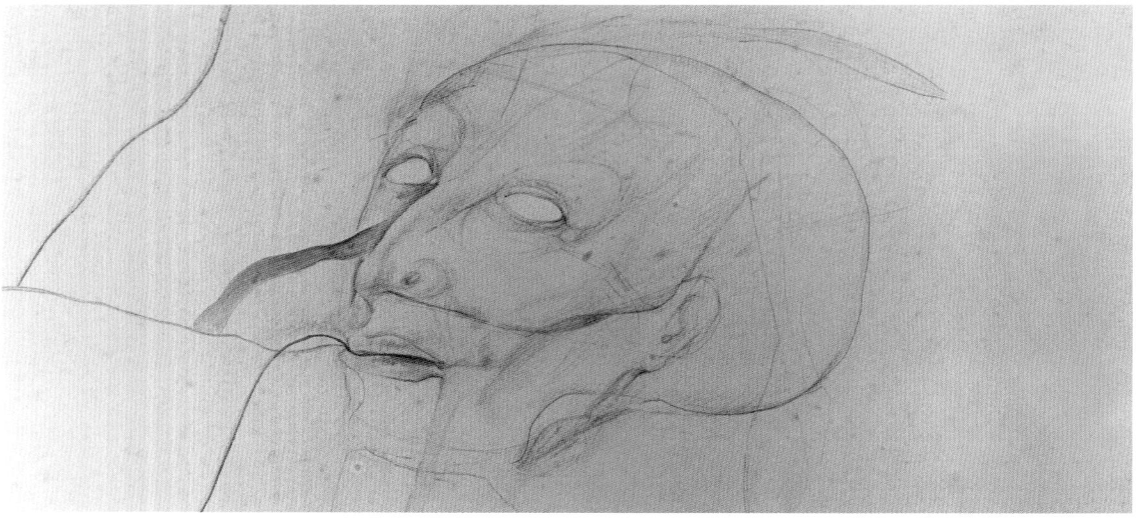

Snow in your eyes – 1972 – mixed media – 63 x 70 cm

Comment un artiste dans la trentaine arrive-t-il directement dans les domaines de la joaillerie et de la céramique ? C'est à nouveau le hasard qui joua un rôle : un jour lorsqu'il fuyait l'occupant, un ami joaillier de sa rue lui offrit la possibilité d'y échapper, et c'est avec le fils de celui-ci que Landuyt créera plus tard ses premiers bijoux ; ils firent d'abord les essais avec de l'argent et utilisèrent seulement par la suite de l'or. Alors que, de même que d'autres peintres tels que Léger, Rouault et leurs semblables délimitent parfois leurs cases de couleurs, il 'parquait' quant à lui traditionnellement les pierres précieuses ou les entourait du métal précieux, il remarqua directement que ce principe devait également être possible en céramique, d'autant plus que cela avait déjà été essayé dans le cloisonné, le 'champ levé' et d'autres incrustations. Simultanément – ce qui est essentiel pour le processus créatif de Landuyt, dans lequel les champs contigus sont immédiatement examinés – il intégra lors de l'émaillage toutes sortes de verre broyé dans l'argile et il obtint de ce fait lors de la fusion des structures analogues à celles qu'il recherchait dans ses peintures ; dès cette époque, il essaya d'appliquer 'le principe actif' des processus à divers autres domaines et il s'approchait déjà de quelque chose d'essentiel : en plus d'être une œuvre d'art, l'art est également une manière de penser.

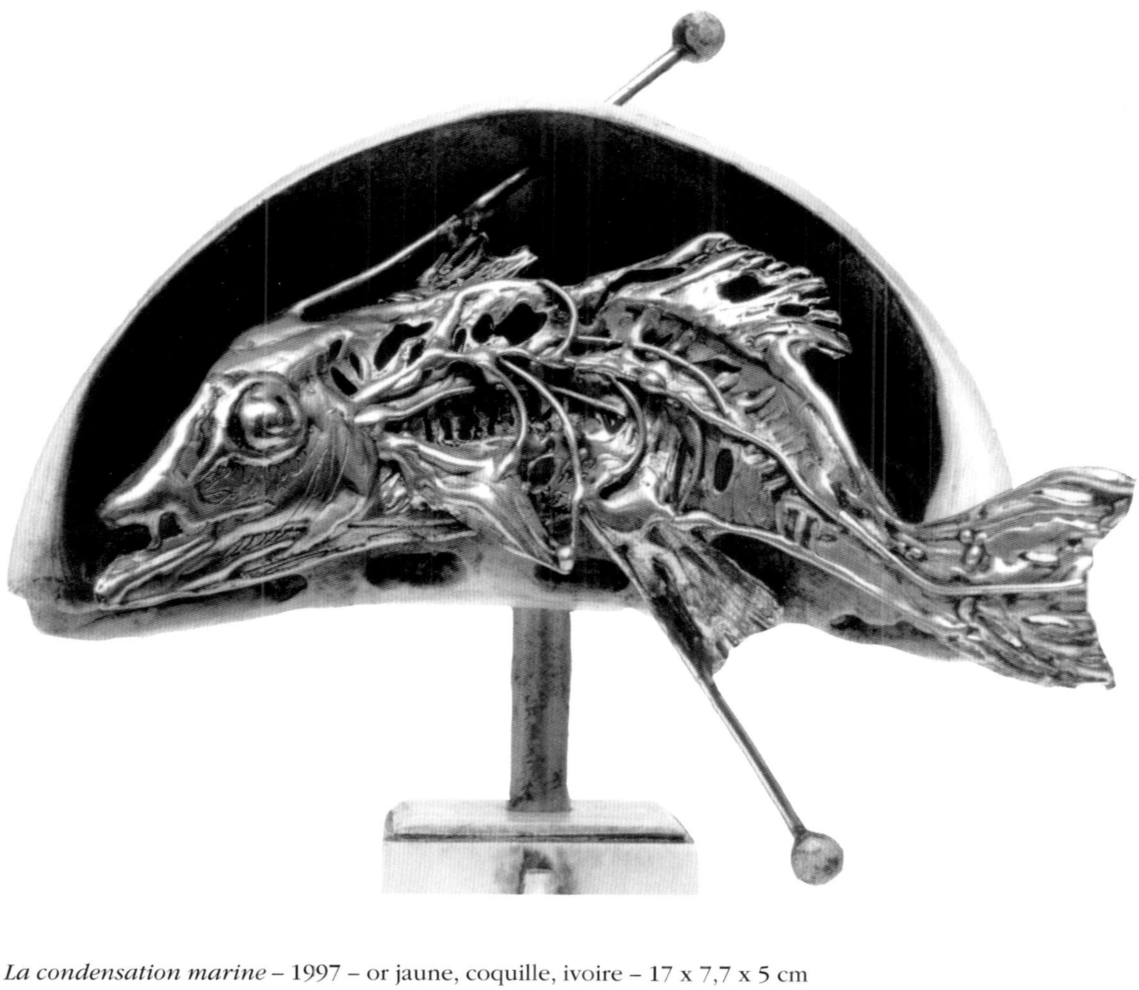

La condensation marine – 1997 – or jaune, coquille, ivoire – 17 x 7,7 x 5 cm

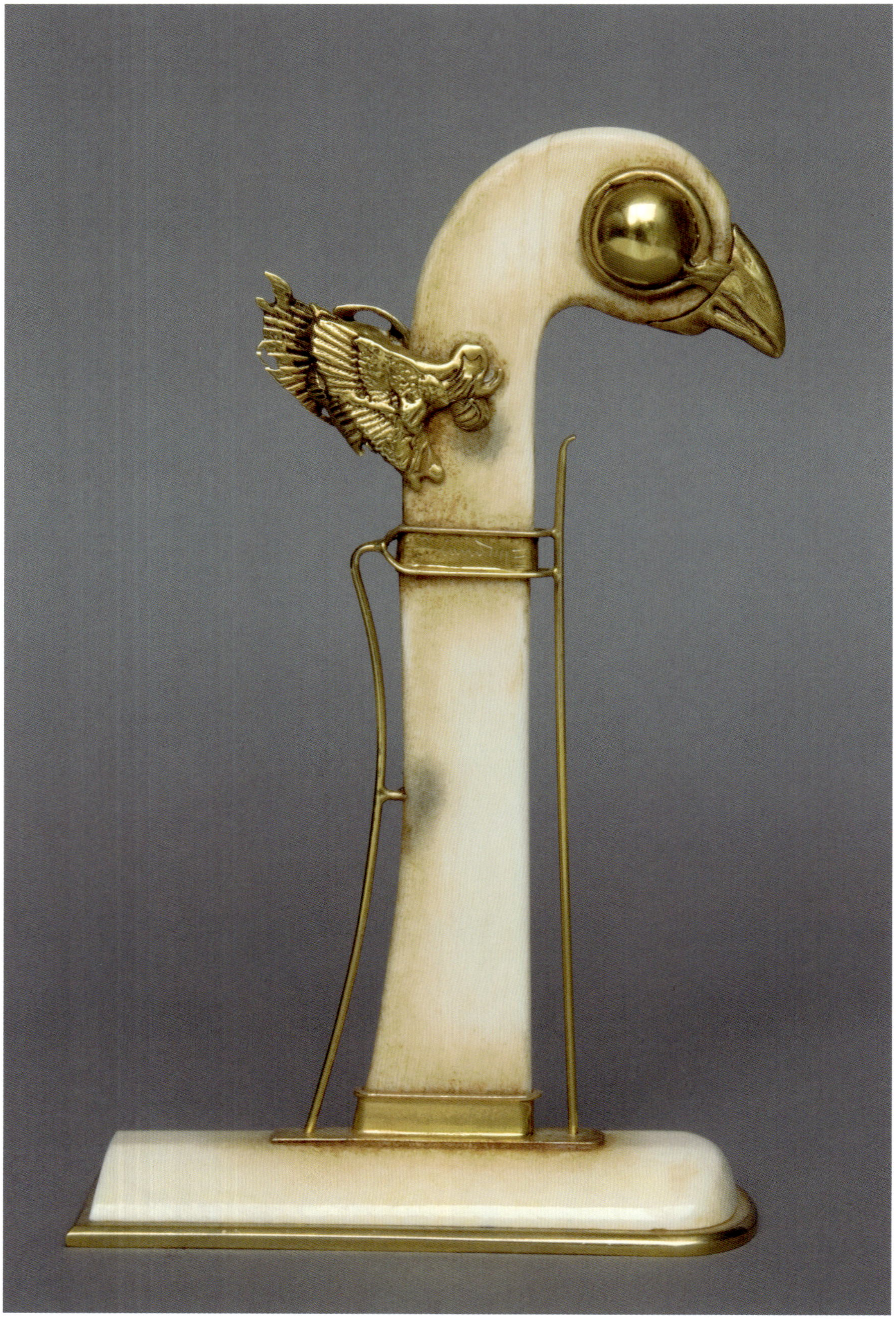

Pour la sieste du vent – 2000 – or jaune, ivoire – 16,5 x 10 x 3,7 cm

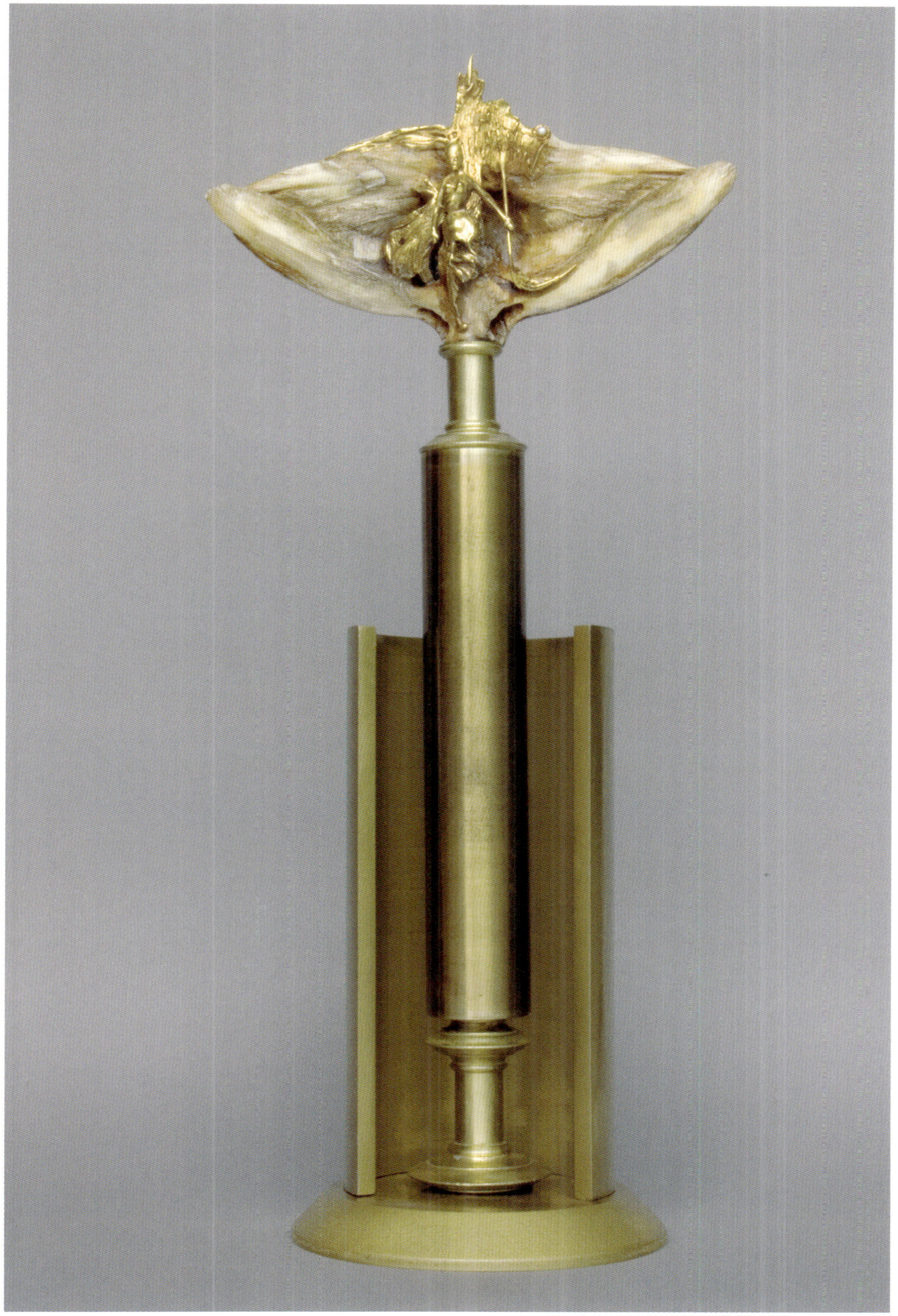

Signora Tartaruca – 2006 – or jaune, écaille, perle – 45 x 21 x 5,5 cm

Comment un artiste dans la trentaine arrive-t-il directement dans le domaine de l'esthétique industrielle ? En réponse à un prospectus publicitaire, il posa sa candidature auprès de l'agence locale pour travailler un peu en qualité de dessinateur publicitaire. Après un certain temps, il fut remarqué par un producteur de meubles en métal qui recherchait un designer. Ce fut l'occasion de démarrer une longue collaboration entre Landuyt et l'entreprise Mewaf. C'est la raison pour laquelle il reçut plus tard aussi la mission d'aménager le pavillon de Fabrimetal pour l'Expo 58, construit par la firme De Coene avec la collaboration de Mewaf. Etant donné que l'Expo 58 était le nec plus ultra mondial des designers de premier plan de l'époque, Landuyt traînait autant dans les autres pavillons que dans le sien. Il étudiait les constructions, les assemblages, confrontait toutes ces nouveautés aux nombreuses questions qu'il s'était déjà posées jusqu'alors et acquerrait ainsi une nouvelle fois d'autres notions. Il rencontra le céramiste finlandais Arne Bryck, qui était l'adepte d'un système social créatif dans lequel Landuyt reconnaissait ses conceptions et qu'il s'efforcerait d'appliquer dans ses propres ateliers. Arne Bryck partait du principe que dans un atelier créatif tout le monde devait avoir accès à tout. De nouvelles trouvailles et applications arrivent dans ce cadre sous le nom du découvreur dans un arsenal, où chaque collaborateur doit pouvoir puiser ; la concurrence et la jalousie sont proscrites dans un atelier où tout est à tout le monde. Avec l'architecte d'intérieur Roland Adins comme allié, il essaya d'appliquer beaucoup de ces principes dans l'atelier de l'entreprise métallurgique.
Dans ce petit monde, on se posa directement des questions concernant la faisabilité de tant d'activités simultanées pour quelqu'un qui aurait uniquement dû donner cours. Un de ses secrets était la capacité d'organisation de Raymonda Verhage, devenue ensuite Mona dans le monde artistique, avec qui il se maria en 1956, et qui prenait et prend encore aujourd'hui à son compte les soucis pratiques et organisationnels de la carrière de Landuyt. Un autre secret était l'inventivité dont l'artiste faisait également preuve sur le plan de l'application. Selon la nécessité, les projets étaient discutés par téléphone avec l'équipe de dessin et adaptés au moyen d'un système de sa propre conception avec des axes et des radians s'imbriquant, grâce auquel la coordination des lignes et des points pouvait être précisée jusqu'après la virgule. Les aspects de formes les plus utilisés étaient codés dans ce cadre, ce qui était également habituel chez Le Corbusier et ses semblables.
Après la démolition de l'Expo – lors de laquelle Landuyt fut très impressionné par la déchéance, le drame visuel de la décomposition, le 'décollage' ou le chemin de retour des choses – le pavillon fut partiellement reconstruit dans l'atelier de production de Mewaf. Le cœur de l'entreprise était désormais une construction centrale en verre, au sein de laquelle on formait les personnes, on dessinait et on créait en équipe. Landuyt imagina notamment une nouvelle disposition des ateliers, où le sol était littéralement subdivisé en zones de couleurs, dans lesquelles les équipes de production étaient responsables de tout jusqu'à la propreté. Et comme c'était déjà habituel auparavant dans la

Kunstwerkstede, chez les tailleurs de pierre et dans d'autres domaines professionnels reposant sur l'art, les travailleurs étaient également envoyés avec une insistance modérée à l'académie ! On peut facilement s'imaginer dans ce cadre le rôle du maître, du professeur, du persuadeur, du 'manipulateur pour le bon et grand objectif'.

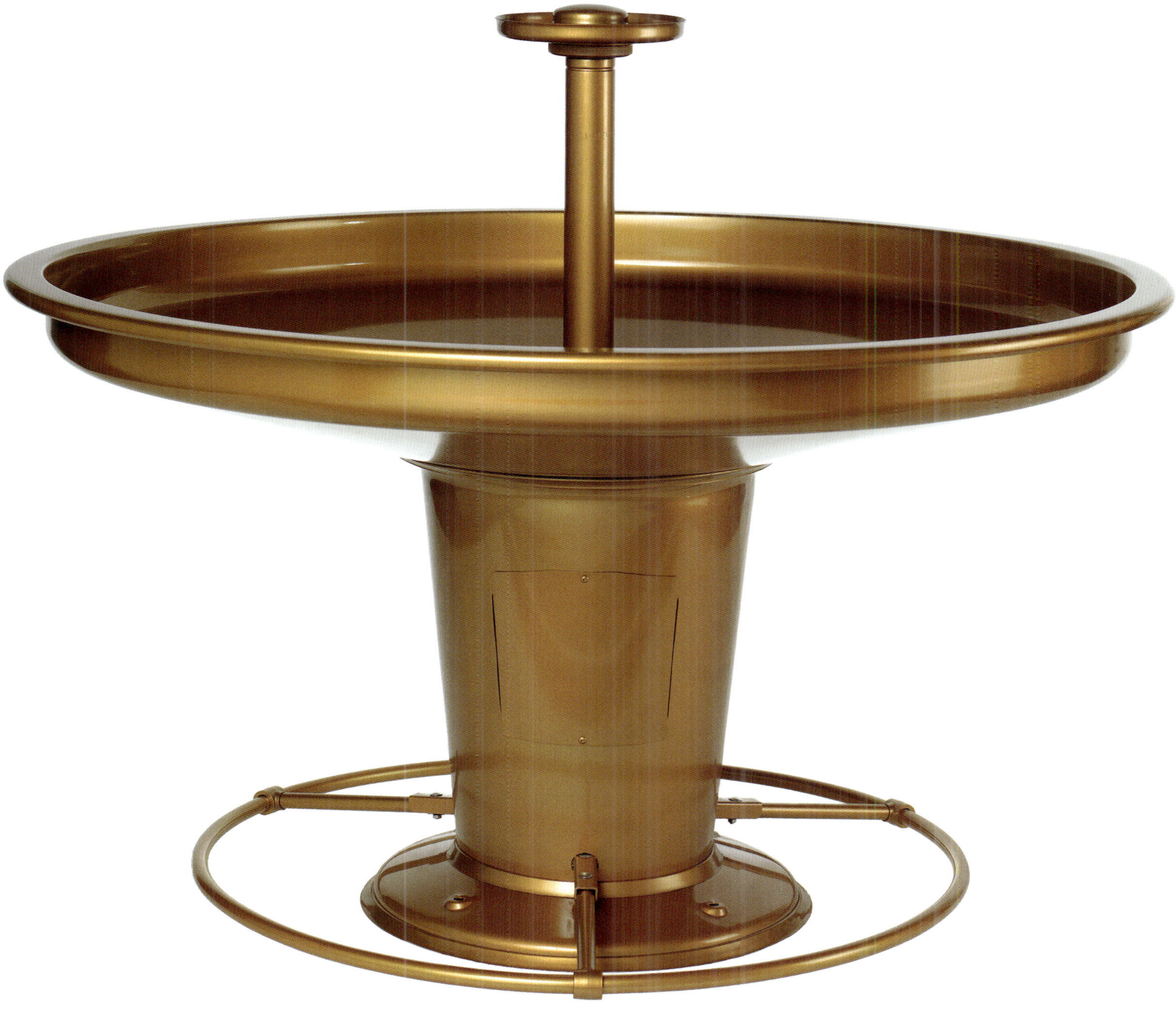

Lavabo pour collectivité SANISPRAY: avec la cabine THERMOTUB, une des nombreuses créations pour installations sanitaires, MEWAF, 1954 ('signe d'or' en 1964) – 1954

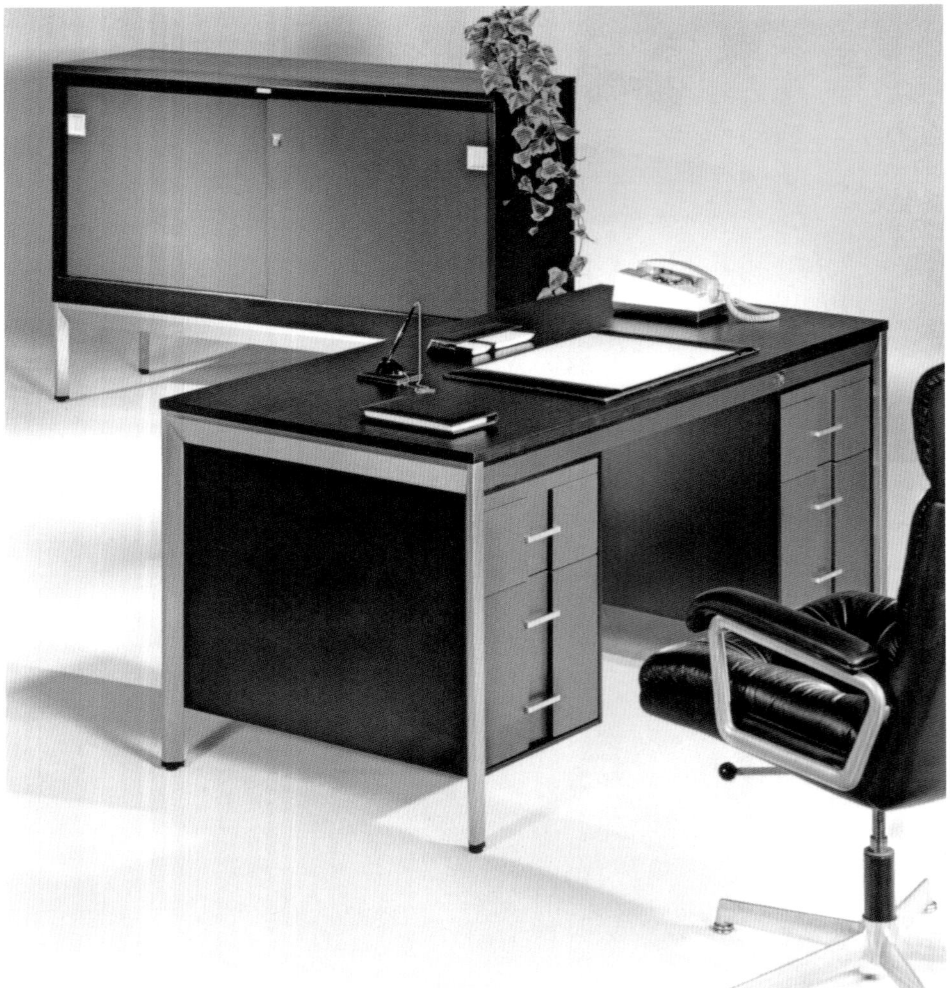

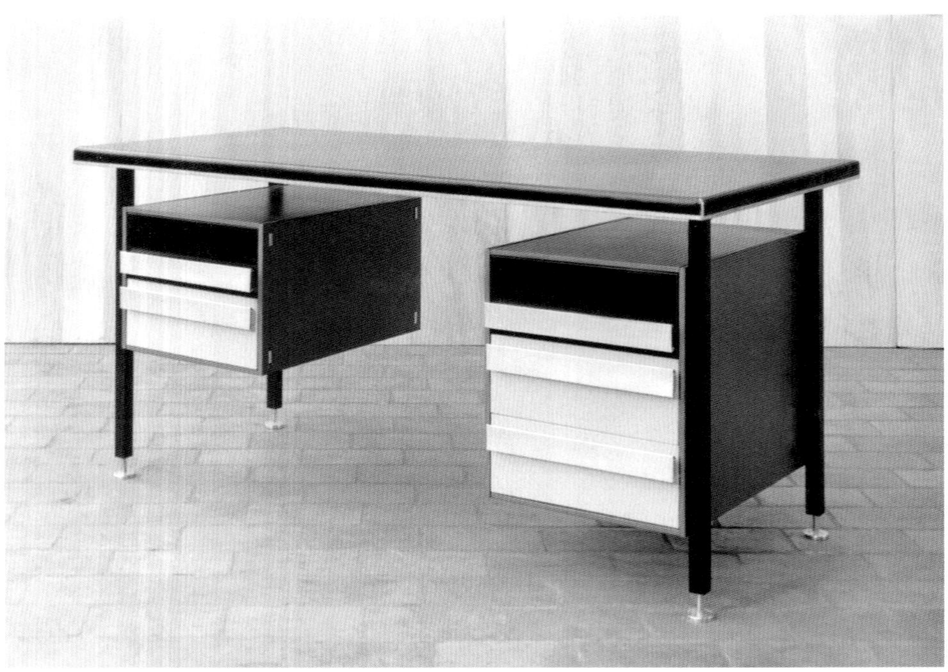

Mobilier de bureau en acier, MEWAF (sélection nationale industrial design, 1975) – 1972

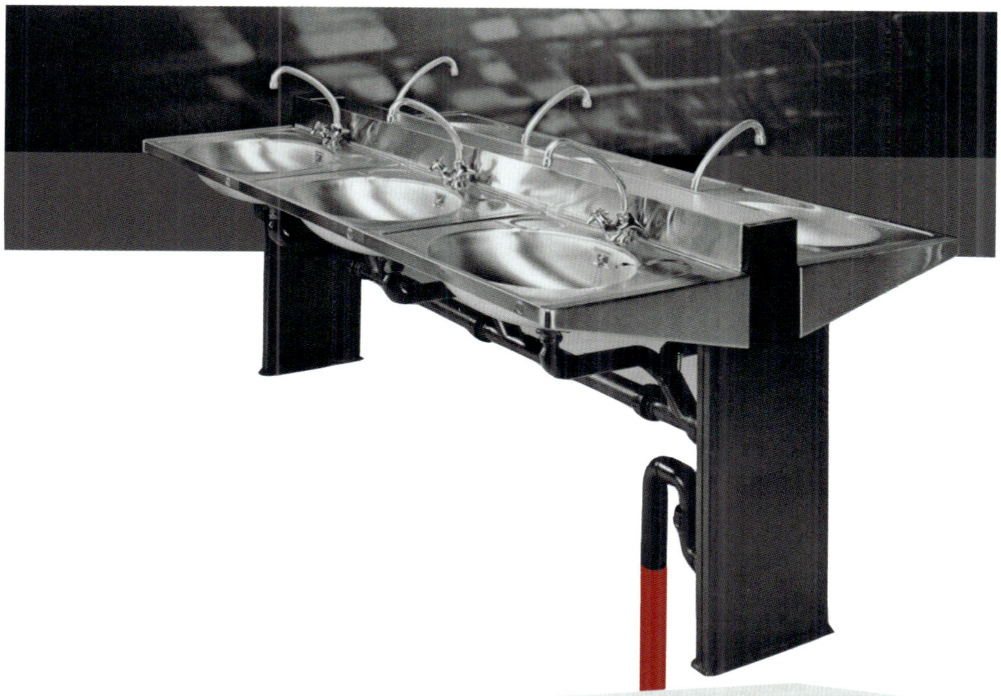

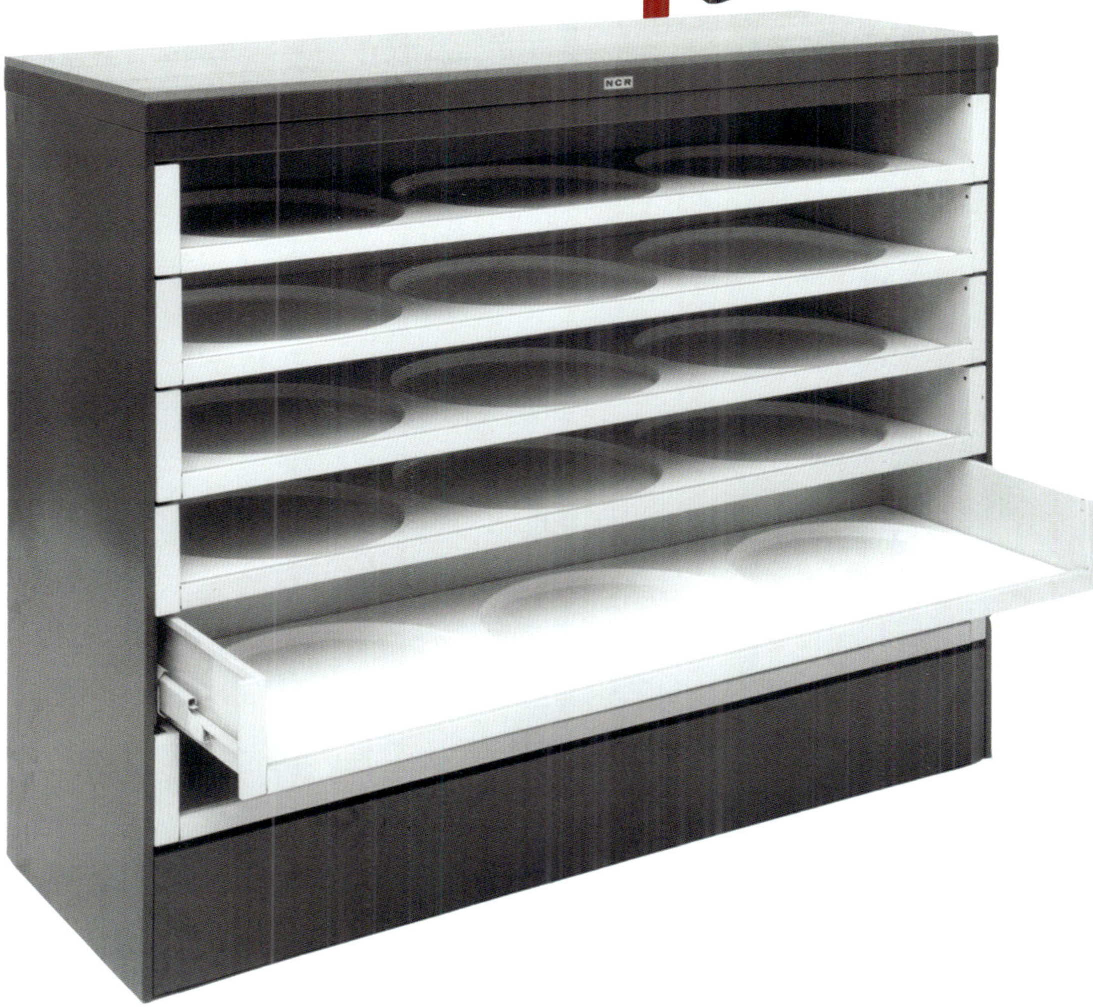

Lavabo, SANILAV, MEWAF (sélection nationale industrial design 1969) – 1968

Meuble pour ordinateurs NCR – 1969

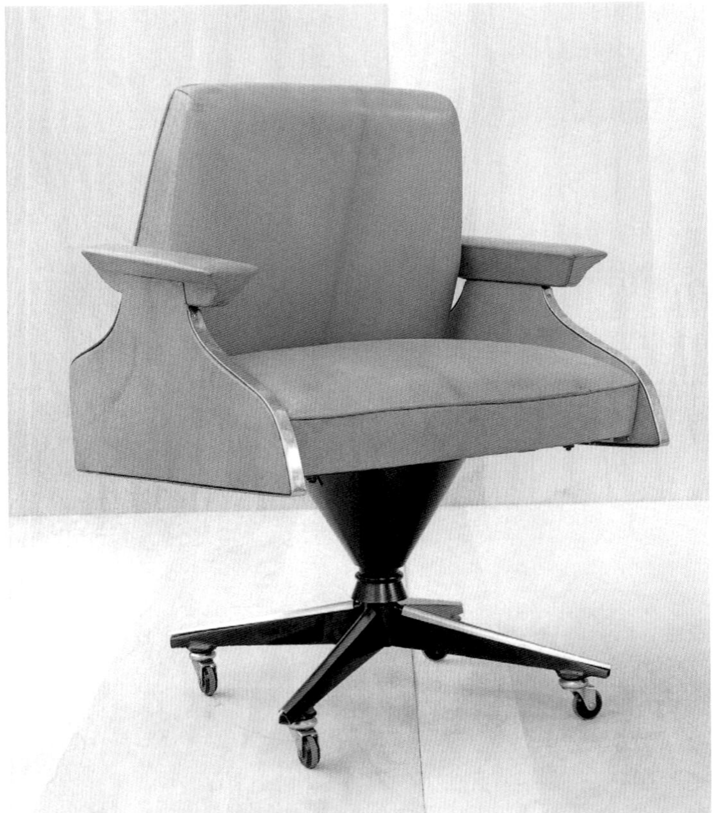

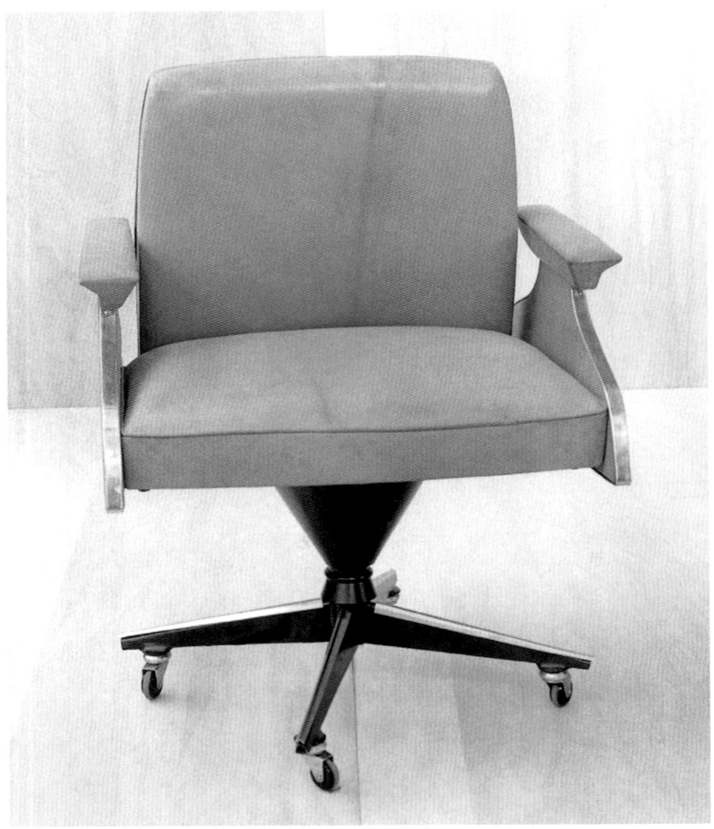

Fauteuil de bureau – 1957 – métal, cuir – 90 x 57 cm

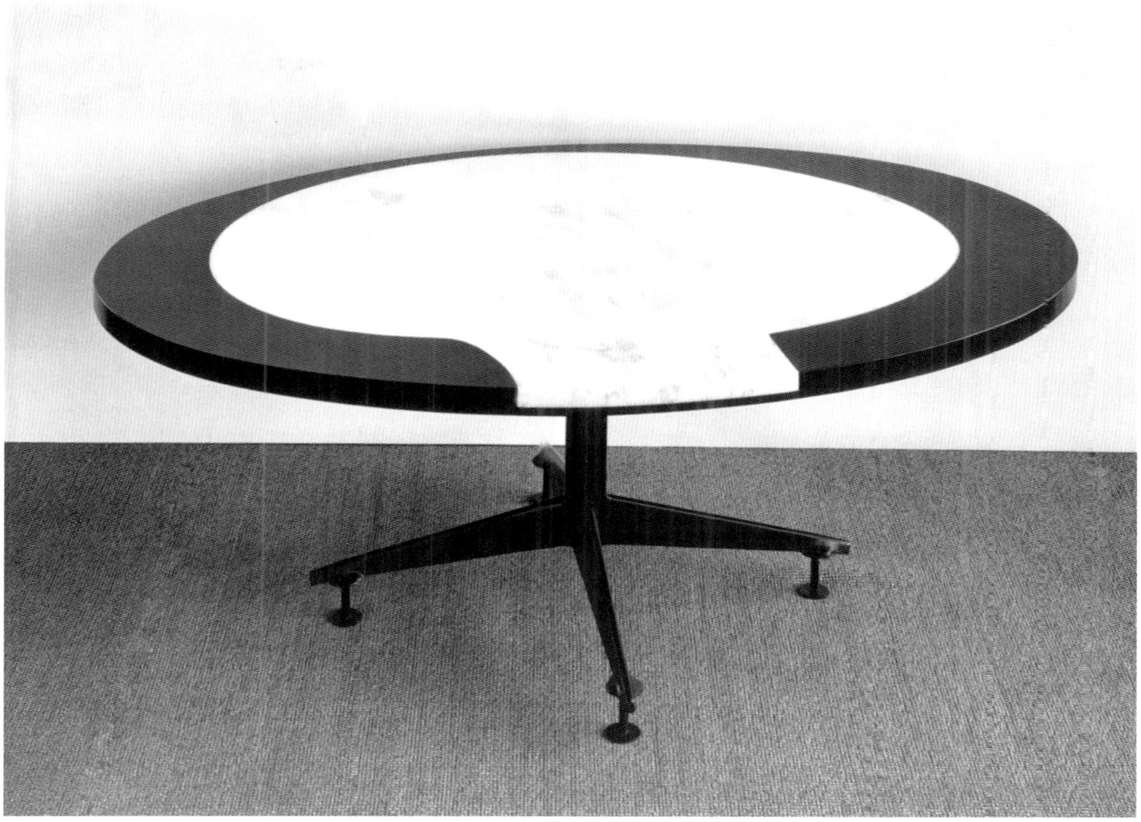

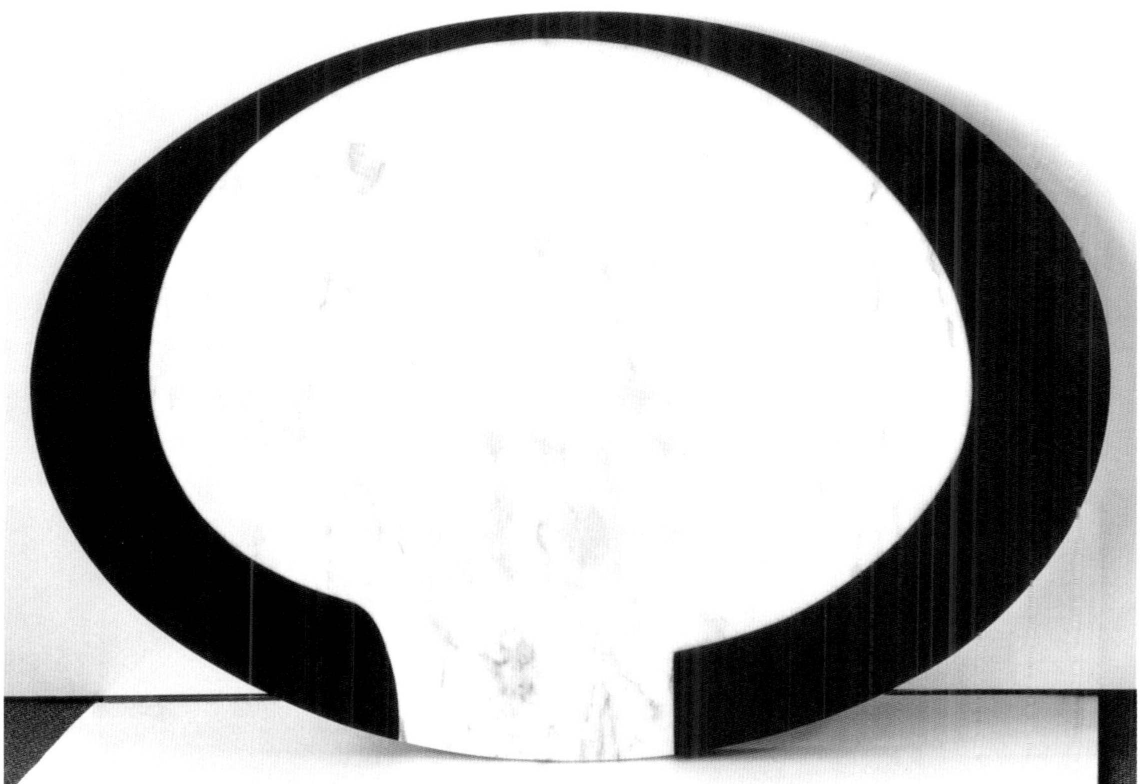

Table de salon – 1958 – marbre – 90 x 65 x 53 cm

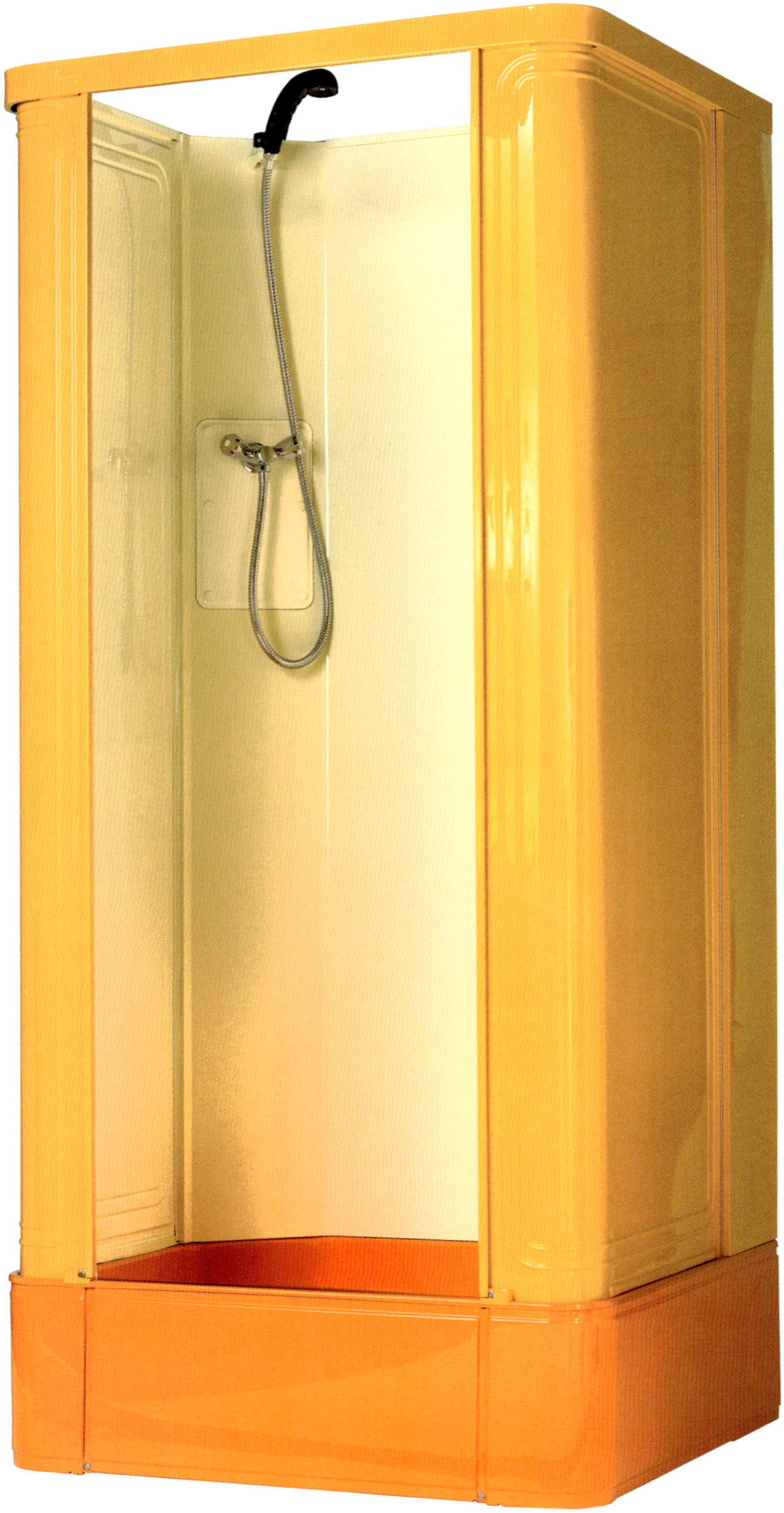

THERMOTUB, cabine de douche, créée pour la firme MEWAF 1962-1963.
Modifiée en 1975-76. Sélection nationale industrial design – 1976.

Landuyt dans l'esthétique industrielle

L'artiste avait déjà pu acquérir des notions des processus de production pendant la guerre, lors de son travail obligatoire dans l'entreprise de meubles d'Anzegem et il avait reçu une formation d'ouvrier métallurgiste dans l'entreprise allemande Erla. Peu de temps après la guerre, il fut également pendant un certain temps dessinateur et designer textile, une discipline très particulière qui allait s'avérer utile dans les années septante, lors de la création de tapisseries ; ses créations ultérieures pour des ateliers de broderie et des maisons de mode furent également considérablement facilitées par ces connaissances de base. Mais le travail du bois et du métal tomba immédiatement à point nommé dans les années cinquante.
Au début, les firmes Mewaf et Van Maercke, appartenant au même propriétaire, produisaient uniquement des meubles métalliques et la seule fonction de la section bois consistait à fabriquer des grandes caisses d'emballage. C'est pour cette raison qu'il fut décidé de concevoir des meubles de bureau et de sanitaire démontables, de sorte que Landuyt et son équipe durent imaginer un tout nouveau système qui réduirait non seulement le prix de revient en écrasant les frais de stockage, mais libèrerait également de l'espace de stockage. Etant donné que la survie de la section bois était de ce fait mise sous pression, l'entreprise procéda, sous l'impulsion de cette cellule de réflexion, à la mise sur le marché de cuisines constituées de panneaux en métal sur un caisson en bois. Cela offrit la possibilité d'utiliser lors de la fabrication des portes des panneaux métalliques de toute la hauteur, ce qui supprimait le problème de la dilatation et du gauchissement du bois. Les cuisines *Cultix* et *Cuttina* sortirent bientôt de la chaîne de fabrication et conquirent un marché en pleine expansion. Une des trouvailles consistait à plier la plaque métallique de l'arrière des portes de telle manière sur la partie avant que toute la hauteur se changeait d'elle-même en une poignée et les portes furent dotées du côté intérieur du même revêtement que celui placé en dessous des éviers métalliques, ce afin de supprimer la résonance. Une autre de ses nombreuses innovations de cette époque fut l'armoire de coin tournant sur son axe, qui donna subitement une fonction aux coins perdus de la cuisine. Ce système fonctionna si longtemps que le concepteur et l'entreprise reçurent un prix parce qu'il était sur le marché depuis trente ans !
Le dépôt de brevets pour ces inventions était à l'époque, contrairement à aujourd'hui, géré avec nonchalance et ce fut également le sort du lavabo rond innovateur *Sanispray*, qui connut un tel succès qu'une unité de production spéciale dut être construite pour sa fabrication. L'esthétique n'était – et n'est pas – pour Landuyt une forme novatrice remarquable avec laquelle on attire la presse 'style de vie' mais le moyen le plus joli possible de rendre la vie plus efficace, et dans ce cas, la fonction sociale du lavabo collectif était une expression parfaite de ses conceptions. Lorsque le meuble fut présenté lors de la première grande exposition dans l'abbaye Saint-Pierre à Gand, il fut signé par tous les membres de l'équipe.

La demande de cuisines *American dream* augmentait au rythme de l'état providence qui se développait et en vingt années, Landuyt créa successivement la cabine de douche *Thermotub* (couronnée en 1975 par le Design Centre), des meubles de cuisine, des congélateurs, des refroidisseurs à bière, un système de laboratoire pour les labos universitaires ou autres, des bureaux, des fauteuils et des ensembles rationnels de bureau.
On peut affirmer sans crainte qu'au cours des décennies soixante et septante dans le monde entier des centaines de milliers de personnes dans les administrations de l'état et autres prirent place sans le savoir parmi des armoires Landuyt, sur des chaises Landuyt ou derrière des bureaux Landuyt. Personne n'a jamais pris le temps de réfléchir au fait que tous ces volumes aux formes charmantes étaient influencés par la simplicité fonctionnelle et efficace de certains bunkers du Mur de l'Atlantique, la même forme sur base de laquelle sa maison et son atelier furent créés, méconnaissables du fait qu'ils étaient construits dans un ordre différent et plus élevé.
Un conflit social lors duquel le bureau de création de l'entreprise de meubles fut incendié signifia la fin de la collaboration de Landuyt avec le secteur du meuble industriel : il fit, avec toute la reconnaissance qui se doit, ses adieux à une aventure qui ne pouvait avoir lieu qu'à cette époque et avec lui et parce qu'un geyser ne s'arrête jamais, les nuages de vapeur continueront à s'élever ailleurs et ensuite ailleurs encore.

Beaucoup de facteurs auxquels le produit de masse industriel doit répondre disparaissent lors de la création de l'objet de design artisanal (parfois en édition unique) et l'artiste avait entre-temps et simultanément continué à s'épanouir sur ce terrain également. En compagnie de son ami Emiel Veranneman, architecte d'intérieur, neveu de Permeke, designer, collectionneur d'art et marchand d'objets d'art, Landuyt explora la relation entre l'œuvre d'art, l'environnement et le meuble d'art ; ils avaient des ambitions créatives communes, le sens de l'humour absurde et suffisamment de traits mégalomanes pour vouloir donner forme au monde entier. Ensemble, ils créèrent des objets, des tables avec des matériaux Landuyt authentiques, des chaises et des fauteuils dont les dossiers avaient la forme primitive reconnaissable. Ils combinèrent le meuble et l'intérieur avec l'objet d'art ou la peinture et redécouvrirent ainsi ce que l'on était en train d'oublier depuis longtemps : l'interaction entre les œuvres d'art, les objets dialoguant et l'espace et leur intégration : nous nous trouvons à nouveau dans 'l'architecture intérieure' oubliée de la Renaissance et du baroque, des préraphaélites comme Burne-Jones et Morris, de l'Art nouveau et de l'Art déco et dans le cadre de la 'mise en fonction' universelle sur laquelle nous nous arrêterons encore mais maintenant dans une version contemporaine. Leur exposition à la Hessenhuis à Anvers y fut proclamée 'exposition de l'année', mais la liste croissante d'expositions Landuyt à l'étranger était déjà impressionnante à cette époque. Ce fut pour eux une collaboration passionnante, qui ne prit fin que lorsque Landuyt quitta le circuit commercial des objets d'art dans les années quatre-vingt et prit congé de son marchand le plus personnel : Emiel Veranneman... Ils sont pratiquement toujours restés amis ; leurs liens se sont même resserrés à un âge plus avancé.

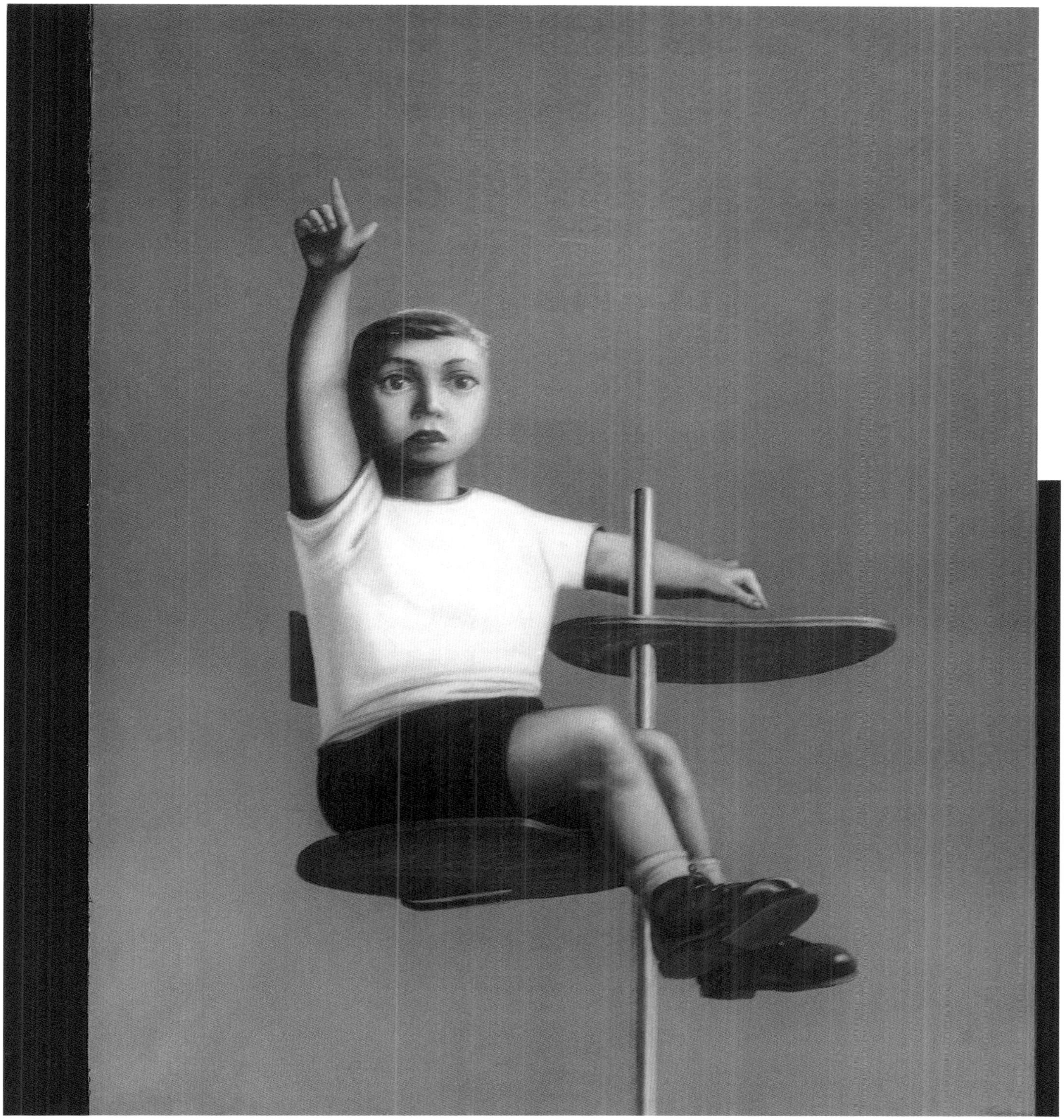

Dialogue itératif – 1954 – huile sur panneau – 118 x 98 cm – Musée Courtrai

La nature linéaire de la description peut susciter l'impression que la vie et l'œuvre de notre sujet sont composées d'épisodes successifs. Ils sont là, peu nombreux mais grands, mais il apparaît de plus en plus clairement que la simultanéité caractérise l'œuvre du début à la fin. Lorsqu'il était encore designer industriel, Landuyt appliqua à partir de 1956 sa nouvelle méthode d'enseignement. Comme dans les anciens ateliers, celle-ci impliquait les étudiants dans l'étude des problèmes plastiques. Son programme différait en pratiquement tout de ce qui était enseigné dans les académies : la succession des techniques de restitution à acquérir, de la partie du corps au personnage complet. Beaucoup d'étudiants de l'école normale avaient déjà suivi une formation en académie, de sorte que la découverte de thèmes totalement nouveaux constituait pour eux aussi un changement bénéfique. Tout commençait par l'étude de la matière, le *support* de toute la lumière et de toute la couleur. Il leur faisait appliquer le même pigment noir sur différents supports tels que le papier, l'eau, le bois, le lin et le velours, le béton etc., pour leur faire découvrir comment le support influence la couleur, et parce que le velours contrairement au lin est un tissu à fil relevé, ils allaient également devoir étudier le pourquoi des phénomènes, comme ils devaient également le découvrir pour les autres matières. Il ne leur apprenait pas seulement à dessiner mais surtout à penser, et ces principes conduisaient pratiquement directement à l'essence de l'art plastique, à l'arsenal des anciens et des nouveaux maîtres, ce qui ouvrait directement d'autres mondes. Qu'est-ce que cela deviendrait s'ils fabriquaient eux-mêmes ces supports ? Le groupe se mettait au travail et les trouvailles – comme toujours une possession collective – étaient rapidement intégrées dans l'œuvre naissante des étudiants. Au fil des années et à cet endroit sont apparues des notions qui donnèrent des ailes aux jeunes artistes et beaucoup d'entre eux obtinrent donc directement des prix. Le premier fut Kamiel Van Breedam, qui décrocha une distinction dans la Jeune Peinture Belge avec ses œuvres de matière. L'enthousiasme du groupe et du professeur était grand. Des germanistes et des professeurs de mathématique en herbe venaient spontanément écouter et regarder ; on passait de la musique pendant le travail, le professeur ne portait pas de cravate et ses étudiants pouvaient construire les appareils les plus étranges : des allées pour expérimenter la cadence des images successives ; des miroirs convexes, plats et concaves et des écrans de réflexion étaient les accessoires pour étudier la lumière. Landuyt s'est attaqué pendant toute sa carrière aux fabricants des programmes d'apprentissage – et c'était plus que réciproque.
C'est ainsi notamment que les futurs professeurs et artistes découvraient en compagnie de leur professeur ce qui ne se trouvait dans aucun programme, mais qui est essentiel pour leur métier et pour l'art plastique : le comportement et les automatismes de la matière. Les premières expériences de Landuyt avec les fumées de la décharge de Courtrai, l'aspect authenticité, la beauté des processus de naissance et de précarité, tout cet horizon était ouvert à l'exploration.

Le maître collaborait à cette pollinisation croisée dans cet atelier ouvert, tout le monde pouvait voir comment ses propres créations prenaient forme et les étudiants avaient même accès à son atelier chez lui dans la St. Juliaanstraat toute proche, où ils rencontraient une épouse pratiquement aussi enthousiaste.

Au cours de cette période, la matière jouera un rôle important dans les peintures de Landuyt – auparavant sur support lisse. Alors que le comportement de la matière n'est en général remarqué que quand il est trop tard – par le fonçage ou le craquelage – il l'envoie désormais dans une direction où elle peut améliorer le travail, comme le temps peut également améliorer la beauté des patines ou des sculptures sur bois polychromes. Avec leurs millions de rayures et de cicatrices, ces 'usures' sont des traces de cet automatisme de la matière et il découvrira plus tard son effet authentique, subatomique.

Un exemple clair de cette évolution est constitué par les œuvres *Homme I* et *Femme I* de 1954, toutes deux sur support lisse, et *Homme II* et *Femme II* de 1958, toutes deux des huiles sur panneau, mais ces dernières sont d'une texture très matérielle. Dans ses applications 'mixed-media', l'automatisme de la matière apparaît encore beaucoup plus et le choix de cette méthode va d'ailleurs de soi : les résultats des décollages, des pliages *Rorsbach*, des frottis et frottages cachés ou non (Max Ernst était le Gutenberg de la matière !) et la fusion dirigée des couleurs contribuent discrètement à l'expression la plus forte. Dans les peintures déjà innovatrices telles que *Cheval* (1957) et *Purification par le feu* (1957), qui se trouve au Museum of Modern Art de New York, cette évolution est un fait une fois pour toutes : il faut simplement attendre sa suite inéluctable. Au cours de cette période, l'animal prit une place de plus en plus importante dans son œuvre, essentiellement parce que la structure de sa forme se prête parfaitement à cette sorte d'expression. Et en zoomant de plus en plus profondément sur la matière, Landuyt choisira bientôt des pieds, des articulations ou d'autres parties organiques énormément agrandi(e)s comme point de départ pour son travail, qu'il qualifia alors de 'surfaces essentielles'. De cette période date également la série *Lions d'Atlantide*, maintenant disséminée dans le monde entier mais dont une œuvre se trouve encore au Musée d'Art Moderne d'Ostende.

Contrairement à beaucoup de ses contemporains, il n'était cependant pas un peintre de la matière, parce qu'il trouvait que l'influence de la lumière était trop déterminant dans ce genre. C'est pour cette raison que la barre fut à nouveau placée un peu plus haut, d'autant plus qu'il pourrait bientôt livrer un combat avec la matière authentique dans ses céramiques. Dans ses peintures, la matière allait être représentée à partir de ce moment-là comme une illusion. Le degré de difficulté de cet exercice était et est bien connu par les anciens et les nouveaux maîtres : De Vinci légua des exercices sublimes à ce sujet et les artistes contemporains savent désormais qu'il est plus facile de couler du béton que d'en évoquer la structure…

Les Vijftigers

On s'imagine aujourd'hui difficilement ce que les années cinquante et l'Expo 58 ont signifié pour notre région culturelle plutôt stérile à l'époque. Alors que la politique d'avant-guerre était poursuivie mollement sur base des mêmes valeurs établies, l'existentialisme régnait sur la Sorbonne, la première musique concrète et atonale résonnait, le jazz était importé furtivement et en général la nuit, la poésie expérimentale des Vijftigers apparaissait, 'Tijd en Mens' voyait le jour, Boon publiait De Kapellekensbaan *et un miracle germait lentement, celui-ci allait sans aucun doute donner plus tard des ailes à la culture à la fois au niveau de sa création et de sa diffusion : les mass-média. C'est ainsi que lors de l'Expo 58, des concerts furent diffusés pour la première fois avec l'œuvre de Stockhausen, Schaeffer et Berio et les sifflements et les cris dans le Palais des Beaux-Arts confirmèrent aisément les préjugés de la salle de séjour – Landuyt vécut tout cela sur place, de la réalisation du pavillon audiovisuel Philips par Le Corbusier et le compositeur Varèse, jusqu'à l'installation à Bruxelles de Picasso, avec sous ses ailes tout l'art contemporain de l'époque.*

Aucun endroit n'était prévu à cette époque pour que les personnes partageant la même opinion puissent échanger des idées sur ces innovations, sauf dans les petits cafés d'artistes, presque cachés, qui avaient défié les siècles en tant qu'institutions. Le précurseur inconnu mais incontestable des haltes extraordinaires comme Gardsivic, Celbeton et d'autres, se trouvait dans un endroit perdu de Courtrai, dans une ruelle près de la place du marché et il s'appelait 'In den grooten Bak'. On y discutait toutes les semaines de l'art le plus récent, on lisait et on analysait des poèmes et des textes à haute voix, on y organisait des concerts. C'est là que se trouvait le berceau de 'Jeugd en Muziek', que les membres Corneel Mertens et Elias Gistelinck firent par la suite connaître via la radio. Landuyt baignait gaiement dans cette confluence de rivières fraîches, avec le compositeur Jan de Cadt, avec des architectes d'avant-garde, des docteurs éclairés, quelques curieux excentriques et avec Jan Ballegeer, qui allait devenir son premier biographe en 1970. Ensemble, ils participaient aux réflexions qui étaient tout sauf tranquilles sur les 'tendances modernes dans l'art'. Le frère de Roland Adins, chef dessinateur du bureau de design de Landuyt était un tel amateur de jazz qu'il s'installa chez son amie noire à Harlem. Il emmena ensuite tout naturellement avec lui à Courtrai le légendaire chanteur de blues Big Bill Broonzy, et ceux qui assistèrent à cette représentation en restent encore sans voix – et depuis totalement sobres.

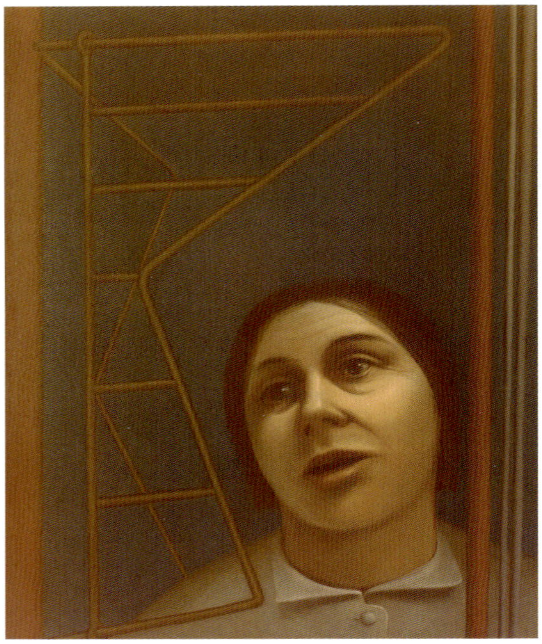

Antenne TV – 1954 – huile sur panneau – 76 x 65 cm

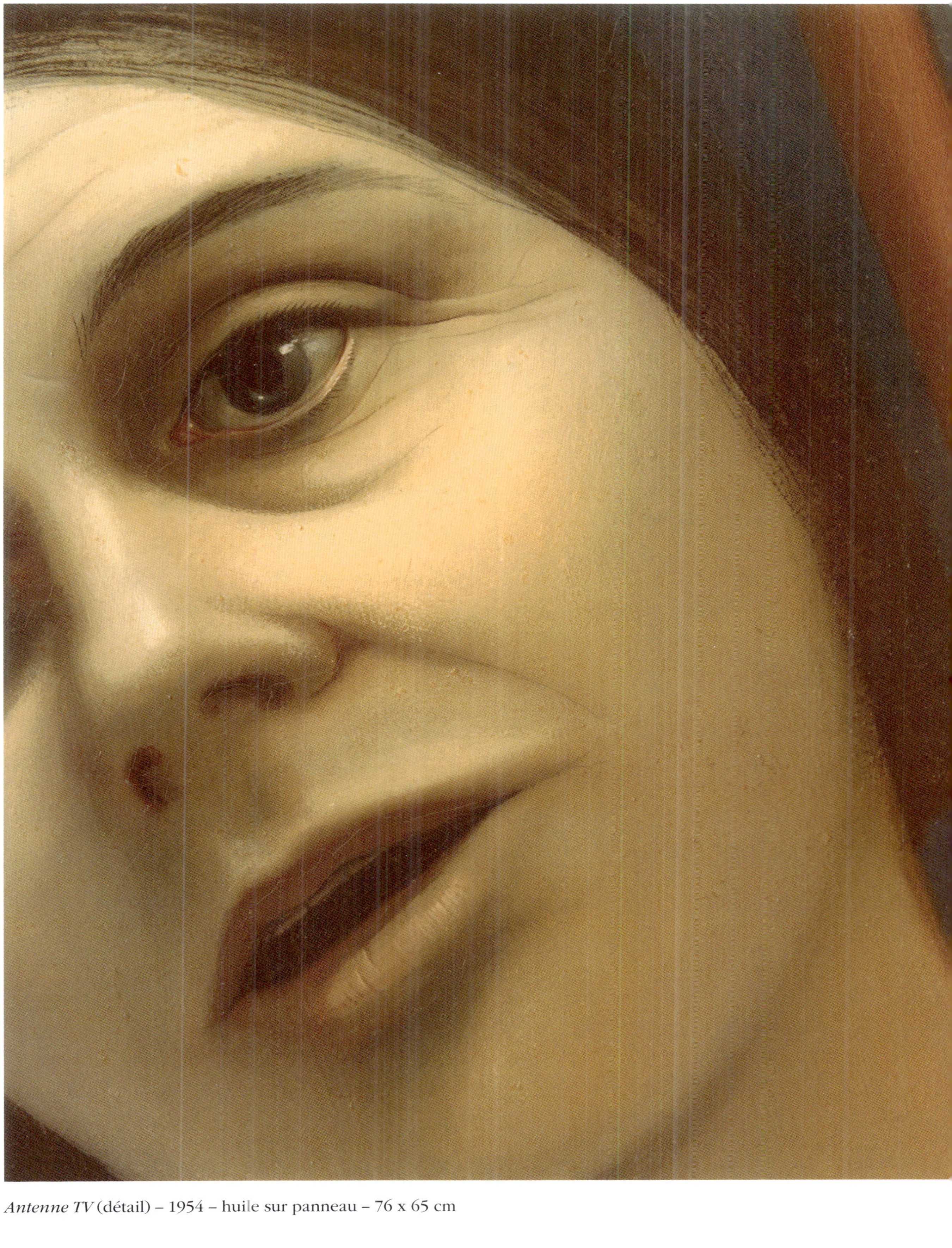

Antenne TV (détail) – 1954 – huile sur panneau – 76 x 65 cm

Et alors que Landuyt mettait sur les voies sa section Arts Plastiques, créait des meubles métalliques et apportait son aide à la préparation de l'Expo 58, il se battait également en 1958 pour un atelier de céramique agonisant – avec des grands fours ! – à Beernem, sur lequel nous reviendrons encore, et cette association sera elle aussi récompensée plus tard par des prix dans le monde entier. L'atelier 'Perignem' acquit de la notoriété et Landuyt continua à y créer. Les bas-reliefs gigantesques de la station bruxelloise Porte de Namur y virent le jour, et la matière qui avait disparu de ses peintures apparaissait dans toute sa gloire dans les statues en céramique à la fois variées et stupéfiantes. C'est ainsi que Beernem devint le rendez-vous hebdomadaire permettant d'aviver le feu, le flamboiement et l'or dans toute leur violence et de découvrir lors de la rétraction due au refroidissement ce que seul le créateur avait pu suspecter. Mais le feu fait également fondre le bronze en produisant le même flamboiement, et quelle forme est plus dure et plus raide que celle en terre cuite pour en faire un moule dans un but déterminé et pour la couler en bronze ? Une nouvelle fois, diverses disciplines interfèrent via sa façon de penser logique : ce qui est impossible en céramique est possible en bronze et vice-versa, et à nouveau les interactions complémentaires sont étonnantes. C'est ainsi, et seulement ainsi qu'il peut doter d'éléments céramiques un meuble en bronze créé comme socle pour y présenter dessus une sculpture en céramique ou en bronze. C'est ainsi, et seulement ainsi qu'il peut mettre le dialogue sur pied avec la table de sa propre création, dont le plateau peut entrer en dialogue à la fois avec le socle, le tapis de sa propre création et sa peinture créée spécialement à cet effet. C'est la raison pour laquelle Landuyt n'est pas une œuvre, pas un genre mais une unité, un ordre esthétique propre.

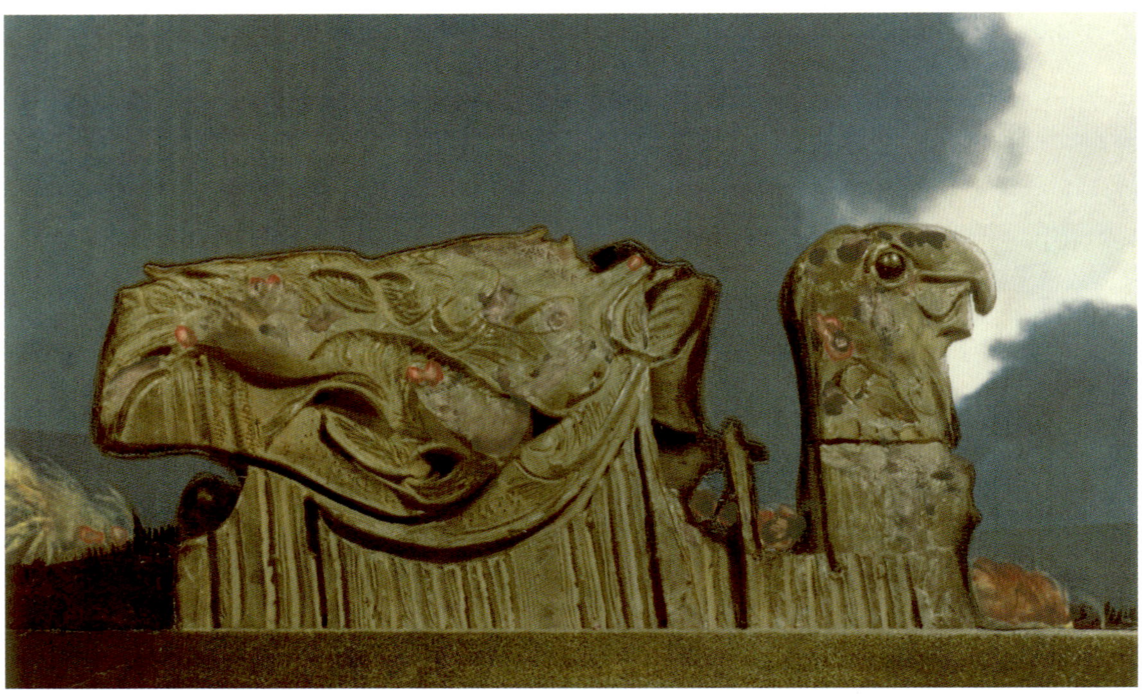

La nuit de l'oiseau – 1973 – céramique – 30 x 52 x 15 cm

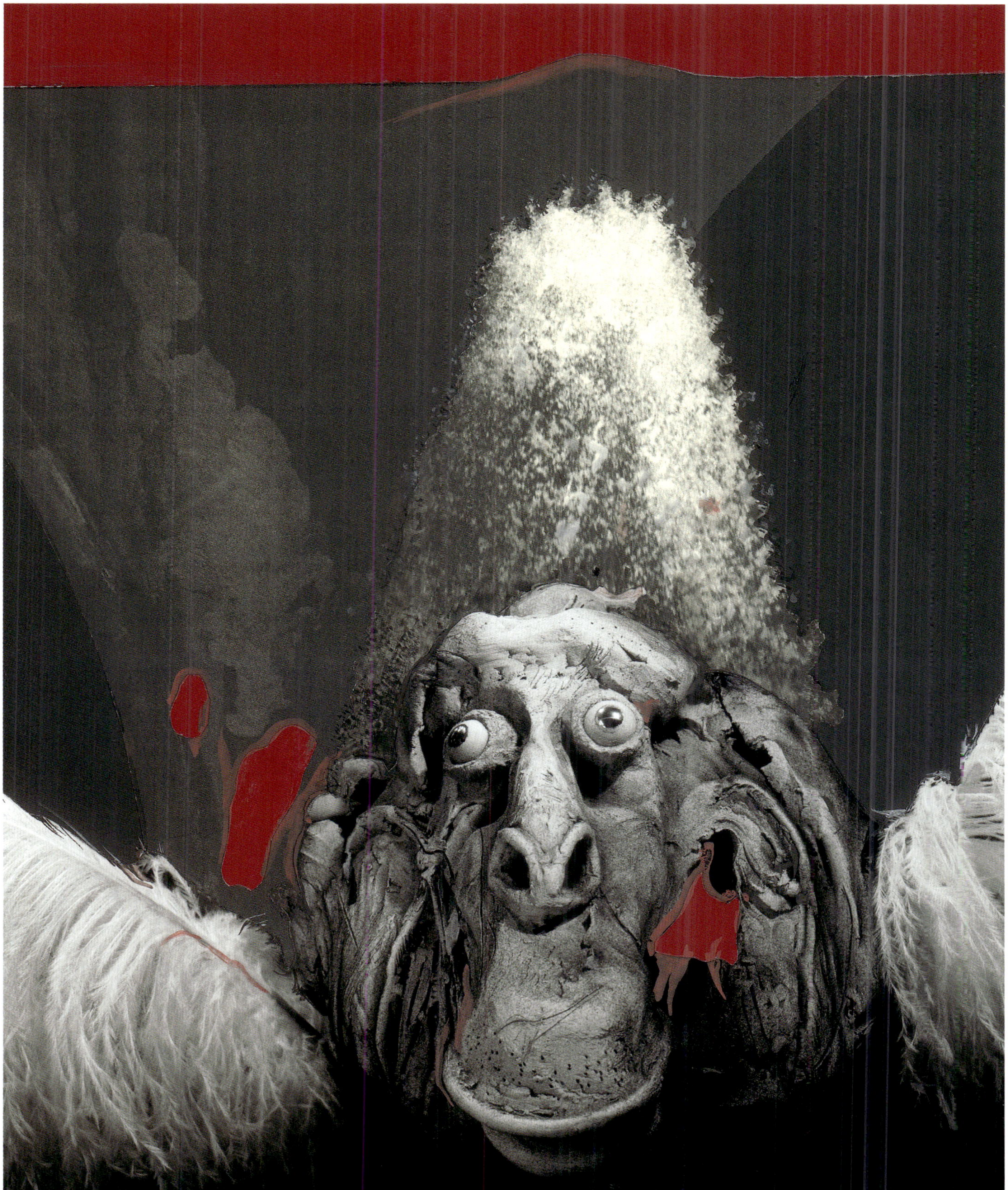

Lumière rasante sous la peau – 1976 – céramique – 46 x 50 x 33 cm

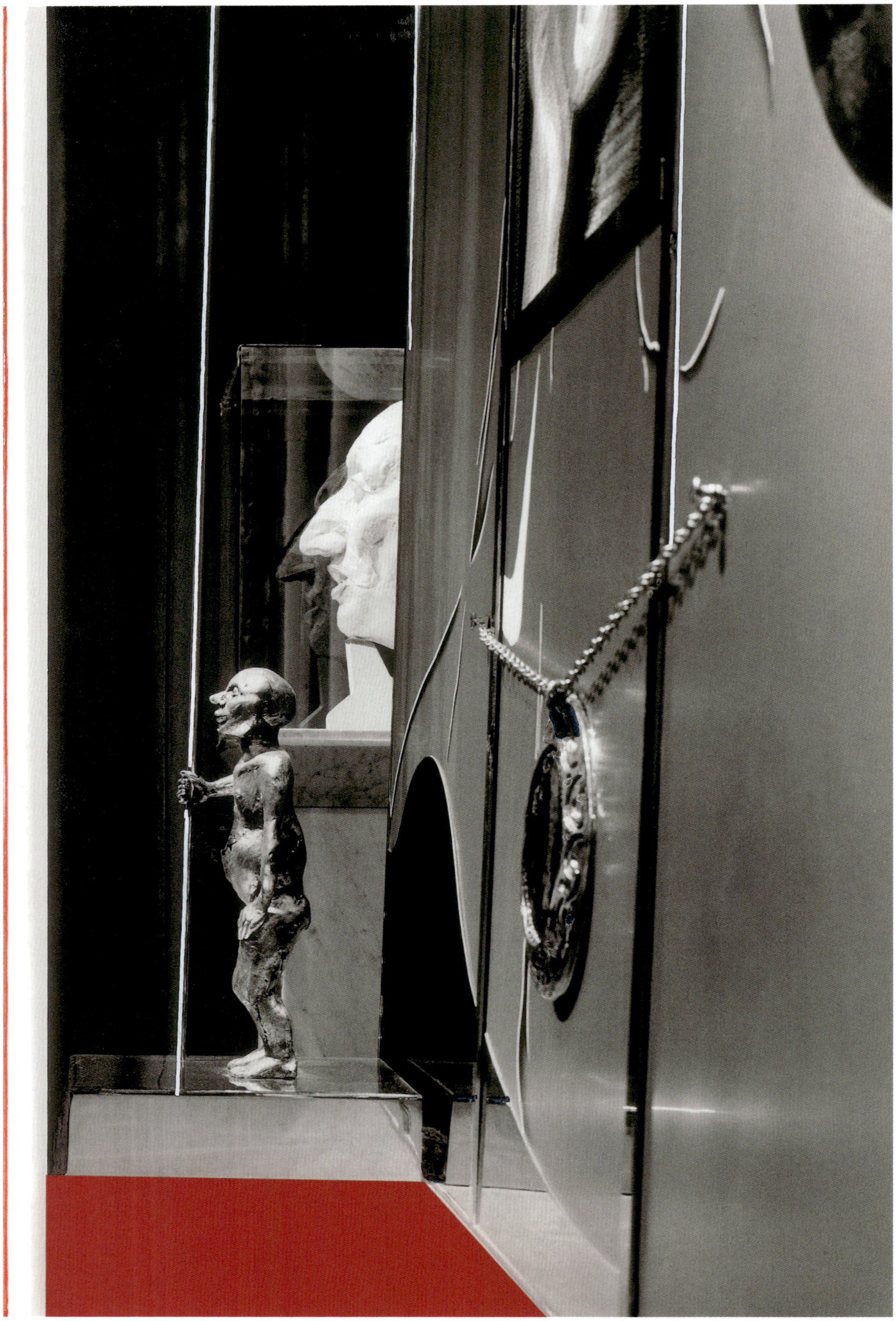

Le porte-drapeau – exposition Le Parvis – Bruxelles – 1970

Porte de Namur

Bien qu'elle aient déjà vu le courant de la vie passer devant elles pendant plus de trente ans sous la forme de millions de personnes, les quatre gigantesques statues en céramique de la station de métro bruxelloise ont affronté le temps de manière infaillible. Hiératiques comme des autels, elles forcent le respect dans cette station très fréquentée et gardent de ce fait les graffitis à distance. La présentation, en cadres d'acier arrondis de sa propre conception et derrière du verre, a contribué à leur caractère intemporel et prouvent que le concept de la Renaissance, dans lequel l'artiste est à la fois un artisan universel et un designer, est loin d'être dépassé.

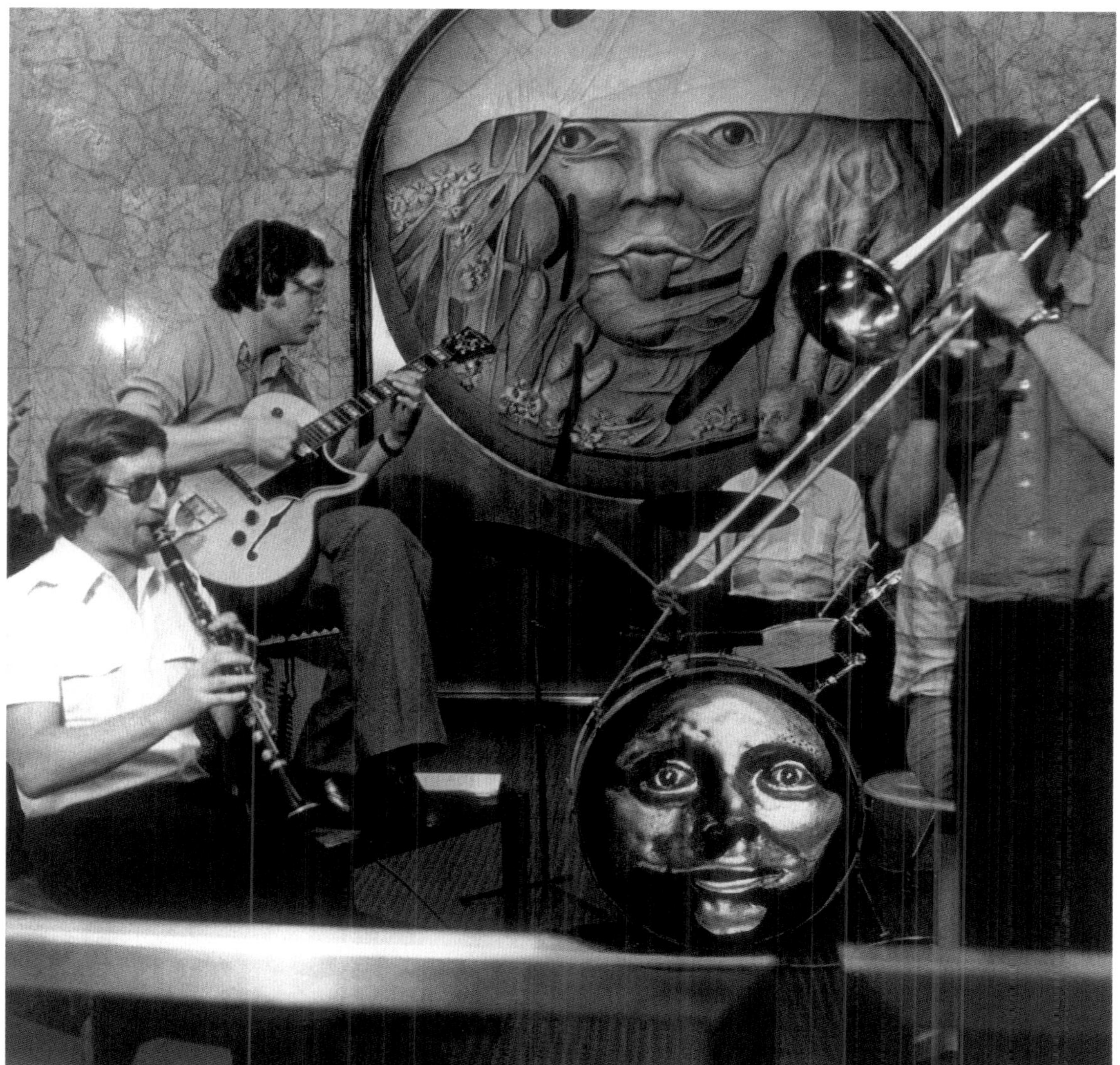

Le sens unique – 1979 – céramique – Ø 285 cm
L'ambiance lors de la présentation

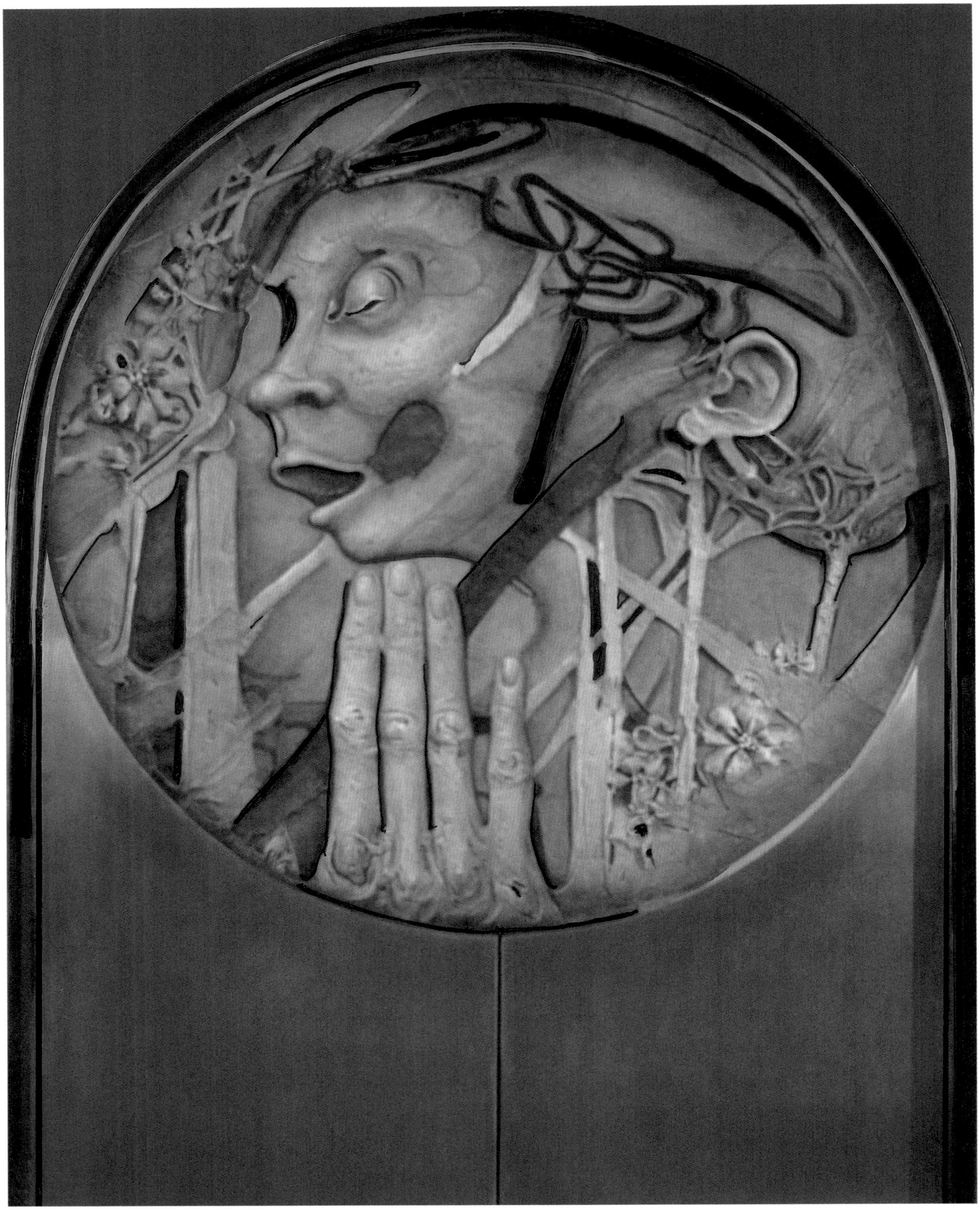

Le sens unique – 1979 – céramique – Ø 285 cm
Parce que tu es né

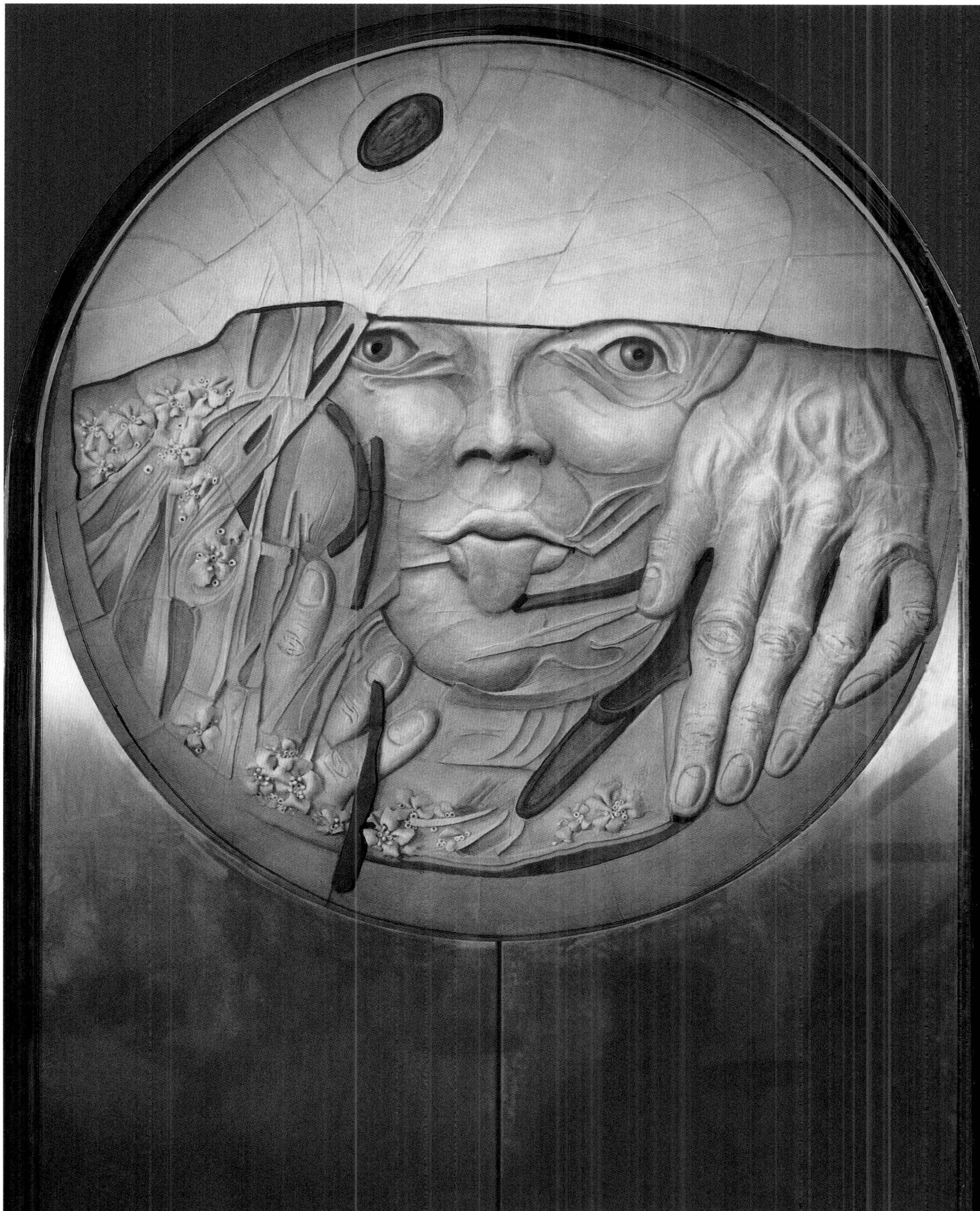

Le sens unique – 1979 – céramique – Ø 285 cm
Parce que tu es telement adulte

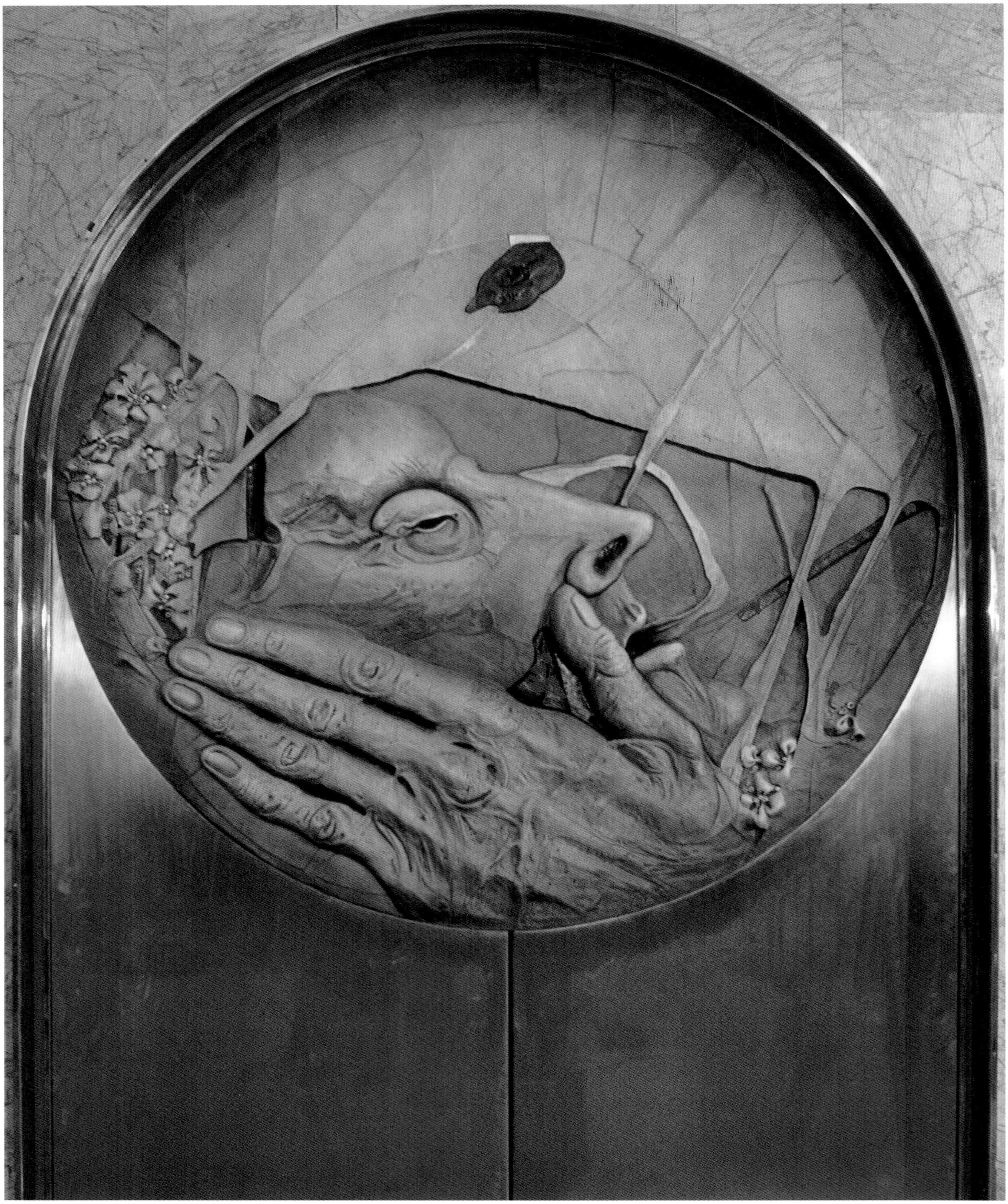

Le sens unique – 1979 – céramique – Ø 285 cm
Parce que tu vas quand même mourir

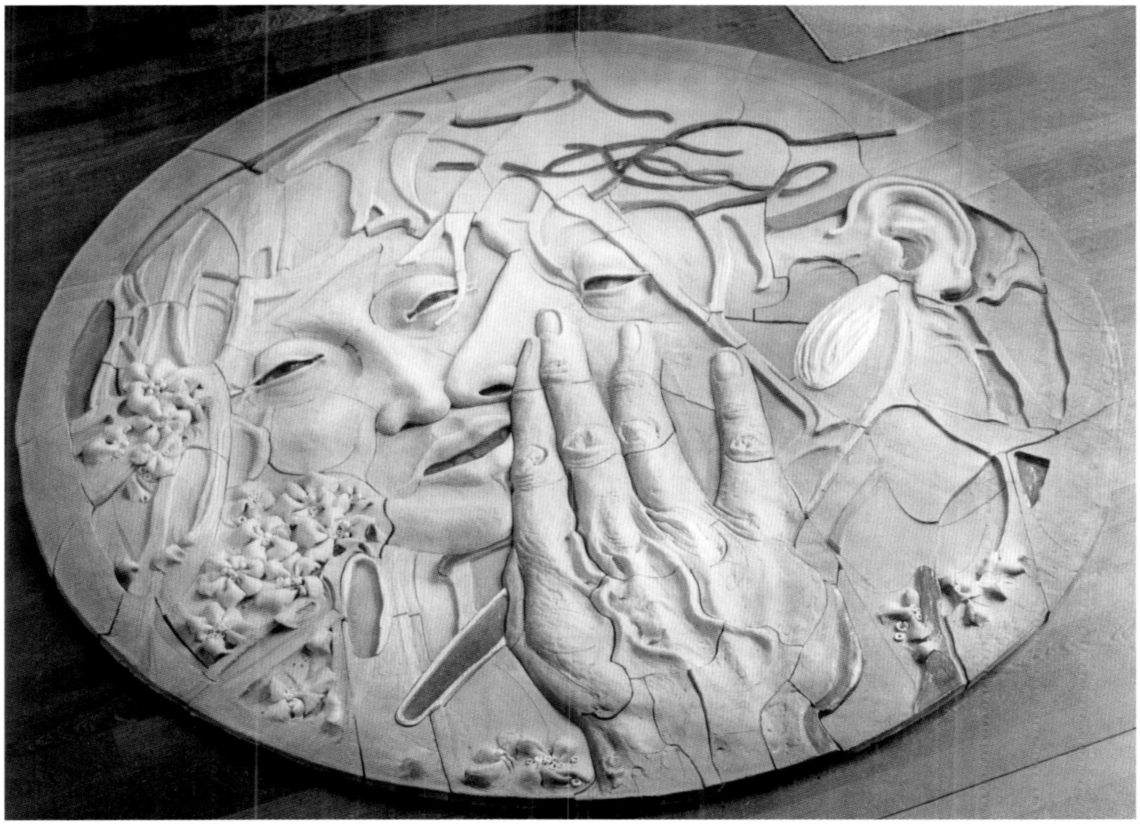

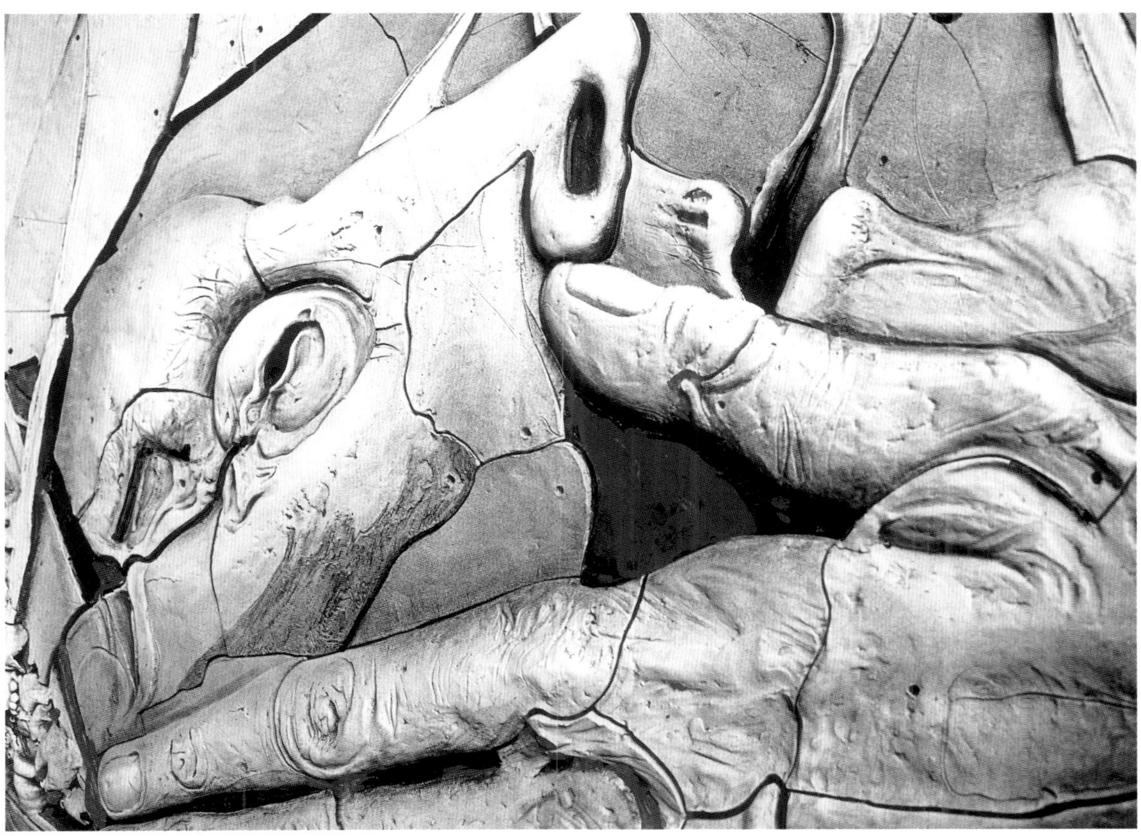

Le sens unique – 1979 – détail

Le sens unique – 1979 – détail

Lorsque l'Ipem fut fondé par analogie avec des centres expérimentaux étrangers sous l'impulsion du Prof. H. Vuylsteke et du directeur des programmes de la BRT Corneel Mertens (fidèle visiteur de 'Den grooten Bak'), Landuyt faisait également partie du petit groupe de participants curieux des colloques. On oublie facilement aujourd'hui que l'abîme entre art et science y était alors particulièrement étroit : des compositeurs tels que Louis De Meester, Karel Goeyvaerts, Lucien Goethals, Emmanuel Van Weerst et d'autres y forgèrent presque manuellement avec des générateurs et des oscillateurs les sons, qu'il suffit maintenant de taper sur chaque synthétiseur. En 1958, Landuyt avait vu construire le pavillon multimédia de Le Corbusier avec la musique de Varèse pour Philips, et de tels nouveaux développements musicaux étaient sur le plan de l'ambiance très proches de ses domaines d'étude plastiques de l'époque.

Beaucoup de diplômés de la formation de deux ans à l'école normale Arts Plastiques étaient en outre loin d'être saturés et voulaient poursuivre l'étude avec leur professeur en dehors de l'école. La réputation de Landuyt était alors déjà d'une telle nature que le banquier Maurits Naessens lui proposa à cet effet l'hôtel de la poste qui était vide et qu'il venait juste d'acheter pour sa banque : un grand bâtiment qui avait été érigé pour l'Expo de 1913 sur le Kouter et qui attendait maintenant d'être transformé. Il devint l'atelier du 'Visual Research Centrum' de Landuyt, un équivalent plastique – mais non subsidié – de ce qui était à l'époque déjà courant dans toute l'Europe dans le domaine de la musique. Un de ses rêves utopiques était de le développer en un centre européen, pour lequel Victor Vasareli et d'autres avaient proposé leur participation, mais entre le rêve et les faits se trouvaient déjà à l'époque le barrage des lois et de la jalousie, ainsi que des obstacles pratiques...

Le premier découvreur et mentor de Landuyt, De Vleesschouwer, avait entre-temps un successeur en la personne d'Emiel Langui, critique d'art et par la suite directeur-général au Ministère de la Culture, qui remarqua directement le lien entre le Visual Research Centrum et la Biennale pour les Jeunes, qui était prévue à Paris en 1963.

Langui était, avec Gilon, qui dirigeait le Palais des Beaux-Arts, un promoteur acharné de l'art contemporain de l'époque. Ledoux, directeur du Musée du Cinéma, faisait la même chose dans le domaine du cinéma. Il fit à plusieurs reprises appel à Landuyt pour la création d'affiches de cinéma, comme pour *El* de Bunuel et *Les rapaces* d'Erich Von Stroheim.

Paris était à l'époque encore le centre du monde artistique et l'équipe de Landuyt allait y représenter la Belgique et y obtenir un triomphe. Le groupe était composé de Roland Monteyne, Walter De Buck, Werner Cuvelier, Karel Dierickx et Hubert Minnebo tandis que la musique était créée par les compositeurs d'Ipem, Lucien Goethals et Em. Van Weerst. Des panneaux d'aluminium anodisé travaillés par le groupe belge d'aluchromistes de l'époque étaient mis à disposition pour les réflexions dans ce pandémonium optique. Langui, témoin oculaire et promoteur décrit comme suit ce phénomène unique dans sa biographie de Landuyt de 1978 : « ils ont trimé pendant des semaines et des semaines dans le hall d'un hôtel inoccupé à Gand pour créer avec les matériaux et les appareils les plus variés une ambiance cohérente, irréelle et cependant tangible, dans laquelle couleur, lumière, forme, son, mouvement et volumes étaient orchestrés en une seule création.

Finalement, un grand espace rectangulaire que l'on pouvait visiter de l'extérieur et de l'intérieur fut mis sur pied à Paris. Le spectateur, partenaire, entouré de musique électronique, se promenait le long de parois lumineuses, d'écrans transparents, de murs métalliques, d'un bassin phosphorescent, d'un cylindre cinétique, d'une sculpture à reflets, de surfaces convexes et concaves, de sphères éclairées et de surfaces de couleurs mobiles commandées à distance. On était absorbé par un spectacle parfait, une féerie, un énorme caléidoscope où rien n'était laissé au hasard, ou plutôt, où le hasard et la fantaisie étaient dirigés dans des directions déterminées. »

Landuyt indiqua lui-même par la suite que cette expérience ne constituait qu'une étape du Centre de Recherche Visuel, dont le programme comportait l'étude de « toutes les possibilités de combinaison, de variation et de permutation de création d'image, de lumière et de support.» Langui relativise en disant que la réalisation n'était pas unique pour cette époque et que, dans ce domaine, des résultats furent également atteints par d'autres artistes brillants, dont Tinguely et tout le groupe cinétique, bien que leur oeuvre fut très variée. Après coup, la description la plus précise est encore celle de Landuyt lui-même : c'était la confrontation de l'ordre organique avec celui de la lumière, avec ses vagues et ses particules.

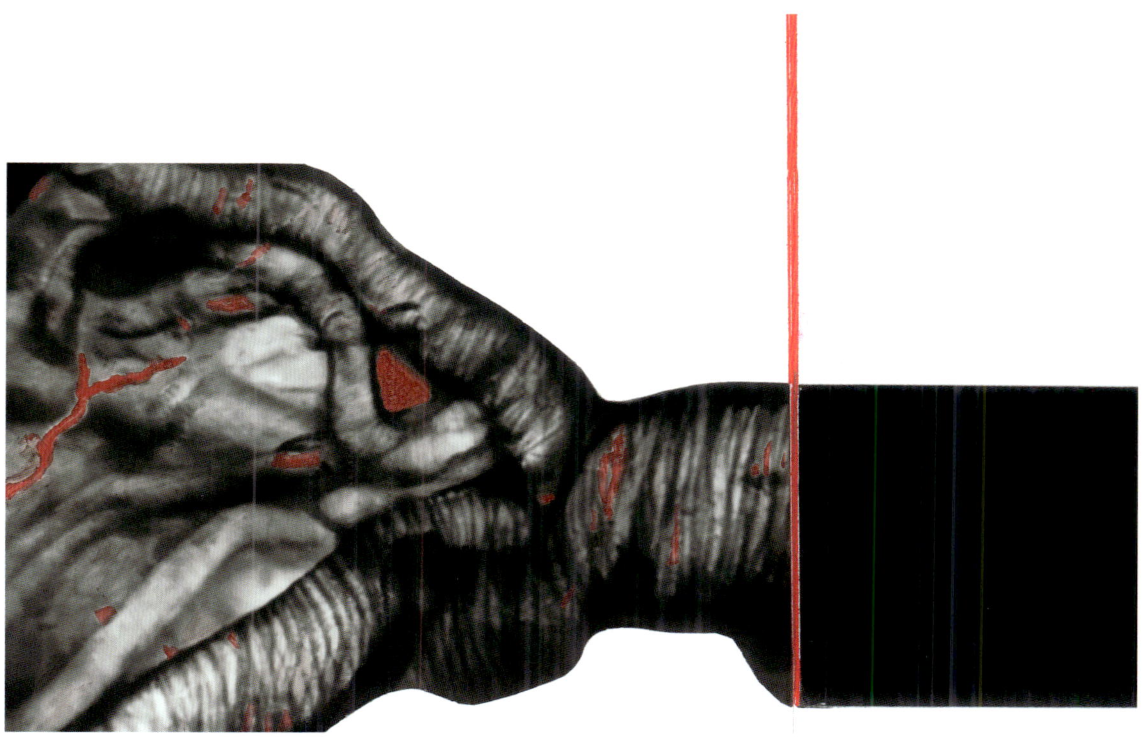

L'ordre organique, rendu visible par lumière variante

Les expériences avec la lumière

Les lampes au néon, les spots, la photographie pour tout le monde, l'image miniature, le projecteur de diapositives servant de cinéma à la maison, c'était comme si dans les années 1955-65 la lumière artificielle venait seulement réellement remplir le vide des salles de séjour. C'est au bord de la Loire que se trouvait le berceau des jeux de son et lumière et en 1958 la 'Laterna Magica' praguoise avait vu le jour à l'Expo 58, avec sa 'lumière noire' un événement mondial, que l'on peut encore observer aujourd'hui dans une version adaptée. Alors que toutes ces activités visaient plutôt un résultat, cela concernait pour Landuyt et son groupe de recherche plus le fonctionnement et les possibilités créatives de la lumière elle-même, et plutôt au niveau auquel on expérimentait également à Paris, Milan, Darmstadt et Gand (IPEM) avec de nouveaux sons.

*La lumière était donc une des composantes les plus importantes de son cours. Ce qui y était abordé et ce qui supposait une étude plus étendue déménageait de l'atelier du cours vers le centre de recherche sur le Kouter. Le phénomène lumière, sans support, qui se présente à la fois sous la forme de vagues et de particules était un domaine encore pratiquement vierge au niveau plastique, qui pouvait être exploré par le groupe. Landuyt savait précisément comment poser le problème : que se passait-il par exemple quand on ne plaçait pas de film entre les plaques d'une diapositive mais des solutions de matières qui se cristallisent ? Lors de la projection de solutions sucrées par exemple, les étudiants étonnés voyaient directement sur l'écran non seulement la cristallisation (du fait de la chaleur de la lampe de projection et de la saturation en tant que telle) mais aussi son déroulement animé ! La salle de classe du professeur de chimie minérale E. Bontinck (*Physique et peinture *1942) se trouvait juste en dessous de l'atelier de Landuyt et il était un fournisseur intéressé de matières qui pouvaient se cristalliser de manière spectaculaire. Cet arsenal fut encore étendu lorsque le laboratoire de géologie de l'université de Gand livra des tranches de véritables pierres précieuses (d'une épaisseur 'nano' !), avec lesquels le groupe de Landuyt réalisa, par coordination et chevauchement, des collages, dont la structure devenait visible sous l'effet d'une lumière linéaire polarisée, où toutes les lignes de vibration se trouvent sur une seule surface. Les collages pouvaient en outre, par des rotations de filtres à double réfraction, présenter toutes les variations possibles de couleurs.*

Mais rien n'est plus éphémère que les effets lumineux et hormis le processus de pensée, il n'a donc rien subsisté de ce monde. Il est donc très difficile de s'imaginer comment ils avaient fait des expériences à l'époque avec diverses dispositions d'écrans plats ou en relief, comment des grisailles étaient créées sur des images projetées – dans un processus inversé bizarre de la lumière vers la matière, au lieu de passer d'abord par le dessin pour arriver ensuite à la lumière ! L'industrie du textile, où la sérigraphie commençait à prendre son essor, se montra également intéressée et dans l'atelier de tissage à vapeur Texoprint d'Enschede, Landuyt fit des créations sur base de cette méthode.

La notion génératrice que l'image a une structure profonde, qui peut être analysée, fait également partie de la sérigraphie et de la lithographie ordinaires. C'est ainsi qu'il existait un exercice 'diviser en profondeur', lors duquel les étudiants devaient décomposer le portrait du général De Gaulle en plusieurs dessins séparés, qui devaient reformer l'original lors de leur assemblage et lors duquel chaque division devait cependant être en soi une image isolée à part entière ! Ici, le processus était d'abord 'pensé' ; ce n'est qu'après cette analyse personnelle que l'on procédait aux impressions en sérigraphie, ce qui rendait les résultats beaucoup plus originaux et une nouvelle fois il s'agissait plus des notions que du résultat.

A la Biennale de Paris, de telles images dédoublées ou divisées étaient placées devant un mur lumineux de douze mètres sur deux. Elles étaient conçues de telle manière qu'elles pouvaient glisser automatiquement l'une au-dessus de l'autre, commandées à partir d'un boîtier de commande et à distance, pour former une série combinatoire pratiquement infinie : le propriétaire de l'intérieur pouvait ainsi créer son propre mur à volonté !

Etaient-ce des divertissements isolés, étrangers au monde quelque part dans les caves d'un hôtel de la poste gantois abandonné ? Il faut à nouveau évaluer le contexte : Landuyt entretenait des contacts intenses avec le monde de la photographie. Le photographe légendaire Jean-Pierre Sudre, qui était devenu enseignant à La Cambre sous l'impulsion d'Herman Teirlinck (et de Veranneman et de Landuyt !), logeait chez Landuyt au cours de cette période et suivait de près à la fois l'étude au microscope électronique et les expériences avec la lumière et il fut certainement influencé par cela ; si vous examinez du reste de près ses magistrales natures mortes de matière, vous ne pouvez pas nier certaines analogies avec l'œuvre de Landuyt de cette période. Cordier était un de ses élèves à La Cambre et celui-ci a continué à appliquer par la suite les chimiographies, qui pour Sudre ne signifiaient qu'un stade intermédiaire. Dans son atelier de Paris, Sudre fit également des développements et des agrandissements pour Brassai, le photographe de Picasso et pour d'autres idoles. Appartenaient également à ce petit groupe Bill Brandt, autrefois assistant chez Man Ray, Lamorisse déjà mentionné précédemment, et évidemment également Veranneman.

Une grande partie du succès de telles expériences dépend de leur caractère utilisable dans le circuit des galeries commerciales et dans l'industrie de l'image et peut-être certains éléments sont-ils cachés dans les instruments de filtrage des programmes sophistiqués de traitement des images. Il n'empêche que Landuyt poursuit aujourd'hui encore l'étude des filtres et de leurs possibilités.

Personne n'a du reste jusqu'à présent pu découvrir la raison pour laquelle certaines études se déroulèrent, sans que les groupes ou les personnes aient connaissance les uns des autres, pratiquement simultanément à différents endroits du monde. Outre Sudre et Landuyt, Bruno Munari (1907-1998) s'occupait à cette époque également d'expériences visuelles. A l'exposition de Landuyt et de Veranneman dans la Hessenhuis anversoise, il fut par hasard l'invité surprise, car il y avait à l'époque chaque fois un local séparé qui était prévu à cet effet Munari – du reste également designer et un personnage important et passionnant – amena toute son exposition dans une seule valise, avec à l'intérieur également quelques appareils, qui étaient conçus sur le même principe que ceux de Landuyt !

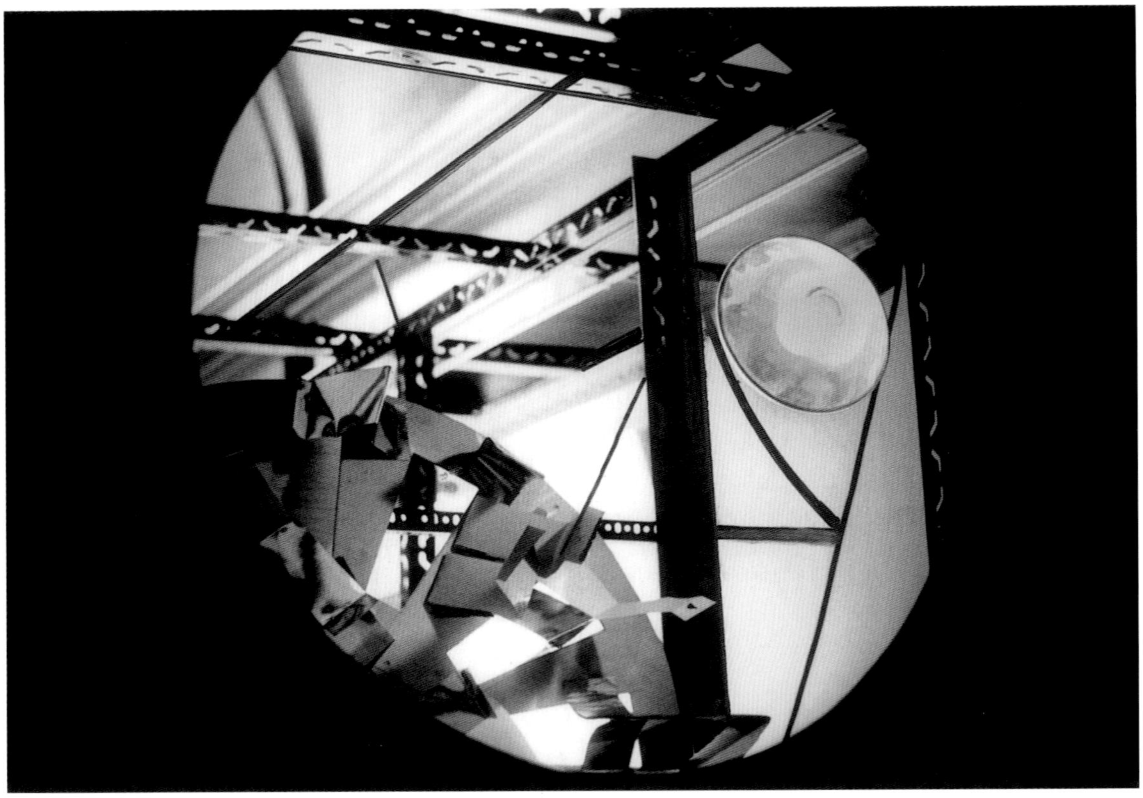

L'étude d'images lumineuses et de ses réflexions – 1962 – Musée d'Art Moderne, Paris

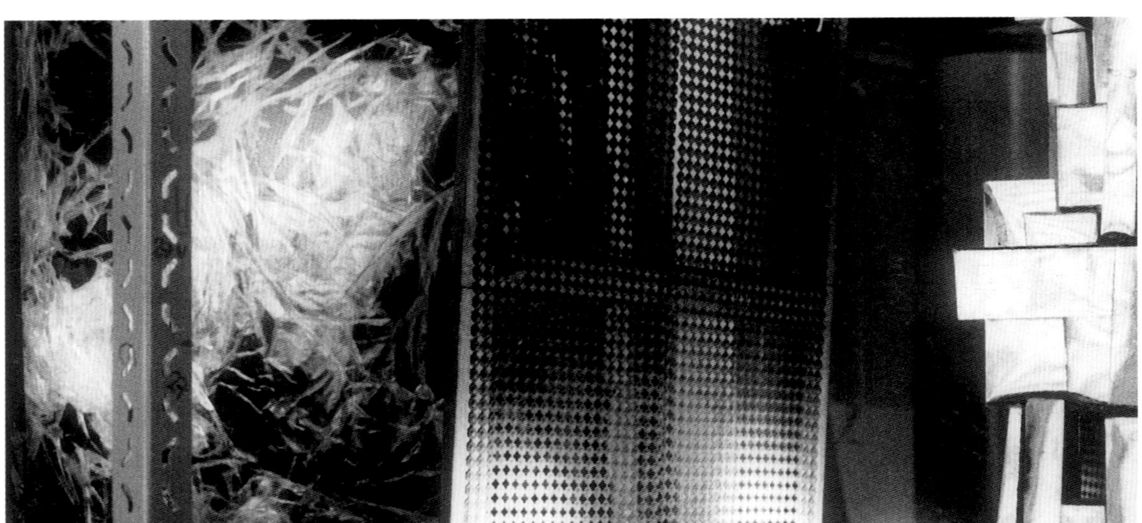

L'étude d'images en mouvement et en diffraction – 1962 – Musée d'Art Moderne, Paris

Sous le coup de la simultanéité, nous retournons encore un instant à l'Expo 58 avec ses expériences lumineuses et musicales, et nous notons la rencontre avec Harry Toczyner. Il jouera un rôle crucial au cours des années suivantes pour l'introduction de l'œuvre de Landuyt aux Etats-Unis, mais il mérite dès maintenant un peu de notre attention pour son intervention dans un projet qui allait être mis sur pied à l'expo universelle de Newark : dans le prolongement du pavillon multimédia de 1958 et armé de l'expérience de son centre de recherche, Landuyt devait créer avant 1968 pour Pepsi-Cola un pavillon 'avec installation', dans lequel l'art optique et la musique électronique seraient combinés comme à Paris. Malheureusement, le projet vola en éclats, d'après ce qu'on dit à cause du choix du compositeur Henk Badings, en raison de son passé pendant la guerre : Toczyner était d'origine juive. Au fond, la décennie impliquait en général une accélération dans les domaines de plusieurs disciplines artistiques. Ce genre de projets trouvent leur place dans l'esprit du début des années soixante et illustrent la conviction de Goethe et de Valéry que le raisonnement est souvent plus important que le résultat…

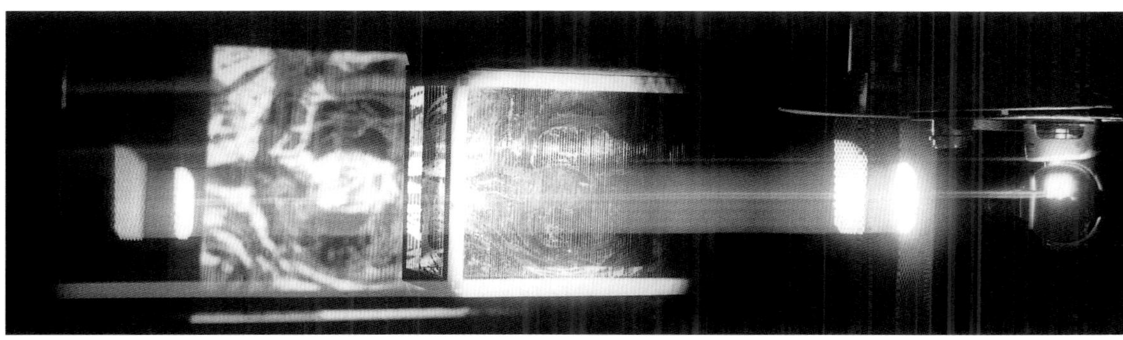

Expériences sur la formation d'images lumineuses et fragmentées – 1962

A travers les âges, on a souvent réduit l'artiste plastique à un simple artisan rompu à la reproduction des choses, et pendant la période abstraite, on disait même encore des peintres qu'ils avaient 'une patte', un *coup* de pinceau. Dès le début, l'art était pour Landuyt infiniment plus que cela. Formé par d'excellents professeurs, il se plongea très tôt dans la littérature. Une compensation, écrivait-on ou disait-il lui-même, parce qu'il ne pouvait pas aller à l'université par manque d'argent, bien que la frustration ne puisse certainement pas, selon nous, avoir été le moteur de tant de culture livresque, de tant de connaissances disponibles de l'histoire de l'art et de la philosophie. Dans ces années, les idées d'André Malraux (qu'il avait rencontré à Paris) et de René Huyghe (qui vint lui rendre visite à Heusden) constituaient pour beaucoup d'artistes une révélation plus fondamentale que ce qui était publié dans notre région linguistique sur les expressionnistes et les abstraits. Leur influence est reconnaissable dans les convictions et les cours du maître, bien qu'enveloppée dans ses propres idées et dans des exemples de plusieurs cultures. Mais ses connaissances de la mathématique et de la géométrie, ses alliés dans la conception industrielle, sont tout aussi importantes. C'est la raison pour laquelle les objets, les socles et les meubles répondent à la *mathesis*, aux règles strictes de l'art et rien n'est laissé au hasard ; c'est pourquoi des professionnels spécialisés, qui devenaient de plus en plus difficiles à trouver avec le temps, sont nécessaires. Landuyt, qui séjourna lui-même un certain temps à Saint-Germain à l'époque, lut, à l'exception de ceux de Sartre, peu de romans, beaucoup d'histoire, car il faut apprendre du passé, un peu de psychologie, d'anthropologie, de cultures anciennes mais surtout de la philosophie, de Platon à Derrida aujourd'hui. La suite de son développement constituera la réponse à la question de l'importance de ces éléments pour un artiste plastique, et cela allait à nouveau différer de ce à quoi on était habitué à l'époque. Car après l'acte créatif, l'éclair de génie où aucune considération n'intervient, la question du pourquoi de chaque acte sera présente dans tout le processus de finition, les automatismes artisanaux n'auront jamais libre cours mais seront soumis au mécanisme de la pensée.

Cette digression est nécessaire afin de pouvoir évaluer l'importance de sa rencontre avec le microscope électronique. Car au milieu du chaos de l'esthétique abstraite de l'époque, souvent une gymnastique voltairienne très à la mode de surfaces et de lignes dans le vide, Landuyt découvrit un monde rempli d'équivalents plastiques (plus de détails à cet égard lors de la discussion de la période organique), rempli de formes authentiques qui répondaient aux harmonies les plus abstraites.

L'effet était pour le moins étrange, et pour l'artiste si saisissant et répondant tellement à ses besoins plastiques qu'il se plongea pendant des années dans ce monde. Cette évolution – bien que pour beaucoup et encore maintenant une aberration – était en fait prévisible et la logique même. Ses acquis comprenaient une technique parfaite, une recherche de l'authenticité et des automatismes de la matière ; ses peintures lisses étaient désormais dotées d'une texture matérielle qui se trouvait déjà au bord du microscopique. Il avait déjà compris que les formes extérieures sont en fait la résultante de leur structure intérieure et d'innombrables sous-structures organiques et que les processus de croissance reposent sur un principe.

Il était pratiquement impensable de ne pas réagir à cette profusion de nouvelles possibilités mais en tant qu'entreprise c'était téméraire, contre le bon goût, non commercial et un objet de risée vis-à-vis des attentes pleines d'espoir autour de sa figure dans le monde artistique de l'époque. Tout autre artiste jeune ou plus âgé de cette période n'aurait jamais eu la moindre attention pour une telle esthétique et ce maître déjà reconnu s'est pourtant dirigé vers les domaines 'sous-cutanés'.

Il ne se passait pourtant rien de spécial pour Landuyt, car ce qui le préoccupait essentiellement n'était pas la représentation de l'intérieur de l'homme ou de l'animal mais le fonctionnement du processus plastique, auquel nous nous intéresserons plus tard en détail, et ce que le microscope pouvait apporter dans ce cadre.

Nous revenons aux automatismes de la matière, les éclaboussures d'encre de Dalí et les manières dont d'autres aussi essayèrent de susciter l'inconscient et le hasard pour ensuite choisir parmi cette offre multiple des formes et des couleurs utilisables. Mais ce qui se présentait à l'époque chez Landuyt dans le monde interne sous-cutané dépassait toutes les possibilités que les surréalistes auraient pu découvrir ! C'était pourtant cela qu'ils recherchaient : avant que le tachisme ne soit en vogue, Breton avait déjà publié *La langue des pierres. Le surréalisme même*, bien conscient de la quantité de peintures abstraites et tachistes qui peuvent se figer dans l'intérieur tridimensionnel d'une pierre ! Landuyt étudiait également les différences entre les structures minérales (ses céramiques et ses bijoux en tireront profit par la suite) et la construction organique, disséquait leur processus de croissance et les utilisait lors de la construction de ses œuvres d'art.

Lors de ces explorations, il découvrit que certaines couleurs et formes ne peuvent se présenter que sous *cette* nature, alors que d'autres formes peuvent adopter n'importe quelle couleur ou vice-versa : il les appela 'couleurs et formes à usage interne' (contrairement à celles à usage externe qui pour lui appartiennent au monde de la décoration). Elles se présentent comme l'aspect extérieur des phénomènes naturels mais en même temps, elles sont liées de manière inexplicable à l'intérieur de ceux-ci. Un tel langage de l'image, greffé sur la matière qui est appelée par Berkely 'un des langages de Dieu', est cependant contradictoire par rapport aux expressions logiques-grammaticales dont l'homme (également le critique) se sert en tant qu'animal doué du langage, car il appartient au vocabulaire et à la syntaxe de la matière même ! On ne peut même pas s'en approcher avec notre langage et c'est pourquoi il est le langage de l'artiste plastique, qui restera non-dit – Wittgenstein n'est pas très loin.

Un autre hasard important a placé à cette époque l'œil du spectateur sur la mauvaise jambe et suscité beaucoup de fausses suppositions. Les images que le microscope électronique fournit et qui arrivèrent à l'atelier avaient une teinte rouge, rouge comme le flamboiement qui avait déjà dirigé inconsciemment l'œuvre depuis les bombardements ! On pourrait affirmer que le rouge de Landuyt de l'époque avait trouvé ici tout à coup une infinité de formes possibles. Dans la perception du monde artistique et dans le grand public, cette période a fait couler pas mal d'encre parce qu'elle ne pouvait à nouveau être classée dans aucune direction : l'essentialisme et l'infra-essentialisme ne lui offrirent qu'un refuge temporaire et le réalisme magique était devenu pratiquement inutilisable à travers le microscope électronique, sauf si on rendait au magique sa signification d'origine.

Le processus créatif de chaque créateur est en effet composé d'éléments totalement différents. Dans beaucoup de cas, et également chez Landuyt, une œuvre ou une peinture est structurée par des harmonies (et des dissonances apparentes) de couleurs qui recherchent une forme, à savoir leur forme d'expression. Chez les abstraits, ces formes sont évidemment abstraites parce que leur tendance implique cela ; chez l'artiste figuratif, ce sont cependant chaque fois des formes réelles qui peuvent s'identifier avec cette couleur. C'est ainsi que, pour leur technique de la moucheture, les impressionnistes choisissaient volontiers des surfaces d'herbe et les diffractions de la lumière reflétée sur les pièces d'eau, mais les anciens maîtres savaient eux aussi sélectionner précisément leurs formes et attributs pour justifier une couleur – sinon les chefs-d'œuvre ne seraient pas des chefs-d'œuvre.

Ce monde et l'approche par de tels équivalents plastiques se trouvent à des lieues du système métrique normal des -ismes, mais c'est bien ce dont il s'agit également chez Landuyt. Son 'flamboiement rouge' reçut comme équivalent plastique un choix multiple parmi les formes organiques, microscopiques, qui participaient au jeu créatif et sans savoir pourquoi le spectateur était touché par quelque chose d'essentiel et dans quelque chose d'essentiel.

A cette époque, des œuvres telles que *Surface essentielle 'Genèse'* et les *Structures internes I* et *II* de 1963 témoignaient déjà d'une maîtrise authentique, et toute la période a revêtu une importance déterminante pour le développement ultérieur de Landuyt – bien que des voix se soient également levées pour dire que c'était précisément là que cela avait mal tourné et même que cela avait pris fin pour Landuyt ! Car en comparaison avec la période 'mongoloïde' des années cinquante, la répulsion que les œuvres organiques suscitaient était bien pire. Pour l'observateur, le rouge fait maintenant référence pratiquement inévitablement au sang, les formes aux dissections des organes, aux placentas, à des lambeaux de tissus organiques et à des proliférations sinistres. Landuyt devenait dans la perception publique 'le peintre de' sujets qui font détourner le regard et de l'interdit. C'est ainsi que le rouge de la honte de la *katameina* fit son entrée dans le monde artistique flamand et la presse à sensation, qui en était à l'époque encore à ses premiers balbutiements, flairait déjà le sang, et cela allait encore s'empirer !

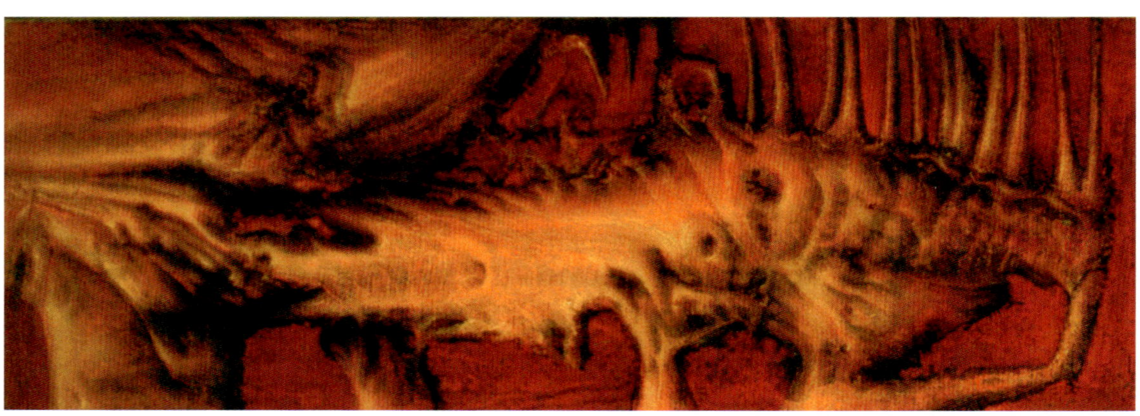

Lion d'Atlantide III – 1960 – huile sur panneau – 145 x 55 cm

En 1963 – la Biennale des Jeunes était encore en cours – une crise cardiaque donna lieu à une série d'œuvres ayant la mort pour sujet : pour le public ce n'était pas une suite agréable aux structures organiques de la sphère interdite, mais elles témoignent encore honnêtement des sentiments les plus profonds de l'artiste. Une maladie de cœur, avec une complication deux mois plus tard, exigea six mois de calme plat et alla de pair avec une dépression qui ne diminua que lorsque son médecin de famille lui permit à l'encontre des règles de retourner à son atelier. C'était comme si le cosmos s'était vengé à cause de tous ces bricolages sur ses rouages internes...
La période de rétablissement est reconnaissable dans la production de ces années, dont il ressort que la mort était devenue un nouveau partenaire pour Landuyt. Sa sensibilité, toujours presque 'trop', et sa maîtrise donnèrent lieu à quelques œuvres émouvantes qui poussent à la méditation et qui doivent de préférence être subies au rythme où l'on visite les grands monuments funéraires : *Final Attitude* (1963), *Ramsès* (1966) et d'autres. Et comme s'il voulait conjurer définitivement la vanité, il intégra également plusieurs momies authentiques dans son intérieur afin d'y confronter toutes les œuvres d'art et toutes les pièces de collection intemporelles à la pierre de touche de la mort. La mort, omniprésente dans la vie, sera présente à partir de ce moment-là, perceptible ou non dans l'œuvre de Landuyt. A partir de ce moment-là, le facteur 'temps' fera également son entrée dans le monde particulier de l'artiste.

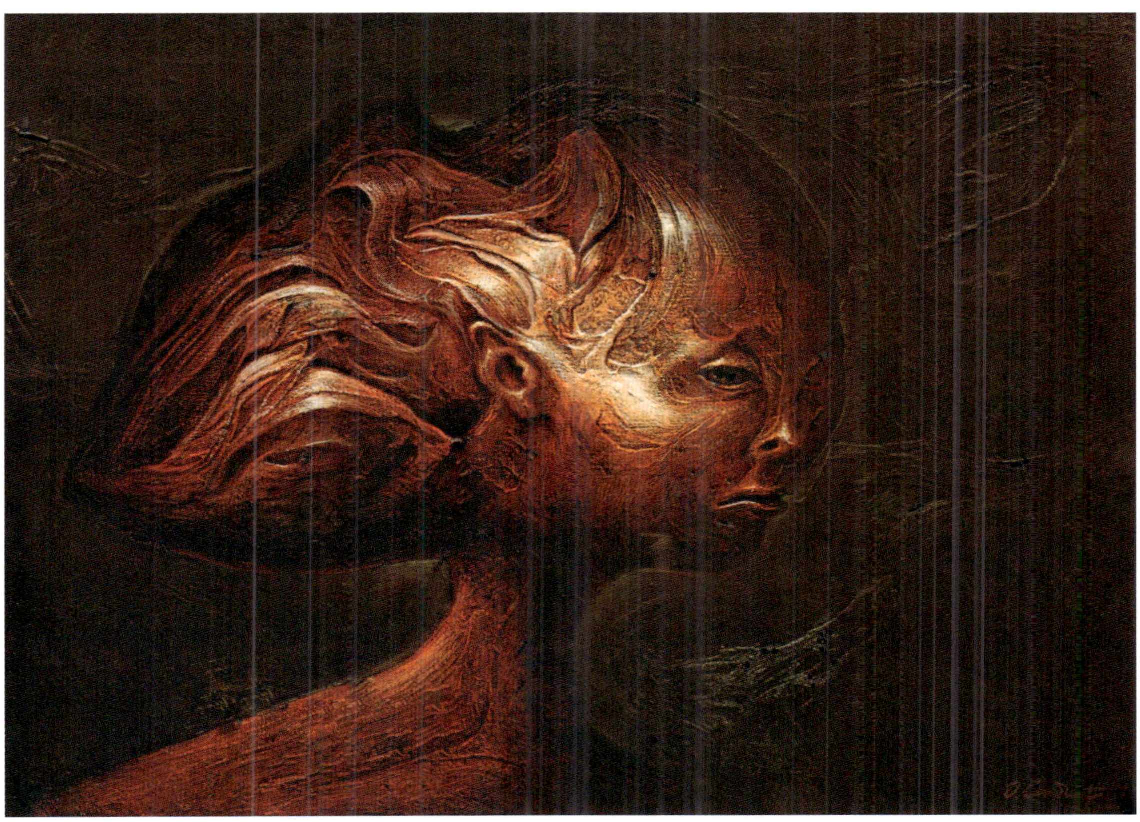

La Vénitienne (Mort à Venise) – 1971 – huile sur panneau – 31 x 44 cm

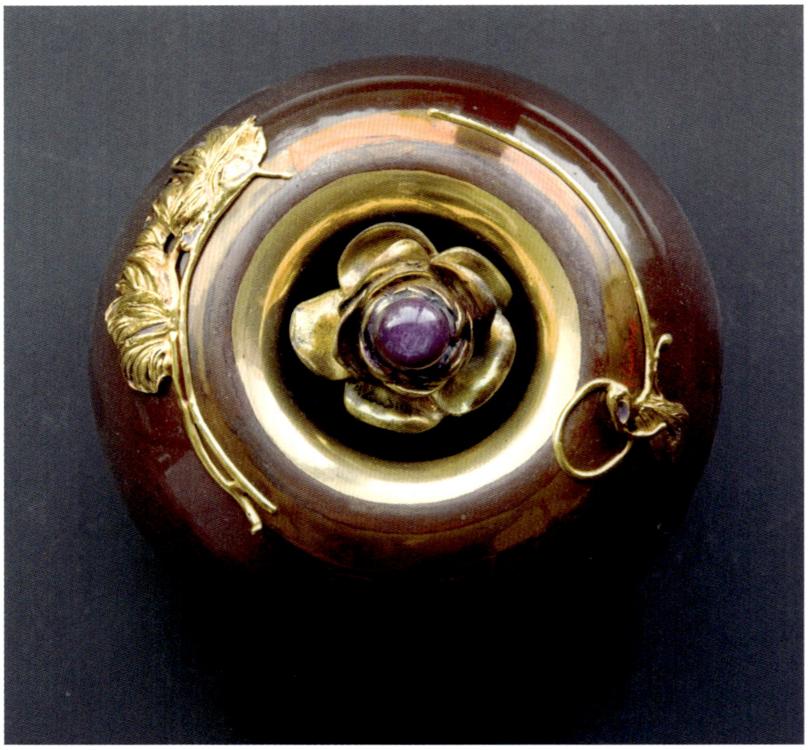

Vase pour *Mensa Plena*

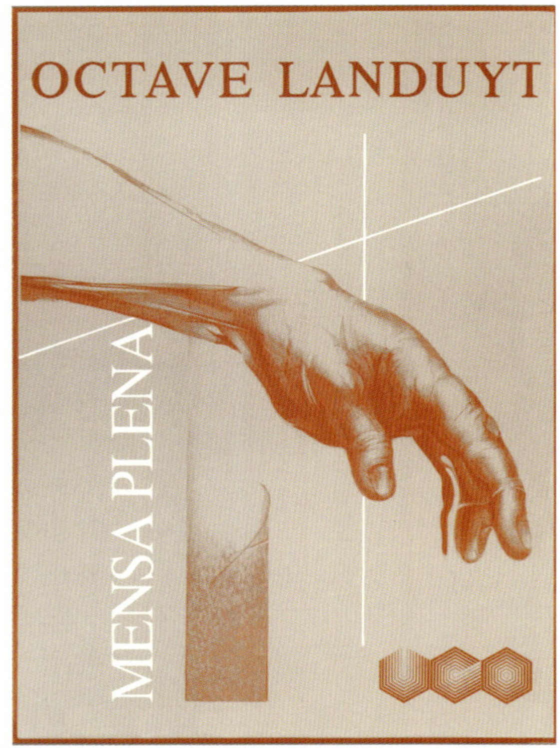

Devant de la boîte *Mensa Plena*

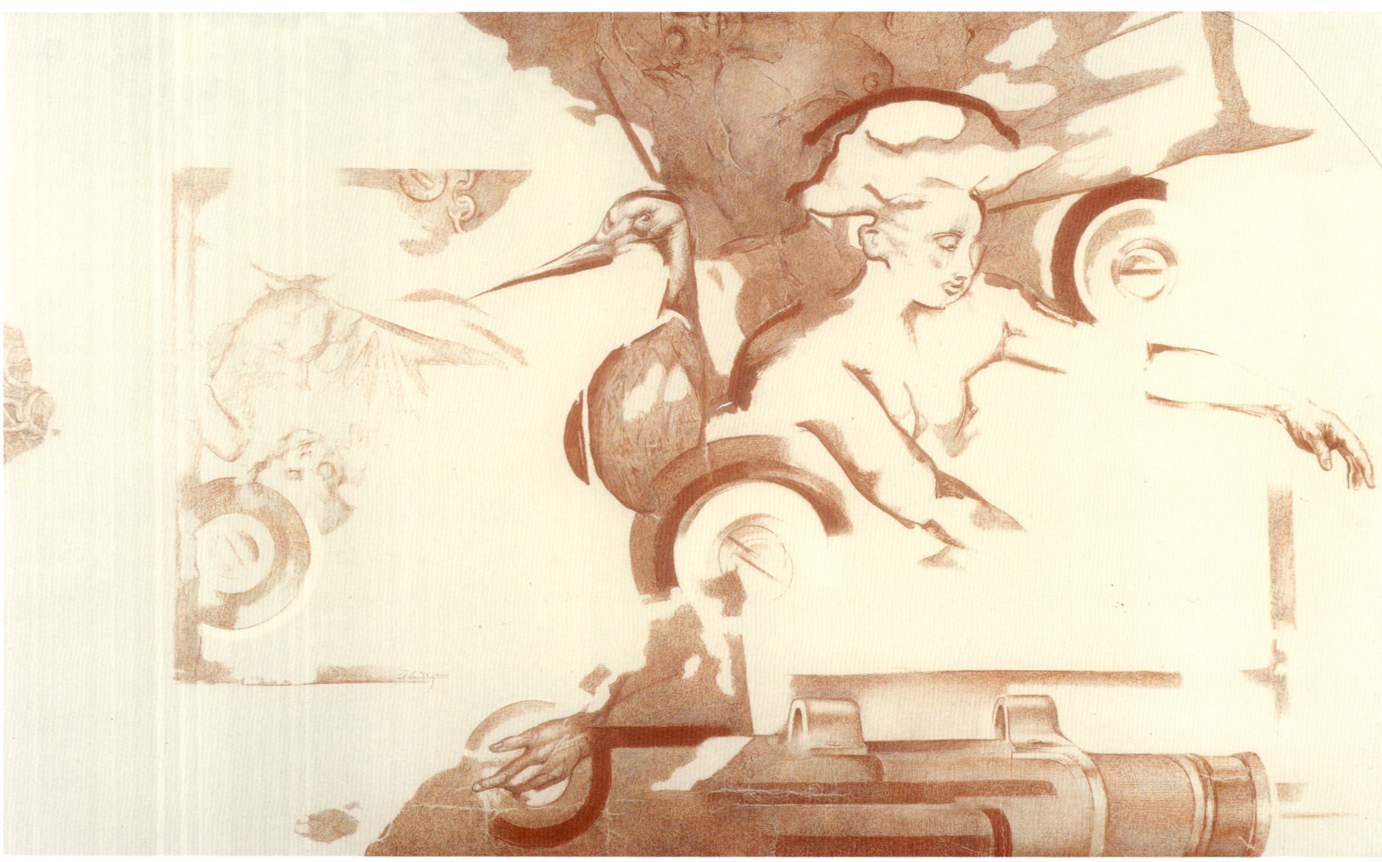

Mensa Plena (tapis de table) – 1988 – réalisée par UCO, Gand – 160 x 270 cm

Mensa Plena : le tapis de table

Le fait qu'un artiste du secteur textile reçoit la mission de concevoir un tapis de table n'a rien de sensationnel, car cela ne prend pas beaucoup de temps de choisir un motif, de faire un dessin ou d'imprimer une œuvre d'art existante sur le tissu. Mais le tapis de table de Landuyt Mensa Plena *(1988) n'était une nouvelle fois pas un simple tapis de table parce qu'il impliquait un minutieux processus de pensée et de prise de conscience. Comment ce tissu pourrait-il influencer l'environnement direct sur le plan esthétique et sur le plan comportemental, pour activer chez l'utilisateur également un processus de pensée ? Dès le départ, une table ronde ou rectangulaire requiert une approche différente de la composition qu'une carrée et en outre le format placera immédiatement le concepteur face à des choix. Subsiste également la question de savoir à quoi la table est destinée, ce qui déterminera à son tour la nature du tapis de table. Il s'avéra heureusement que les dimensions indiquées étaient les mêmes que celle de la propre table de Landuyt, créée autrefois par Veranneman et lui-même.*

Lorsque l'artiste plaça la feuille de papier préparé correspondante sur le sol de son atelier, il se trouva comme prévu directement confronté au problème que Léonardo décrivait comme « la nature des plis et des draperies, la contrainte de leur délimitation, et l'état naturel, qui augmente à mesure que le pli s'en éloigne. » En fonction de ce qui devient visible à la chute des plis, Landuyt conçut un dessin fractionné afin qu'il puisse s'adapter au pli.

Outre sa fonction décorative et protectrice, Landuyt a également attribué au tapis de table un rôle pour influencer l'environnement visuel et le comportement des utilisateurs. Il va essayer de rompre par son design l'habitude figée de toujours placer le vase ou un objet au milieu de la table, plusieurs formes qui veulent inconsciemment accueillir ou requièrent d'accueillir un objet (rond) sont prévues dans la conception à l'extérieur du centre. En outre, à la fois la main et le bec indiquent une direction, qui peut influencer la disposition sur la table (et de la table). C'est ainsi qu'il suggère à la fois une action esthétique et une autre disposition, auxquelles on ne serait jamais arrivé sans cette conception. Le fait qu'un tapis de table anodin puisse mettre inconsciemment en marche un processus de pensée chez ses utilisateurs est plutôt exceptionnel dans notre ère du prêt-à-porter.

Le tapis de table Mensa Plena *était une sérigraphie sur du coton ennobli de 1,70 sur 2,60 mètres et il fut réalisé en Italie. Les épreuves furent imprimées sur des tables de pose de plus de neuf mètres. L'évaluation et les corrections se déroulèrent à l'aéroport de Lille, où les projets et les relevés d'impression furent ouverts sur le tarmac, pour repartir avec le même appareil... Il arrive souvent que des détails et des anecdotes soutiennent la valeur émotionnelle d'objets ou d'œuvres d'art !*

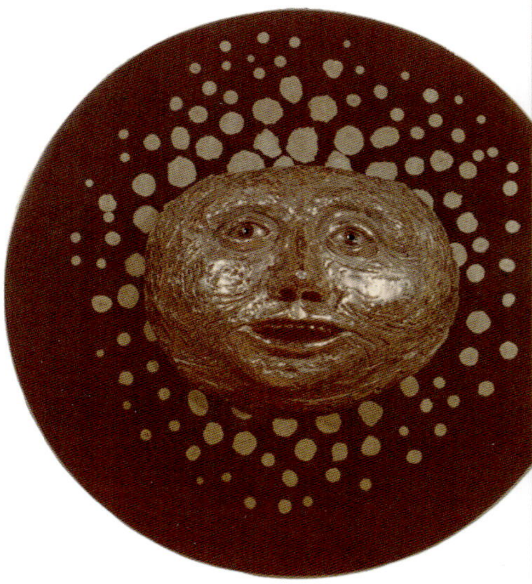

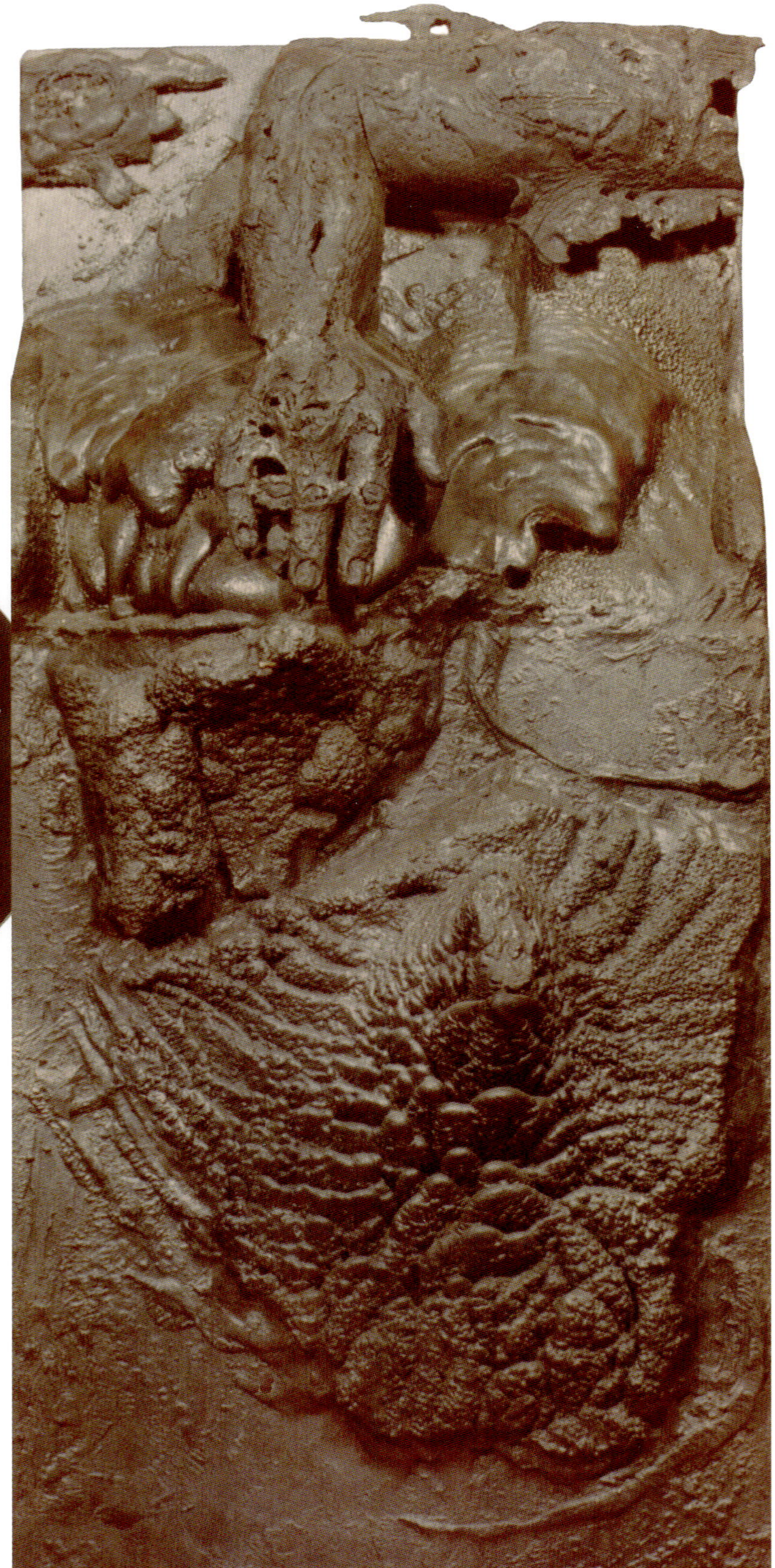

Le flotteur du soleil – 1973 – céramique – 44 x 56 x 26 cm

Atomic – 1967 – céramique – 150 x 69 x 40 cm

La terre et le feu : le monde céramique de Landuyt

Dans le courant de l'année 1958, Landuyt apprit par un étudiant de Beernem qu'un grand four à céramique était à vendre dans l'entreprise Perignem ('par le feu'). Les frères Van de Weghe avaient l'intention de stopper leur collaboration et ce four pourrait étre très utile pour la Section Art Plastique. Mais après un examen plus approfondi, il s'avéra qu'un des frères, Laurent, qui avait d'abord eu l'intention d'arrêter, voulait tout de même continuer l'entreprise, si Landuyt prenait la création à son compte tout en étant initié au métier au sein de l'entreprise. La collaboration avec Perignem s'est poursuivie jusqu'à aujourd'hui, malheureusement sans Laurent entre-temps décédé, qui était devenu très proche de l'artiste. Le début des activités de modelage de Landuyt remonte aux trous d'argile, où il mit pour la première fois la main à la pâte quand il était enfant l'étape suivante fut les cours de modelage à l'académie ; il commença ensuite à travailler en compagnie de José Vermeersch, au début également peintre, dans l'atelier de Paul De Cnock, où ils continuèrent à assimiler les aptitudes de modelage et de moulage.
Vermeersch opta plus tard pour l'usage de 'fours de campagne' (point de fusion ± 400° Celsius) avec leurs teintes très naturelles, dans lesquels ses moules grandeur nature mais fragiles pouvaient être cuits en une pièce, alors que Landuyt se trouvait à Beernem devant un four électrique (point de fusion ± 1300° Celsius), qui était réservé pour des formats plus petits mais plus solides et pouvant être vernis : la raison pour laquelle il devait travailler avec des parties empilées. Au début, l'expérience du designer industriel allait insuffler à l'équipe un esprit créatif mais assez rapidement, il allait également mettre sur pied ses propres créations.

Dans cet atelier, le designer dessinait à la craie sur un tableau de plusieurs mètres les principes que sa mère avait autrefois reconnus comme des formes décolletées, et qui en résumé reviennent à peu près à ceci.
Si vous reliez entre elles deux courbes séparées (par exemple au pistolet), vous créez chaque fois précisément à cette transition un point remarquable que l'on accentuera dans le design spatial de manière à ce qu'il devienne tangible. Cette fusion détermine dans une large mesure la tension des courbes dans le champ de pression plus intense, où 'réunion' et 'cohérence' se rencontrent dans l'objet, et ce processus allait désormais être appliqué à Perignem. Les courbes plates (méridiens) étaient dessinées sur le tableau à côté d'un axe, ce qui suffit comme donnée à un bon tourneur pour l'évoquer sur un tour dans une vraie forme d'argile. C'est ainsi que le tourneur et l'artiste jouaient avec les possibilités de création des corps en rotation et avec les dimensions, en application de ce qui a toujours été primordial pour l'œuvre de Landuyt : la notion mathématique et la structure cumulative

possible. Sur cette base, nous notons directement quelque chose qui l'a déjà frappé précocement et qui le préoccupe encore : le point de tension ou la minuscule zone de tension sans laquelle une forme s'étend ou se fige mathématiquement. Opposée à cela, nous avons la forme 'chargée', présente en puissance, qui est parfois 'presque' visible dans l'expression définitive. A plus grande échelle, c'est également la différence entre une bonne œuvre et un chef-d'œuvre. Pour Landuyt, le philosophe Vladimir Jankélévitch avec ses considérations sur 'Le je-ne-sais-quoi et le presque rien' fut donc une révélation. Le fait que le philosophe y attachait de l'importance n'est pas si étonnant étant donné ses antécédents musicaux : il était comme Prigogine connu comme un excellent pianiste avec l'effet de tous ces 'presque riens', qui jouent également leur rôle dans la musique.
Dans l'art plastique, ce sont ces distinctions minuscules qui font différer le vase ou la cruche magistral(e) de l'ordinaire. Ce 'presque rien' est aussi vieux que l'art lui-même et dure depuis les anciennes cultures orientales jusque dans les objets de Wirkkala ou de Rosenthal. Le point de tension se trouve même dans les lignes de hauteur tendues des colonnes doriques, sur le renflement pratiquement imperceptible de leur fût... Il va de soi que celui qui se met au travail dans l'atelier de céramique avec ces données en tête crée d'autres formes que les formes courantes. Un autre principe de Landuyt consistait dans le fait que les formes ne devaient pas nécessairement être tournées à partir de la boule d'argile, mais aussi à partir de moules préalablement créés : l'argile était alors poussée sur une forme négative et avec un moule fixé sur un mors, la forme de base en rotation pouvait être 'tournée'. Le moule pouvait d'ailleurs également être utilisé comme un élément orientant lors du tournage direct de formes. De cette manière, le tourneur voyait ses possibilités multipliées et il entrait avec enthousiasme dans le jeu. Le chemin de la feuille de dessin, avec quelques courbes se chevauchant près d'un axe, vers l'objet céramique parfait, est donc différent chez Landuyt. C'est ainsi qu'il a également une aversion pour la construction au moyen de petites saucisses d'argile empilées, telle qu'elle est prescrite dans les petits livres de loisir : chez lui, tout naît d'une surface et on arrive de ce fait à une autre manière de penser et de travailler. Sans vouloir résumer ici un cours – qui n'existe d'ailleurs pas sous cette forme -, nous faisons tout de même référence à quelques méthodes qui le caractérisent. Il peut travailler la surface d'argile à partir de laquelle l'œuvre va naître, y apporter de petites rigoles ou cavités par lesquelles le vernis va devoir passer ; il peut presser dessus d'authentiques structures végétales ou autres, même des fossiles : une espèce de principe tridimensionnel du frottis en argile ! Alors que les trous d'air dans l'argile qui font sauter le morceau sont normalement poussés vers l'extérieur, il percera ses sculptures et elles obtiennent des trous, qui peuvent être importants en tant qu'éléments plastiques et donnent à l'objet un aspect spécifique. C'est ce que faisaient déjà les Quimbaya précolombiens, mais en appliquant également ces trous de désaération en haut de la figure, il put les utiliser dans les années soixante – l'époque des happenings ! – pour y placer à l'intérieur des broches de feu d'artifice qui étaient ensuite allumées solennellement lors de l'inauguration !

Outre la construction, l'aspect extérieur est également la résultante des chemins propres à Landuyt. Il recouvrira la surface aussi bien avec des engobes de bouillie d'argile qu'avec des émaux et il dosera la matité et le brillant des vernis à l'aide de la quantité de poudre de cobalt (smalt) ; l'utilisation simultanée de plusieurs sortes d'argile influencera profondément l'aspect extérieur, et il faut encore parfois ajouter à cela le jeu remarquable des chlorures ! Un de ceux-ci est le chlorure d'or, d'or liquide, le métal des métaux fournissant l'éclat des éclats – nous nous y intéresserons à nouveau lorsque nous traiterons les miniatures en or et l'art de la joaillerie. Dans ce vieux monde des alchimistes – et le nouveau de la théorie des ions – l'artiste découvre les effets obtenus par le plaquage d'or au-dessus des émaux et sur diverses surfaces ou assiettes : l'or flamand robuste au-dessus d'une surface noire et l'or italien chantant au-dessus d'une surface rouge, et évidemment d'autres surfaces ont également été essayées. C'est ainsi qu'il préserve la maîtrise qui pour certains n'est plus de cette époque, mais qui heureusement pour d'autres ne devrait jamais disparaître. Dans sa période appelée organique et ses formes de croissance, il voyait comment la nature se modèle elle-même suivant un processus de solutions, de suspensions et d'émulsions, qui, dans leur vie, ne peuvent pas résister à des températures élevées. En raison des caractéristiques de transformation du feu, il pouvait imposer ses propres formes à la matière, à la terre, au verre ou au bronze à l'état liquide ou malléable, les faire rétrécir, se fendre par refroidissement et dans le cas du bronze le faire se solidifier ; il s'installe ainsi un peu dans le fauteuil de Dieu.
Dans la civilisation de l'Egypte ancienne, l'homme n'est pas simplement créé à partir de l'argile mais il a été tourné sur le tour de Chnoem, le 'façonneur qui rend vivant' ! Landuyt partage avec son homonyme Octavio Paz une passion pour les objets d'usage courant millénaires, dans lesquels usage et beauté se complètent.

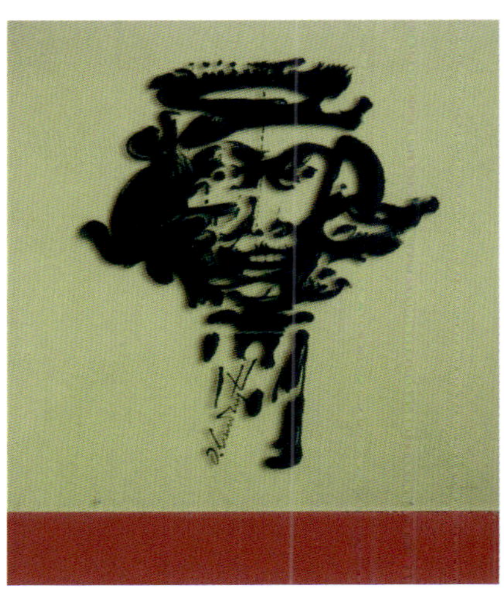

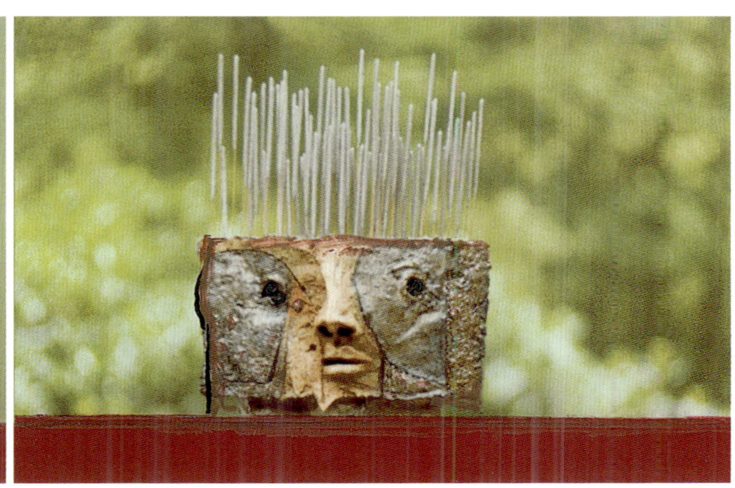

Comme une odeur corporelle – 1973 – dessin cuit sur verre – épreuve pour pare-vent, panneaux suspendus et revêtements de piscine – 66 x 52 x 10 cm

Ancêtre – 1966 – bâtonnets d'artifice, céramique – 62 x 25 x 10 cm

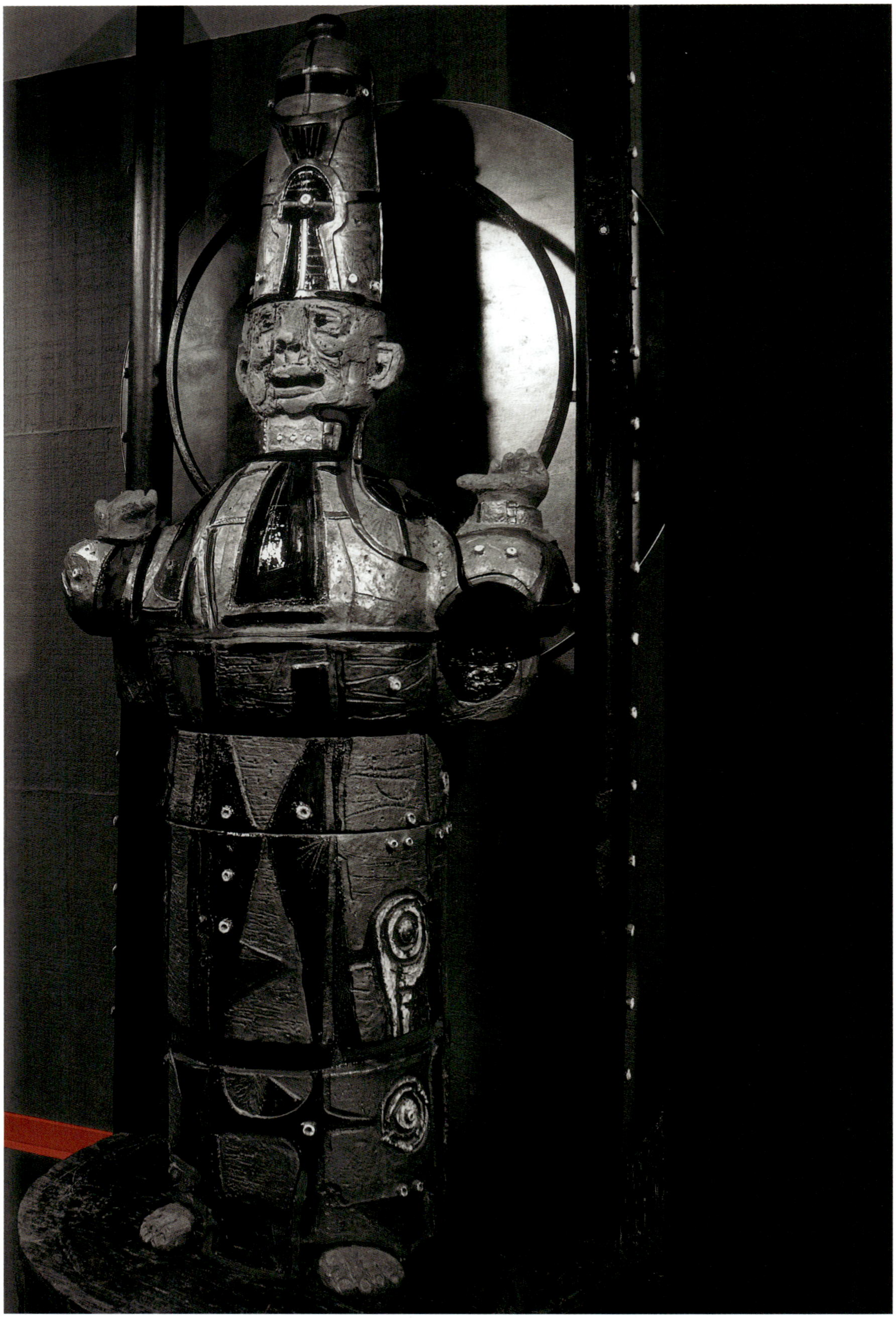

Le grand annonciateur – 1958 – céramique – 213 x 50 x 50 cm

A partir de ce moment-là, les premières grandes compositions en céramique envahirent les expositions, comme le résumé littéral de sa situation créative. Des œuvres telles que *Le commandant* (1961), *Le juge* également de facture brute (1964) et d'autres de cette série clôturent pratiquement sa période de recherche de l'authentique et des automatismes de la matière, ainsi que la période de rétablissement après ses problèmes cardiaques et sa dépression. Tout est reconnu et accumulé, l'expérience de la mort incluse, dans *l'Hommage à Permeke* (1964), un monument funéraire remarquable pour le représentant exceptionnel de ce qu'il s'était lui-même ainsi efforcé d'atteindre. C'est un personnage masculin nu couché en céramique, plus grand que nature, sous verre comme mis en bière dans une caisse dans laquelle une momie aurait tout aussi bien pu se trouver, mais la terre cuite est celle de Permeke lui-même, et la mort n'est rien d'autre que la catharsis de la propre expérience de la mort de Landuyt. « Un jour », écrivit Emile Langui, « cette œuvre arrivera dans une crypte », mais après quarante-trois ans, aucun organisme pouvant supporter la confrontation avec ce monument ne s'est manifesté – le public demande en outre des choses de plus en plus 'agréables'. Mais cette statue a certainement contribué à ramener l'artiste parmi les vivants.

Dans le musée imaginaire de Landuyt, salle 1965-70, un retour clair vers la forme reconnaissable, macroscopique est perceptible : une transition progressive, également des couches de matières authentiques vers l'illusion de celles-ci, et plutôt une interprétation plastique qu'une reproduction pure. Le contexte social de cet épisode a plusieurs caractéristiques qui nous intéressent dès maintenant. L'avènement des mass media avec un déluge d'images (l'image autrefois si exceptionnelle, à laquelle les créateurs de beaux arts devaient depuis la nuit des temps leur réputation, devenait du 'matériau' !) faisait avoisiner le Vietnam avec notre living et le Biafra, avec ses petits visages affamés, avec les tables de cuisine richement garnies. Les images furent à partir de ce moment-là employées directement dans l'art avec des moyens contemporains comme la projection, le traitement et la multiplication : l'image était déjà là et ne devait plus être imaginée, créée et parachevée longuement – ce qui somme toute n'a jamais été facile. L'art classique, bourgeois, académique disparut petit à petit des galeries et même l'animisme et l'expressionnisme furent mis sous pression. Cette nouvelle avant-garde eut chez nous également ses hérauts, d'abord dans le nombre croissant de périodiques artistiques et bientôt également dans les médias, qui allaient plus tard afficher de plus en plus d'intérêt pour les happenings artistiques, pour les prouesses et les performances artistiques qui – plus par leur rareté que par leur qualité – prédisaient ou égayaient le message du changement. Le phénomène allait petit à petit influencer le monde artistique et l'envoyer dans des directions totalement différentes. Landuyt était très conscient de ces développements et voyait comment l'aspect provisoire devenait de plus en plus important au sein de l'œuvre d'art. Une fois sorties de l'actualité, ces œuvres d'art perdent beaucoup de leur force ; la Case de Twain et le Havelaar de Multatuli deviennent de la littérature pour la jeunesse, et le tableau de chasse devient une illustration historique. Il en avait déjà perçu le danger dès le début de sa carrière d'artiste.

La force des chefs-d'œuvre et une des raisons pour lesquelles elles ont résisté dans la tradition est leur intemporalité, qui est en grande partie due à l'absence de tels aspects temporaires évidents. Un attribut qui est populaire au cours d'une période déterminée peut au plus jouer un rôle un petit moment en tant qu'élément plastique indispensable – pour faire fonctionner le 'jeu' – mais le fait d'allumer une cigarette n'ajoutera rien au roman ou au film sur le plan artistique. Landuyt évitera donc de manière conséquente l'aspect temporel. C'est en contradiction flagrante avec le cours actuel des choses car dans ce contexte, la célèbre boîte de conserve de Campbell a plutôt une signification historique qu'artistique.
Landuyt comprenait également que la force et la résistance morale de l'œuvre d'art plastique dépendent dans la culture de l'image autant de la force de l'image que de la maîtrise : des images authentiques et fortes étaient depuis longtemps à l'ordre du jour chez lui mais joueront maintenant leur rôle de manière optimale. Nous pouvons maintenant considérer de plus près *Le Naya, ou la vision d'une finalité* et *Il savait dire 'amour'* de cette période. Il s'agit dans les deux œuvres d'art de momies. Son ami explorateur Pierre Langlois, un esthète extraordinaire qui aida également à pourvoir le Musée de l'Homme à Paris d'objets d'art ethniques, vint montrer à Landuyt une momie de la tête d'une fille précolombienne, avec l'exigence pathétique supplémentaire que l'artiste devait s'agenouiller devant cette beauté exceptionnelle ! Tout ce qu'une œuvre d'art pouvait avoir d'authentique était disponible dans cette momie : c'était un être humain authentique qui était intégré dans l'authenticité de la mort et du temps, et en outre d'une beauté qui ne laissait personne indifférent. Cette image 'chargée' fut à la base de la peinture *Le Naya, ou la vision d'une finalité* (1967).
L'image du Naya vient du néant, de la *douat* égyptienne, ce monde intermédiaire sur lequel repose le principe du *chiaroscuro*. Si la lumière du soleil met huit minutes pour atteindre la terre, nous devons déjà simplement lui être reconnaissants de pouvoir évoquer de telles images. Les formes sphériques du crâne chauve et les yeux vides, tendus vers leur point lumineux le plus élevé, les structures organiques microscopiques dans la texture de la peinture : tout est mis en œuvre pour donner au spectateur le choc qui est propre au grand art. Sa propre expérience de la mort continue-t-elle encore à couver dans l'image écrasante de cette fille, ou qu'est-ce que cela représente ? Aujourd'hui encore, à une époque où le sang, la mutilation et le désespoir nous bombardent tellement qu'on s'y habitue, Le Naya continue à nous confronter à la réalité parce que cette œuvre d'art est simultanément l'extrait, la synthèse et le symbole de la misère intemporelle du monde. Le cinéaste français Albert Lamorisse (1922-1970), Palme d'Or à Cannes en 1956, utilisa l'image du Naya dans un de ses courts métrages.
Ce fut également dans ces années soixante que l'artiste commença à s'intéresser à la fois à l'art primitif (des modernistes comme Picasso se trouvaient également dans ce langage des formes) et à l'art précolombien, et à la fois Landuyt et Veranneman en étaient des collectionneurs acharnés. Les *huaceros* du Pérou et de Colombie, que l'on peut simultanément qualifier

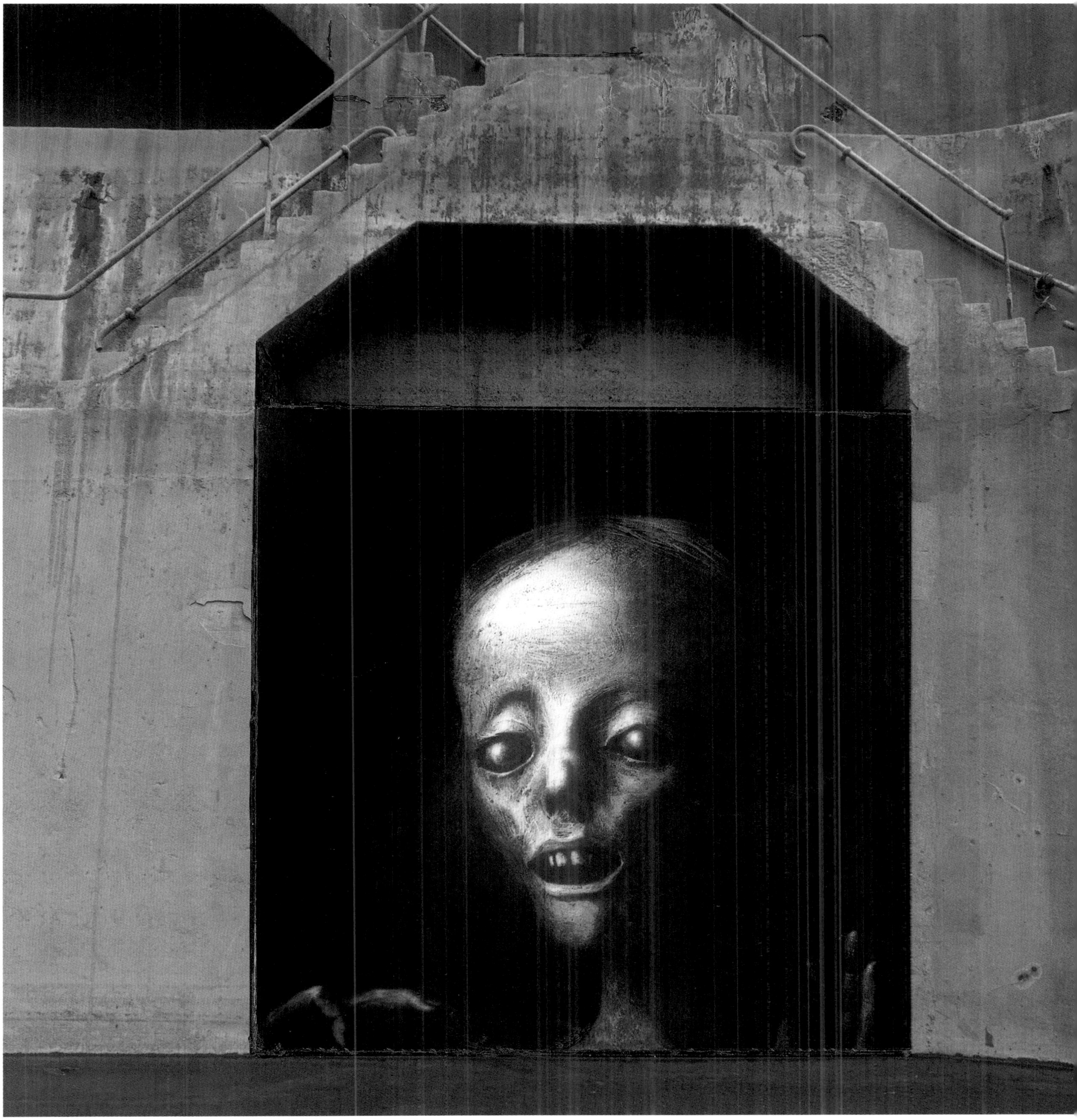

Le Naya – 1967 – huile sur panneau – 200 x 190 cm

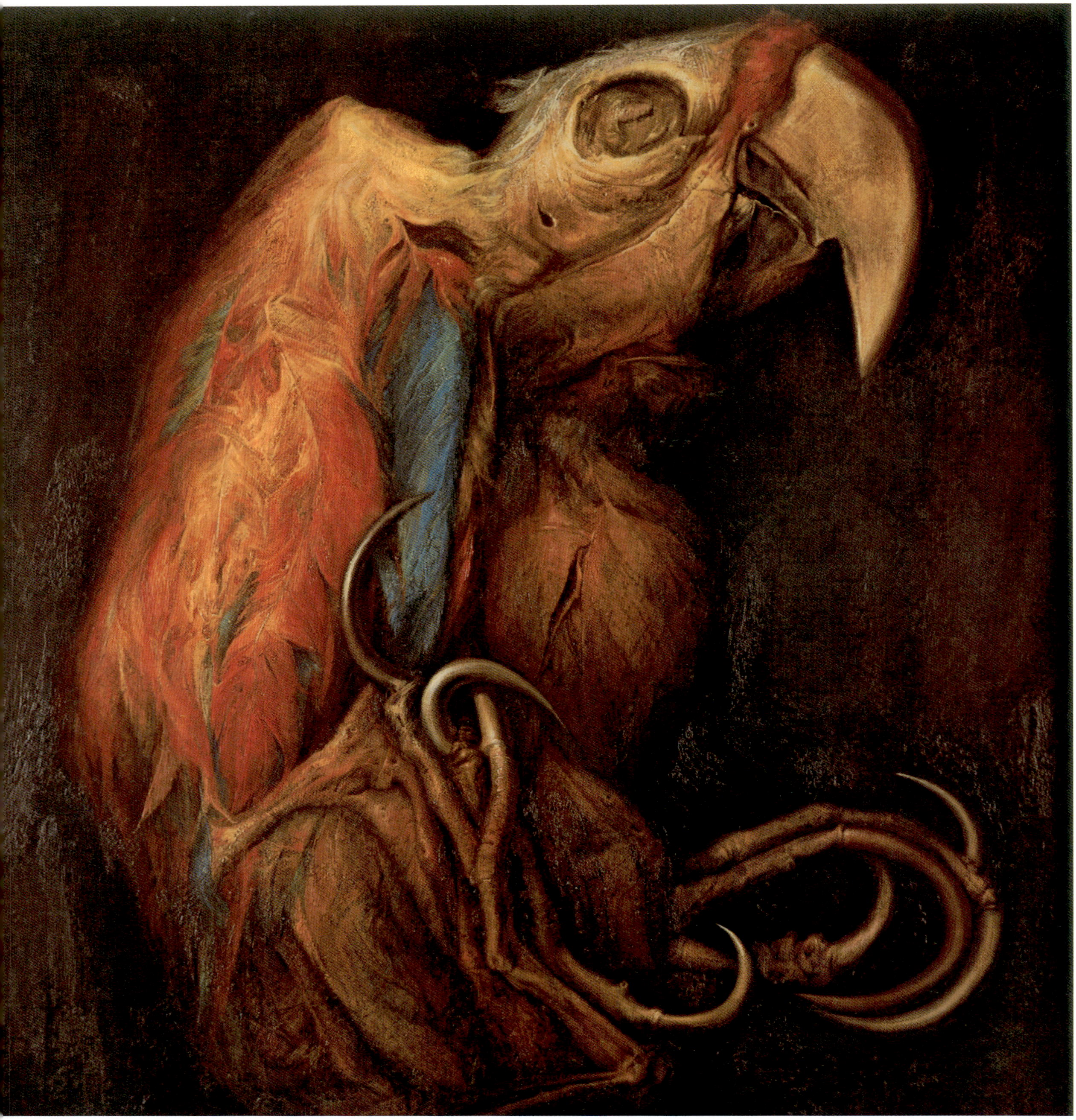

Il savait dire 'amour' – 1968 – huile sur panneau – 190 x 174 cm

d'archéologues et de gangsters – ou de pilleurs de tombes – retournaient des champs complets, à la recherche d'objets en or et de faïences anciennes rares. Au début, tout ce qui ne tombait pas sous ce dénominateur était simplement jeté. Les vieux tissus, les tessons et les os étaient, selon des témoins oculaires, éparpillés partout à la surface. Ce n'est que lorsque les esthètes étrangers capables de payer montrèrent aussi de l'intérêt pour de petites momies d'animaux que ces objets firent également leur entrée dans le commerce international, qui n'était pas encore bridé à l'époque. Il arrivait souvent que les compagnons domestiques préférés comme les chats, les chiens, les pumas, les faucons ou d'autres oiseaux étaient momifiés avec leur maître afin de lui tenir compagnie dans les champs éternels. Emiel Veranneman avait pu acquérir une sublime momie de perroquet péruvienne. Les couleurs organiques du plumage étaient restées pratiquement intactes et les ailes, les plumes et les structures du plumage furent le motif de la peinture *Il savait dire 'amour'* de 1968, ainsi que cette authenticité incroyable, intemporelle de l'oiseau. Le perroquet mort était un défi pour réaliser un tour de force. Les plumes sont des formes et des structures organiques authentiques par excellence et Landuyt pouvait les évoquer de manière incomparable du fait qu'il connaissait désormais leurs formes de développement. Sur le plan de la forme, la courbe du bec crée une conjonction passionnante avec les courbes des griffes, qui, retouchées sur base de leurs pointes brillantes, apparaissent comme des crochets métalliques qui sortent des pattes organiques peintes. L'effet plastique de l'œil mort et du jabot démontre que cette phase de son évolution a été totalement intégrée ; il les utilisera donc dorénavant en général de manière fonctionnelle. Le bleu central est une partie solo qui est supportée par toute l'œuvre grâce à ses dérivés et compléments, exactement comme les anciens maîtres le faisaient autrefois, et ici aussi authentique et intemporel que la mort elle-même ! Les nervures des plumes sont, contrairement à ce que l'on pourrait penser, les traits de pinceau d'un pinceau très dur, dont un poil crée une nervure – ou comment une plume peut être l'équivalent plastique d'une brosse dure dans la maîtrise authentique ! Hans Hartung a construit toute son œuvre sur ce seul principe, et Botero, qui vint un jour admirer l'œuvre, s'y attarda longuement et trouva que c'était une des plus belles qu'il avait jamais vue peinte. *Le chevalier à la rose* de 1968 a environ la même texture, mais est une perspective de grenouille qui donne à l'ensemble un aspect majestueux et dominant, également parce qu'elle doit être accrochée très haut. Lors de la création, l'œuvre est chez Landuyt en général basse, souvent à plat, et elle est dominée par l'artiste, mais une fois qu'elle existe par elle-même, c'est l'œuvre d'art qui doit dominer.

Préalablement à l'Exposition Universelle de 1968 à Montréal, l'Etat belge avait lancé un concours pour la conception d'une tapisserie de minimum vingt-deux mètres carrés, qui devait attirer tous les regards sur le pavillon belge. Le règlement du concours stipulait que le contenu devait symboliser la Belgique, qu'il devait être envoyé dans le mois sur format steinbach (73 x 55cm) et serait honoré 'aux tarifs habituels de l'état'.
Landuyt considérait cela comme un objet de risée pour tous les artistes et il le fit donc savoir aux instances organisatrices en termes non équivoques, avec la mention supplé-

mentaire que de telles procédures conduiraient à coup sûr à des versions tissées des clochers nationaux. Le commissaire-général du pavillon belge, Jan Albert Goris, dont le pseudonyme d'auteur est Marnix Gijsen, en entendit parler et donna directement la mission à Landuyt. Il allait réaliser le travail avec Gaspard De Wit, déjà âgé à l'époque, une personnalité reconnue dans le secteur flamand de la tapisserie d'art, qui en ferait son dernier chef-d'œuvre. De Wit fut très étonné lorsqu'on lui présenta, au lieu d'un dessin, un projet à la peinture à l'huile de plusieurs mètres de haut. C'était une manœuvre très consciente et aujourd'hui encore, c'est une caractéristique de la manière de travailler de Landuyt : l'obstacle qui sert à provoquer de plus grandes prestations, à la fois pour lui-même et pour ses collaborateurs. La peinture devait servir de pierre de touche pour l'éclat des couleurs qui ont rendu le tissu tellement unique et que l'on n'aurait jamais pu atteindre avec un projet sur d'autres supports.

Cela a dû être toute une performance à tous points de vue ; en raison du diapason de la peinture à l'huile, Gaspard De Wit utilisa du fil de soie pour augmenter l'éclat ; pour approcher l'intensité de la couleur de la peinture à l'huile, Landuyt fit filer les fils spécialement au lieu de les peindre comme d'habitude ! C'est ainsi par exemple que l'orange était composé d'un fil rouge, d'un jaune et d'un fil vert atténué, qui étaient alors observés comme une couleur orange : le principe de Seurat, selon lequel la couleur se forme directement sur la rétine du fait de ses composantes ! Ils rehaussèrent encore l'effet en y mélangeant du fil d'or, car leur devise à tous les deux était de montrer au monde entier qu'ils étaient les meilleurs ! Les commentaires furent et sont encore aujourd'hui : une tapisserie d'art flamande de plus de cinq mètres sur quatre d'un niveau qui égalait à tout le moins la Renaissance et le 17ème siècle, conçue par un artiste qui était également dessinateur sur tissu et qui s'activa lui-même pendant des mois devant le métier avec le vieux maître tisserand Gaspard De Wit. Tout, jusqu'aux empreintes digitales, était traduit dans les cartons de tissage – un tour de force au niveau du degré de difficulté – et l'ensemble avait une texture tissée, des nuances de couleurs et des enchaînements tels qu'on n'en avait encore jamais vus dans la tapisserie d'art, approuvèrent les spécialistes.

A Montréal, le pavillon belge se trouvait juste entre les pavillons américain et russe et était de ce fait pratiquement tous les jours submergé. *Belgique, état tampon* se reflétait dans toute son intensité sur une surface d'eau noire, dans laquelle des pièces de monnaie furent jetées dès le début pour faire onduler les effets de miroir sur l'eau ou pour sonder la profondeur – la recette considérable que cela engendra fut ensuite offerte à un institut pour aveugles local. Pourtant, des questions surgirent également dans certains cénacles autour de ce chef-d'œuvre incontestable : afin de savoir si 'l'état tampon' était bien un thème promotionnel convaincant pour la nation et surtout si la cocarde au-dessus, qui était réalisée dans les trois couleurs nationales, ne comportait pas trop de rouge et si le signe avec les pouces croisés n'était pas le signe de Raspoutine.

Mais le caractère bien 'belge' de l'œuvre n'est apparu que plus tard à Amsterdam, lors de l'inauguration officielle du centre culturel flamand 'De Brakke Grond'...

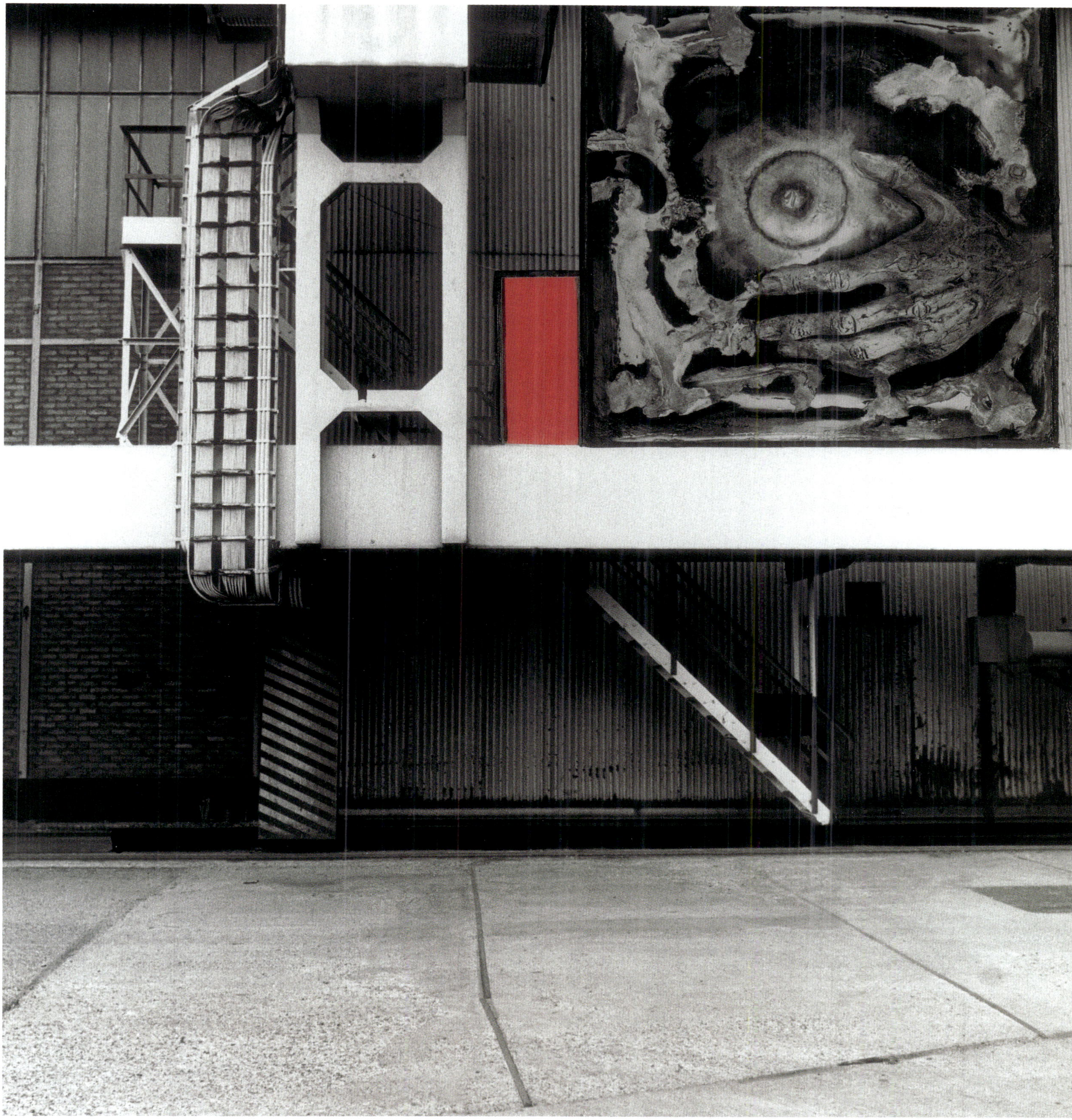

Projet *'La nourricière'* – 1970 – rouge peau, céramique – 50 x 50 x 15 cm

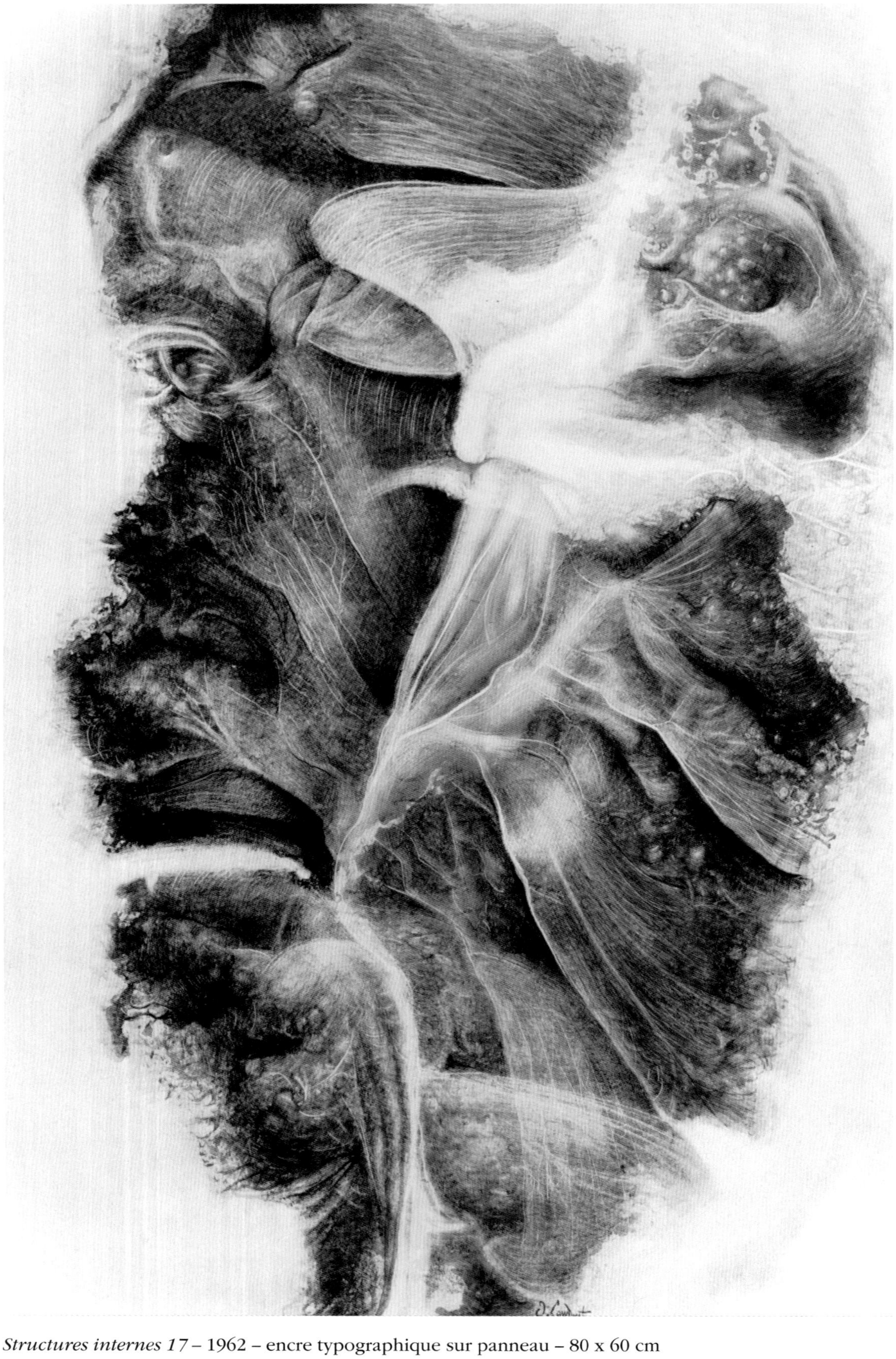

Structures internes 17 – 1962 – encre typographique sur panneau – 80 x 60 cm

La peinture abstraite en Flandre

Le livre d'art de 315 pages de 1974 de Michel Seuphor, éminent critique d'art qui esquissait le développement de ce genre de l'entre-deux-guerres à 1974, était un des ouvrages de base sur l'art abstrait. L'auteur se rendit également chez Landuyt pour l'intégrer dans l'aperçu mais le problème apparut clairement dès le début : les processus de croissance de la période en cours à l'époque étaient basés sur des formes concrètes et ne répondaient pas à la propre définition de l'art abstrait de Seuphor. Michel Seuphor indiqua qu'il ne pouvait pas publier un livre sur la peinture flamande contemporaine sans y intégrer Landuyt. Par souci de compromis, il sélectionna une œuvre ayant le plus de caractéristiques 'abstraites', et elle fut à tout hasard imprimée inversée - ce que Kandinsky avait déjà fait un jour.

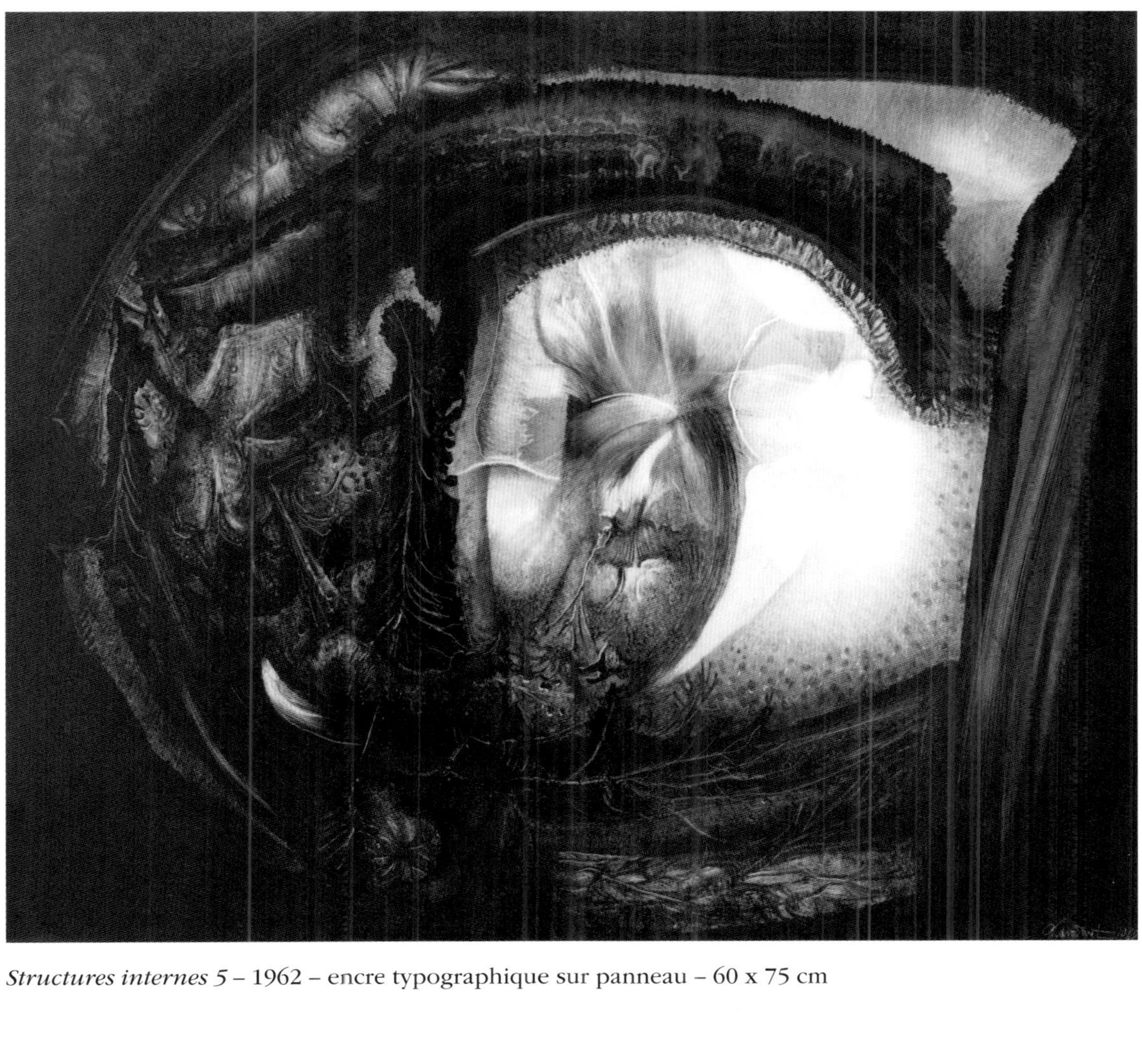

Structures internes 5 – 1962 – encre typographique sur panneau – 60 x 75 cm

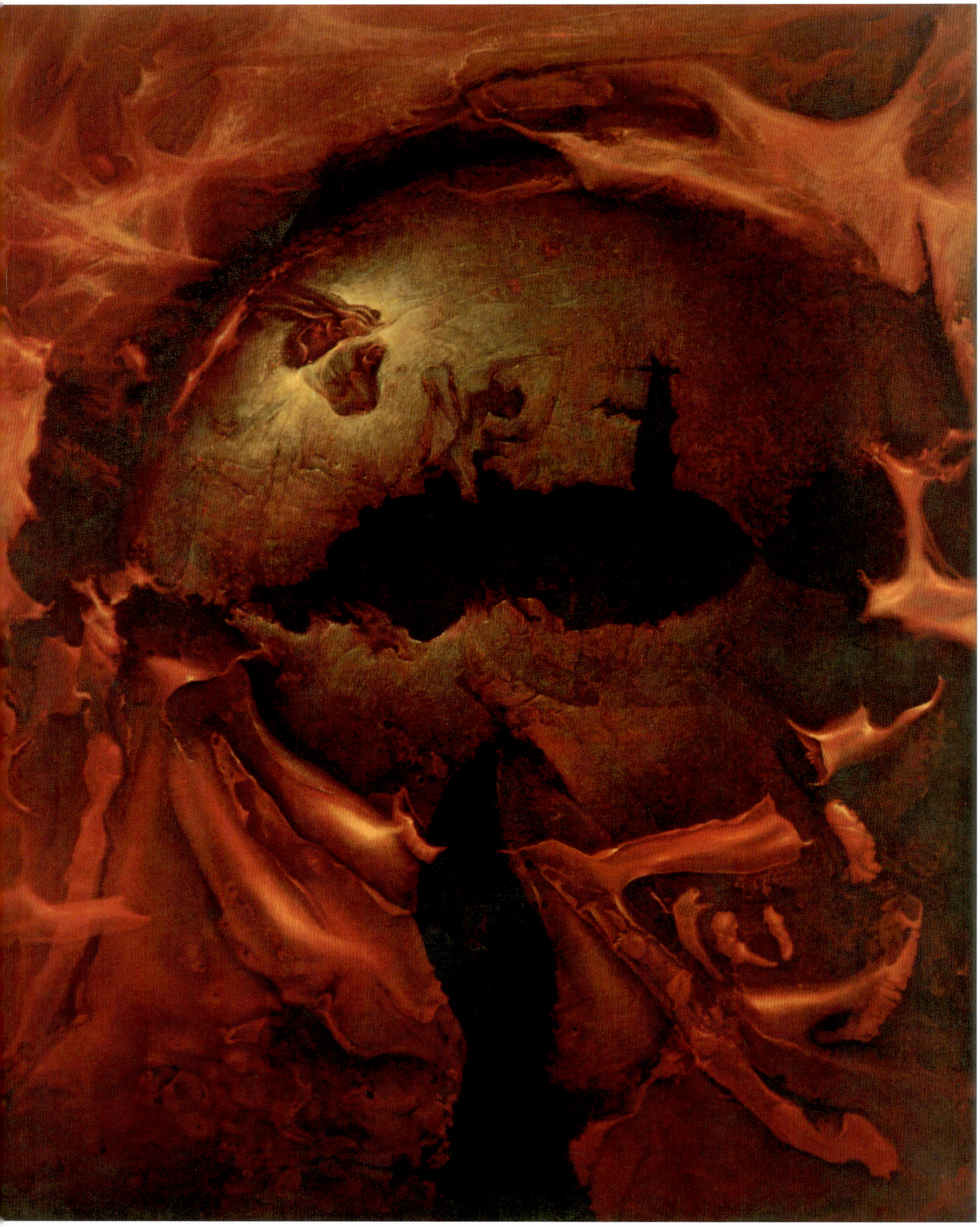

Surface essentielle 'Genèse' – 1962 – huile sur toile – 210 x 165 cm

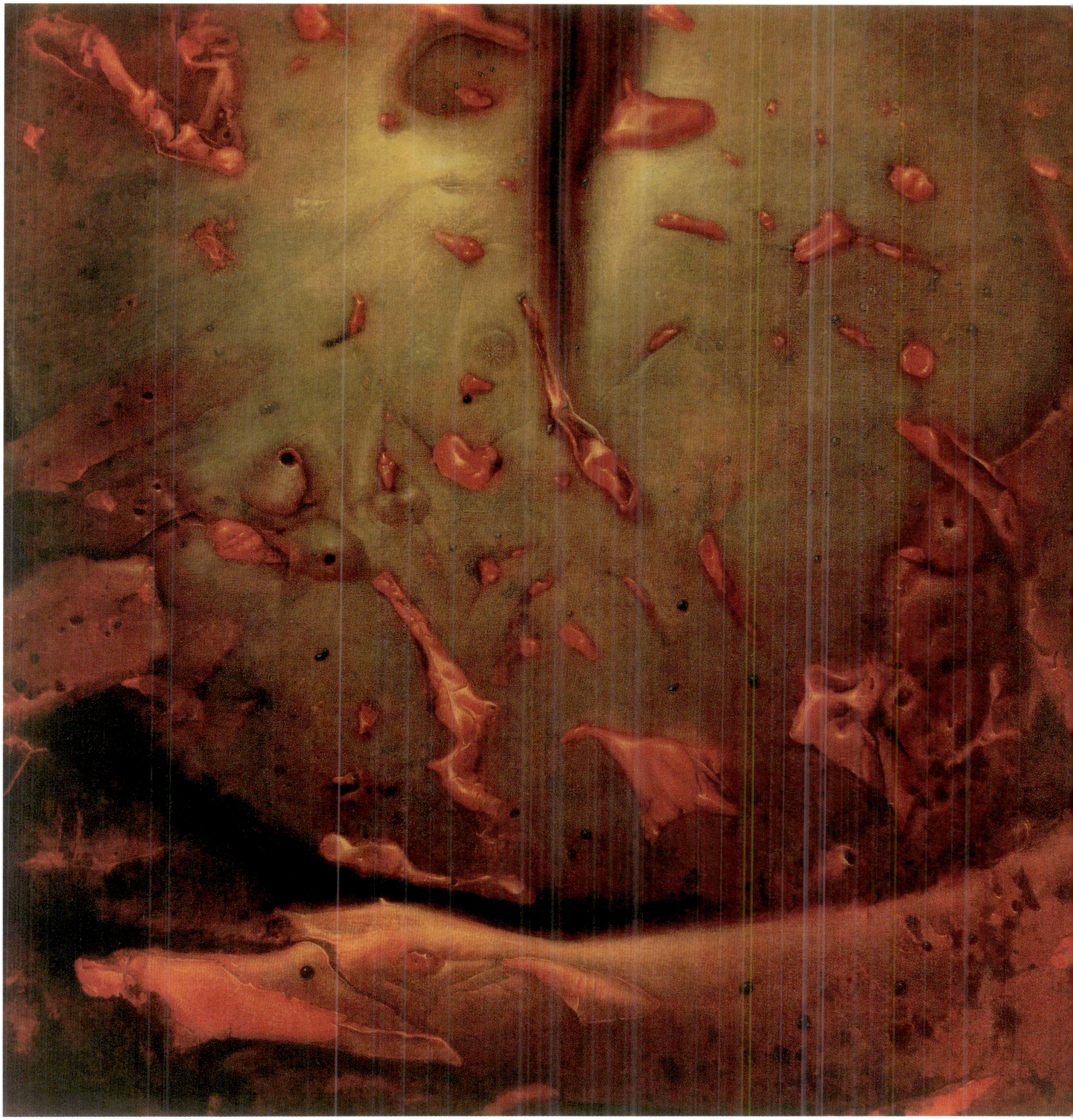

Surface essentielle 'agglomération' – 1962 – huile sur toile – 150 x 150 cm

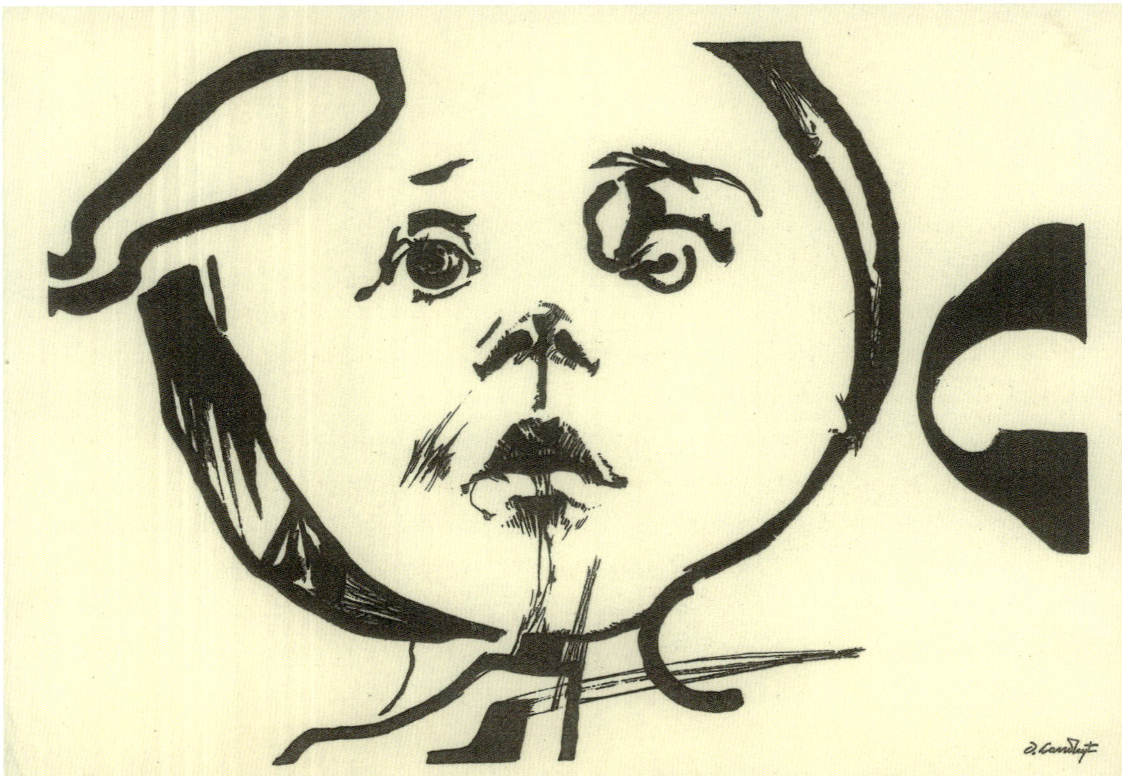

La peau qu'il représente – 1988 – dessin sur papier gonflant – 20 x 23 cm

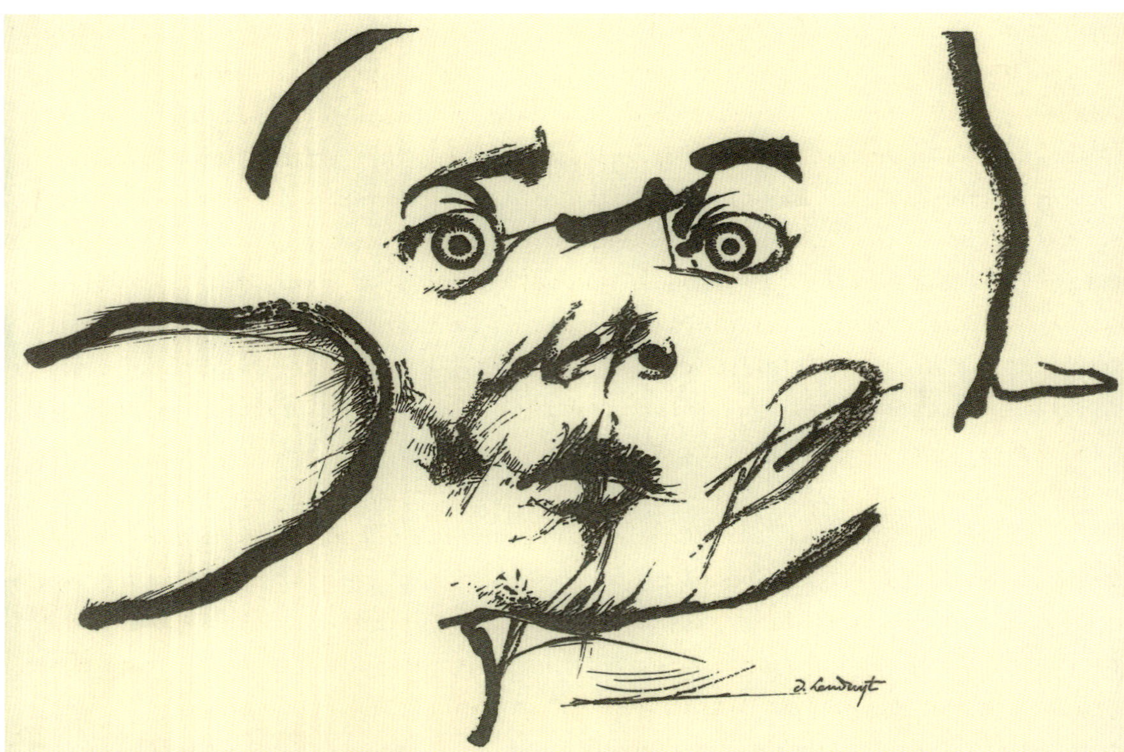

Le dialogue en surface – 1988 – dessin sur papier gonflant – 43,5 x 52 cm

Œuvre d'art de Landuyt pour les non-voyants

La relation problématique entre l'handicapé visuel et l'œuvre d'art a préoccupé Landuyt pendant toute sa carrière. C'est probablement le fait qu'il se soit caché pendant la guerre dans la famille d'un accordeur de pianos aveugle qui explique cette préoccupation. Landuyt posait de grands points d'interrogation lors de l'adaptation des musées aux possibilités des handicapés visuels, qui consistait à simplement leur permettre de palper les statues, comme ils le faisaient avec chaque objet. Lorsque l'U.L.B. prit l'initiative de réunir autour de ce thème les responsables des visites guidées pour aveugles des musées européens et de l'y impliquer, il put aborder ses idées à cet égard.
Pour permettre aux personnes aveugles de faire l'expérience de l'art plastique, il trouvait que des œuvres d'art spécialement conçues à cet effet étaient beaucoup plus efficaces que, comme habituellement, le fait de guider grosso modo le doigt de l'aveugle sur une statue de Tintin. Ses convictions prirent forme en 1988 dans quelques œuvres d'art pour aveugles et une étude de son approche originale fut présentée lors d'un colloque à l'université bruxelloise. C'est surtout avec la section du Louvre, qui était tout à coup consciente que quelque chose se passait en dehors de Paris, que des débats acharnés virent le jour à ce sujet. Qu'est-ce que l'approche de Landuyt avait de si original ?
Il avait appris l'existence d'une sorte de papier japonais aux caractéristiques remarquables : si on trace une ligne noire dessus et si on la chauffe dans un four ou avec un réchaud, cette ligne gonfle et on obtient du relief : d'où le nom 'papier qui gonfle'. En fait, il s'agit du principe inversé de la gravure à l'eau-forte et de la gravure sur bois ! C'était le moyen par lequel on pouvait communiquer de manière tactile sur le plan plastique avec l'aveugle. Le point de départ de Landuyt était que l'handicapé ne peut pas être confronté à un cadre de référence dont il ne dispose pas lui-même, à savoir la réalité visible et ses structures reconnaissables dans notre cerveau. C'est la raison pour laquelle l'artiste partait de structures et de symétries qui sont primordiales dans la musique, mais qui échappent la plupart du temps à l'attention dans le monde vraiment tangible. Il existe beaucoup de points d'interrogation dans le monde plastique de l'aveugle : dans quelle mesure peut-il palper un relief ? A quelle distance les points d'une ligne pointillée peuvent-ils se trouver les uns des autres pour qu'ils soient distingués en tant que tels ? L'œuvre d'art de Landuyt devint ainsi une sorte de découverte labyrinthique du bas-relief, par une voie aménagée spécialement à cet effet par l'artiste et pour laquelle il est fait appel à pratiquement toutes les possibilités tactiles : bout du doigt, main, lèvres (en combinaison avec les odeurs !) etc., dans un processus linéaire qui remplace l'impression globale du voyant. L'aveugle sent ainsi en plus du déroulement des surfaces sur son chemin de palpation des pointes et des profondeurs, des symétries et des oppositions ainsi qu'une structure rythmique dans les bosses, dans une expérience qui est autant liée à la structure de la musique qu'à celle de l'art plastique. Dans ce sens, il s'agit aujourd'hui encore d'un principe passionnant et novateur, qui peut être au moins aussi important pour le voyant que pour l'aveugle et qui pourra à l'avenir certainement encore être approfondi et mis en œuvre.

Ivo Michiels au sujet de Landuyt

« Depuis que nous avons découvert pour la première fois – il y a environ quatre à cinq ans – l'œuvre de Landuyt, nous n'avons jamais oublié le monde pictural de ce peintre aussi doué qu'extravagant. On ne peut pas les oublier, ces personnages hallucinants, proches du monstrueux, dont Landuyt peuple ses tableaux. Nous n'avons en fait jamais trouvé un nom approprié pour son art, qui est dans le fond infiniment tragique. L'angoisse, l'absurde, la solitude poignante de l'homme d'aujourd'hui, nous avons retrouvé tout cela dès le début dans les toiles de Landuyt. Il est vrai que nous n'avons encore rencontré que deux œuvres qui ont le personnage pour objet, mais également lorsque Landuyt peint l'animal, nous sommes immédiatement saisis par quelque chose, que nous ne pouvons pas appeler autrement qu'une 'émotion humaine'. Même si cela peut sonner assez littéraire, c'est en tout ainsi que nous l'avons ressenti. Nous avons rarement vu l'état d'abandon représenté de manière aussi poignante que dans la gouache du petit oiseau. Le petit animal est là, fragile, seul et sans défense, livré à quelque chose qui n'est pas visible, quelque chose qui n'a pas d'importance non plus, c'est seulement le fait d'être 'abandonné' qui compte et l'expression plastique est si forte qu'elle coupe pour ainsi dire la chair. Ce n'est pas un monde agréable que Landuyt évoque pour nous, il repousse en général plus qu'il n'attire. Mais on n'échappe pas au caractère hallucinant et au secret menaçant de cet art. Bref : même si l'art de Landuyt est difficile à définir, le choc de la communication est authentique. »

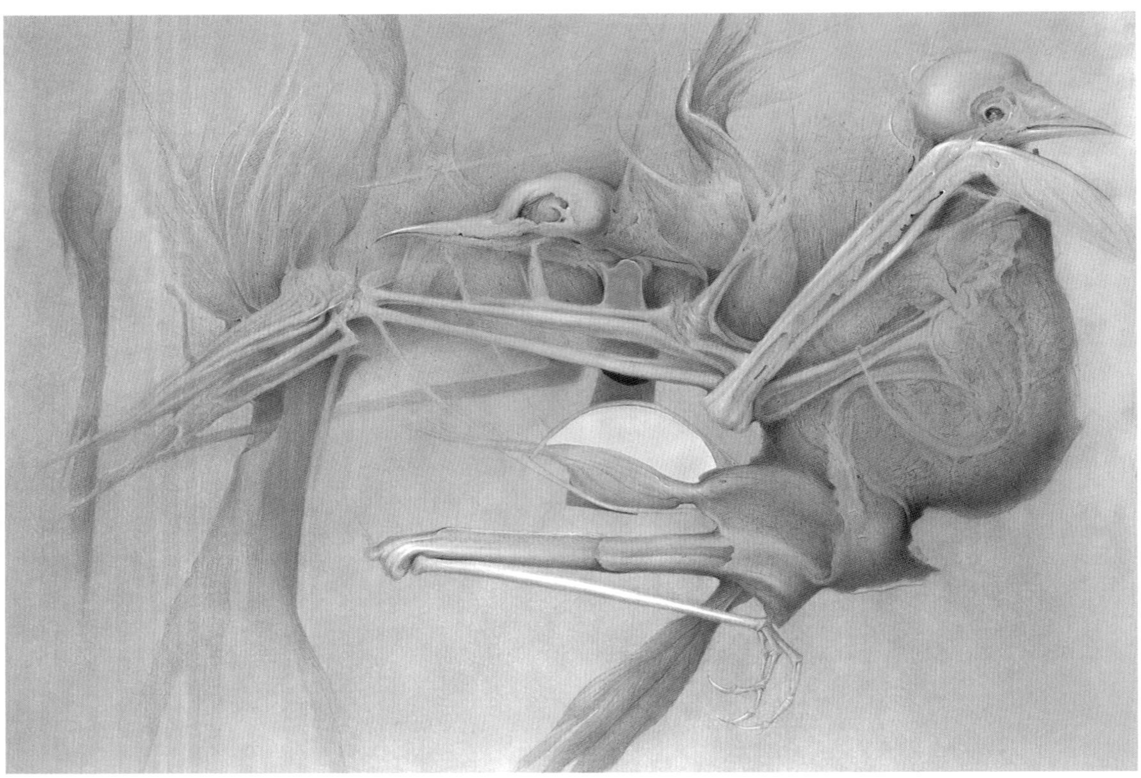

Le gris tangent – 1999 – pastel sur panneau – 158 x 198 cm

Alors qu'au début des années septante l'artiste était déjà reconnu dans le monde entier, et pas dans les moindres galeries et musées, il restait encore sur sa faim dans son propre pays. En dépit du fait qu'il avait déjà représenté la Belgique lors de manifestations internationales et que la tapisserie pour le pavillon belge à l'Exposition Universelle de Montréal brillait sur son palmarès, il restait cependant toujours 'le petit instituteur du long de la Lys' dans les cénacles artistiques de la capitale. Cela changea finalement en 1973 et 1974, à Gand et à Bruxelles.
Dans la rétrospective de l'abbaye St. Pierre, chaque local, des caves aux greniers, fut adapté par l'artiste et sa petite équipe en fonction de quelques 1700 œuvres d'art qui communiquaient avec leur environnement. Dans cette architecture monastique, l'œuvre retentissante de Landuyt semblait à même de résister à la lumière de Dieu et le nombre d'œuvres d'art avait pour beaucoup des proportions surhumaines. Alors que le public était impressionné dans tous les sens du terme, les réactions de la presse étaient traditionnellement contradictoires : mal à l'aise face à toute cette démesure venant de son propre sol et sur sa défensive vis-à-vis des références à l'éphémère et à la mort, qui se voyaient en outre conférer un aspect hiératique dans l'abbaye. Une des œuvres de premier plan était *Au niveau du chien* (1972), une nouvelle fois un échantillon de ses capacités intemporelles, mais on était à l'époque tout de même habitué à quelque chose d'autre comme métaphore pour la société et l'humanité.
Il est étrange qu'à cette époque si peu de personnes aient été frappées à quel point Landuyt crée pour créer et son sujet – contrairement à ses compagnons de succès Magritte et Delvaux – ne vient qu'au second plan. Il doit en effet s'adapter au processus créatif et non l'inverse, comme c'est généralement le cas. A cet effet, il utilise les images et les figures qu'il 'possède', qu'il peut dessiner n'importe où et n'importe quand de mémoire parce qu'elles font partie de lui-même. La morphologie de ses parents a joué un rôle comme élément constituant dans toute son œuvre. La verrue attendrissante sur la joue de son père est présente dans d'innombrables statues et céramiques en tant qu'élément plastique, parce que sa forme se prête à jouer un rôle dans le jeu créatif. Lors de l'inauguration de la rétrospective au Palais des Beaux-Arts, l'organisateur, Giron, fut abasourdi lorsqu'il accueillit Landuyt avec ses parents et toute sa famille sur les escaliers : « Tous, sans exception, sortaient tout droit de ses tableaux. C'était hallucinant ! » (E. Langui)
Cette rétrospective de 1974, avec moins d'œuvres et de ce fait plus épurée que la rétrospective gantoise, était aussi foudroyante. Le regard pénétrant du Naya, l'œil éteint mais sublime de la momie de perroquet péruvienne et tout l'ensemble captivant que l'artiste avait réalisé à son cinquantième anniversaire ne pouvaient laisser personne indifférent, et peut-être que la réaction de son ami poète Piette était plus sincère que tous les critiques d'art car il écrivit à cet égard à Landuyt : « Ce n'est pas qu'on vous veut du mal. Même pas qu'on vous demande de quitter la scène. Tout justement, tout modestement, ce qu'on voudrait nous autres, c'est un peu d'air - un tout petit peu d'air... »
Landuyt est désormais également dans son propre pays un artiste reconnu et important.

'De Rode Laars' et la théorie du lacet

Dans les années soixante, Geoffrey Chew développa son approche du lacet, pour ainsi dire le fondement philosophique de la théorie de la matrice en S, une des clés avec lesquelles on s'efforce d'expliquer le comportement des particules subatomiques de la physique quantique. L'autre clé est la théorie quantique des champs - et nous comprendrons graduellement comment les champs jouent également un rôle dans les convictions de Landuyt concernant la création et le fait de faire fonctionner l'art dans l'environnement.

Le motif de l'exploration de la nouvelle science doit avoir été, outre sa curiosité insatiable, certainement la lecture de La gnose de Princeton *(1974) de Raymond Ruyer, un livre culte à l'époque qui ouvrit les yeux de pas mal d'intellectuels sans préjugés à des modes de pensée qui allaient moins de soi. C'est peut-être là aussi que se trouve le germe de la future affinité avec Prigogine : tout est en effet lié avec tout, en passant par le présent, le passé et le futur.*

Selon la théorie du lacet ou du bootstrap, *l'univers est une toile dynamique d'événements imbriqués les uns avec les autres. Aucune des caractéristiques de cette toile n'est fondamentale car elles sont toutes la conséquence des caractéristiques des autres parties ; il n'y a en d'autres termes plus d'éléments de base cartésiens, mais des imbrications mutuelles. C'est également valable pour Landuyt dans la création et dans l'art. Le modèle doit son nom à la manière dont est lacé(e) une botte à lacet ou un soulier : en forme de S mais dans ce cas abstraitement et d'une complexité infinie. De ce fait, la théorie du* bootstrap *évoque chez Landuyt le souvenir de l'enseigne de la première cordonnerie de son grand-père. Elle se trouvait dans le centre-ville et s'appelait 'De Rode Laars' ; une botte rouge ornait donc la façade. Mais des ecclésiastiques zélés considéraient depuis leur chaire qu'il s'agissait d'une expression de la conviction socialiste et anticléricale de l'homme, après quoi ils lui ôtèrent de manière subtile le pain de la bouche. Il déménagea par la suite dans le quartier populaire autour de la Zwijnaardsesteenweg et continua à y exercer son métier…*

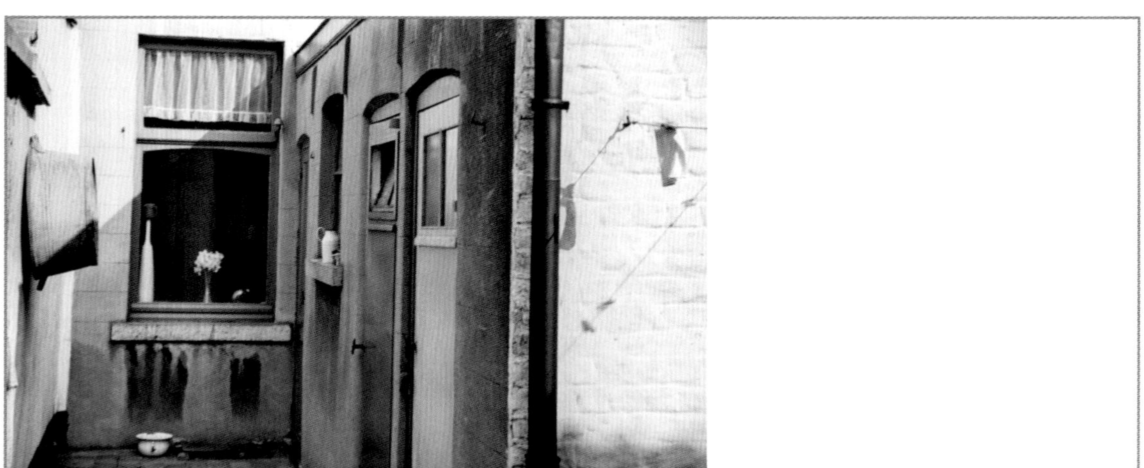

Korte Stropstraat 14, Gand

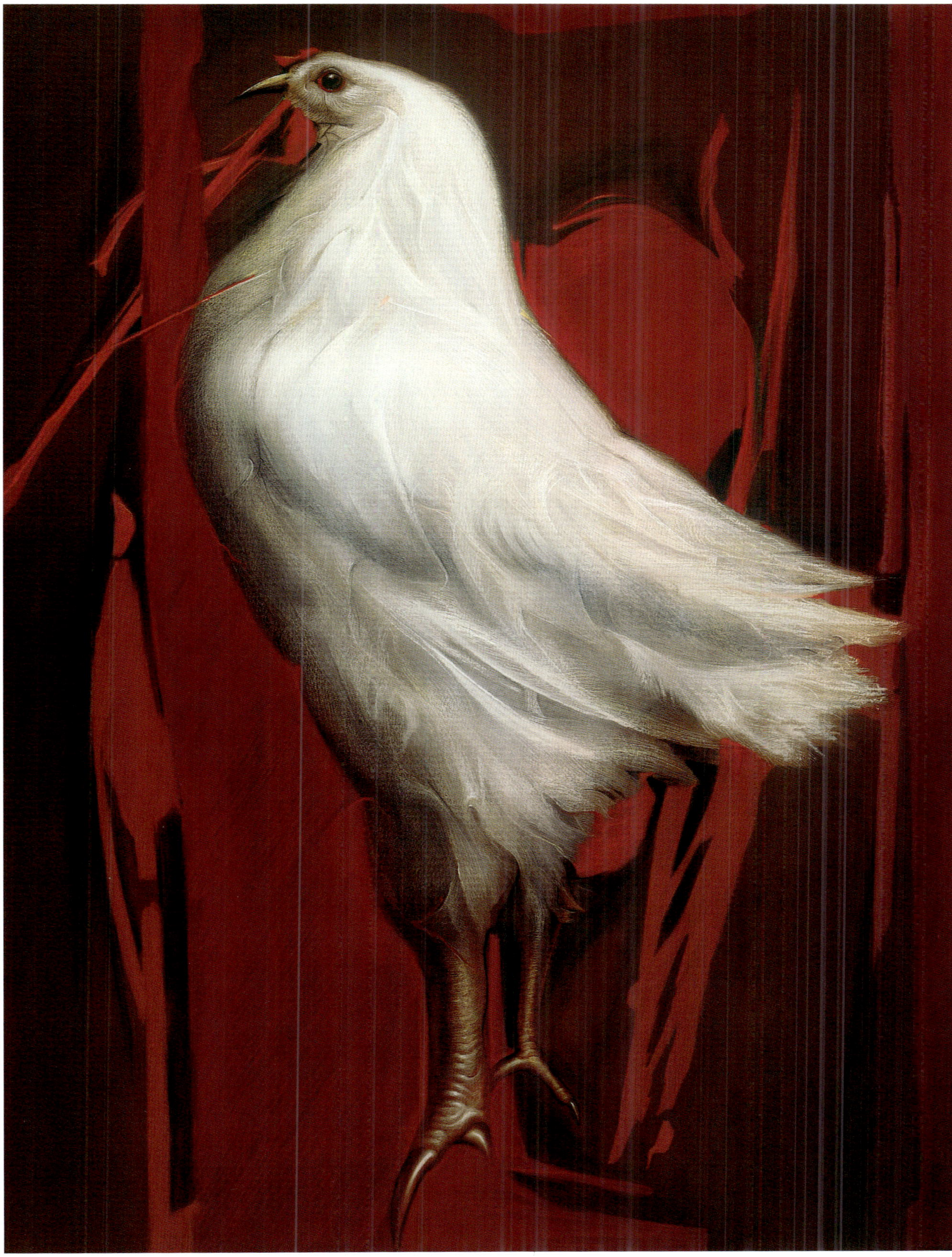

Malgré tout, la victime – 1988 – pastel sur panneau – 172 x 129 cm

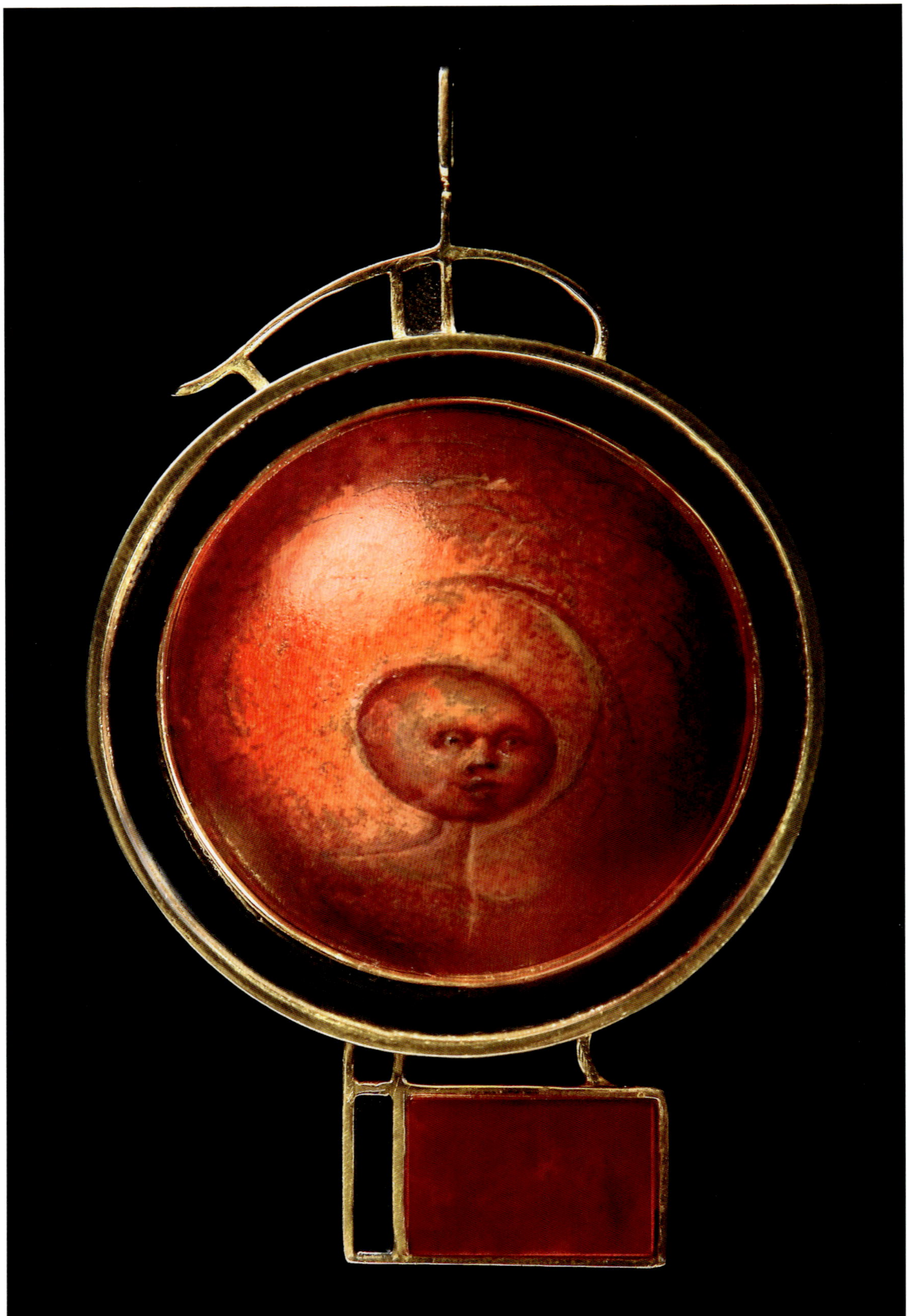

En principe orbital – 2003 – or jaune, miniature sur ivoire, galalithe – 8,6 x 5 cm

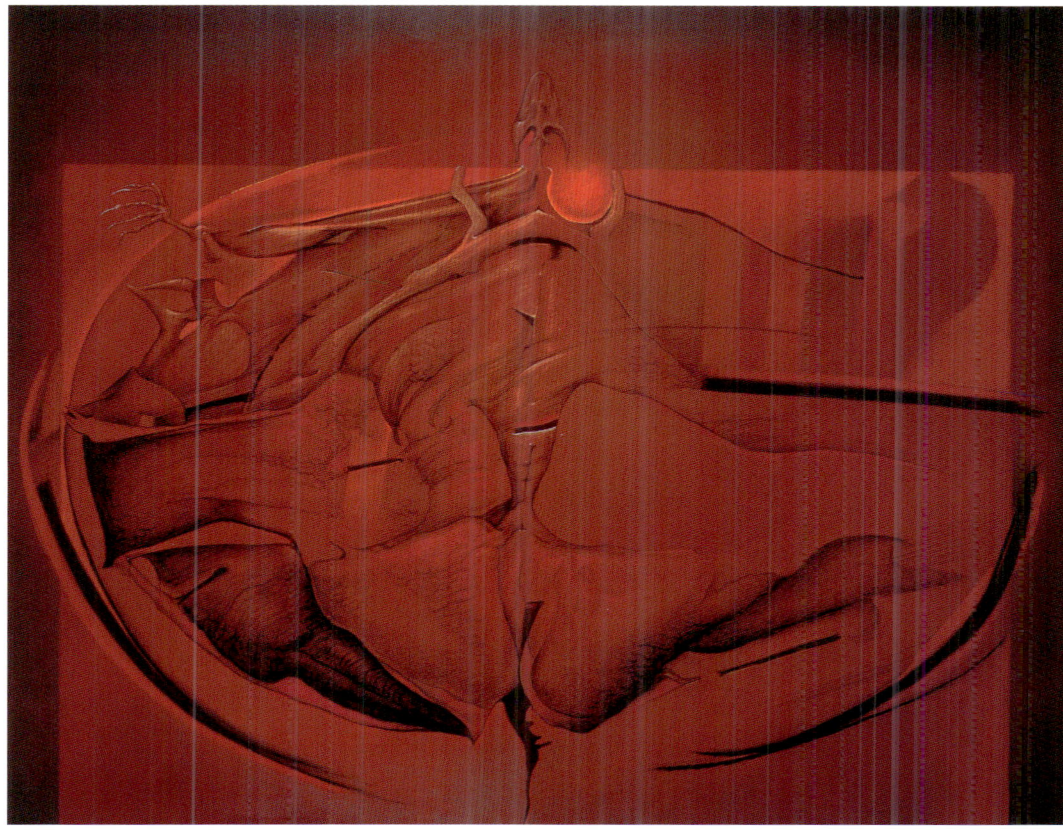

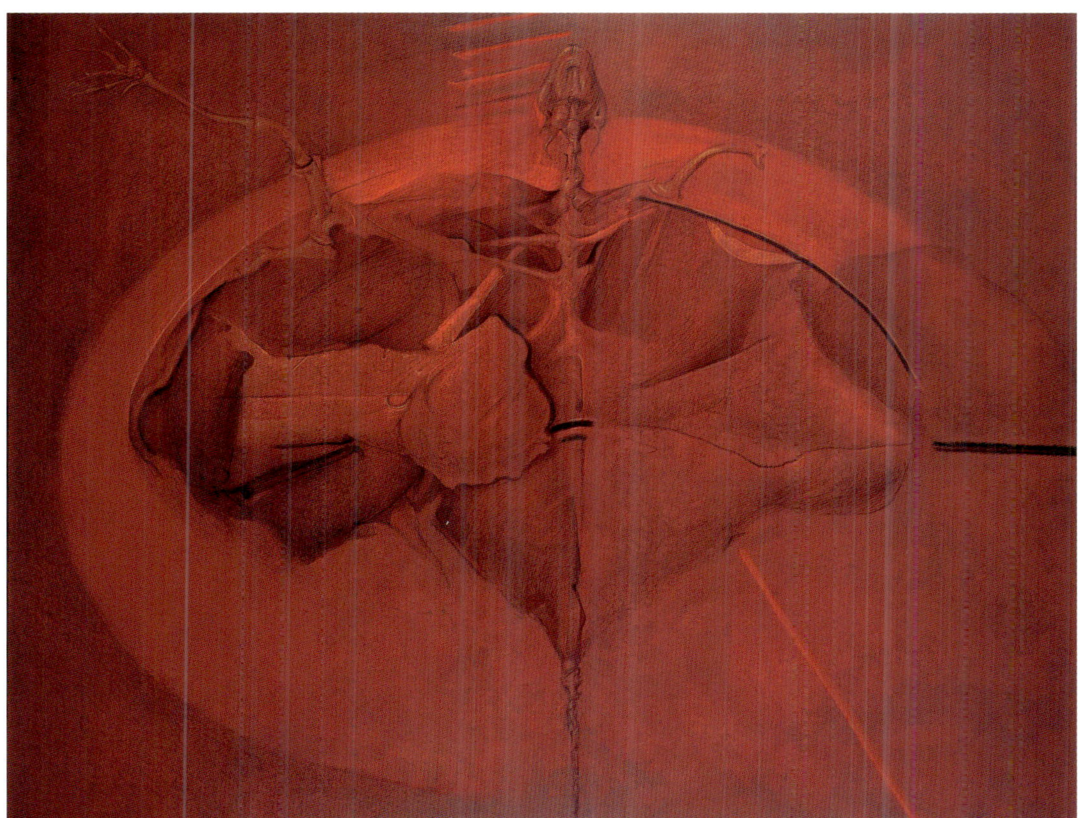

Cruellement rouge – 1990 – pastel sur panneau – 129 x 158 cm
Musée des Beaux-Arts, Anvers

Blotti dans son rouge – 1990 – pastel sur panneau – 129 x 158 cm
Musée des Beaux-Arts, Anvers

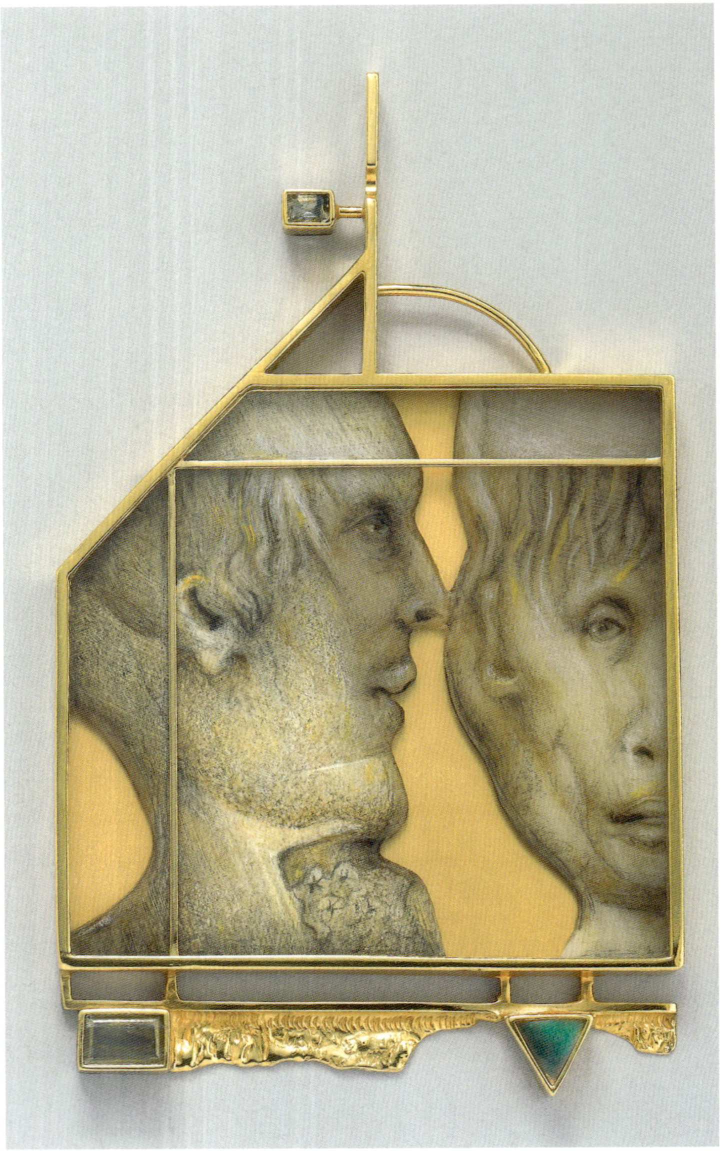

Le passage au peigne fin – 2002 – or et corne – 10,1 x 5 cm

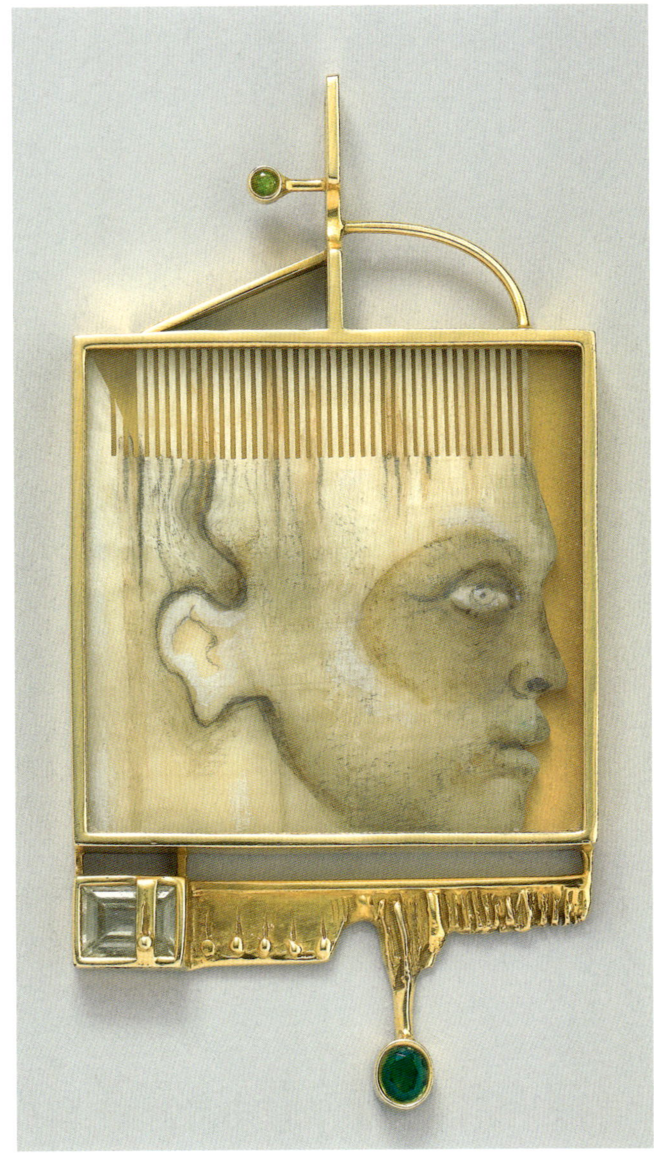

Dans la profondeur d'un sentiment – 2003 – or et corne – 10,4 x 6,12 cm

Bijoux et sculptures en or

Les nombreux liens réciproques entre les points brillants sur une forme, leur illusion sur la peinture, les aspects extérieurs de la matière solidifiée ou des pierres et les vernis dans la céramique devaient logiquement se rencontrer dans l'orfèvrerie ou dans les miniatures en or afin que la pieuvre ne manque pas de tentacule. Dans l'atelier courtraisien de son ami de jeunesse, Landuyt avait pu acquérir énormément de connaissances du métier ; les principes de construction de l'entreprise métallurgique étaient également utilisables car ils sont universels, mais pourtant les créations de cette période ne le satisfaisaient pas complètement : cela comportait plus que ce que les instruments traditionnels des joailliers pouvaient lui offrir. Cela ne signifie pas que les opérations répétitives des orfèvres à travers les âges n'avaient pas de signification pour lui, au contraire. La limitation était plutôt un phénomène social sous la forme d'une industrialisation en croissance progressive de l'orfèvrerie, ou de ce que l'on avait petit à petit commencé à appeler 'le secteur'. Le bijou n'était plus une pièce unique ; la production de masse et les principes du marché avaient pour conséquence que les pierres précieuses étaient souvent taillées, calibrées, uniformisées massivement de la même manière et quand il devint également trop coûteux de tailler les pierres, des pierres synthétiques furent bientôt produites en pressant leur poudre comme des aspirines en cabochons.
La création du bijou se déroule sur une très petite surface : avec de telles composantes uniformisées, qui occupent jusqu'à trois quarts de cette surface, que même les meilleurs esthètes ne peuvent pratiquement produire que des résultats anonymes. Lorsque Torczyner apprit que Landuyt allait se plonger dans l'orfèvrerie, il lui prédit les plus grandes difficultés, bien que la corporation comprit rapidement que les créations extraordinaires de ce franc tireur constituaient plutôt un enrichissement qu'une menace.
Pour la création de bijoux, il n'utilise pratiquement pas de pièces préfabriquées, fournies, sauf comme base, et très exceptionnellement une pierre plate calibrée, qui perdra cependant son identité par le travail dont elle sera l'objet. Ses éléments de base sont tout autres : des fragments de ses choses 'authentiques' : des coquillages, des porte-plumes en ivoire, des pointes de baleines d'un vieux parasol, la pièce d'une horloge, un morceau de vieil ivoire et des milliers d'autres possibilités. Ces objets se trouvent en permanence à portée de son regard dans le local de travail, comme un arsenal créatif et vivant qui augmente et diminue au fil des jours, des mois et des années et augmente à nouveau, et les personnes qui pénètrent dans ce local ressentent ce champ magnétique créatif, ce monde silencieux des possibilités. Pour lui, ce ne sont pas des ready-made, il ne les utilise jamais tels qu'ils sont mais transforme leurs possibilités en une 'réalité' avec des appareils de fraisage et de forage. Leur ancienne fonction est détruite ;

le porte-plume en ivoire devient méconnaissable dans sa nouvelle identité et dans l'autre rôle, qu'il interprétera dans cet autre jeu.

Pour le spécialiste, le coulage d'un moule selon la méthode de la cire perdue ne comporte pas de secrets choquants pour le monde : ce fut au fil des temps un outil intéressant, mais comment se fait-il qu'il fallut attendre Landuyt pour découvrir des possibilités qui étaient pourtant disponibles depuis longtemps dans la stomatologie ? Sa vivacité à combiner et à varier franchit ici aussi les divers domaines dans lesquels il est actif : une peinture comme miniature dans le bijou, de la céramique combinée avec de la peinture à l'huile, céramique et bijou, ancien objet culturel et bijou ; ce n'en sont que quelques-unes des conséquences visibles car il s'agit ici aussi de sa manière de penser. Lorsqu'il eut découvert que les mécaniciens-dentistes disposaient de plusieurs sortes de plateaux de cire très finement coulés, chacun ayant une dureté différente qui était en outre indiquée par une couleur différente, il s'entoura des spécialistes qui maîtrisaient non seulement de telles applications, mais qui avaient également le sens du processus plastique – et c'étaient toujours des spécialistes exceptionnels. Comme dans leurs prothèses médicales ayant une importance vitale, ils disposaient à nouveau d'autres méthodes de construction. C'est ainsi que le fait de faire le vide lors de la pose de dents pouvait être aussi efficace lors de la fixation de perles ou de pierres ! Un autre élément important est sa conception ciblée, dans la grammaire du bijou au lieu de celle du peintre ou du sculpteur, qui ont en général tendance à simplement miniaturiser leur méthode habituelle pour parvenir au bijou.

On réfléchit rarement au fait que la thématique de l'orfèvrerie est loin d'être simple, car la réduction poussée fait diminuer le caractère reconnaissable et c'est précisément pour cela que l'orfèvrerie est dominée par des formes dont le caractère reconnaissable doit pouvoir être préservé dans toutes les circonstances : des papillons, des oiseaux, des fleurs, des feuilles – et les sujets plus problématiques sont habituellement montrés de profil ! Beaucoup de beauté peut se dissimuler dans la forme épurée non-figurative, mais il n'empêche qu'elle sert très souvent à esquiver le degré de difficulté ; et c'est ainsi que Landuyt est dans ce domaine aussi le seul de son temps depuis des décennies sans interruption, ce qui ne signifie pas encore dans le temps.

En 1991, il réalisa son vieux rêve par la publication de *Aurum Flandriae*, une édition d'art unique de sa propre conception offrant un aperçu de toute sa production de bijoux jusqu'alors, plus de mille deux cents pièces remarquables, accompagnée d'une explication de la main de l'historien de l'art et essayiste Philippe-Roberts-Jones. Bien qu'inconnu pour le monde extérieur, c'est un des livres de bijoux les plus impressionnants qui existent – mais il est pratiquement entièrement hors de portée de tous les secteurs dans lequel le marché est réparti aujourd'hui. Ce fut de ce fait dès sa parution un objet de collection.

Comme dans sa peinture et sur le mur moite des peintres de fresques, il existe souvent un motif, un point de départ spécifique pour la création de bijoux, dont jaillira une architecture. L'argument réside souvent dans le langage de la pierre, sur lequel viennent alors se greffer les autres éléments ; avec leurs liaisons – qui sont généralement également les ornements – apparaît une œuvre d'art qui doit répondre aux exigences de sa fonction : équilibre, poids, taille et portabilité. Jones signale à juste titre dans ces créations 'l'intuition de l'essence des choses, de leur signification et de leur rayonnement'. Le bijou a sa propre grammaire et son propre vocabulaire, que Landuyt munit de ses contenus personnels. La manière dont il fait changer de couleur ses pierres précieuses transparentes en variant leurs bases, en les 'doublant' est remarquable, il lance dans ce cadre une communication intense entre les matériaux, un peu comme dans certains de ses vernissages de céramiques sur leurs différentes bases. Tous les éléments s'y réunissent dans l'ordre particulier de l'œuvre d'art, que ce soit sur papier, sur canevas, dans la pierre ou dans le bronze. Dans ce cadre, il part souvent d'une pierre spéciale ou du fragment d'un objet miniature 'chargé', un élément préexistant selon Jones, qui fait cependant à tort la comparaison avec le collage ! Dans les bijoux de Landuyt, les éléments n'ont pas grand chose à voir avec un collage, dans lequel les fragments perdent en général leur autonomie, mais se chargent mutuellement dans un contexte aliénant – précisément du fait de l'ordre différent dans lequel ils se trouvent.

C'est ainsi qu'il établit des passerelles entre sa propre création et le travail de professionnel précolombien qu'il utilise dans ce cadre, plutôt pour rendre hommage au superspécialiste oublié, pour prolonger son travail dans le temps que pour en retirer un avantage personnel, bien que la partie de bras de fer entre les deux soit fascinante. En fait, c'est depuis toujours de cette manière que l'art a été appliqué, en poursuivant la construction, en complétant et en prolongeant les acquis, plutôt qu'en les niant ou en les interdisant : Giambattista Vico rappela le monde intellectuel occidental à l'ordre afin qu'il sorte de l'exaltation fanatique entraînée par René Descartes et la dictature de sa modernité de l'époque.

C'est probablement pour toutes ces raisons que le caractère universel des œuvres d'art de Landuyt est plus facile à découvrir dans l'orfèvrerie, bien que le principe soit disponible dans toutes les formes d'expression ; on rencontre la texture des primitifs dans les tableaux et dans les dessins, la Renaissance et le baroque dans les statues, mais tout autant l'œil de Picasso et la densité et le rayonnement de César, qui comme Landuyt réunissait ses 'fragments utilisables' sur les collines de déchets métalliques de la même gigantesque entreprise de ferrailles de Deerlijk.

Nous nous trouvons là loin de l'or, une composante essentielle des bijoux de Landuyt, bien que ces connotations soient très psychologiques : un bijou de ferraille peut en tant qu'*arte povera* être passionnant une seule fois, mais il lui manque pratiquement toutes les caractéristiques qui rendent l'or si unique : son éclat et sa ductilité. Deux grammes d'or suffisent pour quatre kilomètres de fil d'or et une même quantité peut être martelée (ou ciselée) en un mètre carré d'or en feuilles. Dès l'Antiquité, on martelait des fines plaques d'or entre des boyaux de bœuf, jusqu'à ce qu'elles deviennent transparentes. Aujourd'hui cependant, on dore chimiquement dans des tunnels fermés avec desparticules d'or ou des colloïdes de

1,4 nanomètre ! Alors que la technique économe du ciselage dominait au Moyen Age, celle de la fusion est aussi vieille que l'humanité. En ancien égyptien, en sumérien, en assyrien, en hébreux et en ancien grec, l'origine des mots qui signifient or font référence à 'l'éclat du soleil' et aux 'reflets du feu'. Mais dans la religion et la magie, dans les ostensoirs, les reliques ou les objets rituels, il représentait également à la fois le rayonnement positif et la protection contre les mauvais rayonnements : la couronne d'or devait également tout autant protéger contre le mal – d'autres explications sont également les bienvenues. Le symbole alchimique de l'or était le soleil mais face à tous ces éléments nobles, il est malheureusement également un fait que l'extraction de l'or du minerai se fait avec du mercure et de l'arsenic, est très polluante et se déroule dans les pays en voie de développement.

Pour démontrer que l'or est un métal phénoménal, Landuyt en amena un jour plusieurs échantillons à l'atelier, pour faire choisir ses étudiants parmi plusieurs possibilités : un morceau d'aluminium inoxydé à l'or, un morceau de cuivre, de laiton et des échantillons d'or de 14, 18 et 24 carats. Le fait que tout le monde ait choisi l'or véritable en dit long sur le lien entre la valeur plastique et la valeur monétaire de ce métal précieux. Au cours des décennies pendant lesquelles Landuyt connut sa plus grande célébrité, l'or représentait plus que jamais la richesse, l'attitude bourgeoise, le prestige et l'art dépassé – tandis que le même or prenait une place de plus en plus importante en tant que matière première et conducteur dans la technologie et l'électronique en pleine expansion. La splendeur, le faste et le profit pécuniaire était ce que la presse de l'époque lui jetait à la tête, alors que la valeur monétaire pour ses miniatures en or a pour lui en fait toujours été un obstacle... La vérité est qu'aucun autre métal ne peut dialoguer avec la beauté de la pierre ou de la pierre précieuse, ni ne peut réaliser une liaison semblable avec celle-ci. Aucun clavier de piano ne dispose d'autant d'octaves que l'éclat de l'or, que Landuyt atténue ou rehausse avec des patines sur tous les tons, du superbe contra-ut à 'l'or de paille' contenu et pratiquement murmuré, qui tient tellement à cœur aux Italiens.

Le bijou – disons plutôt la sculpture en or – reste cependant chez Landuyt, comme dans toutes ses disciplines, le véhicule du récit de sa propre vie, de ses sentiments les plus profonds et de ses propres principes créatifs et il suffit d'ouvrir un livre de bijoux au hasard pour découvrir comment on ne peut pas non plus le placer dans cette histoire. Mais ce que Vladimir Jankélévitch mettait en avant est une nouvelle fois valable ici : la différence entre un bon bijou et un chef d'œuvre est ce 'presque rien', et une des nécessités pour pouvoir atteindre cela est le principe alchimique de la répétition et de la multiplicité, sur lequel nous reviendrons encore. Cela aussi a conduit à de nombreux malentendus dans la perception.

L'association douteuse de ses créations en or avec les pratiques commerciales lucratives n'a, à mon sens, aucun fondement et donne à penser au sujet des moins bons côtés des confrères de l'époque, des critiques éclairés ou des leaders d'opinion. Mais il ne faut pas non plus exclure que le bijou de Landuyt ait rempli le rôle du symbole de statut dans les années dorées de haute conjoncture. C'est l'ambiguïté sur laquelle Venise a été construite qui a accompagné et continue encore à accompagner toute l'histoire culturelle.

Pour des raisons incompréhensibles, aucune exposition n'a à ce jour été consacrée à l'orfèvrerie de ce maître en Flandre. Lorsque le château de Seneffe fut ouvert en 1996 en tant que Musée de l'Orfèvrerie de la Communauté Française, Landuyt fut invité pour l'exposition inaugurale. 260 de ses sculptures en or y furent exposées, installées selon les convictions de Landuyt sur la manière de présenter et de faire fonctionner (sa 'mise en fonction'). Ce fut une expérience inoubliable, intemporelle et également un peu bizarre du fait que lors de l'inauguration, il fallait passer le long des présentoirs avec les chaussures enveloppées de toile afin de protéger le parquet flambant neuf.

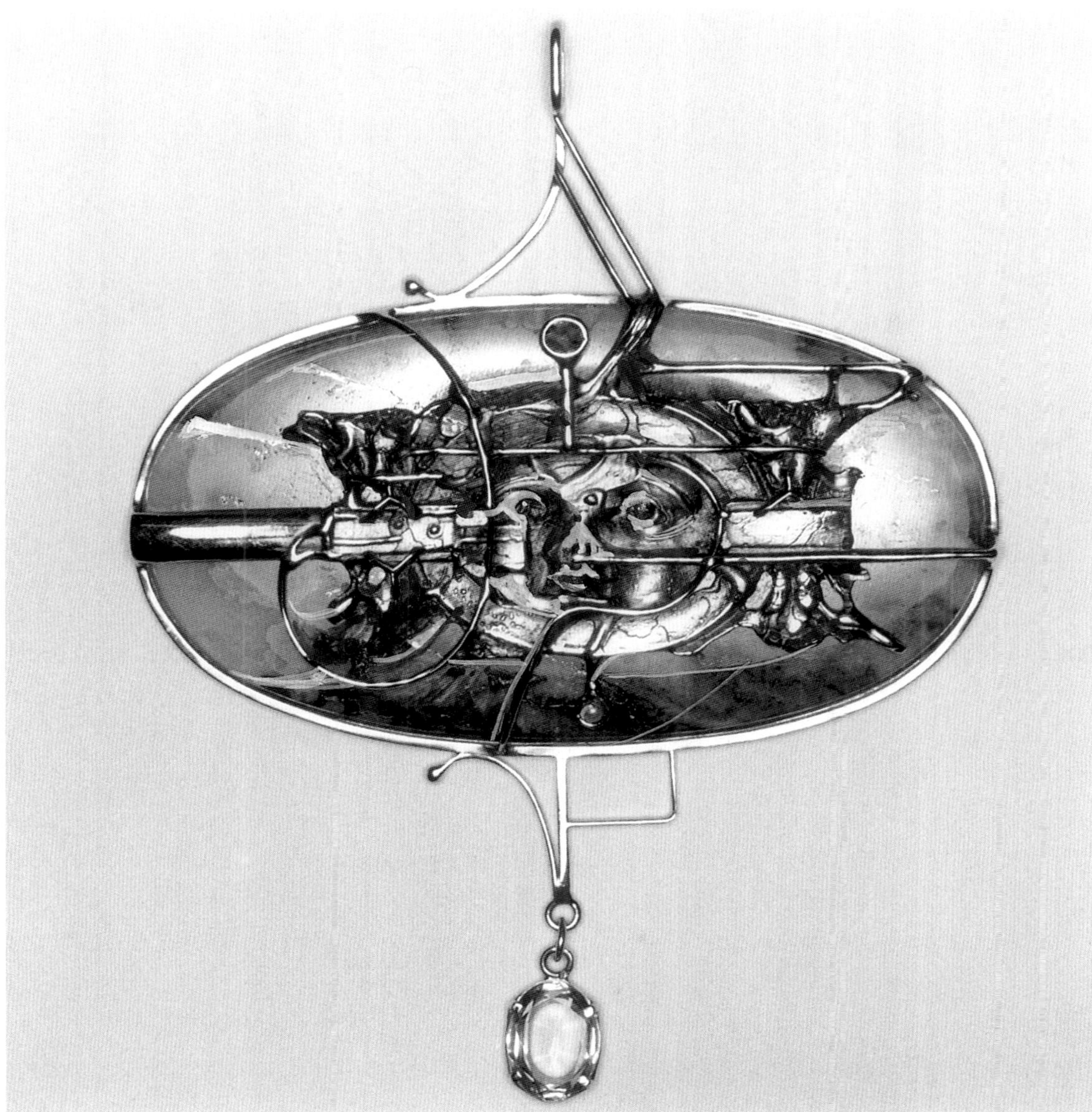

Au besoin d'une mascarade – 1991 – or jaune, dolomie, diamant, perle, agate – 10,5 x 8 cm

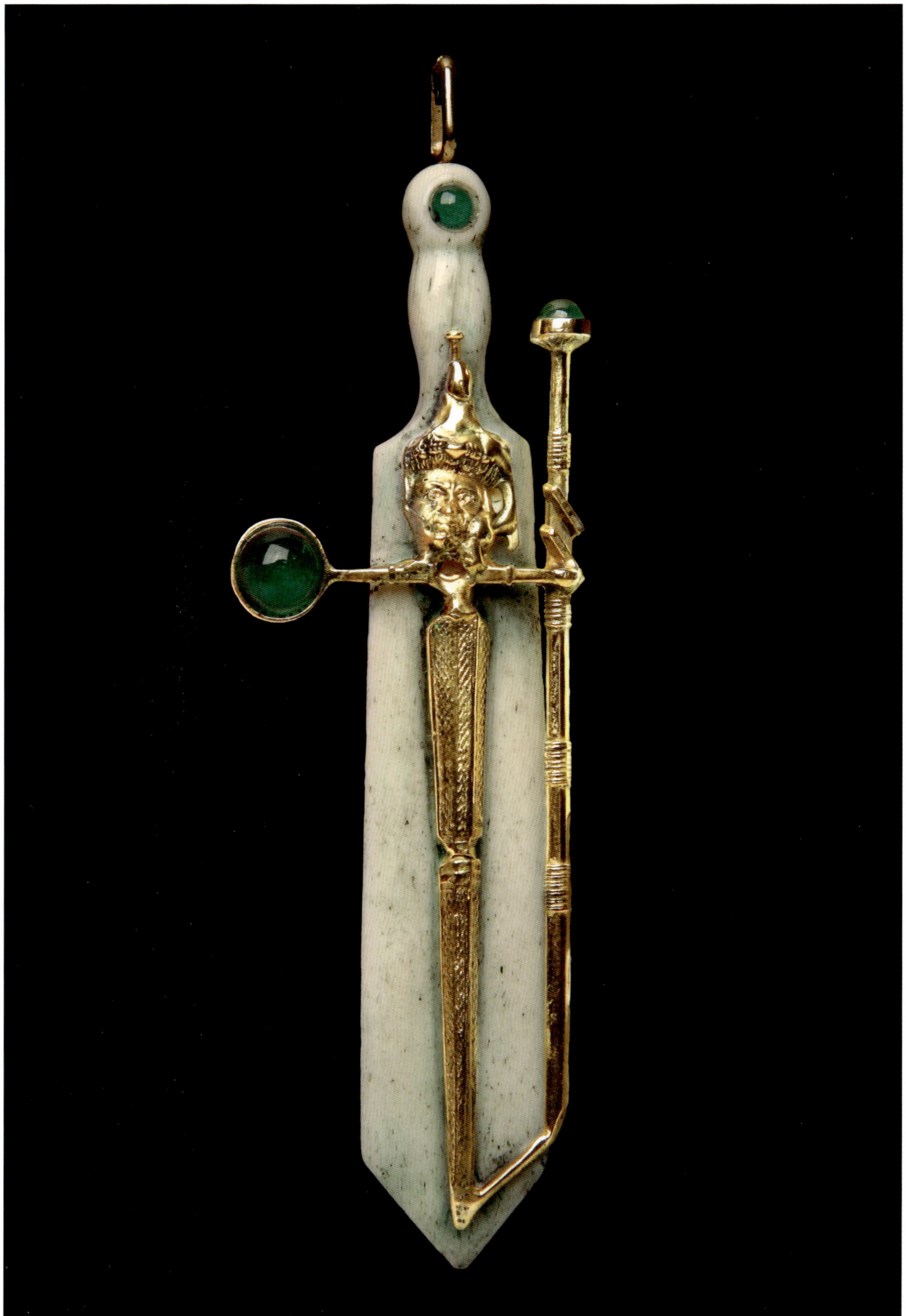

Le gladiateur – 2000 – or jaune, ivoire (porte-plume), émeraudes – 10 x 2,8 cm

L'objet existant comme point de départ

Depuis la tentative dadaïste de redéfinir la notion d'œuvre d'art, l'utilisation d'un objet existant ou le fait de partir de là lors de la création d'œuvres d'art est devenu un bien commun. Cela conduisit dans les cas extrêmes à un art de pur assemblage et Landuyt, qui est un contemporain de Vic Gentils et des représentants internationaux de la tendance (qui sont en fait tous tributaires de Picasso), part dans ses créations également de temps en temps d'objets existants. Le principe est tout aussi simple que compliqué. Un tel objet sera en premier lieu reconnu par l'artiste comme quelque chose de lui-même, il y retrouvera sa grammaire de sorte qu'il pourra continuer à communiquer via ce langage commun. Les pièces de collection parlent également le langage de leur collectionneurs et vice versa – sinon ce serait devenu une autre collection. L'enfant et l'artiste reconnaissent directement la forme anthropomorphe dans le morceau de bois qui traîne mais ce dernier est parfaitement capable de compléter la partie manquante lors de sa création pour rendre l'objet à nouveau complet ou pour créer quelque chose de totalement différent dans lequel le précédent, c'est du moins ce que signalait Picasso à Brassai, doit rester reconnaissable.
Les ajouts ont déjà été utilisés de tout temps dans l'art plastique ; les appliques étaient une composante principale de l'art appliqué, qui s'appelle toujours 'art appliqué' en français, et la notion n'a été élargie que plus tard à l'art décoratif. Dans les anciens portails de cathédrales, les colonnes deviennent des statues ; des motifs végétaux et animaux ornent les chapitres et les archivoltes, autant de splendides problèmes plastiques pour lesquels les cerveaux créatifs d'autrefois recherchaient une solution – un chapitre à part qui fut exploré par Jurgis Baltrusaïtis. Mais personne de moins que Benvenuto Cellini nous montre comment le fait d'ajouter quelque chose à un pot de sel peut conduire à un chef-d'œuvre. Ces extensions fonctionnelles ou non de l'objet à l'œuvre d'art ou à l'objet d'art constituent en fait une zone de transition entre l'œuvre et son environnement, même dans une telle mesure que l'ajout s'identifie à l'œuvre. De ce fait, un lien remarquable apparaît avec ce qui a été traité dans le chapitre sur le fonctionnement de l'art dans son environnement spatial (la mise en fonction).
Beaucoup d'objets chargés ont incité Landuyt à les compléter par sa pensée créative. Ils ont pratiquement tous laissé leur identité derrière eux pour pouvoir jouer un rôle dans son œuvre d'art. L'horloge murale ou de parquet devient un vêtement pour le tableau, le miroir rond au-dessus du meuble de toilette antique devient le nouvel encadrement au-dessus d'un petit meuble design conçu spécialement par la suite, parce qu'il le demande. Mais beaucoup de tels ensembles d'une beauté émouvante se cherchent aujourd'hui désespérément un gîte dans notre culture commerciale et uniformisée de l'intérieur.
Chez Landuyt, il n'y a pratiquement pas de création pour laquelle il n'imagine pas en même temps un intérieur, comme s'il fabriquait le combustible pour un foyer de culture qui s'est éteint avec le temps et dont on commence à oublier l'existence.
Ses points de départ, ses extensions ou ses ajouts : le langage de la machine agricole est greffé sur le socle d'une immense sculpture de bronze ; des fragments de meuble de temps oubliés deviennent des socles uniques, des casques de moto deviennent des statues.

Des éléments d'anciennes horloges s'oublient et génèrent la force du bijou. Le point de départ n'est parfois qu'une seule strophe d'un poème oublié, à partir de laquelle l'artiste crée une nouvelle chanson.

Landuyt reconnaît et accentue le langage des formes et la torsade de Bernini dans une pièce en ivoire d'une ancienne marquise luxueuse – lorsque la peau blanche était encore à la mode ! Elle ne servira pas seulement de socle à bijou mais elle fusionnera également avec au-dessus d'un miroir rond concave.

Le lingam (ou linga) est un galet poli par le Gange, sacré pour les Indiens. Il est extrêmement rare et en raison de sa forme géométrique parfaite d'un testicule, il est vénéré comme le symbole de la reproduction. Chez Landuyt, cet objet devient 'une planète de la procréation', au-dessus de laquelle flotte un petit personnage en or.

Une vertèbre de baleine devient la 'base de départ' d'une sculpture en bronze, dans laquelle une composition de barres relie, réunit et perfectionne les deux éléments. C'est à l'intérieur de cela qu'est renfermée toute l'intervention de l'artiste, que l'on appelait autrefois pour cette raison 'médiateur'.

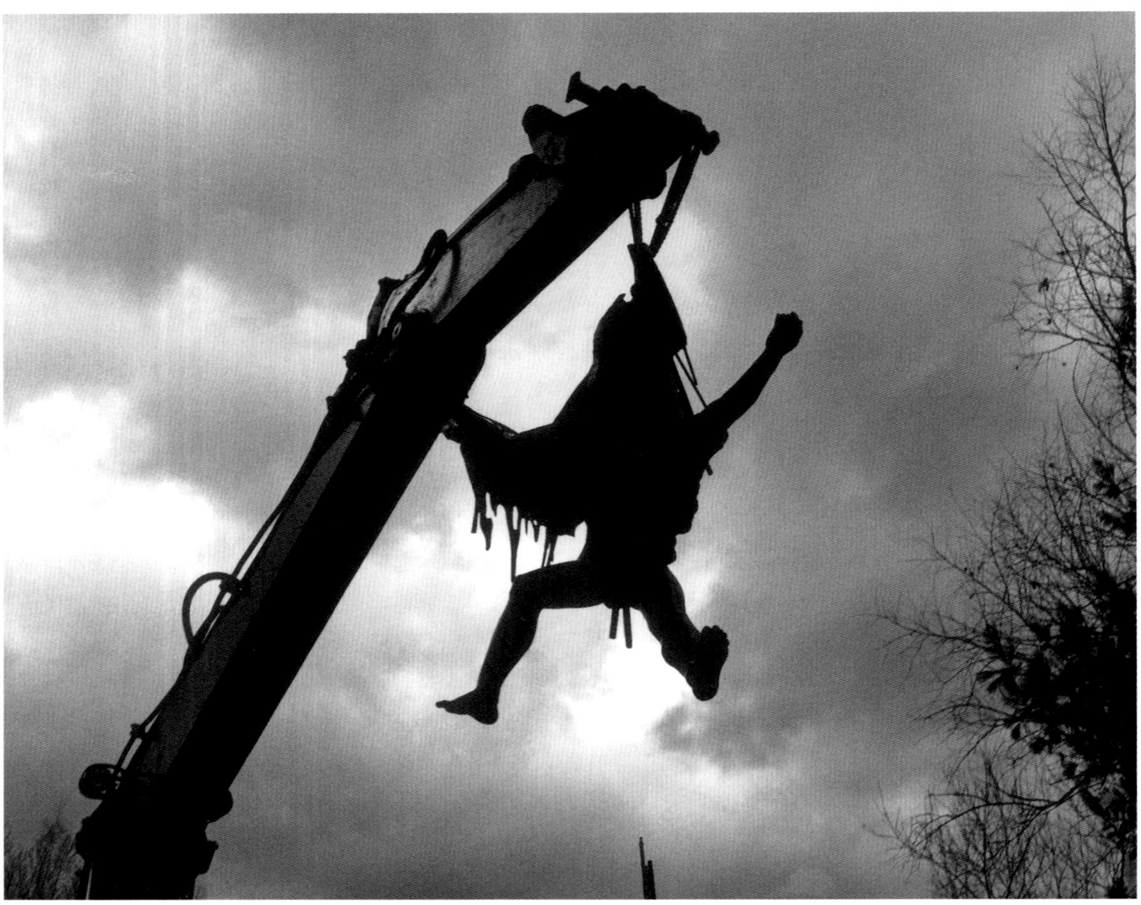

Montage: l'équilibre aérien – 1988

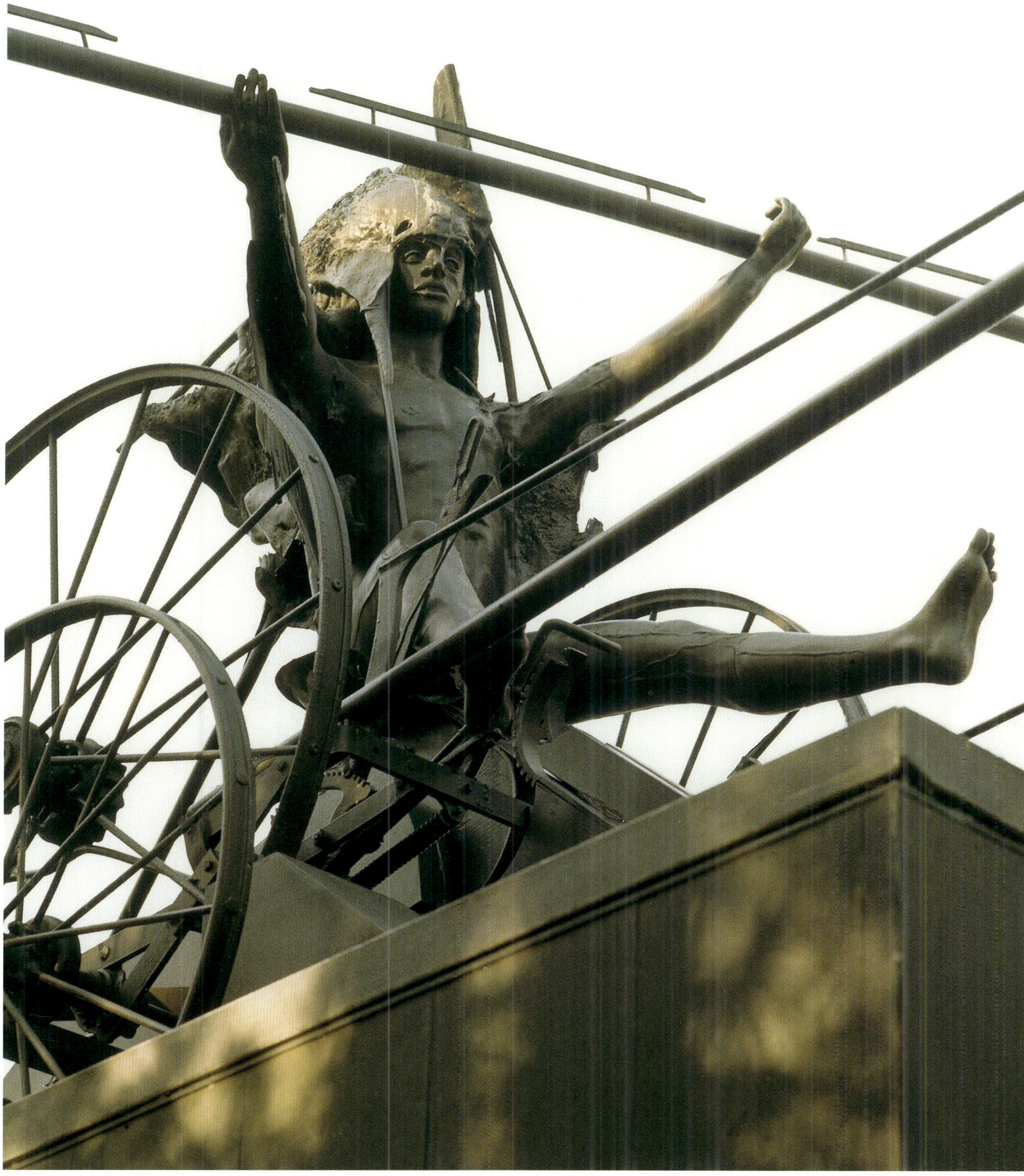

L'équilibre aérien – 1988 – bronze – 600 x 700 x 700 cm

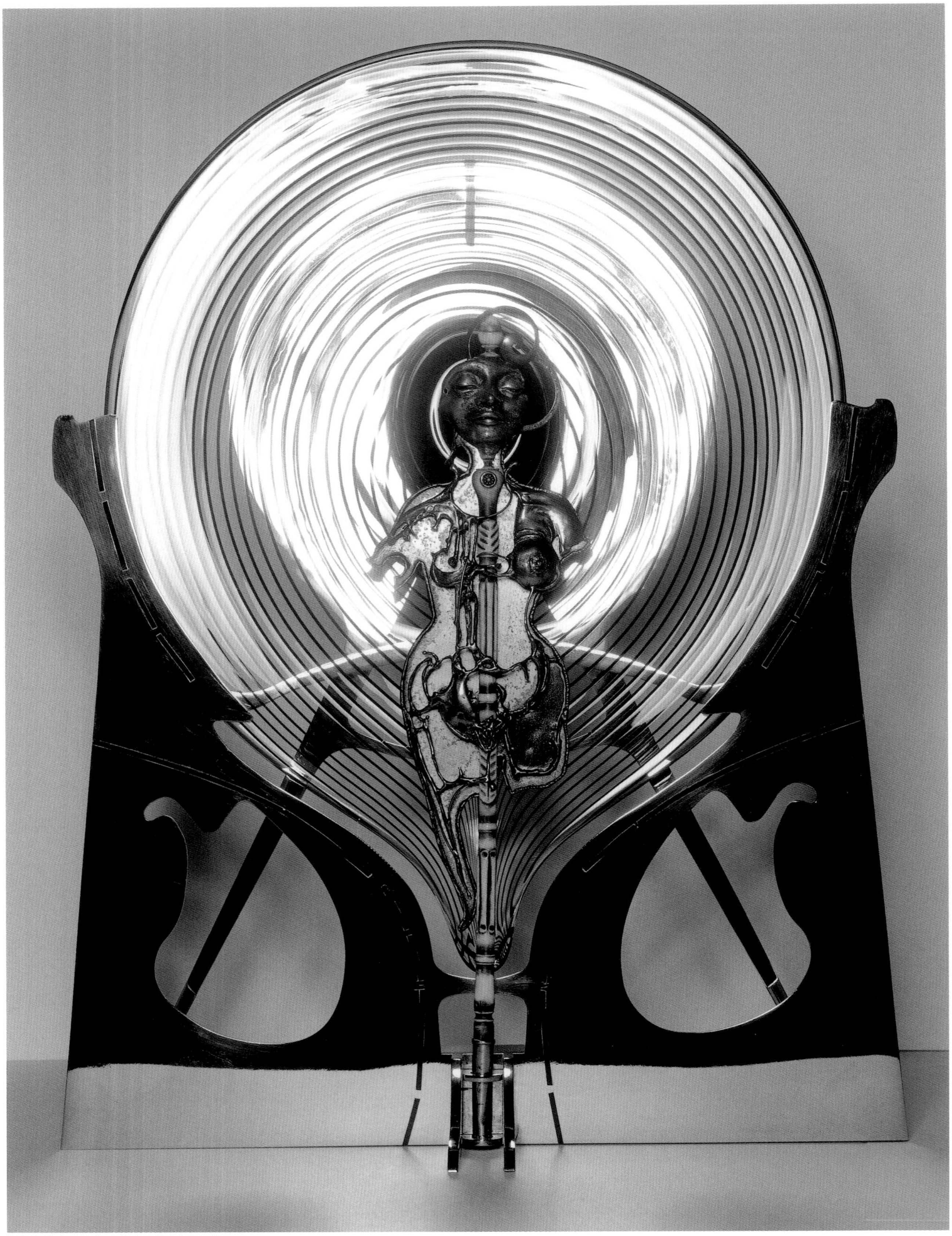

La fragilité statique – 1985 – argent doré, ivoire, verre – 51 x 38,5 x 16,5 cm

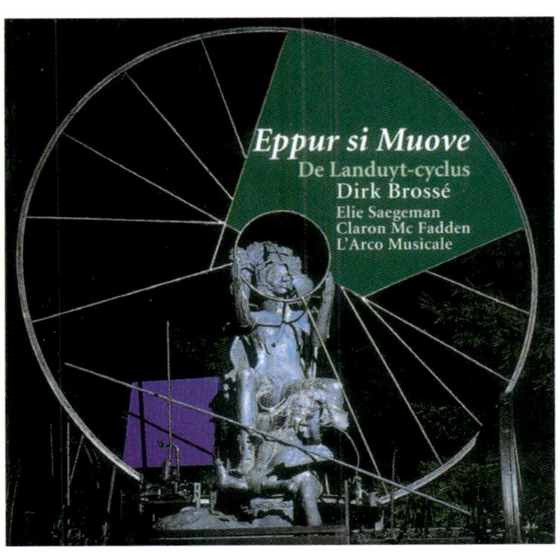

Eppur si Muove – 1997 – CD

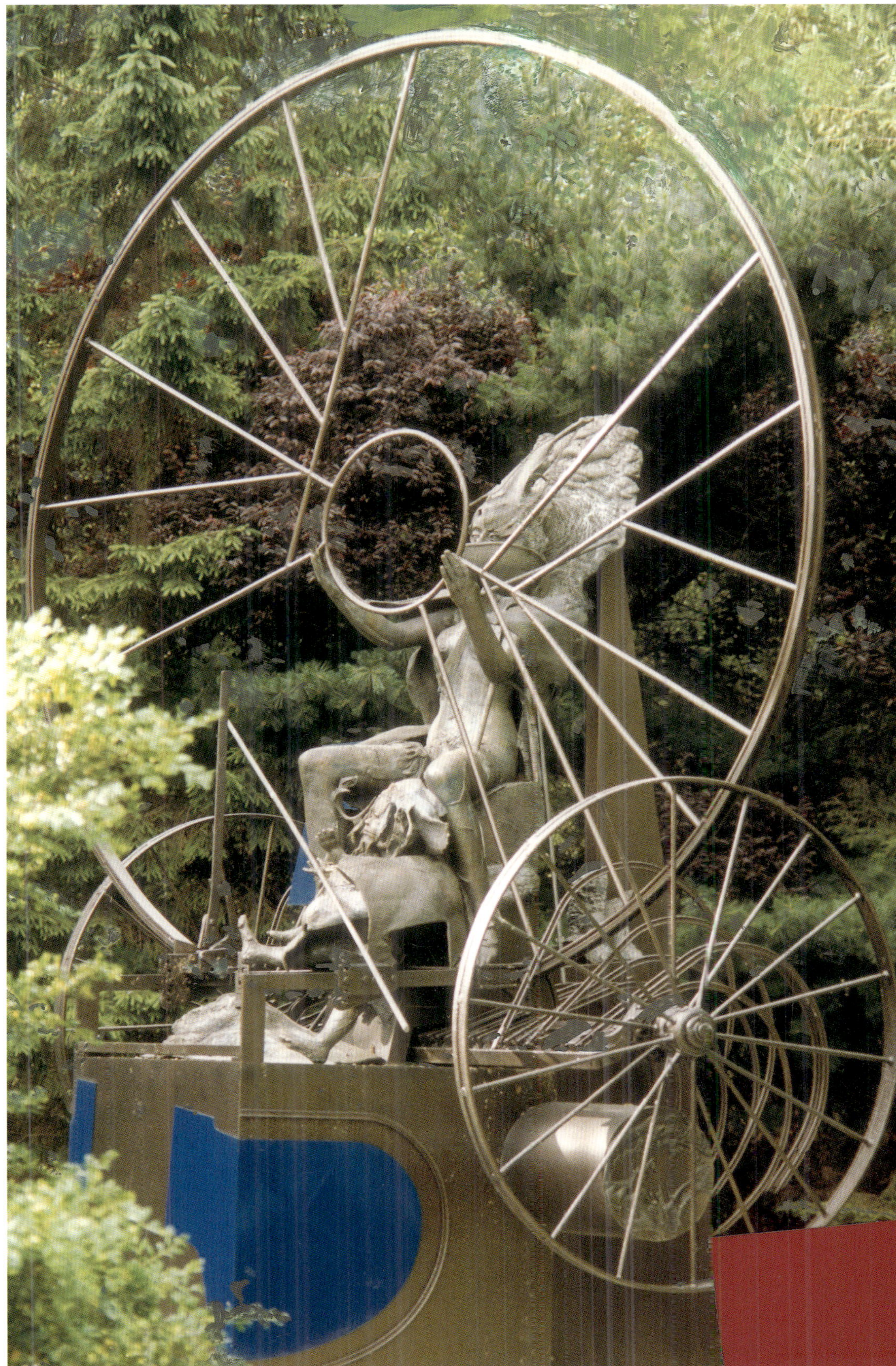

A ciel ouvert, le cercle protecteur – 1991 – bronze – 395 x 270 x 205 cm

Le livre d'or du Palais Stoclet

Le livre d'or doit son nom aux lettres d'or, avec lesquelles les riches familles vénitiennes faisaient apposer leurs noms sur des livres très exceptionnels, qui perpétuaient le souvenir de personnes ou d'actes héroïques. Lorsque la famille de banquiers viennois Stoclet confia en 1905 la mission à Josef Hoffman de construire à Bruxelles un palais pour y installer sa collection d'objets d'art et pour organiser des fêtes, l'idée d'un livre d'or ne tarda pas à voir le jour. Il fut conçu par Hoffman en personne après la livraison en 1911. Le bâtiment était pour ainsi dire le symbole du Wiener Werkstatte, comportait une collection inestimable d'objets d'art, une salle de concert, une mosaïque de Klimt et une harmonie architecturale qui ne tolérait aucune fausse note ni à l'intérieur ni à l'extérieur. Le deuxième livre d'or était de la main du maître joaillier Wolffers et en 1989, Landuyt reçut la mission de réaliser le troisième, qui pour la donneuse d'ordre Annie Stoclet devait au moins égaler le précédent. Pour ce faire, le concepteur de bijoux et le designer, deux facettes bien connues de la personnalité multiple de Landuyt, se donnèrent la main. Il conçut un livre dont le dos se libérait par le simple fait d'être fixé à la couverture inférieure ; une largeur de dos dotée de charnières y fut ajoutée afin que la couverture supérieure et le dos puissent bouger librement. Pour la légèreté, les trois parties de base étaient réalisées en duralumin, sur lequel étaient appliquées de tous les côtés des incrustations d'ivoire, fabriquées avec des vieilles touches de piano transformées en lamelles. Pardessus, venait une architecture grillagée d'or massif, qui permettait à la fois l'ouverture sur l'ivoire et le dialogue entre l'or et l'ivoire. L'architecture plastique ne comporte pas de figuration mais implique l'attente de quelque chose de grandiose : le papier impérial japonais, fabriqué en fibres de soie, laissait déjà sous-entendre qu'il ne fallait pas utiliser n'importe quel moyen d'écriture ! Une impression en blanc sur écran d'un aspect filigrané servait de première page, ici littéralement 'page de garde'. La première signature était réservée à Baudouin I.
La remise du joyau se déroula en présence des spécialistes extraordinaires, qui y avaient collaboré.

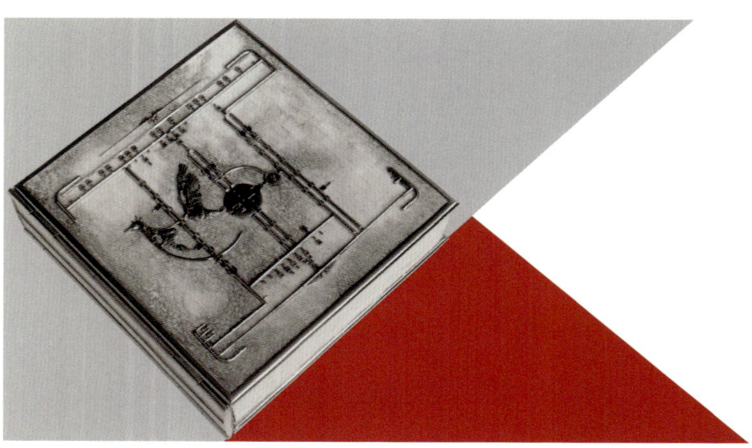

Des présences, les significations compactes – 1989-1990 – or, ivoire et rubis – 26,5 x 26 x 7 cm
Le livre d'or du Palais Stoclet

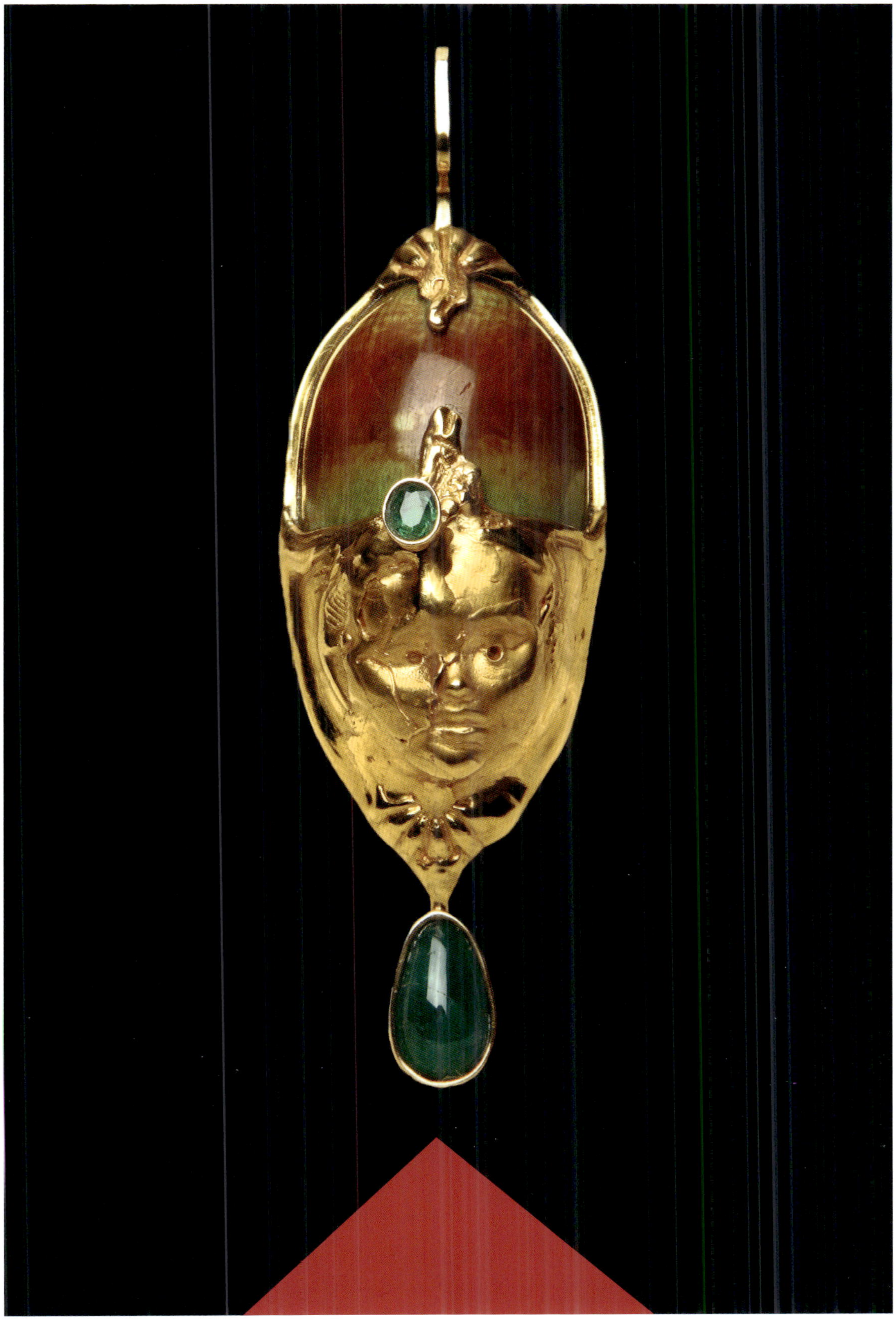

Pour un sentiment de splendeur – 2007 – or jaune, émeraudes – 7,3 x 2,25 cm

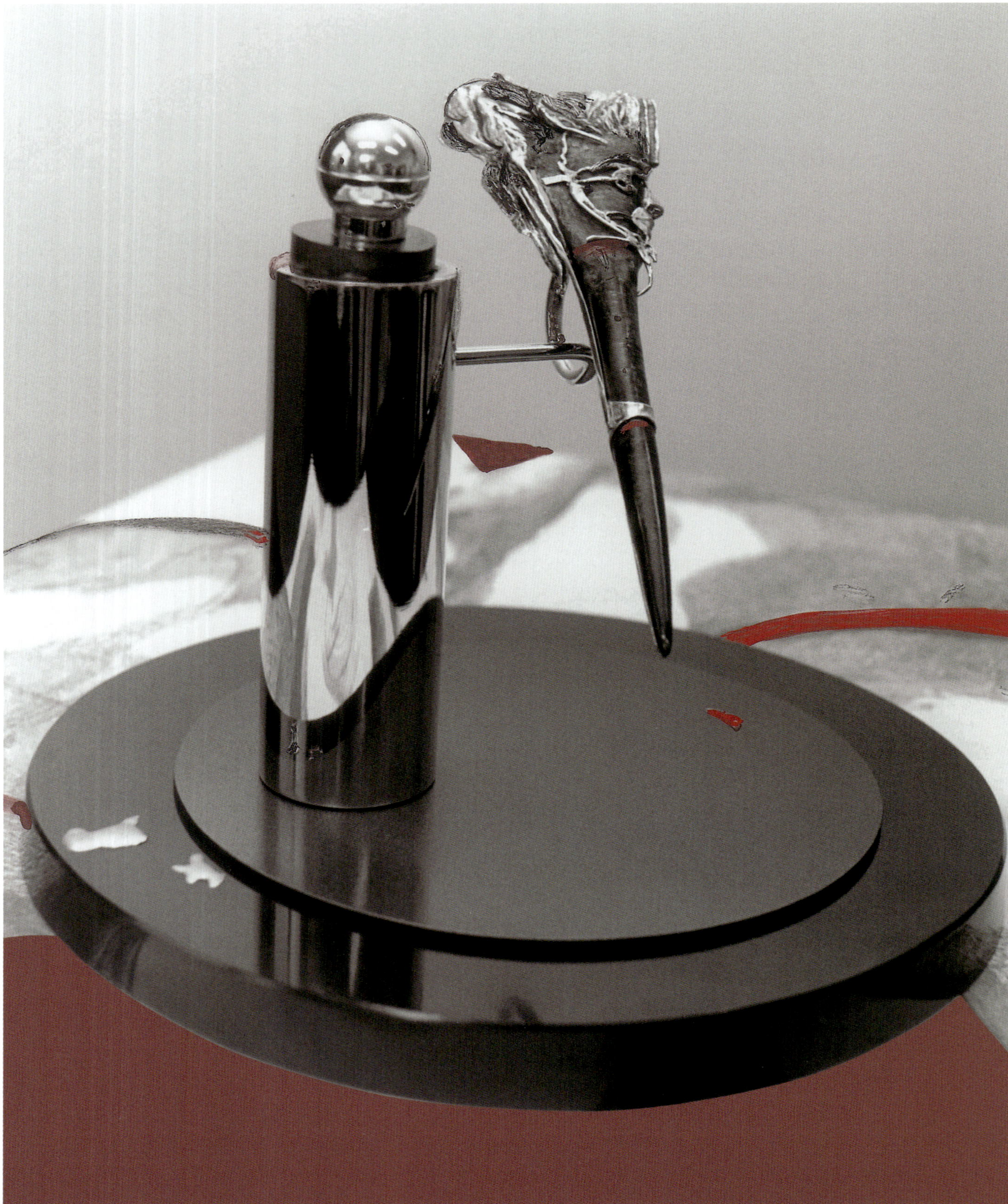

La lumière fossile – 1995 – or sur bélemnite – 19,5 x 15 x 22 cm

La durée d'un instant (La lumière fossile)

La manière dont Landuyt isole l'objet ou l'œuvre d'art du monde plastique extérieur en l'exposant sous un recouvrement ou une cloche est en fait l'application de ce qui était déjà habituel longtemps auparavant. La cloche de verre crée un champ de forces au sein de l'espace dans lequel elle se trouve et augmente de ce fait le statut de l'objet qui se trouve en dessous. Dans les coutumes catholiques, les statues et les reliques sont des exemples d'un tel 'champ au sein du champ', bien que la charge soit plutôt religieuse qu'esthétique. Des trésors artistiques tels que des châsses et des couronnes sont souvent présentés sous des recouvrements en verre.
Il existe des objets qui par tradition ne peuvent être admirés qu'à des moments particuliers et tout le monde conserve peut-être chèrement l'un ou l'autre objet chargé, qu'il ne sort qu' à des occasions exceptionnelles par déférence ou par respect.
Le fait que la sculpture en or La lumière fossile *(1998) ne peut être observée que très sporadiquement vient de ce qu'elle a été conçue pour séjourner en permanence sous une coupole en cuivre ! Cet artefact mathématique allongé a été animé par Landuyt avec des motifs primitifs en bas-relief, ce qui est la première lecture d'une œuvre d'art qui renferme une autre œuvre d'art. Lorsqu'on lève cette coupole en cuivre, une cloche en verre apparaît dans laquelle une sculpture en or 'voit la lumière'. Le support de la sculpture est une bélemnite particulièrement grande, un fossile de quatre cent millions d'années datant du silurien.*
En fait, il s'agit du vide rempli de la forme qu'une seiche a laissée dans la croûte terrestre et dans lequel le fossile s'est formé : un vide organique qui a été rempli minéralement. C'est une forme d'un passé lointain inconnaissable, qui revient à la lumière dans l'œuvre d'art, précisément dans la direction opposée de la lumière fossile d'étoiles disparues ou de nouvelles étoiles, qui est en permanence en chemin dans l'univers et qui doit encore nous atteindre. Les deux directions, de la forme fossile et de la lumière fossile, se rencontrent dans la sculpture en or, qui est encore plus magique du fait qu'elle reste cachée. La vue de l'œuvre implique une action qui est presque rituelle : le fait de soulever la coupole permet de traverser une distance de millions d'années et confronte le spectateur sensitif à la fugacité de sa propre existence : la vie n'est pas plus que 'le temps d'un regard'...
Mais de telles œuvres qui sont pour ainsi dire libérées de l'espace et de l'obscurité sont l'unique application du principe antique de l'emballage, tel qu'il était autrefois appliqué lors de la momification et qui s'applique aujourd'hui encore lors de l'emballage en vue d'un déballage cérémoniel réussi, lors de la réalisation d'expositions, chez Christo et même dans la performance du strip-tease – ce principe n'est en fait pas si nouveau que cela...

Bien que son engagement naturel et presque atavique apparaissait déjà dans les années de ses débuts avec *L'image de grève* (1952) et *La dame blanche* (1954), Landuyt n'était en fait pas un partisan d'œuvres ayant une idée ou un message prononcé(e). Il n'a accroché qu'une seule fois le drapeau rouge à la corde à linge, car l'engagement personnel et social et l'art sont pour lui des domaines séparés. Le processus plastique ne peut pas simplement cibler une idée et Landuyt ne tient de ce fait pas le symbolisme en si haute estime. Plutôt qu'avec ostentation et des grandes paroles, il a lui-même cherché un jour à mettre en œuvre des changements sociaux dans l'entreprise, dans l'atelier de production de l'usine métallurgique. Mais lorsque les slogans de Mai 68 retentirent ici aussi dans les rues et sur les places, lorsque les apôtres de cette cause se laissèrent ici aussi amener à leurs futures positions de force, Landuyt céda une nouvelle fois à la tentation de faire une œuvre engagée.

Le porte-drapeau (1970) est une statue en céramique, recouverte de platine brillant, qui devait se refléter dans une surface d'eau lors de sa présentation. Il s'agit en fait dans tout cet éclat d'un petit personnage misérable et nu dans un piteux état, qui regarde avec étonnement et incompréhension vers le futur, avec dans la main droite une immense hampe à drapeau, dont on peut se demander qui des deux tient en fait l'autre debout.

Il n'y a pas de drapeau.

La hampe a une hauteur délirante et cela procura un grand plaisir intérieur à l'artiste de faire imprimer l'œuvre en 1981 sur la couverture du catalogue de l'exposition inaugurale de 'De Brakke Grond'. A l'entrée, il y avait une manifestation contre la création de ce centre culturel coûteux, et on pouvait donc remarquer un drapeau ici et là.

Le lyrisme de la petite statue avec la grande hampe vide est la traduction unique de la conviction sociale de Landuyt dans laquelle le progrès n'est réalisable qu'à partir du moment où il n'y aura plus de drapeau, car les drapeaux divisent autant qu'ils ne rassemblent. La conscience sociale est plus profonde que les actions temporaires et à la mode et fait également référence dans la petite statue au champ de bataille, au sang qui est versé pour le drapeau. C'est pour cette raison qu'il aurait aimé voir l'œuvre se refléter dans une flaque *rouge* étincelante, dans laquelle le petit personnage se cramponnerait à sa hampe vide.

Sans ce cadre martial, l'œuvre peut également servir de tuteur à l'aide duquel l'homme devra se hisser comme une faible plante et avec le temps, l'œuvre d'art reçut également d'autres significations pour son créateur : celle du bâton du peintre sur lequel le bras du maître âgé trouve son appui, ou celle de la poulie au plafond, avec laquelle le très vieux Matisse maintenait son bras à la hauteur de la toile.

En 2007, l'œuvre fut présentée dans le monastère de Caemer, où elle fut installée au centre sous la voûte gothique principale, la hampe juste en dessous du point central, ce qui instaurait un dialogue entre ce fragment plastique d'impuissance et la grandeur de l'architecture.

Le plus profond abrutissement revêtu de platine majestueux : quel vitrage jettera un jour sa lumière là-dessus ?

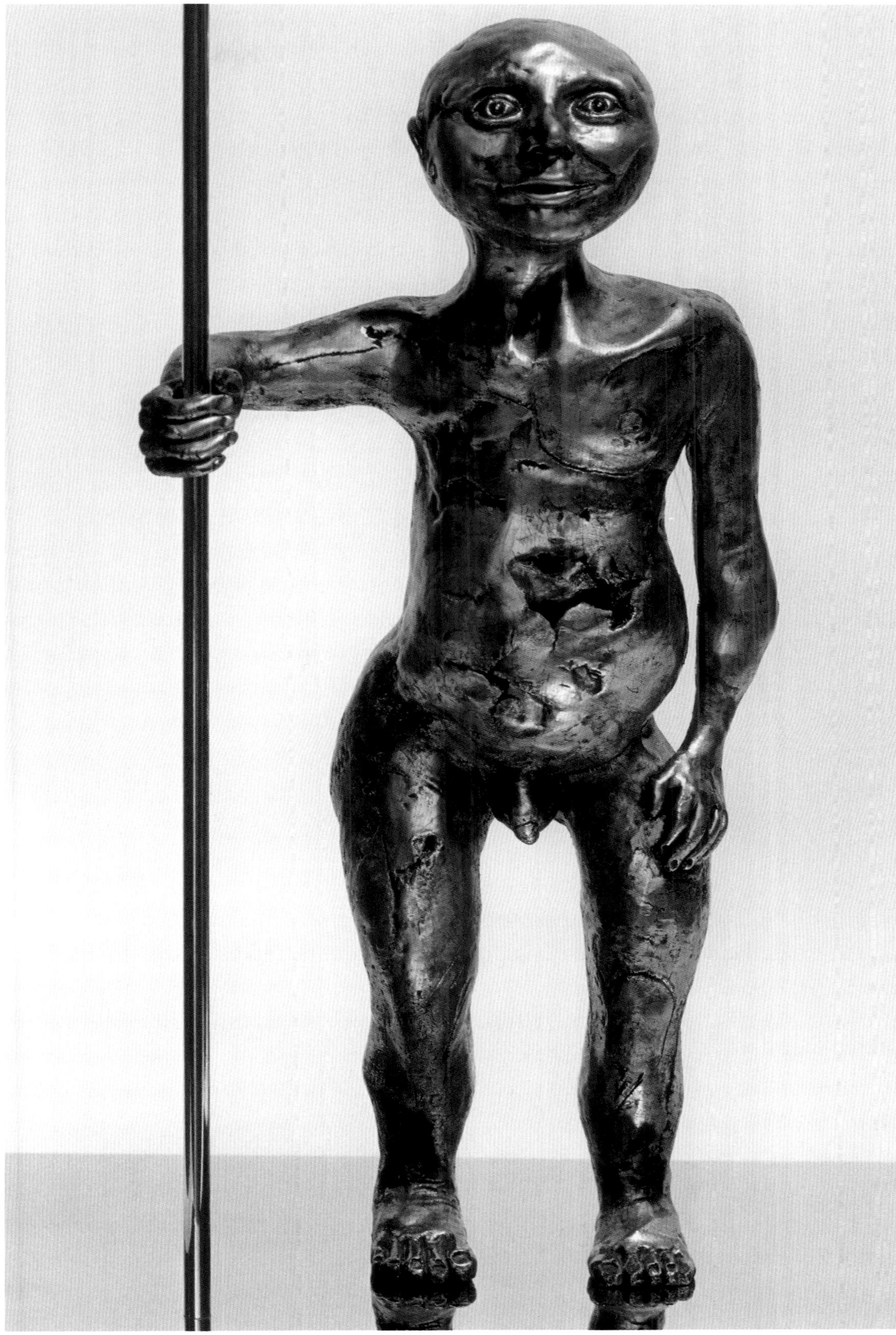

Le porte-drapeau – 1970 – platine sur céramique – 50 x 25 x 13 cm

Dans les années septante, Landuyt avait percé à la fois au niveau national et international dans pratiquement toutes les disciplines et son palmarès était impressionnant. Il était nommé d'un trait avec Paul Delvaux, qui était deux décennies plus âgé et dont le talent fut également découvert et soutenu par Emile Langui et Harry Torczyner. Landuyt exposait dans les capitales les plus importantes du monde, mais simultanément aussi dans des galeries locales et moins connues dont l'intérieur était à même de soutenir le dialogue avec son œuvre, ou simplement chez des amis, et cette manière de faire était en contradiction flagrante avec les habitudes du commerce régulier d'objets d'art. Il faisait désormais partie de la jet-set, les détenteurs du pouvoir politique et les membres des maisons royales aimaient lui rendre visite et être pris en photo avec lui dans cet intérieur fantastique, et la presse rapportait systématiquement ces visites. Et comme cela arrive à tout artiste à succès qui se retrouve dans ce circuit, ses œuvres d'art devinrent également des symboles de statut. Mais en même temps, Landuyt restait tout aussi imprévisible, il osait parfois refuser de vendre à des personnages en vue et continuait à proclamer vertement ses idées à tout le monde. Alors qu'il avait un pied dans le beau monde, sa maison restait cependant le monde créatif bouillonnant des ateliers et de ses étudiants, qui déterminaient entre-temps avec lui l'avant-garde. Un succès extraordinaire suscite toujours l'émoi dans le panier de crabes artistique, et celui-ci était considérable dans les années soixante. Landuyt n'allait faire de signe de concession à aucun de ces mondes, ni changer sa méthode pour eux, ni pour le marché des objets d'art.
C'est ainsi qu'il connut Harry Torczyner dès 1957, la même année que celui-ci rencontra également Magritte et Delvaux. Son recueil de poèmes *Le Coin du Désert* (édité en 1958 chez Vynckier à Courtrai !) fut illustré par Landuyt. Ce juif autrichien anversois émigré en Amérique après la capitulation fut le conseiller d'Eisenhower en qualité de juriste spécialisé en droit international, et il participa par la suite souvent aux négociations au niveau mondial au sujet de problèmes politiques au Moyen-Orient. Il était cependant également président de la 'Belgium Art Foundation in the United States' qu'il avait lui-même fondée, avec laquelle il défendait contractuellement les droits d'artistes tels que Chagall, Simenon et Magritte. Delvaux était quant à lui représenté par Staempfli, qui, à l'époque encore peintre lui-même, avait dirigé les expositions artistiques dans le pavillon américain lors de l'Expo 58, à la suite de quoi il devint négociant d'objets d'art. Mais derrière tous les artistes belges lancés aux Etats-Unis se cache le zèle infatigable de Harry Torczyner. Ce fut lui qui y lança Landuyt, qui mit sur pied une collaboration fructueuse et de longue durée avec les Albert Landry Galleries et introduisit également Landuyt à Detroit et à Chicago, dans les galeries les plus importantes et chez les collectionneurs les plus célèbres. Le succès ne se fit pas attendre et de nombreux articles de critiques américains comme John Canaday parurent rapidement dans divers journaux, dont à plusieurs reprises dans le *New York Times*.
Examiné a posteriori, le déroulement de cette collaboration caractérise totalement Landuyt et son aversion pour les concessions, comme cela ressort des lettres de Torczyner :

09.03.61 : « Je remarque que tu te fatigues en participant à des expositions en Allemagne (!) et dans certaines communes européennes, que ton grand-père Harry considère comme inutiles, car nom de ..., nous avons besoin d'œuvres de taille moyenne qui vont partir comme des petits pains. »

Non datée : « Landry et moi-même ne parvenons pas à comprendre que tu envoies des tableaux en Allemagne (!) et que tu participes à diverses expositions, alors que tu n'envoies à New York, qui est pourtant le nombril du monde au niveau de ta percée, que ce qui a déjà été exposé à Venise. Des collectionneurs célèbres sont venus chez Landry et ont demandé de nouvelles œuvres. »

Dans la dernière lettre conservée, après quoi le téléphone et le fax prirent la relève, Torczyner demandait à Landuyt de changer complètement de style et pour ce faire de parcourir pour un temps le vaste monde, car

Mars 1972 : « ... il y a actuellement une occasion unique pour toi de conquérir à nouveau la scène new-yorkaise, comme tu le fis il y a plus de dix ans, mais cela ne réussira qu'avec des œuvres splendides et colorées comme en 1958 et '59. Car ce sont actuellement les super-réalistes qui sont à la mode, comme les super-abstraits l'étaient il y a quinze ans. Ton œuvre essentielle, extraordinaire et personnelle peut actuellement et plus que jamais trouver son public. »

Landuyt a répondu à cela qu'il préférait qu'un arbre pousse dans son propre jardin, après quoi il passa à l'ordre du jour.

Nous pouvons donc en déduire entre les lignes qu'une fois apparues, les modes vont elles-mêmes diriger le marché, ce qui peut ouvrir des perspectives douteuses pour les chefs de file. « La mode », savait déjà Leopardi, « est la mère de la mort. »

Landuyt et Torczyner sont cependant restés amis jusqu'à sa disparition en 1998.

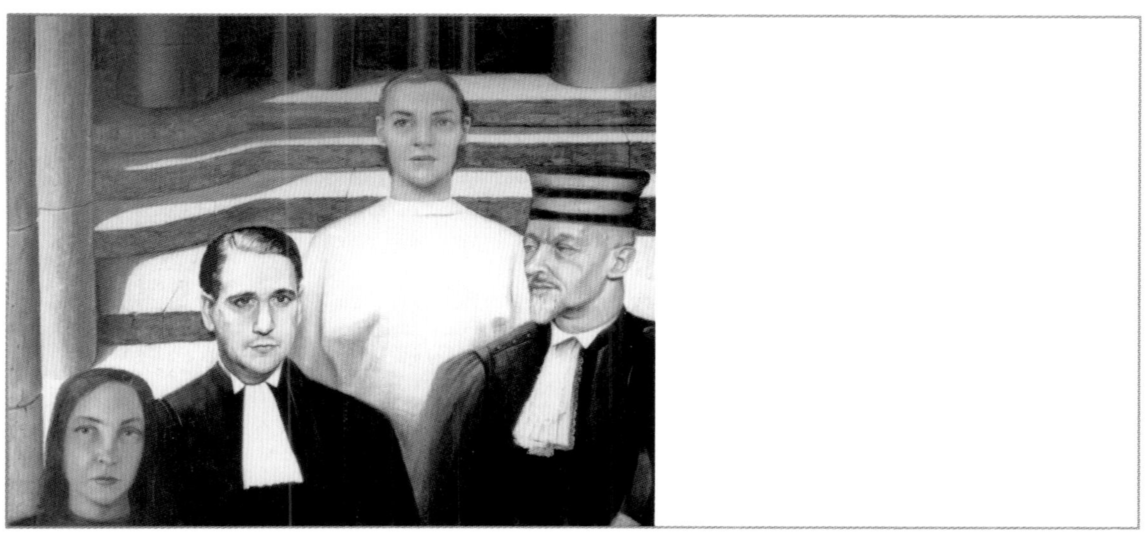

Law and art – 1955 – huile sur toile – 130 x 145 cm

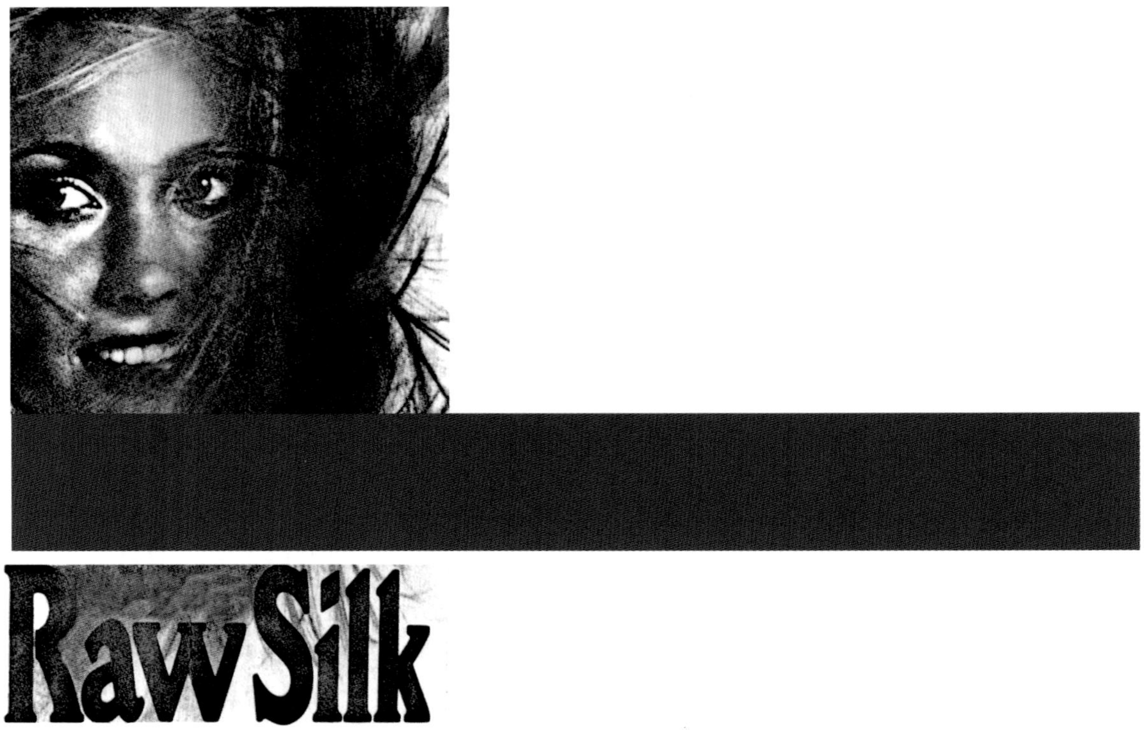

In 'Raw Silk' life itself seems to burst the fibres of human design, *The New Republic*

Un fragment du roman *Raw Silk* (1979) de Janet Burroway constitue une illustration marquante de l'appréciation de l'œuvre de Landuyt dans l'Amérique intellectuelle de l'époque. Le personnage principal quitte la maison, laisse famille et richesse derrière lui pour commencer une nouvelle vie et n'emporte que l'essentiel : « *I found a pile of books and took those too. Goya, of course. Francis Bacon, of course. Orozco, Octave Landuyt.* » L'avant-dernier était un muraliste mexicain tout aussi peu conventionnel et tout aussi retentissant. Janet Burroway était un écrivain assez célèbre à l'époque et l'auteur de sept romans appréciés ; des poèmes, des essais, des pièces de théâtre, des scripts de film et de ballets font également partie de son œuvre.

Le promoteur de Landuyt au Brésil était Arturo Profili, l'ancien secrétaire de la Biennale de São Paulo qui devint également directeur de galerie, d'abord là-bas et ensuite à Milan, ville qui donnait le ton à l'époque. « Il y a », témoigne Langui, « défendu avec succès l'œuvre de Landuyt avec énergie et conviction. »

En mai 1981, le centre culturel flamand 'De Brakke Grond' fut inauguré avec fierté à Amsterdam avec une grande exposition Landuyt. Nous savons depuis que la statue en céramique *Le porte-drapeau* était reproduite sur la couverture du catalogue, introduit avec enthousiasme par l'auteur à succès de l'époque Ward Ruyslinck, ce qui s'avéra doublement ironique lors de l'ouverture officielle, car le secteur socio-culturel manifestait massivement près de l'entrée contre le 'projet de prestige' qui avait coûté à l'époque environ 70 millions d'euros. En même temps, un grand nombre d'organisations de formation et de théâtres ne recevaient plus de subventions, ce qui avait dans certains cas conduit à des problèmes d'emplois.
Pour attirer l'attention du public lors de cette exposition de prestige la célèbre tapisserie *Belgique, état tampon*, qui avait été attribuée au Centre Culturel de Malines après l'exposition universelle de Montréal, devait une nouvelle fois être exposée. L'imposante œuvre d'art avait entre-temps déjà été réclamée en 1980 pour l'exposition '150 ans de Belgique' à Washington, et les services concernés étaient venus la chercher à cette fin à Malines. Mais ce fut le dernier fait connu pour ce chef-d'œuvre, car elle a depuis lors disparu sans laisser de traces depuis un quart de siècle ! Les hypothèses envisageaient des pratiques commerciales douteuses commises par des intermédiaires – selon Torczyner sans compétence officielle. Aucune enquête n'a jamais donné le moindre résultat.
Dans les Pays-Bas des années quatre-vingt, alors un eldorado pour l'art subsidié stocké en containers, le chef-d'œuvre de Landuyt était reconnu et estimé mais totalement négligé par le côté progressif, tout comme les œuvres de ses homologues néerlandais.
A l'âge de 65 ans, l'artiste quitta l'enseignement pour prendre sa retraite. Une pétition de ses étudiants demandant de le garder en fonction plus longtemps d'une manière ou d'une autre fut refusée, comme la loi le prescrit. Mais d'autre part, il résultait de cette situation qu'il avait un océan de temps libre pour ses propres créations. Landuyt avait en effet investi beaucoup de lui-même dans l'enseignement : il rédigea jusqu'à son dernier

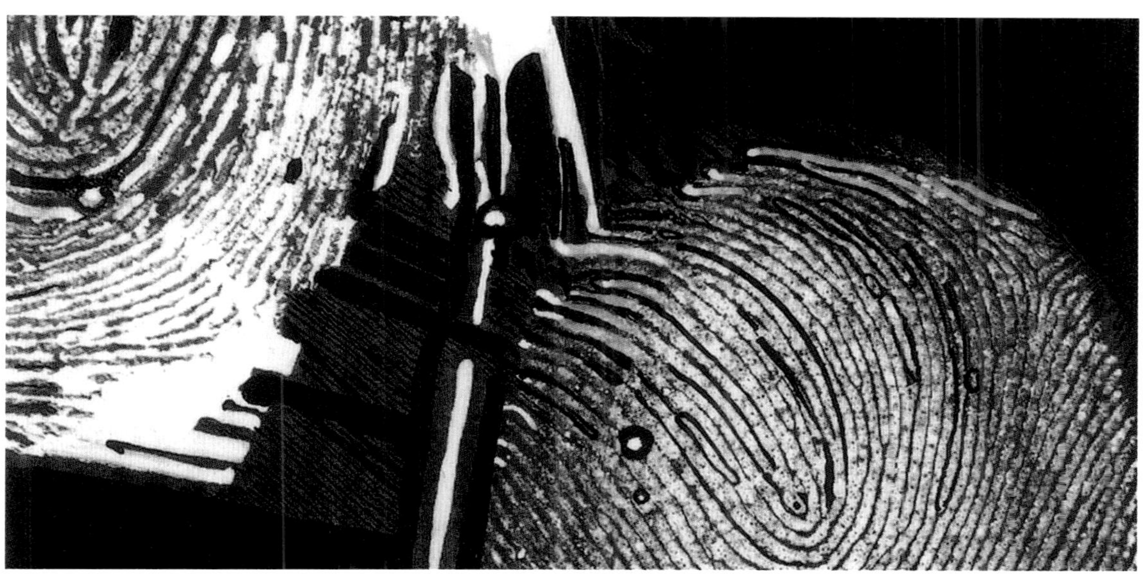

Avant-projet tapisserie, 'De Brakke Grond', Amsterdam – 1967 – dessins pour dactylographie – 15 x 20 cm

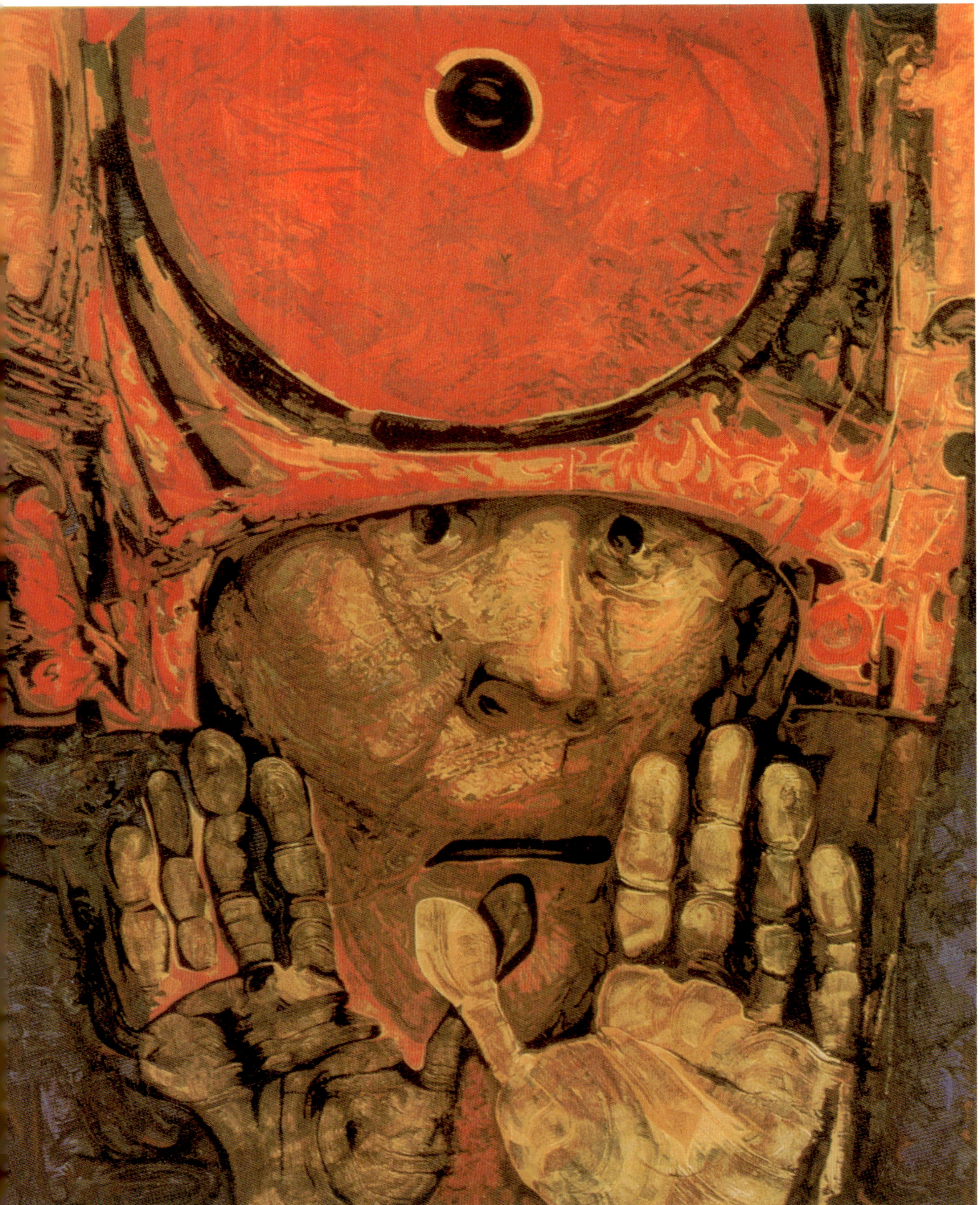

Belgique, état tampon – 1967 – tapisserie – 500 x 450 cm

jour, témoignait un inspecteur, des préparations de cours passionnantes, bien que personne ne demandait plus cela depuis longtemps. Donner cours et écrire sont pour lui une manière de penser, d'ordonner et de structurer dans d'autres disciplines. Sa rhétorique passionnante comprend chaque fois aussi des constructions mûrement réfléchies et des paraphrases étonnantes, qui furent souvent reprises de manière si enthousiaste dans la presse que leur message essentiel était de ce fait négligé.
En fait, peu de choses ne changèrent sur le plan créatif car le processus créatif le tient prisonnier, prolifère dans tous les sens et il passe de ce fait constamment d'une discipline à l'autre. Pratiquement toujours, divers processus se déroulent parallèlement et simultanément dans le domaine de la céramique, du bronze et sur toile. Cela peut avoir cours dans plusieurs artisanats, si cette multiplication n'impliquait pas également une escalade ! Ses meilleures œuvres, tout comme Permeke le faisait, ne sont pas vendues mais servent de pierre de touche pour ses œuvres suivantes. Dans la diversité de Landuyt se dessinent de ce fait des catégories à partir desquelles il peut être abordé – et attaqué chaque fois différemment ! – et dont il est 'le plus grand commun multiple'. Tous les véritables artistes sont en effet le plus grand commun multiple de leurs œuvres, sinon cela signifie qu'ils font simplement beaucoup de choses…
Cela lui donna également plus de temps pour l'étude et la lecture. Puisque son processus créatif est un système ouvert qui requiert une arrivée continue de données, la science, la philosophie, la musique et l'actualité étaient le combustible qui maintenait le moteur en marche. Tout ce fonctionnement lui fut en outre confirmé lors de sa première rencontre avec les conceptions de Gregory Bateson à cet égard. Cela résulta en une œuvre d'une nouvelle fois plusieurs décennies, qui continua à susciter l'intérêt des connaisseurs en marge de l'actualité et du commerce régulier des objets d'art. En 1989, il fut accueilli avec une exposition impressionnante chez Janssen Pharmaceutica à Beerse, où il exposa pour la première fois une production considérable de bronze : son concept de présentation était lui aussi unique. Landuyt faisait partie des amis intimes du docteur Janssens, ce qui a souvent conduit à des conversations passionnantes entre eux deux.
Dans le sillage des relations économiques qui précèdent en général les échanges culturels, le gouvernement de Taiwan demanda une exposition en février 1992. Elle fut inaugurée en février 1992 au Taiwan Museum of Art, en l'absence de l'artiste qui appréhendait le voyage. Toute la présentation fut cependant mise au point à partir de son atelier à la maison. Un catalogue remarquable fut conçu par Landuyt en personne et édité à Taipei en chinois et en anglais. Et pendant cette exposition trimestrielle, il exposait également simultanément dans le Casino de Knokke-Heist !
En 1994, il apparut que le moment était finalement venu chez nous aussi d'organiser une grande rétrospective – au Musée des Beaux-Arts d'Anvers.
Lors de l'inauguration et contrairement à l'usage, ce ne fut pas un expert externe mais l'artiste lui-même qui prit la parole après le ministre et qui donna une nouvelle fois un cours devant le musée plein à craquer. C'est probablement en raison du fait qu'il avait

écrit pour le catalogue un texte approfondi d'une trentaine de pages sur la philosophie de l'art qu'il prit lui-même la parole. Il allait également à partir de ce moment-là noter et formuler de plus en plus afin de consigner ses conceptions esthétiques dans une sorte de synthèse. Du fait que le concept d'exposition n'avait pas pu être suivi totalement, des parties de la rétrospective se présentaient comme un ensemble surprenant d'objets fantastiques, dont chacun nécessitait tant d'attention qu'ils se bousculaient les uns les autres. A une époque de minimalisme et d'art conceptuel, c'était donc le thème principal des considérations critiques : c'était trop !
Le hasard a voulu que sa grande rétrospective suivante de 2007 soit répartie sur trois musées différents et autant d'expositions simultanées…

Quand on examine le développement global de l'œuvre de Landuyt, on remarque les transitions brutales des premières décennies d'après-guerre sous la forme de ce qu'il appelle ses périodes 'lisses', de la matière et organiques, après quoi tout se conglomère en un langage très personnel de formes, qui s'est ensuite développé et raffiné lentement mais sûrement. Ce raffinement faisait de plus en plus référence aux primitifs, au quattrocento et à la Renaissance, ce qui a eu pour conséquence que l'artiste se distanciait de plus en plus des tendances courantes. Le contexte dans lequel ces développements se déroulèrent n'est pas purement artistique mais historique et social, et nous l'expliquerons ailleurs.

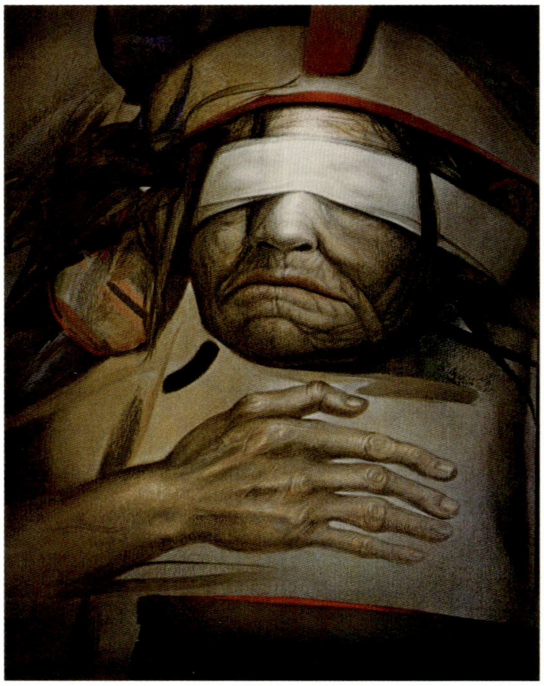

Aveuglement introspectif – 1976 – pastel sur toile – 130 x 100 cm

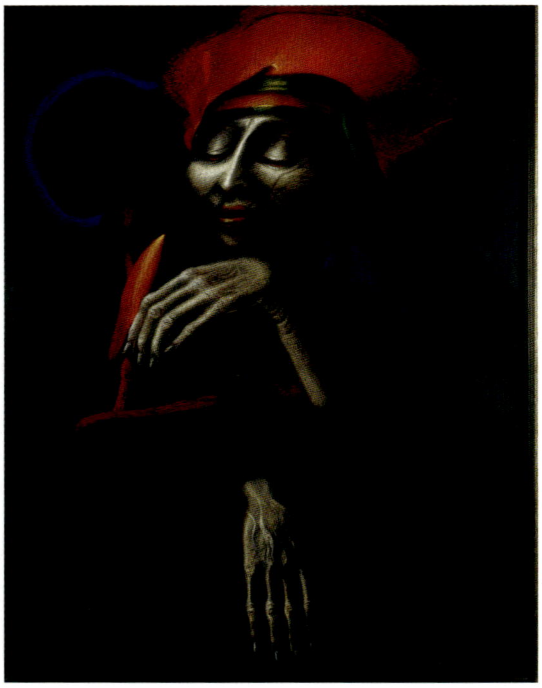

La bête à caresser quitta ma main – 1980 – pastel sur toile – 130 x 100 cm

> *Comme une hésitation* – 1982 – pastel sur toile – Le parvis Saint-Merri, Paris – 130 x 100 cm

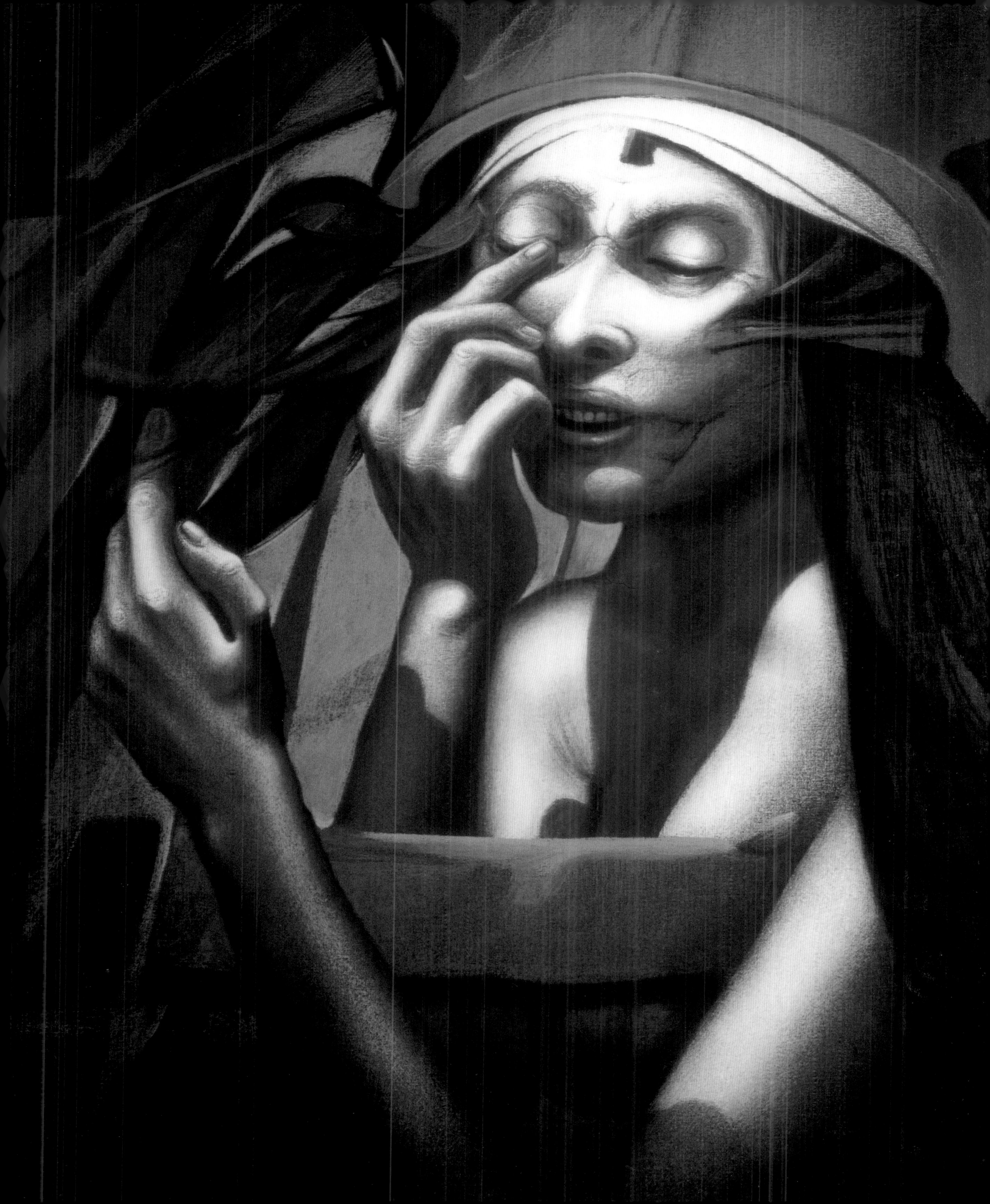

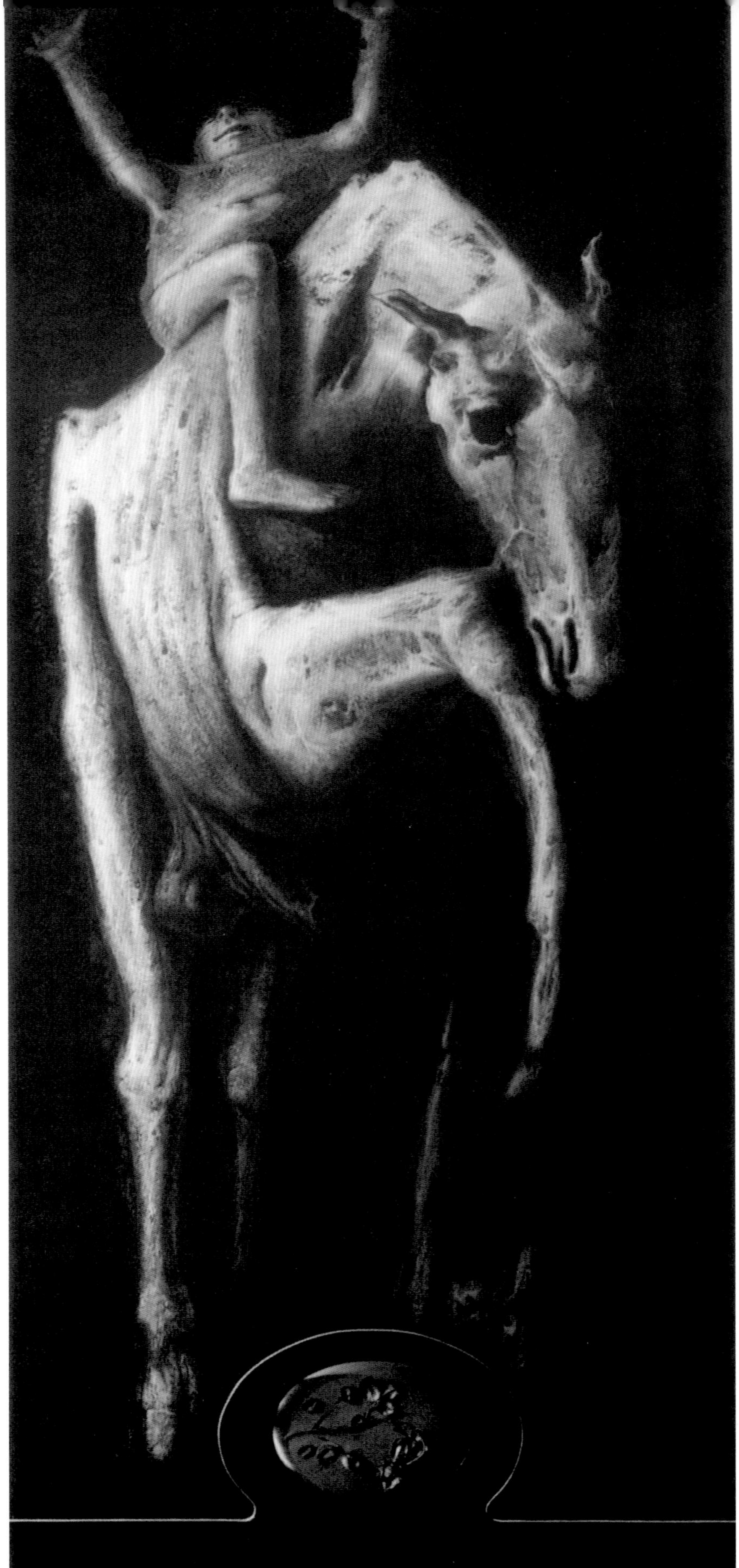

Le chevalier à la rose – 1968 – huile sur toile – 270 x 122 cm

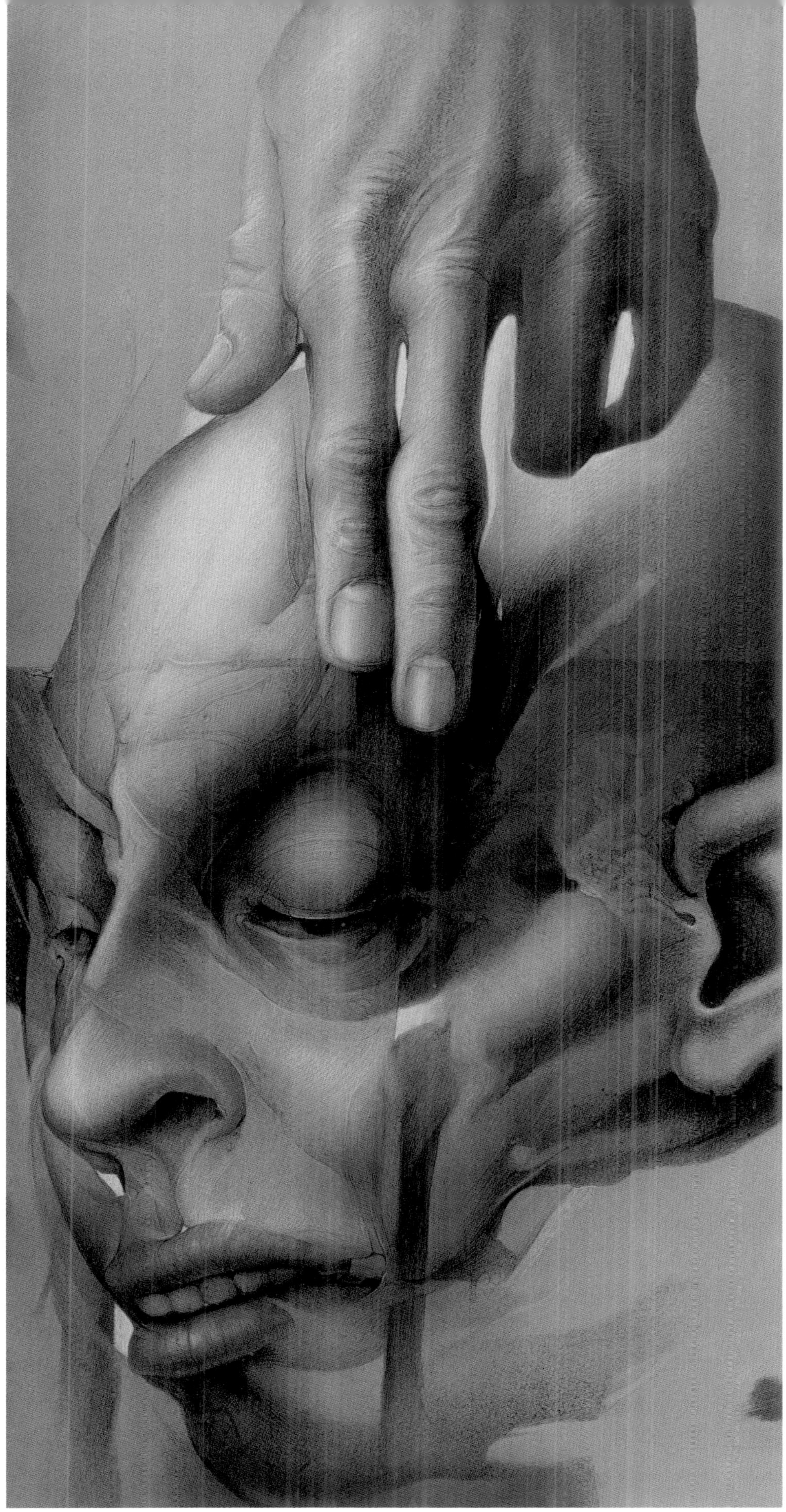

Auquel un homme – 1989 – pastel sur toile, marouflé sur panneau – 145 x 266 cm

Landuyt et le réalisme magique

*Le fait que son oeuvre a été classée sous ce dénominateur est pour Landuyt tout aussi peu pertinent qu'injuste, bien que l'on puisse, à notre point de vue, noter certaines remarques justifiées dans les critères de classification de W. Elias (*Aspects de l'Art Belge après 45*). C'est ainsi que « le lien avec les anciennes techniques magistrales est très étroit » et « la non-acceptation de la rupture avec la technique comme valeur en soi a également fait en sorte que les représentants du réalisme magique n'ont pas nécessairement été couronnés et ne sont pas couronnés de beaucoup de succès de la part des partisans de l'avant-garde. Dans certains clans artistiques, ils sont tout simplement ignorés, si pas invectivés. Leur grande consolation est évidemment que leurs oeuvres atteignent souvent des prix élevés – également lors de ventes aux enchères . »*
Landuyt s'est cependant vu coller l'étiquette de réalisme magique en Flandre via le courant littéraire répandu à l'époque, dont Johan Daisne (Landuyt modela la statue L'homme qui s'est fait tondre les cheveux ras, *d'après le titre de son best-seller) et surtout Hubert Lampo étaient les représentants. Ils étaient à l'époque tous les deux des papes de la littérature qui faisaient autorité. Alors que Daisne avait son forum dans le quotidien* Vooruit, *Lampo régnait dans la* Volksgazet *et il était en outre à la fois la cheville ouvrière du programme de télévision* Vergeet niet te lezen *et secrétaire de rédaction du* Nieuw Vlaams Tijdschrift *qui donnait le ton à l'époque. Une tendance avait rarement été l'objet d'autant de promotion en Flandre et ce également par le biais d'innombrables conférences. La critique d'art de l'époque (pas gênée par le fait que le critique Franz Roh avait essayé de définir la tendance dès 1925) greffait avec reconnaissance ce réalisme magique sur l'art de Landuyt. Contrairement aux auteurs, cette étiquette plaisait moins à Landuyt, bien qu'il ne l'ait jamais fait remarquer en public. Pour lui, la magie n'a pas de connotations superstitieuses, mais elle fait partie de l'exploration des connaissances par des voies que l'on nomme pour le moment surnaturelles. L'alchimie, dont le principe de répétition est étroitement imbriqué avec les processus créatifs en est un exemple marquant. La magie est dans sa vision un des moyens permettant de rendre l'existence meilleure et de l'intensifier. De tout temps, cette conviction est en contradiction flagrante avec la magie noire qui est plus répandue. Le grand exemple de Landuyt est l'écrivain E.T.A. Hoffmann, le personnage principal des* Contes d'Hoffmann *d'Offenbach, l'opéra qui l'avait déjà tellement ému dans son enfance à l'opéra de Gand. Là aussi, la réalité échappe à la raison cartésienne stricte et elle devient émouvante, excessive, étonnante et pluridimensionnelle, en tant que résultat de la pensée prélogique, qui joue également un rôle dans la création. C'est ainsi que l'art plastique de grande qualité nous prend autant à la gorge de manière prélogique avant que l'on n'arrive à la pensée, et ce moment constitue donc la couche principale dans la stratification des oeuvres d'art, sur laquelle on reviendra ailleurs.*

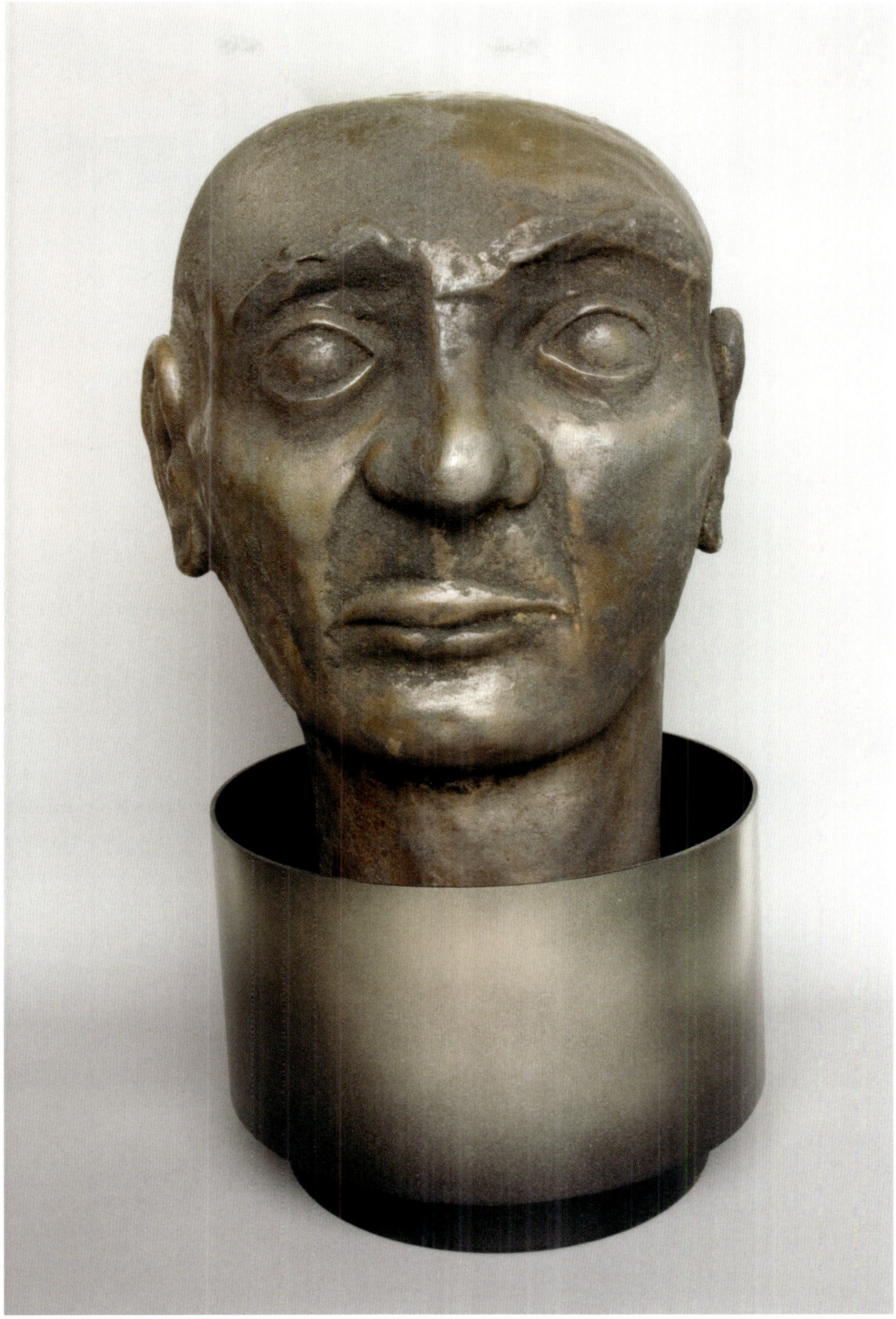

L'homme qui s'est fait tondre les cheveux ras – 1949 – plâtre et métal – 50 x 35 x 36 cm

Le talent de donner : le maître

Dans l'œuvre *Dialogue itératif* de 1954, un petit garçon alerte, le doigt levé, regarde son instituteur invisible – et également le spectateur – avec un regard pénétrant et curieux. La tension qui est suscitée s'appelle 'attention'. L'attitude de l'enfant suggère à la fois une question et une réponse et est surtout un appel au monde. Cette œuvre ne peut avoir été peinte que par un pédagogue.

L'enfant est assis sur un banc d'école extraordinaire, conçu autour d'une barre métallique, avec comme pupitre une simple planche d'écriture qui tourne dessus. Cela ne peut avoir été conçu que par un pédagogue.

L'enfant et le meuble d'école donnent cependant une image à la fois de l'époque et de la mentalité dans une période d'après-guerre qui avait un regard plein d'espoir, ouvert sur l'avenir. La pierre d'angle de cette nouvelle société est l'enfant ; son grand projet de construction est l'enseignement.

Le jeune professeur idéaliste, également artiste et designer naissant, avait proposé aux services ministériels de l'enseignement un pupitre innovateur, un concept qui devait modifier en profondeur l'aspect et le fonctionnement des salles de classe de l'époque. Des terrasses montantes constitueraient une sorte d'amphithéâtre, où les sièges d'école pouvaient être fixés dans le sol, et des plaques métalliques couvriraient chaque fois les points de fixation non utilisés. L'idée qui se trouvait derrière était de rendre la classe plus claire et de faciliter le contact entre professeur et élève, tout en compliquant le contact pour les élèves entre eux par un certain isolement. Le concept ne fut pas retenu, alors qu'il pouvait symboliser la pédagogie progressiste de cette époque. Les pays anglo-saxons montrèrent quant à eux de l'intérêt pour le principe des concepts d'école de Landuyt. Cet échantillon d'efficacité et de design contemporain des années cinquante n'existe donc plus que dans ce petit tableau attendrissant, présent pendant plus d'un quart de siècle à l'Athénée de Courtrai, après son tour du monde de biennale en galerie internationale, après quoi il fut placé dans le musée municipal local, où il se trouve encore aujourd'hui.

Le rôle que les professeurs, les étudiants et les enfants ont joué dans la vie de Landuyt est trop considérable pour que l'on ne s'y intéresse pas de plus près. Ses propres maîtres d'école inoubliables l'ont fait participer au processus mystérieux de la transmission sous toutes ses formes. Comme c'est souvent le cas, on ne se rend compte qu'après coup de la manière dont les enseignants, les maîtres peuvent mettre le doigt sur ce qu'il y a de plus vital dans l'être humain, de la manière dont ils ouvrent, effacent ou mettent en jachère des domaines de la vie personnelle de leurs élèves, dans l'espoir qu'ils donneront eux-mêmes une place aux pierres de construction nouvellement proposées. Au fil de l'histoire, la relation maître-élève a conduit à la fois à des affinités solides de toute une vie et à la confrontation avec la faiblesse humaine, à l'amitié et à l'hostilité, au succès et au désespoir, à l'épanouissement et au suicide. La relation maître-élève en dit long au fil des époques. Aujourd'hui encore, Landuyt suit de près les développements de l'enseignement : celui-ci ne devrait pouvoir être qu'optimal, le danger de la répugnance et du train-train est mortel, la routine et l'ennui sont le sirop anesthésiant qui ne devrait envelopper aucune matière d'enseignement. Pour Landuyt, l'enfant est sacré ; pour lui c'est dans les enfants que réside la seule possibilité de parvenir un jour à une meilleure société, car ils constitueront la société de demain. Convaincu de cela, Landuyt a assumé la responsabilité de sélectionner des jeunes gens, qui devraient à leur tour stimuler ce qu'il y a de meilleur dans les enfants et les adolescents. En sachant que le véritable laboratoire de recherche est en fait un jardin d'enfants pour grandes personnes, Landuyt a aménagé ses ateliers en fonction de cela : comme une infrastructure autour de la question de savoir comment son processus plastique pouvait être traduit en une formation créative de ses étudiants et comment ils transformeraient cela avec leur propre apport dans le monde de l'enfant et de l'adolescent. En fait, le processus créatif qui a guidé l'artiste pendant toute une vie a trouvé là une branche annexe dans un domaine d'action pédagogique, dans lequel les mêmes principes s'appliquaient. Il avait de ce fait toujours des divergences d'opinions avec les organismes d'enseignement de l'époque, ce qui ne l'empêcha pas de former des centaines d'enseignants en art plastique sur ce plan. La distinction entre les formations célèbres de Klee, de Kandinsky ou de Nadia Boulanger et la pédagogie de Landuyt est probablement la frêle silhouette de l'enfant, autour duquel toute l'opération va se dérouler. L'enseignement est pour lui en premier lieu un processus d'échange interpersonnel, dont l'écriture ne peut être qu'une conséquence, un support servant à se souvenir de cet échange. Ce sont en effet toujours ces moments inoubliables, mémorables dont on se souvient encore des décennies plus tard. C'est la raison pour laquelle la mémoire doit jouer un rôle particulier dans un bon enseignement et dans l'enseignement plastique, il s'agit plus que n'importe où de la mémoire de l'action. Landuyt déplore par exemple la suppression du dessin documentaire, dont la fonction a été totalement reprise par la photographie. Des phénomènes similaires se sont produits dans beaucoup de domaines dans notre société. Mais là où la technologie reprend l'action humaine, l'individu y perd également beaucoup. En écrivant, en copiant et en dessinant, on s'approprie beaucoup plus le sujet et on en prend possession, plus qu'en le photographiant ou en le scannant. Cela demande plus de temps et le temps est malheureusement déjà depuis longtemps de l'argent. Landuyt n'affirme pas en disant cela que l'on doit retourner au monde des copistes, il signale cependant la radicalisation dans l'impulsion de modernisation. Il y a beaucoup de choses à noter concernant les notions pédagogiques de Landuyt, il est vrai dans un autre contexte approprié.

A la fin des années septante, plusieurs professeurs de l'Athénée Royal de Zottegem demandèrent à Landuyt de mettre un projet sur pied avec les élèves. L'enthousiasme avec lequel le célèbre artiste accéda à cette demande fut étonnant pour le monde extérieur. Il

avait pourtant déjà souvent signalé le manque de goût lors de la décoration de nos bâtiments publics et il saisissait toutes les chances d'y faire quelque chose. C'est la raison pour laquelle il créa avec les jeunes élèves de l'athénée trois grands panneaux de façade, dont des cartes postales furent ensuite imprimées au profit de l'école. Lorsque par hasard un programme de télévision dont le personnage de Landuyt devait être l'objet, fut également tourné, il dirigea les réalisateurs vers Zottegem, où les enfants pouvaient dessiner avec des modèles et de la craie sur la route en béton, comme il l'avait fait dans son enfance, mais maintenant devant l'objectif de la caméra. C'était, dit-il plus tard, « pour faire découvrir aux enfants ce qui m'avait réussi : être important pour les adultes, être protégé et respecté. » Comme point culminant du projet, on lança sur la plaine de jeu un ballon que les enfants, comme le maître autrefois, virent prendre toutes les formes pendant le remplissage. Landuyt demanda ensuite aux élèves d'envoyer leurs cartes postales au roi, et Baudouin, qui visitait souvent son atelier en tant que jeune prince, invita les enfants et leurs professeurs au palais à l'étonnement de tous.
Les peintures murales furent mentionnées comme curiosité lors de la Journée du Patrimoine 1992.

Le fait que le projet se soit déroulé précisément là, en collaboration avec un des artistes les plus importants du pays, avait également une autre raison : l'athénée avait toujours été l'école du préfet d'étude Frans De Vleeschouwer, le découvreur et le mentor de Landuyt avant la guerre...

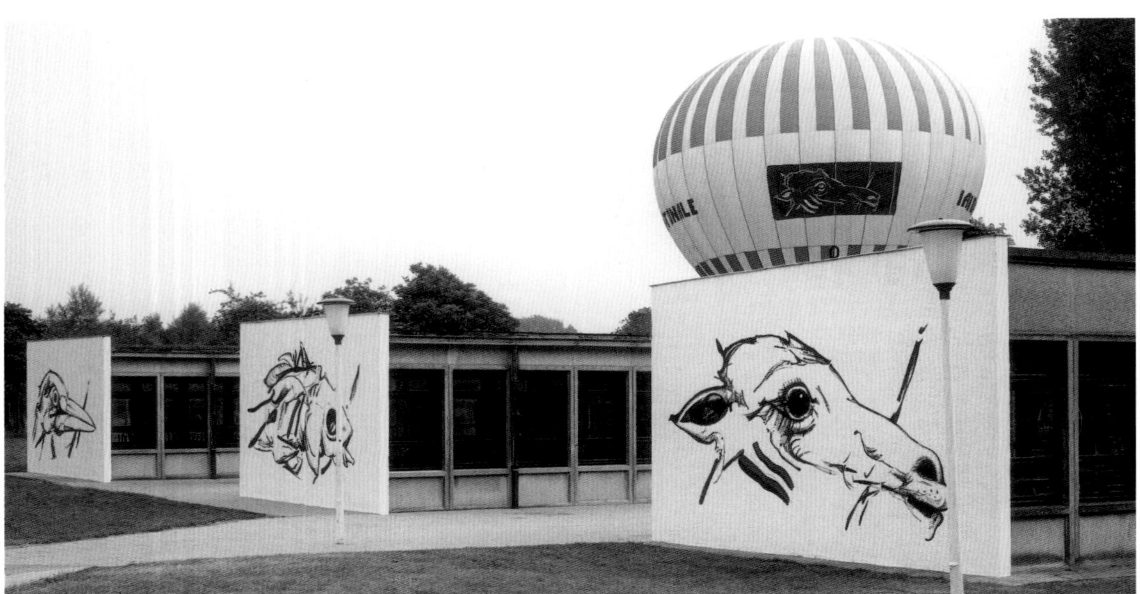

Oiseau, comme je te comprends, Poisson, comme je te comprends, Chèvre, comme je te comprends – 1982 – panneaux muraux – 56,5 x 87,5 cm (ébauche)

Moonproject presque réel : les grottes de Han

Au début des années septante, la période où Landuyt fait correspondre les oeuvres d'art à leur environnement, un de ses rêves est presque devenu réalité : une immense statue allait pouvoir interagir avec les grottes de Han. Cela allait rendre encore plus magique le décorum déjà imposant de la salle de sortie, d'autant plus que la statue serait avec le temps elle-même intégrée dans le processus minéral naturel pour ne plus faire qu'un avec le site. Le projet se trouvait déjà beaucoup plus loin que la phase de cette maquette en céramique, et pratiquement tous les accords financiers étaient clôturés. C'est cependant à ce moment-là que le projet est tombé à l'eau en raison du boycott des grands acteurs du monde de la bière et des boissons fraîches, dont les points de vente lucratifs se trouvaient précisément à l'endroit où la grande oeuvre d'art devait être implantée ; il n'y avait à l'époque ni protection des monuments et des sites, ni aménagement du territoire.

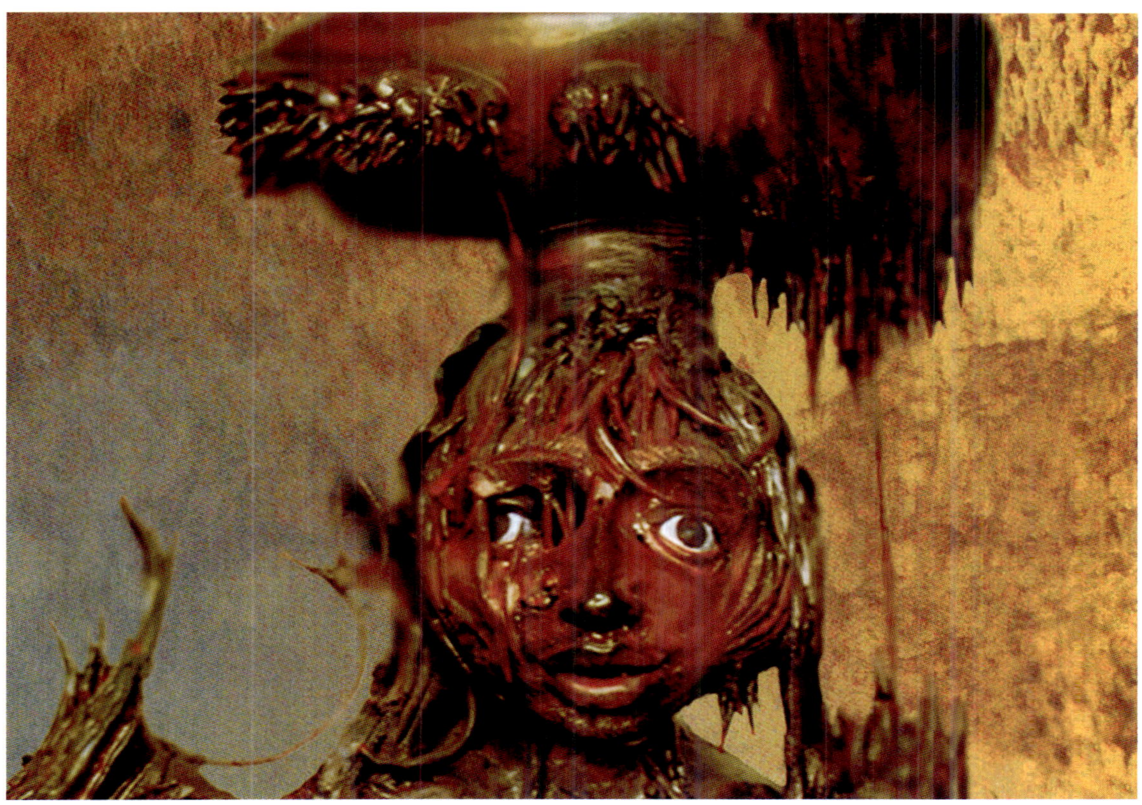

Goûter la formation calcaire – 1983 – maquette en céramique – 92,5 x 82,5 x 31 cm

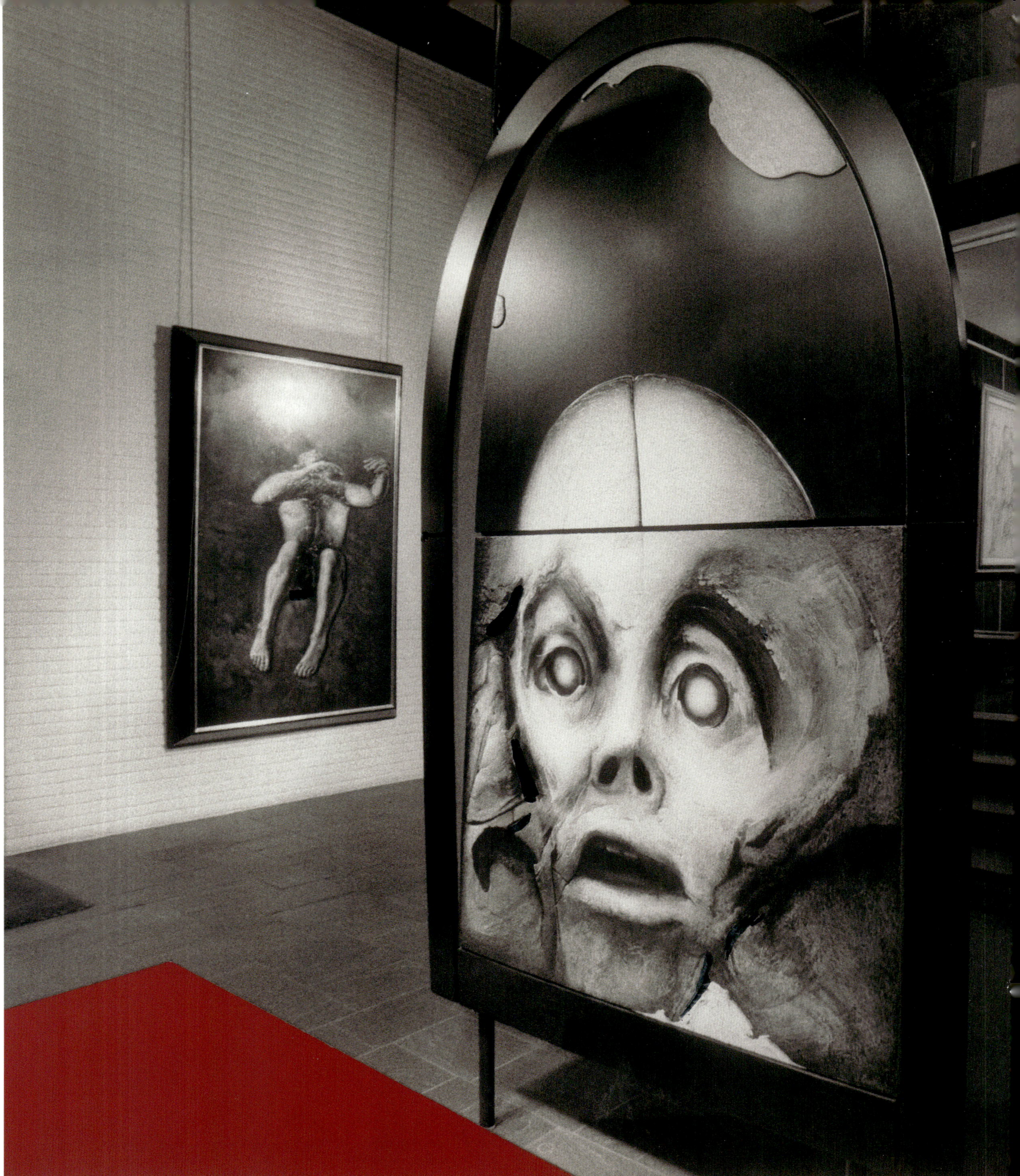

La porte sans porte – 1972 – huile sur panneau – 210 x 134 cm

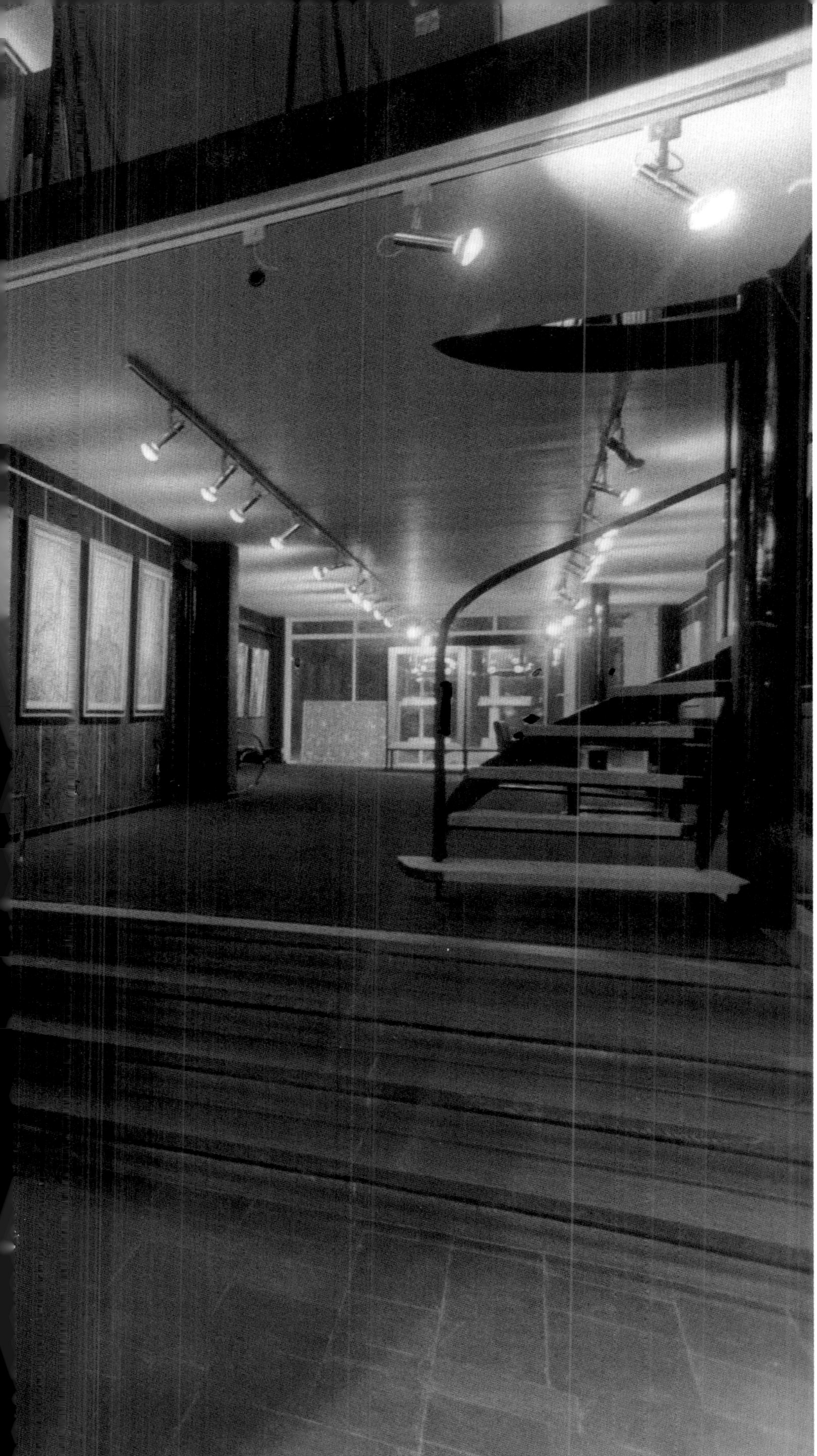

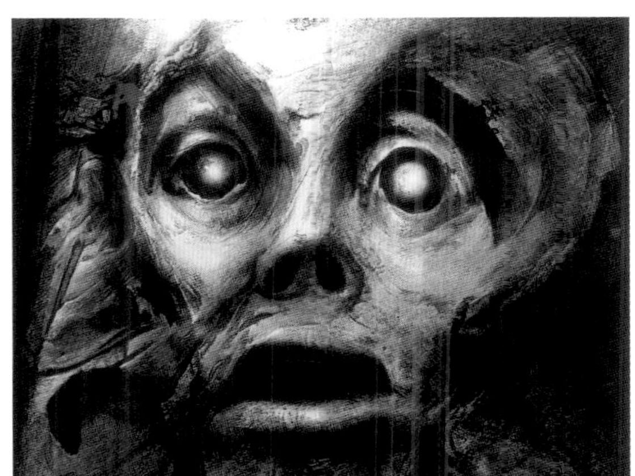

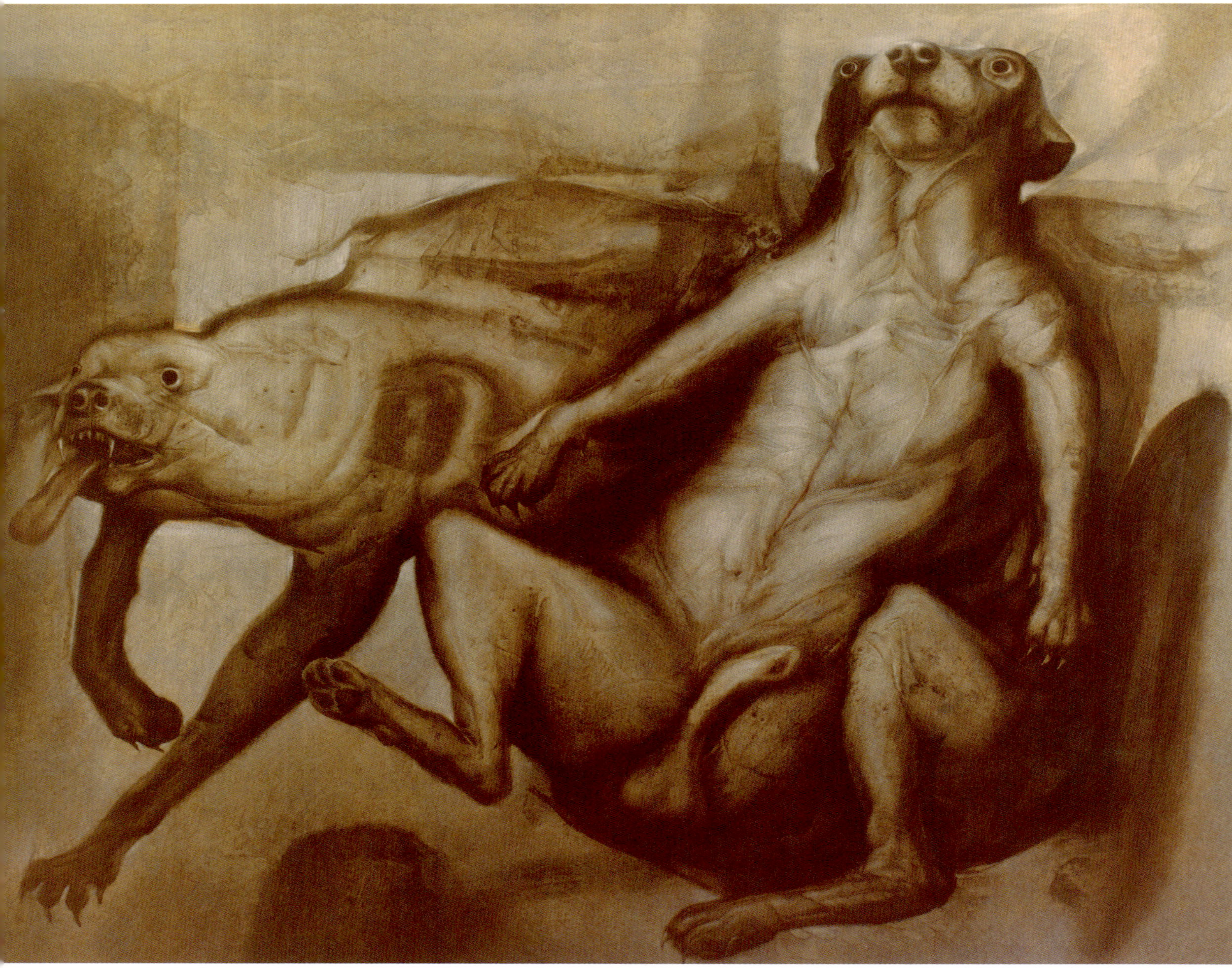

Au niveau du chien – 1972 – huile sur panneau – 205 x 260 cm

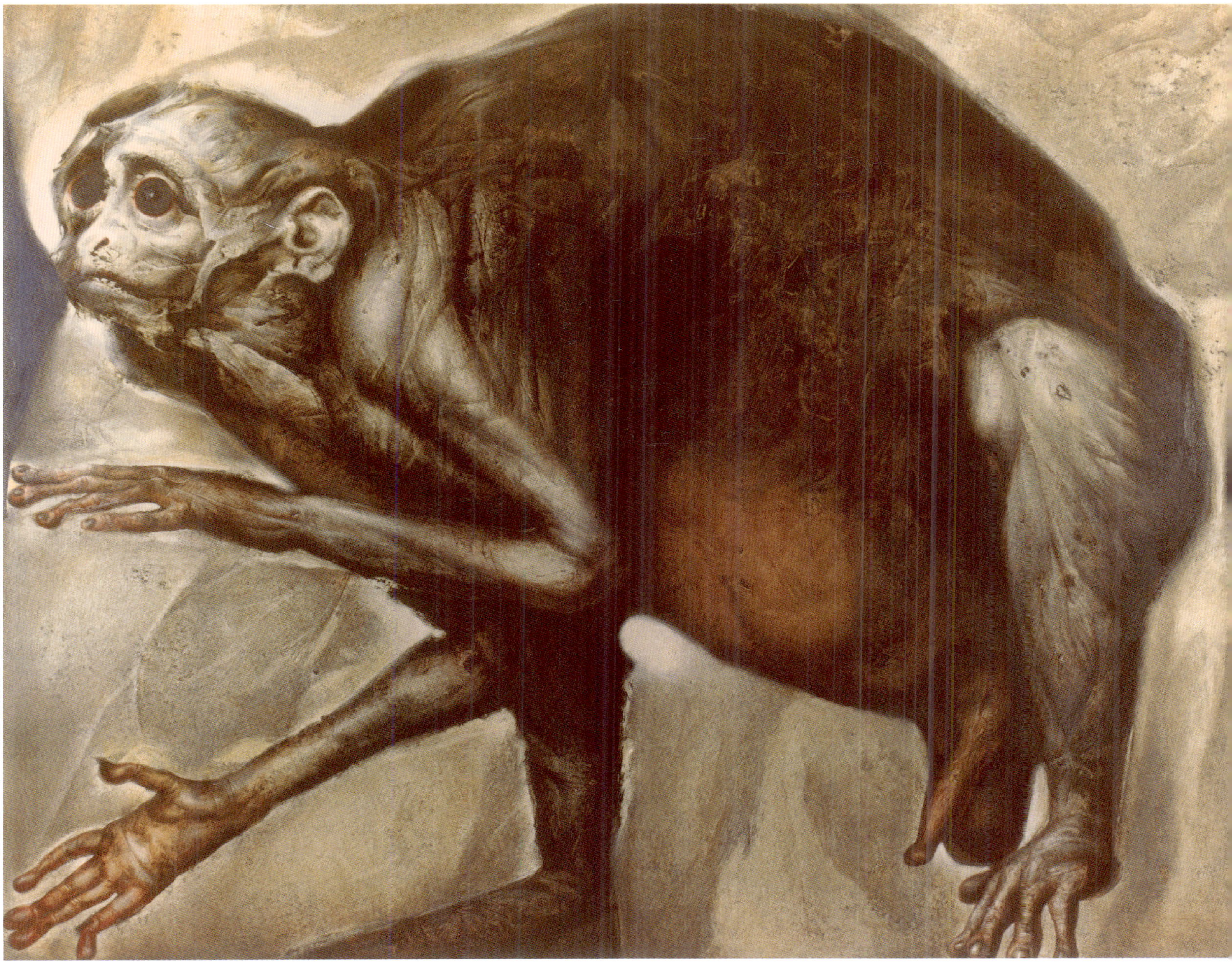

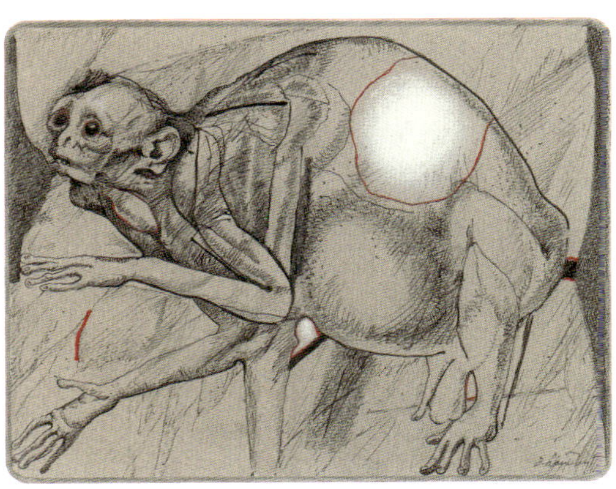

Jamais la peur ne finira – 1973 – huile sur panneau – 205 x 260 cm

Landuyt et le bronze

Jusqu'au milieu des années quatre-vingt, Landuyt n'avait encore que quelques sculptures de bronze à son actif : une tête d'étude de l'époque de l'académie, pour laquelle son père avait servi de modèle et quelques autres statues, dont un oiseau qui est le croisement remarquable du tronc d'un oiseau avec les ailerons du requin-scie. Les premières statues virent le jour dans la fonderie de Hubert Minnebo, qu'il avait lancée en compagnie de Roland Monteyne, un autre collaborateur du centre de recherche, le long de la Dendre à Herdersem. C'est là aussi que fut réalisé le grand bas-relief avec la porte d'entrée intégrée de l'habitation à Heusden. Mais pour ne pas déranger son ancien élève, qui ne moulait en fait que pour lui-même, il déménagea vers une fonderie à Etikhove, où il réalisa la statue en bronze d'un loup.
Cela restait cependant des activités occasionnelles, jusqu'à ce que des décennies plus tard, la ville d'Anvers lui passe une commande afin d'animer d'une statue l'immense mur nu de l'hôpital Sainte-Elisabeth. Le sujet devait soit être lié à la sainte, soit au pélican, qui est le symbole de la charité parce que selon les fables, il picora du sang de son propre poitrail pour nourrir ses petits. C'est pour cette raison, et également parce que pratiquement tout est hors de proportion dans cet oiseau sur le plan de la forme, que Landuyt opta pour ce dernier. Avec son élévation de quatre-vingts centimètres, *La paroi parée* (1993) est probablement devenue le plus grand haut-relief du pays : un pélican de sept mètres sur six ! A cette époque, Art-Casting était la petite entreprise débutante du fils de

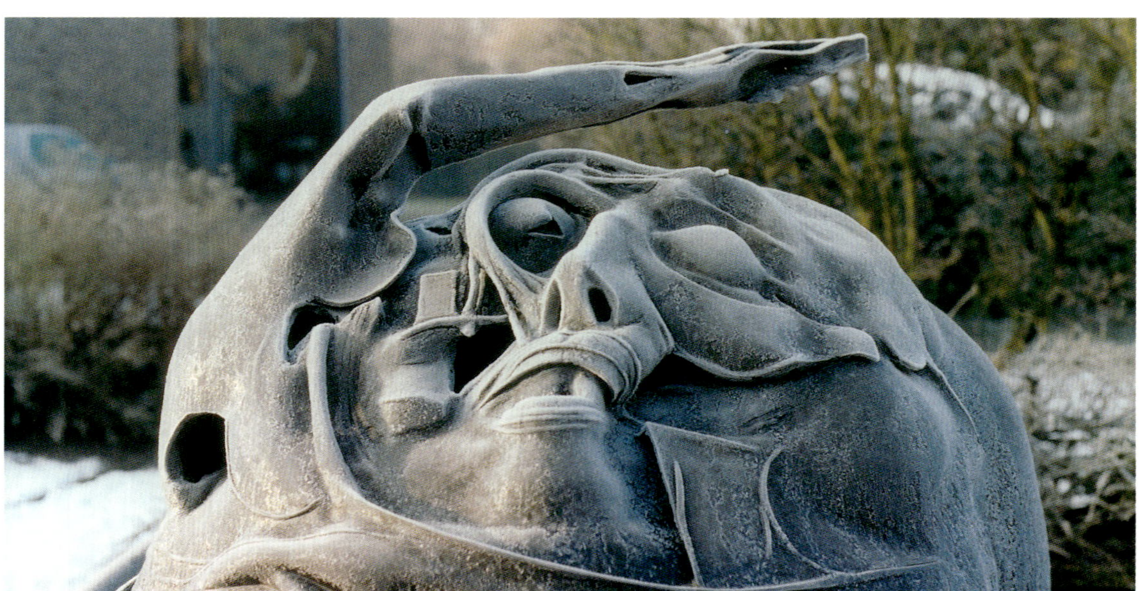

La bonne proie – 1994 – bronze – 160 x 150 x 150 cm

la famille de mouleurs de bronze d'Etikhove, qui avait beaucoup d'expérience dans le domaine des objets en bronze de petites dimensions, que ce soit ou non des décorations funéraires. Lorsque Landuyt y débuta, les fours venaient juste d'être placés et les poulies devaient suivre, mais ce qui y régnait déjà c'était l'ambiance des véritables fonderies d'autrefois. Les plus vieux spécialistes expérimentés étaient venus de l'entreprise paternelle, il n'y avait pas de pointeuse et du fait du danger de mort permanent impliqué par les activités de la fonderie, il régnait une discipline et une solidarité qui sont propres à ces professions et à leurs ateliers. Un jour, un tas gigantesque comportant des dizaines d'épaisses plaques de résine synthétique se trouvait dans l'entrepôt, un volume si immense qu'elles ne pouvaient certainement pas être destinées à des emballages. Seul Landuyt voyait alors déjà en pensée la forme du pélican, qui l'attendait dans le tas blanc. Il avait déjà septante ans et se déclara comme à sa bonne vieille habitude complètement fou de commencer à cet âge, quoique avec sa collaboratrice, un projet aussi lourd sur le plan physique – après quoi, également comme à son habitude, il se mit au travail.
Pour un tel modelage, il existe deux principes bien connus : ajouter (grossir) et enlever (dégrossir), mais le pélican est né d'une autre manière. Dans un musée vénitien, Landuyt avait un jour été frappé par une statue, dont certains aspects trahissaient le fait qu'elle n'était pas née de la manière classique. C'était un buste, que le sculpteur avait construit en fabricant d'abord une forme de base approximative dans la masse à mouler – un mélange de plâtre, de sable et d'autres matières résistant à la chaleur – pour appliquer ensuite dessus la masse de cire définitive. La masse de moulage est la masse qui est normalement enlevée après le moulage et le refroidissement. Pour cette commande, Landuyt pensa immédiatement à ce procédé oublié, étant bien entendu que pour sa forme de base, il n'utiliserait pas une masse de moulage mais de la résine synthétique !

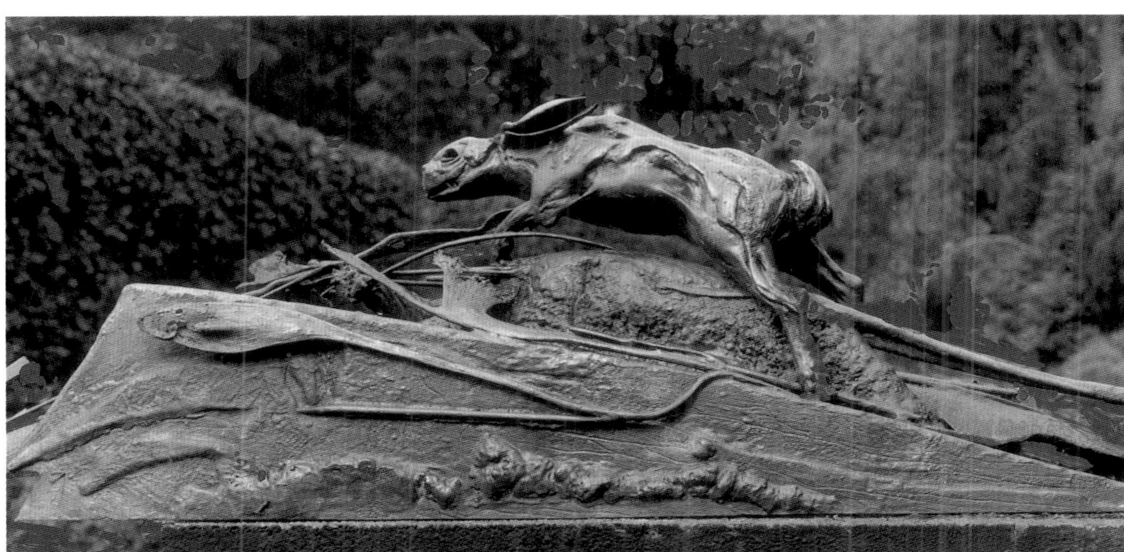

Le saut en soubresaut – 1989 – bronze – 56 x 180 x 42 cm

Les problèmes lui plurent dès le début : comment passerait-on du point le plus haut en passant par toutes les divisions pour arriver au bouclier et ce de la plus belle manière qui soit ? Tout l'excédent devait être enlevé en le raclant, en le coupant, en le faisant fondre à l'acétone, en le limant et en le ponçant jusqu'à ce qu'il ne reste plus essentiellement que la tête du pélican. Le côté extérieur de la statue ne devait pas encore être parachevé ni poli jusqu'au grain le plus fin, car l'aspect extérieur allait par la suite être déterminé par le moule en cire. Après avoir isolé le moule de base, il fut enduit couche après couche jusqu'à l'épaisseur requise avec une épaisseur de moulage de cire, et parachevé définitivement à l'extérieur. Finalement, le moule fut fabriqué, avec tous ses canaux de coulage et de désaération. La suite de l'histoire est connue : on chauffe les moules jusqu'à ce que la cire soit liquide, qu'elle coule à l'extérieur et laisse un moule négatif ! Ce moule est ensuite rempli de bronze fondu et après refroidissement, on détache la masse de moulage du moule en frappant dessus jusqu'à ce qu'il ne reste plus que la statue de bronze. Voilà le résumé brutal d'un processus, qui dans ce cas a pris plus d'un an. Le moule de cire du haut relief a évidemment finalement été moulé et ciselé en fragments et le moule définitif n'a pu, du fait de sa taille, être rassemblé qu'avec difficulté et en dehors de l'entreprise. Pour la fixation définitive sur le site, des lattes avec

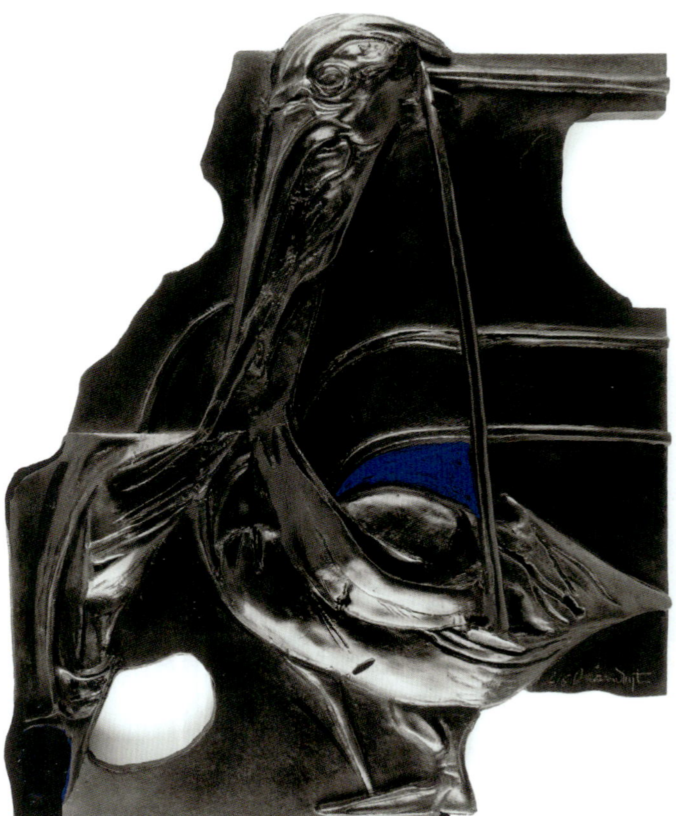

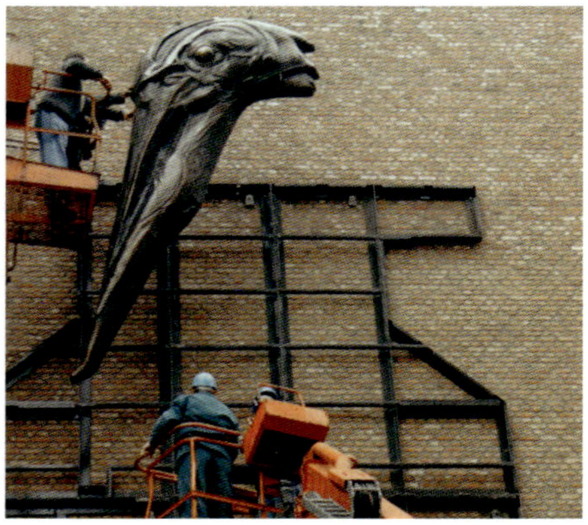

La paroi parée – 1993 – bronze – 700 x 600 cm

des trous ont été placées sur le grand mur et des crochets aux pièces de bronze, mais ces trous et ces œillets devaient être extraordinairement solides et placés avec une précision extrême. La presse n'accorda pas d'attention au spectaculaire montage final sur la façade de la clinique : ce qui était à l'ordre du jour à cette époque c'était 'l'art qui choque et dérange' – mais Landuyt s'était déjà chargé de cela quarante ans plus tôt.

La méthode de moulage avec un 'moule perdu' n'a absolument pas changé sur le plan du principe depuis la Renaissance, bien que l'on applique aujourd'hui des méthodes telles que le *shell-casting*, qui facilitent et accélèrent le processus. Les moules sont notamment créés en plongeant les formes de cire dans des liquides chimiques successifs, qui se grossissent jusqu'à ce qu'un bouclier céramique apparaisse, d'un type qui est également utilisé en navigation spatiale. Mais il y a une vingtaine d'années, les 'journées de moulage' étaient à Oudenaarde encore les petits points culminants dans ces communautés de travail en voie de disparition. On ne plaisante pas lors du moulage ; avec ses 1300 degrés, un pot mobile en fusion est un colosse mortel. Bien que la consommation d'alcool soit totalement interdite dans les fonderies, à la fin du travail, ils buvaient tout de même un verre selon la vieille tradition, grillaient même des saucisses sur les feux lors des fêtes patronales et il y régnait encore une fois la fraternité des compagnons des anciens ateliers. Je suis convaincu que sur le plan de la joie du travail, ces moments firent partie des grands moments de sa carrière créative ; il avait déjà vécu pleinement l'artificiel dans le monde artistique, mais la redécouverte de ce monde à part de la fonderie et de sa faune humaine fut la redécouverte de quelque chose… que sa mère aussi devait avoir connu.
Une fois ce grand projet terminé, la voie était ouverte et Landuyt avait deux jours par semaine son coin fixe dans l'entreprise, avec un vieux compagnon comme allié : Roel D'Haese avait lui aussi découvert cet endroit et y préparait ses concepts de cire perdue pour le processus de moulage. Ils y utilisaient une méthode différente : D'Haese suspendait ses moules de cire dans leur échafaudage en bois à des dizaines de petits fils pour les couler ensuite, et Landuyt moulait et façonnait ses pièces sur place de sorte que l'on pouvait en voir un empiler et l'autre suspendre – mais ils échangeaient leurs connaissances sans scrupules, loin des galeries et des événements.
Il y a, comme on le sait, différentes méthodes, dont la méthode de la cire perdue est celle qui offre de loin le plus de possibilités, mais c'est aussi la plus difficile et celle qui demande le plus de travail. L'artiste entoure l'espace qui sera occupé par un moule – en fait un vide – avec une peau de bronze, et celle-ci doit comporter tous les détails qui détermineront l'aspect extérieur ! En fait c'est le principe même de la nature ; le fossile n'est rien d'autre que l'espace vide qui est laissé par une forme organique, et qui est ensuite à nouveau remplie par de la lave ou de la sédimentation et fossilisée ou opalisée.
En fait, l'espace vide est entouré par une forme complexe courbée, parfois topologique, dont l'origine peut être traduite géométriquement : la surface. Chez Landuyt, c'était à nouveau la plaque métallique, par laquelle tout avait déjà commencé dans l'usine de

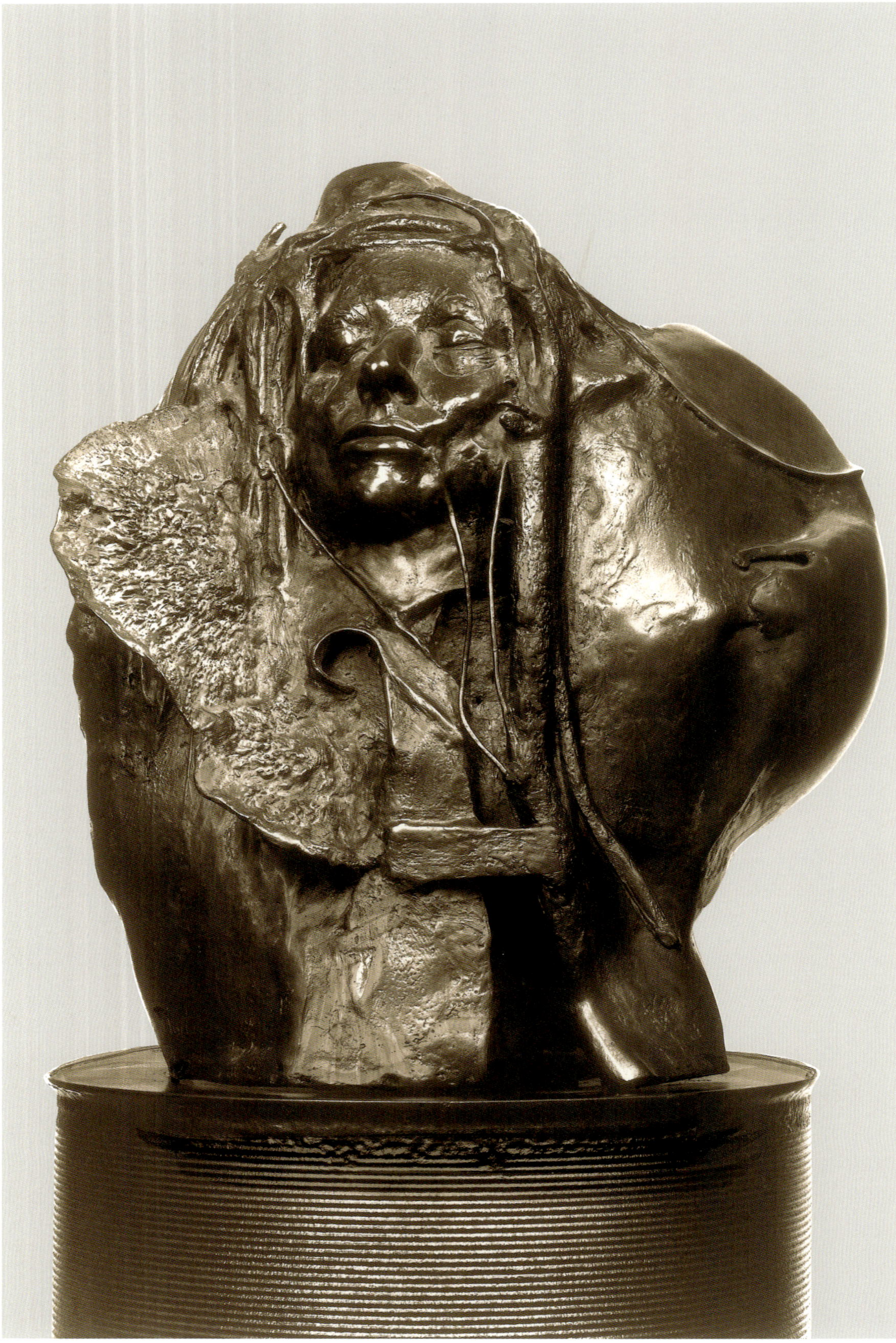

L'excroissance – 1989 – bronze – 55 x 44 x 55 cm

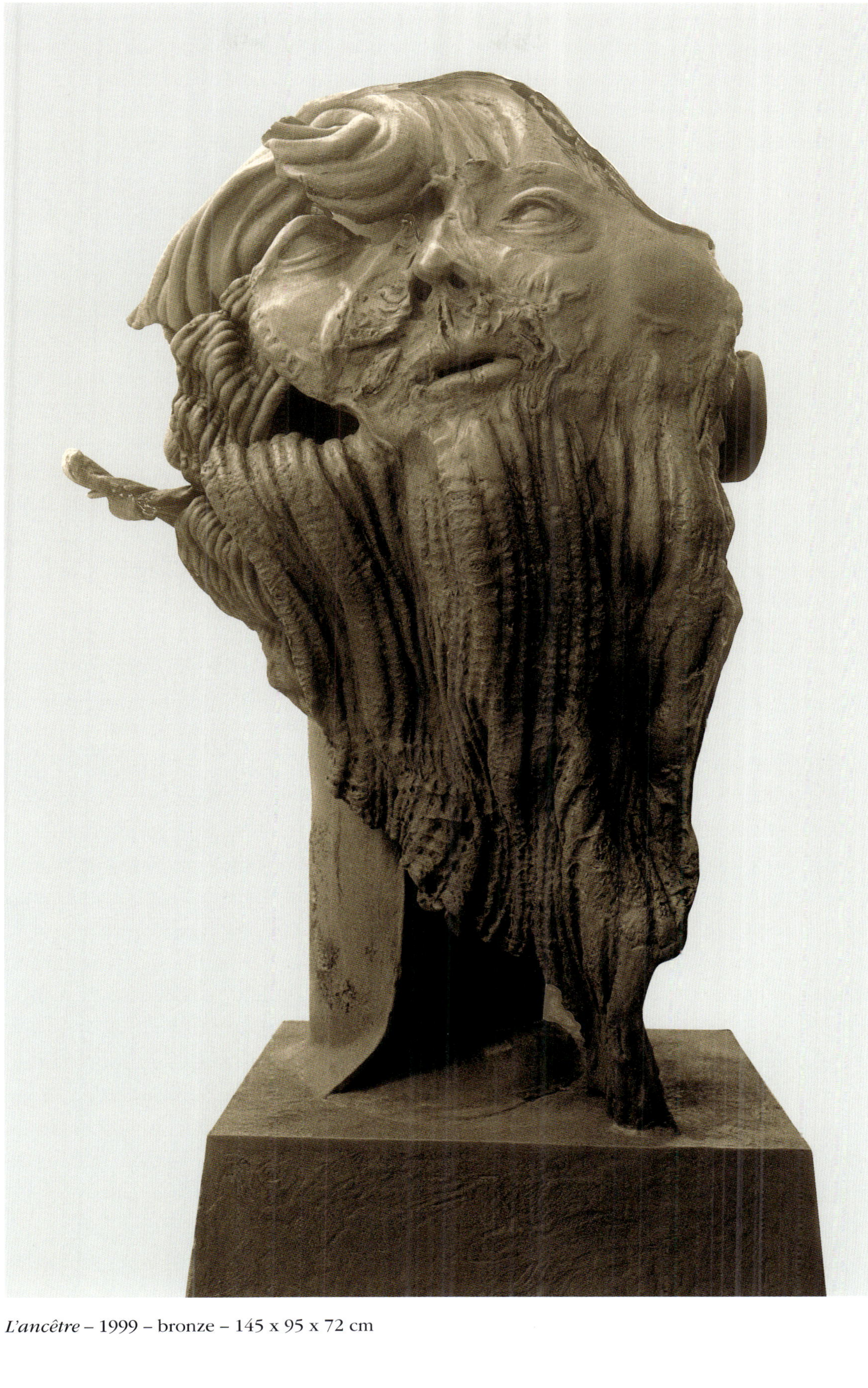

L'ancêtre – 1999 – bronze – 145 x 95 x 72 cm

Messerschmidt ! Cette méthode suppose une notion de géométrie dans l'espace pour des développements, dont Roel D'Haese disposait lui aussi – même intuitivement – et sans laquelle ce modelage ne pouvait que difficilement donner de bons résultats.
Il existe des méthodes beaucoup plus simples. Une statue en plâtre peut être imprimée dans du sable tassé, ce qui permet de sauter beaucoup d'étapes du processus. Landuyt aussi, comme Pomodore, faisait directement des encoches et des coups dans le sable, pour les traiter ou non après le moulage en des colonnes décoratives (*En bronze égalité* 1993, *Le signe nommé II* 1993).
Normalement un bronze est fabriqué à partir d'une statue d'argile, sur laquelle un modèle de plâtre peut être moulé, sur lequel on peut à nouveau fabriquer un moule afin de façonner le moule de cire dedans ! Etant donné que dans ce cas le modèle reste intact, c'est une méthode très utilisée, commercialement intéressante mais en même temps, elle n'est pas innocente. On peut en effet mouler plus de statues du modèle que ce qui était prévu initialement, ce qui entrouvre la porte de la fraude et de la contrefaçon. Cette méthode n'est en outre pas le moyen utilisé par le véritable sculpteur, qui ne 'pense' pas en argile ou en plâtre mais directement en bronze, en argent ou en or. Les statues ont dans ce cas également les aspects spécifiques de cette construction spéciale, qui n'est plus la résultante de la manière de penser des façonneurs ou des céramistes. Mais la 'cire *perdue*' c'est de la cire perdue : la statue est ensuite définitivement partie – bien que nous savons maintenant que l'on peut recommencer le processus pour faire des moulages inéquitables ! Il est possible de faire encore pire : de nos jours, l'artiste à succès fournit à la fonderie le croquis de la statue en bronze qu'il veut 'réaliser', pour le compte de quelqu'un ou non, les spécialistes modèlent la statue, l'artiste vient inspecter une fois, après quoi les moules sont fabriqués de la manière indiquée ci-dessus !
Ceux qui comme Landuyt et D'Haese partent de la surface, doivent tenir compte de *développements* géométriques, et la statue de la femme requiert également le développement de la femme – un sujet parfois déconcertant, sauf pour les tailleuses de patron du monde de la couture, où c'est exactement le même principe qui s'applique ! Et c'est allé encore plus loin lorsque, à l'exemple des Etrusques, il allait créer le cavalier sur la voiture en bronze (*L'équilibre aérien* 1988). A quoi pourrait ressembler le résultat en bronze d'un dessin au trait en trois dimensions ? Convaincu que la sculpture constitue toujours le gain d'une dimension, son attention se porta sur une très vieille machine agricole, qui de loin, avec ses barres saillantes, ressemblait à une sauterelle sur roues. L'objet portait la beauté de l'utilisation sur toutes ses pièces et la puissance graphique des rayons et des roues exigeait pratiquement de l'artiste leur extension spatiale. La reproduction spatiale d'une ligne est la barre, qui chez Giacometti devient même un personnage, et pour Landuyt l'extension en un gigantesque dessin spatial n'était pas un petit défi : lors du moindre mouvement, du moindre déplacement du champ de vision, tout l'aspect change ! Concevoir l'œuvre de telle manière que le jeu des lignes ou des barres continue à fonctionner de manière optimale dans toutes les perspectives et de

toutes les distances fut une tâche résolue avec brio. En partant du véhicule existant, du véritable véhicule transformé de la tradition agricole, allait apparaître un personnage humain dont les barres (broches dans la chevelure) jouent un jeu plastique avec les brancards et le grand balancier, qui est maintenu par le personnage. En fait, la voiture, comme chez les Etrusques, constitue un socle pour la statue. Chez Landuyt, un socle en bronze venait encore se placer en dessous et lors de l'installation définitive dans le jardin, un socle encore plus grand, de sorte que l'œuvre atteignait quatre mètres de haut sur trois mètres de large ! *A ciel ouvert, le cercle protecteur* fut le point culminant de l'événement d'intérieur Classics III en 1991, où l'œuvre fut présentée sur un stand spécialement créé à cet effet : pas dans une galerie mais lors d'un forum où elle pouvait directement devenir un objet de discussion, loin des exégètes plastiques et de leur prétention pédante qui, selon Vico, ont toujours induit en erreur l'historiographie.
Landuyt reçut le prix de la maîtrise pour cette œuvre...

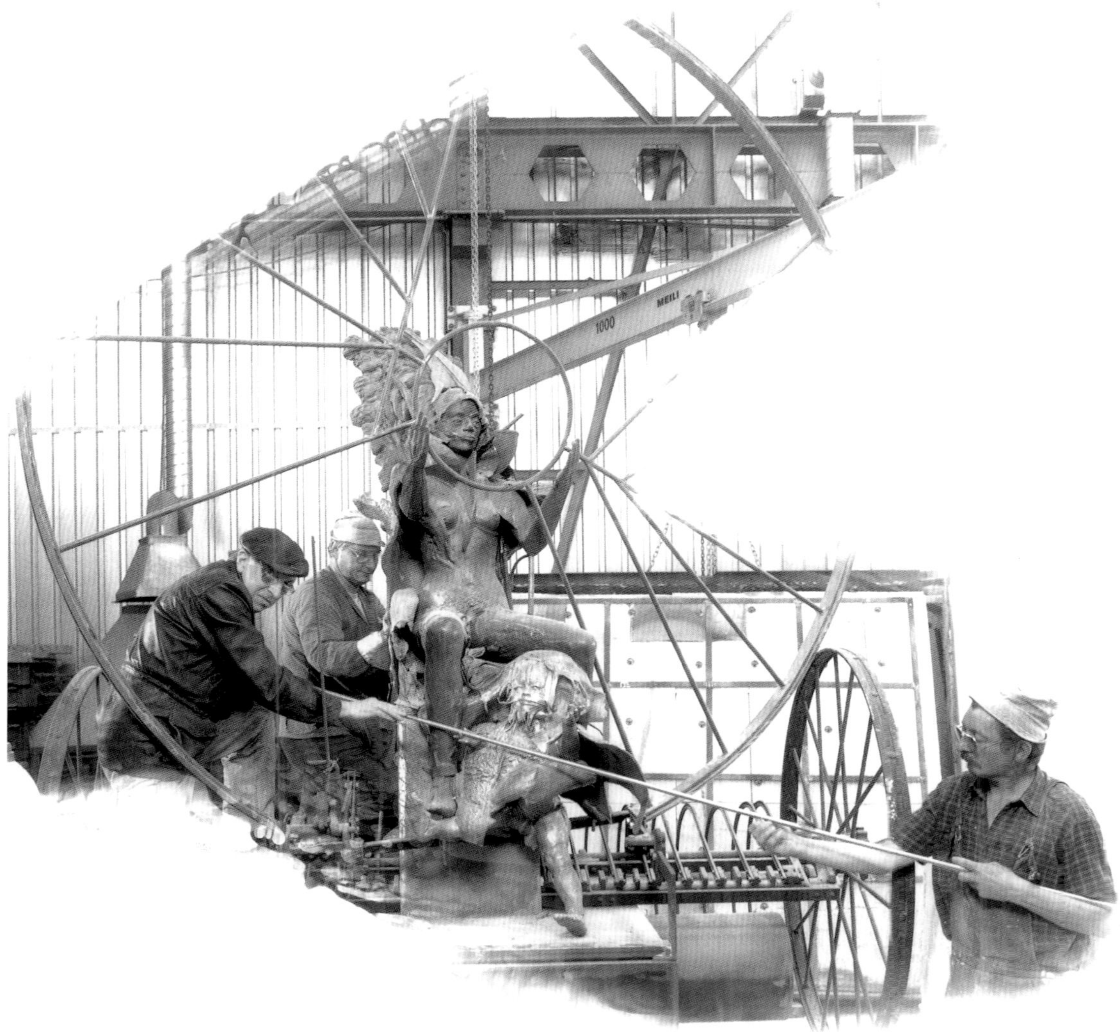

Fonderie de bronze Art-Casting – 1991

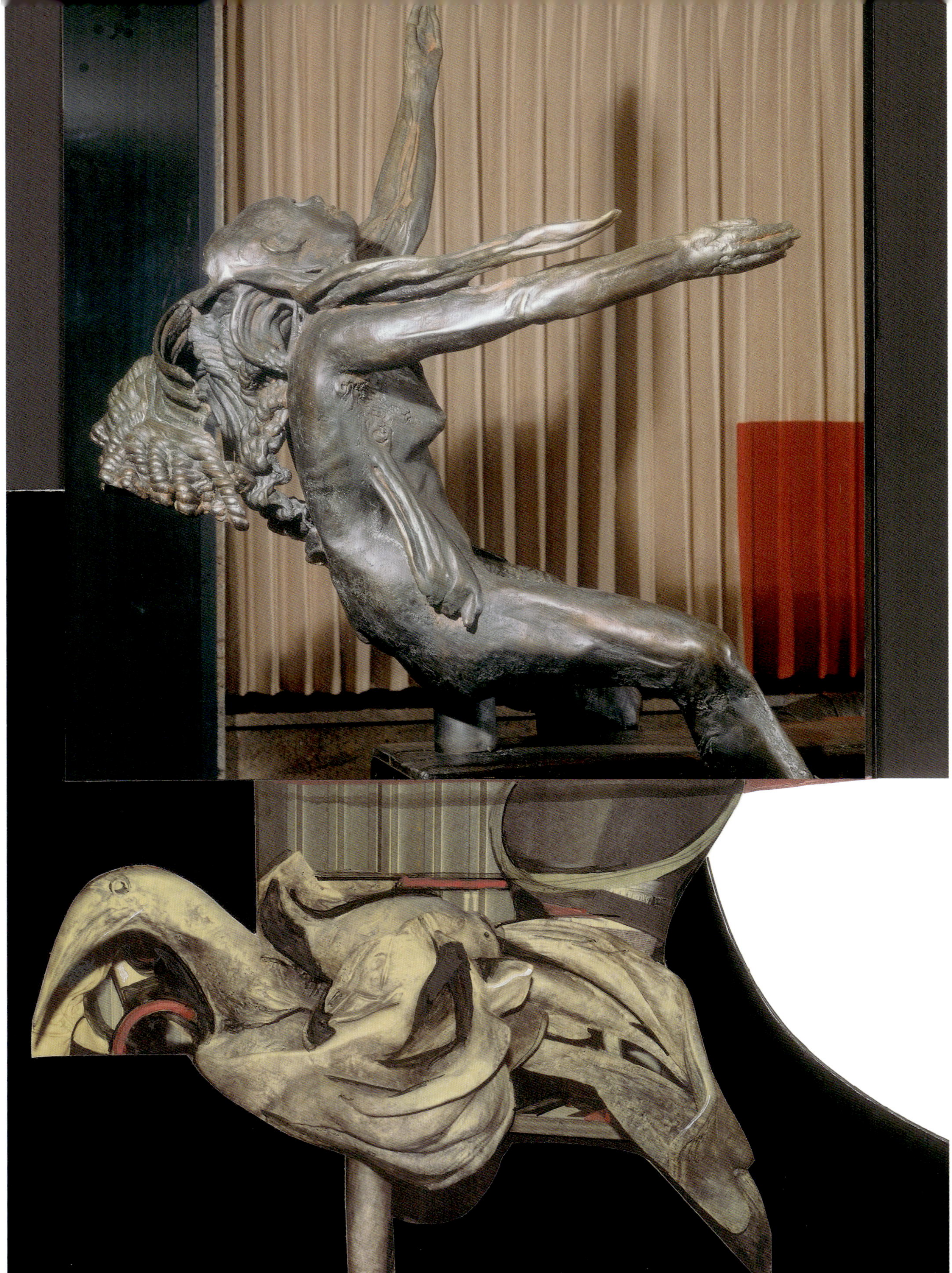

Lasciatemi – 2000 – bronze – 174 x 90 x 140 cm
Un oiseau mis en carte – 2003 – bronze – 86 x 85 x 191 cm

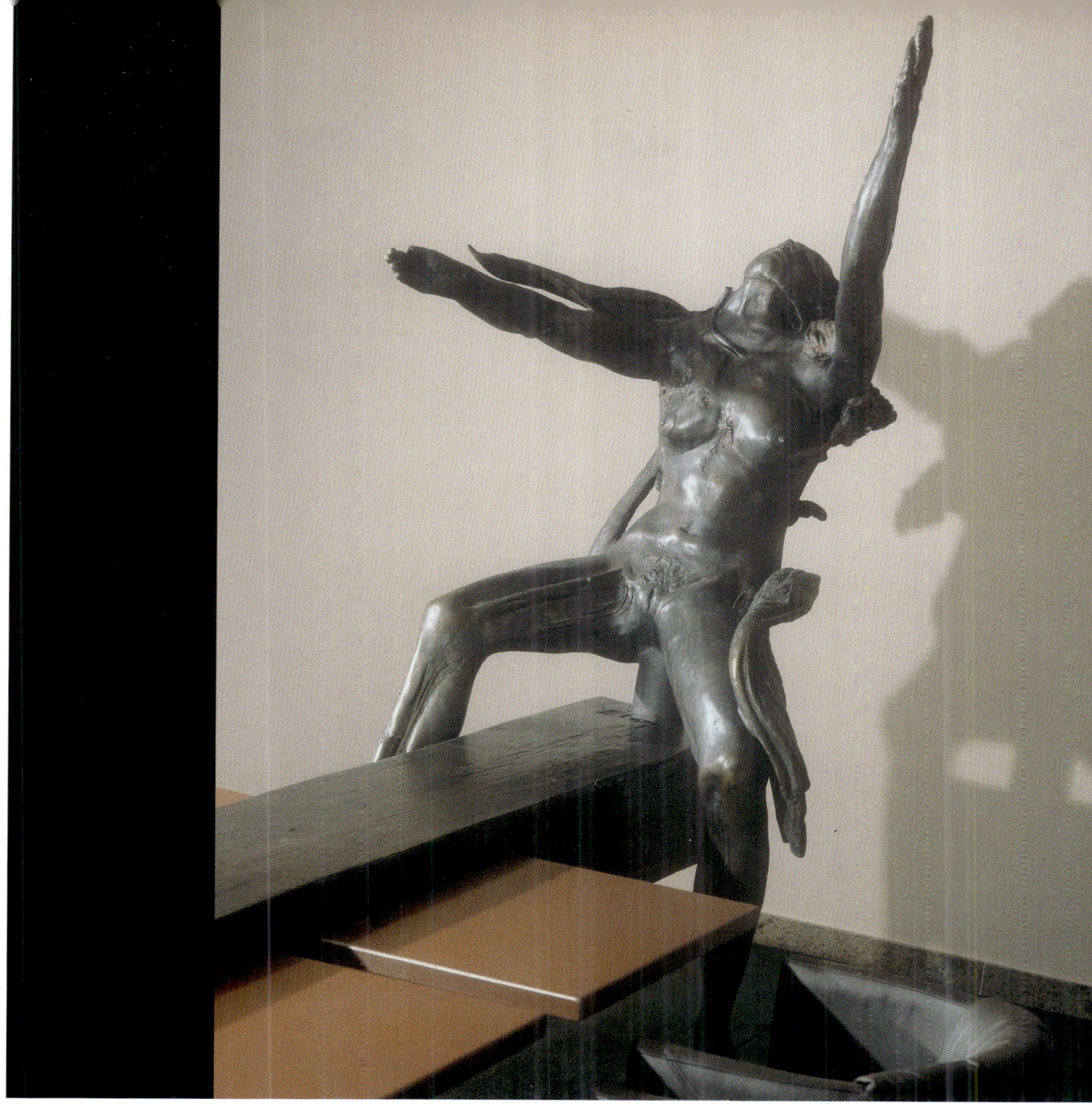

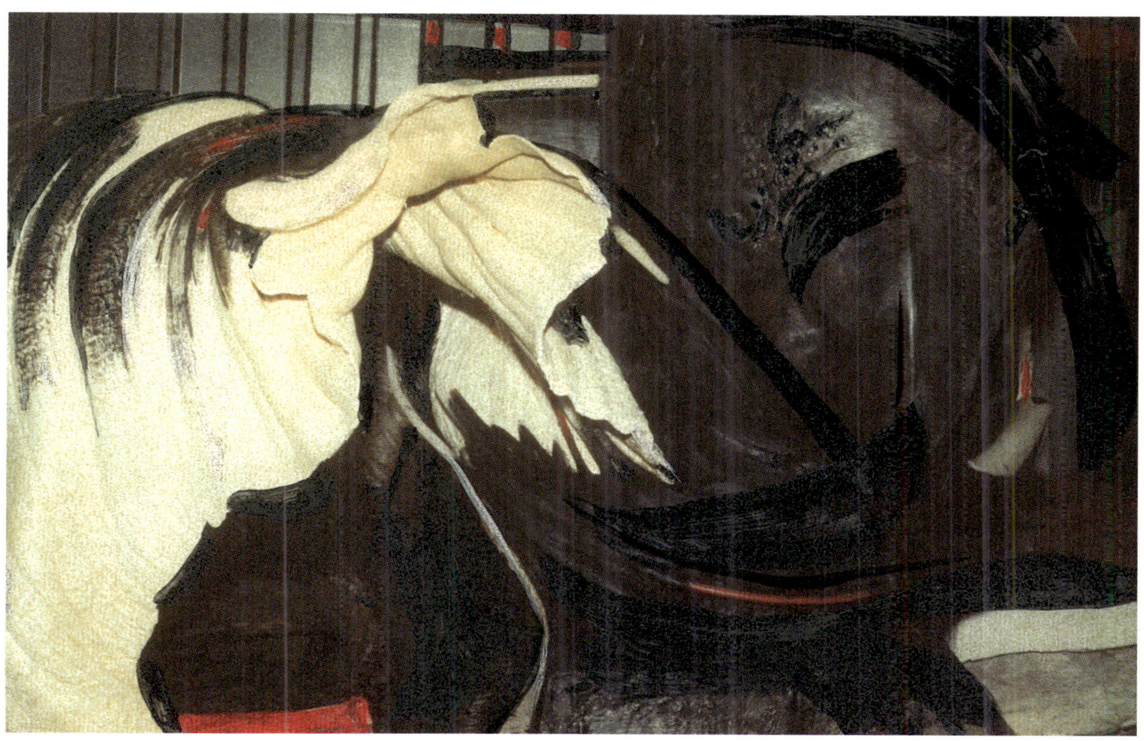

Lasciatemi – 2000 – bronze – 174 x 90 x 40 cm

La faculté d'être vert – 2000 – sculpture en exécution – 85 x 102 x 63 cm

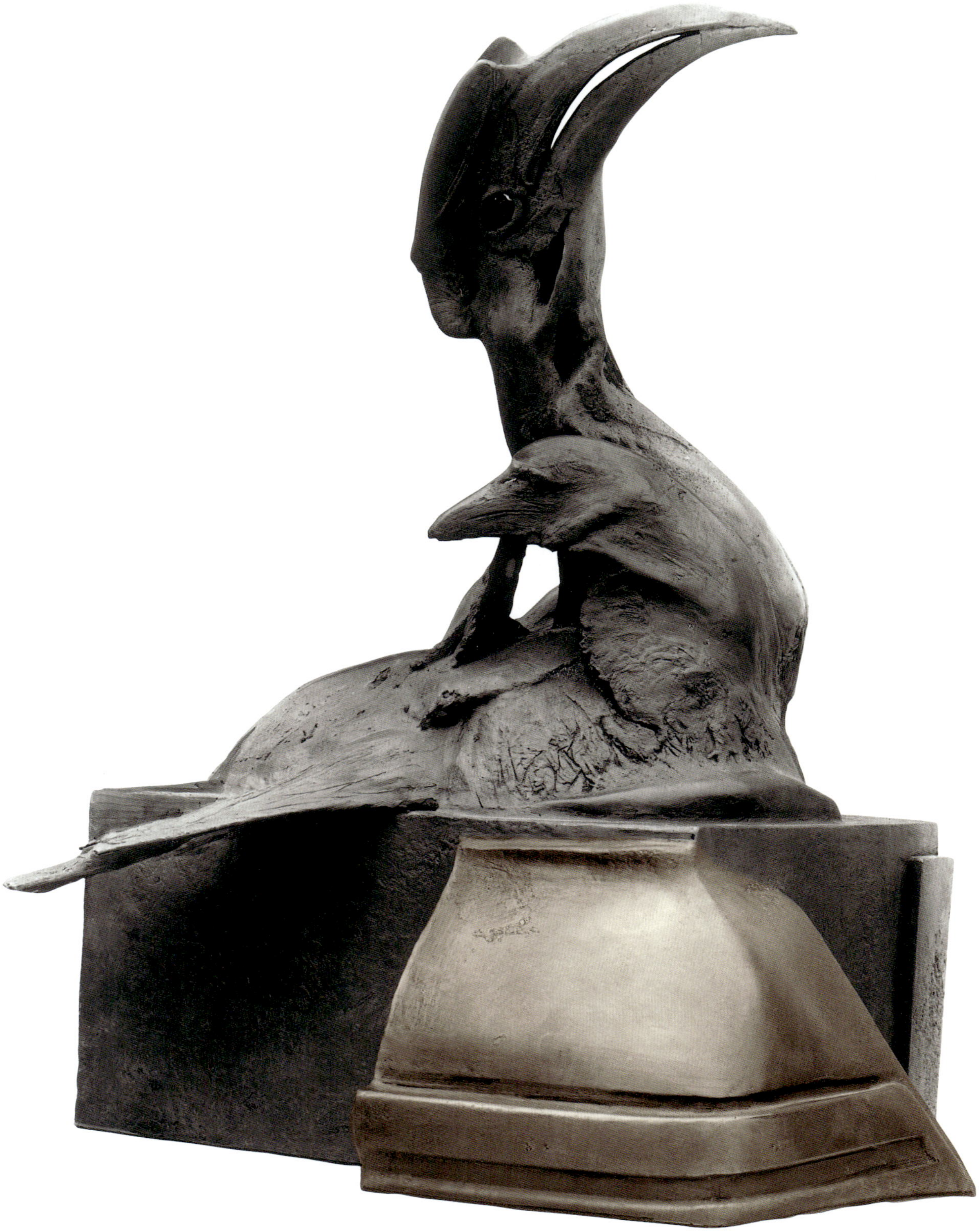

Calao – 1997 – bronze – 138 x 67 x 63 cm

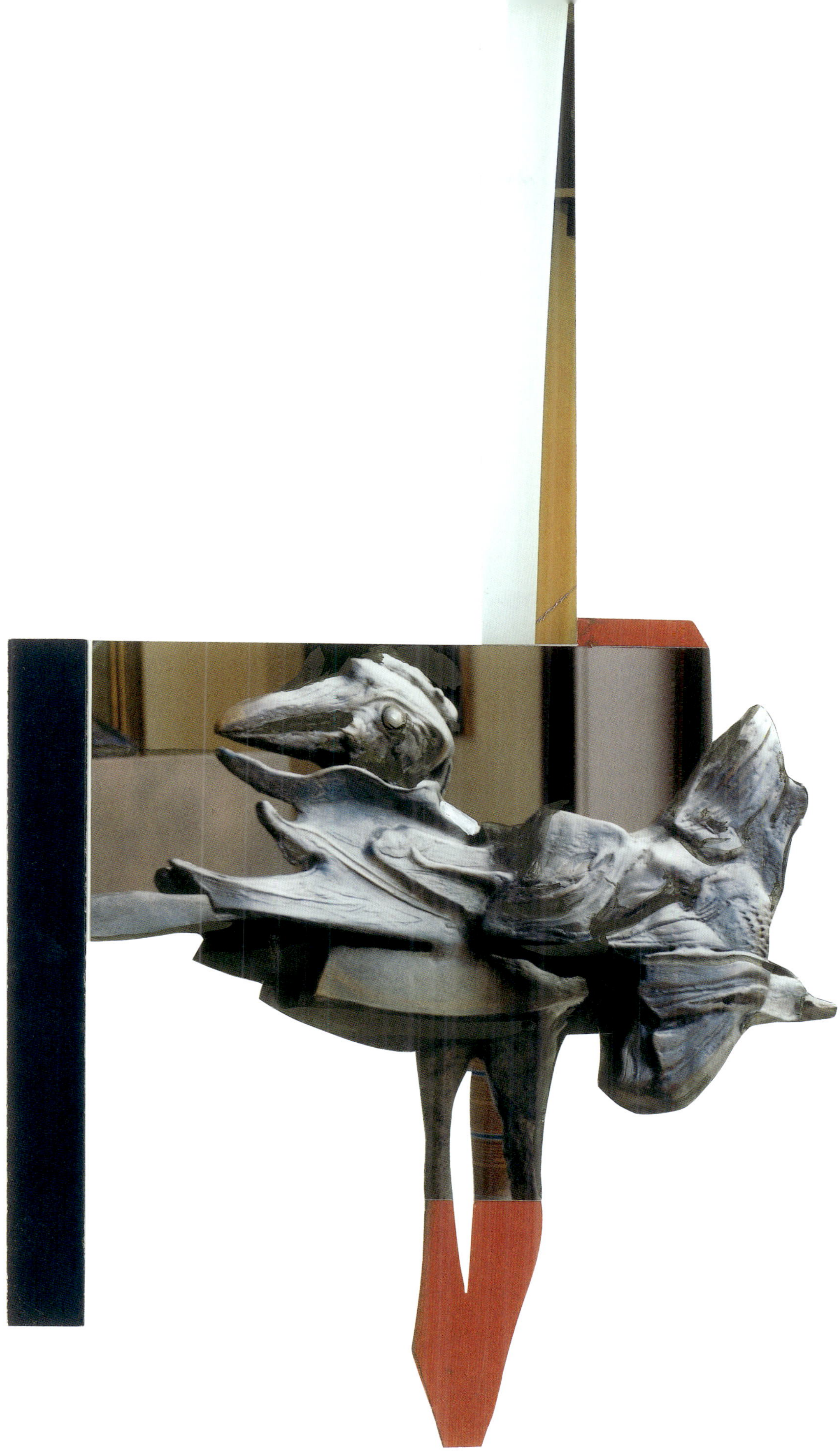

Le signe céleste – 2001 – bronze – 52 x 84 x 42 cm

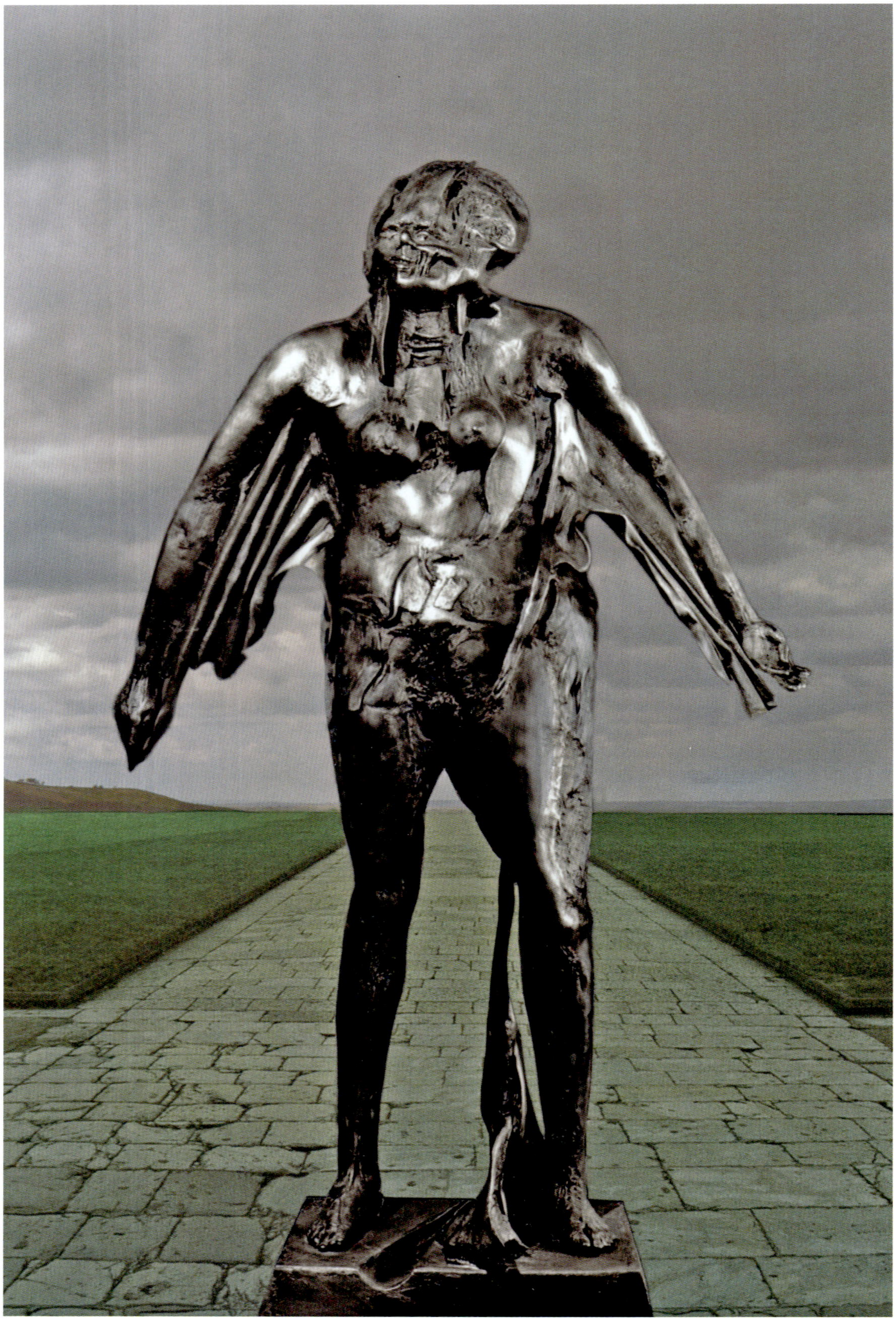

La rocca – 1995 – bronze – 205 x 130 x 47 cm

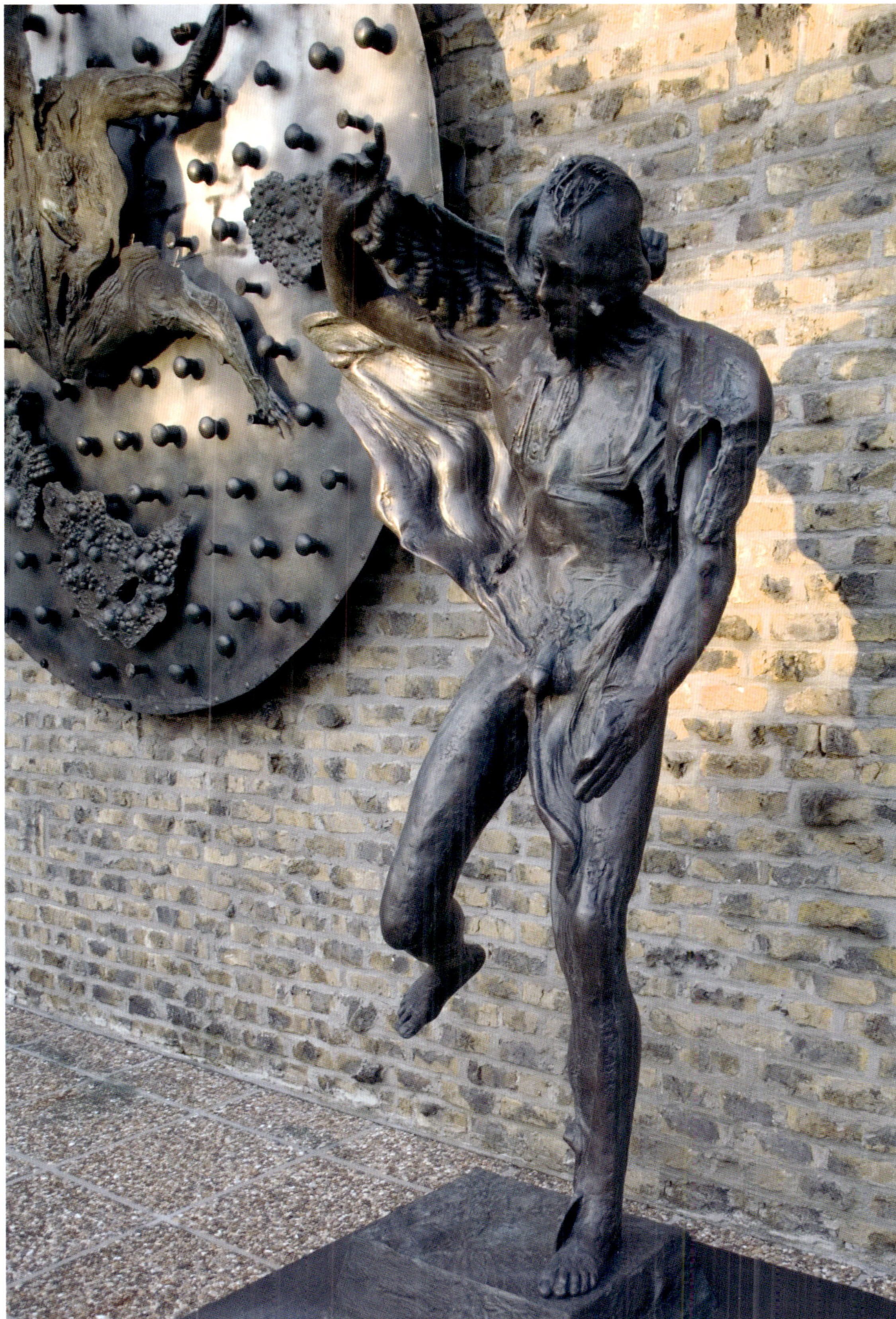

En bronze, les signes de renvoi – 2004 – bronze – 202 x 95 x 50 cm

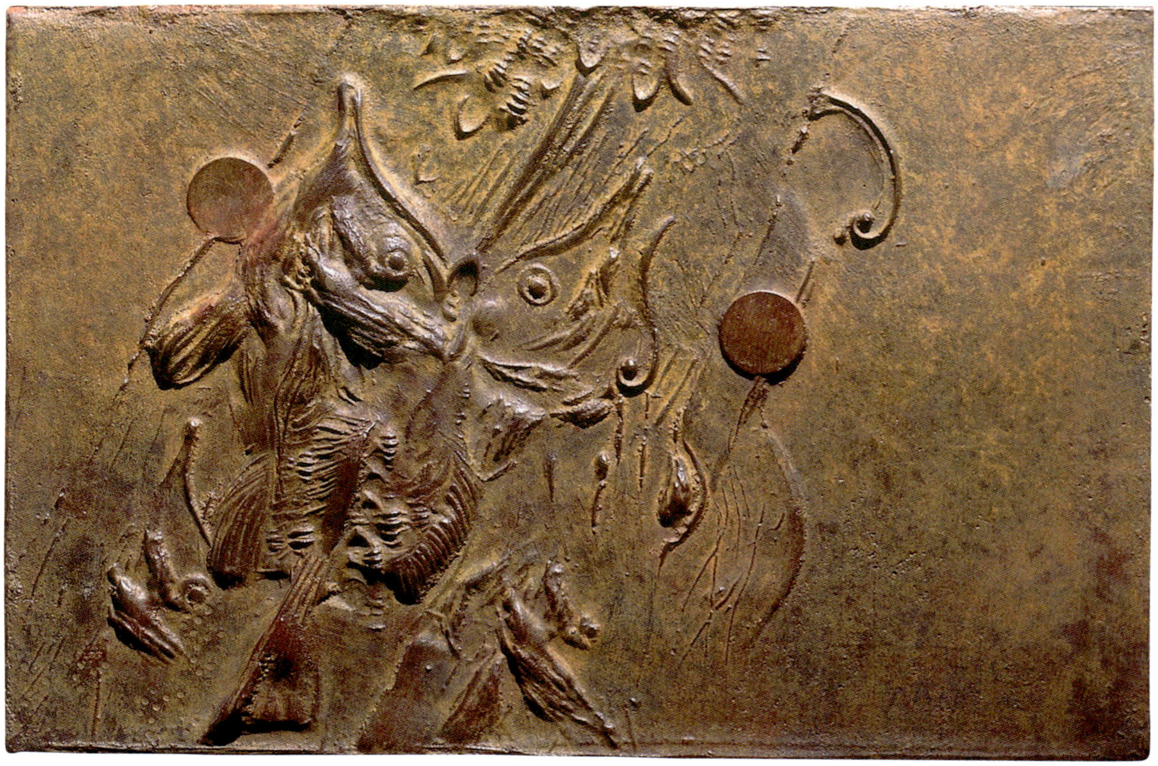

Le signe nommé II – 1999 – bronze – 30 x 46 cm

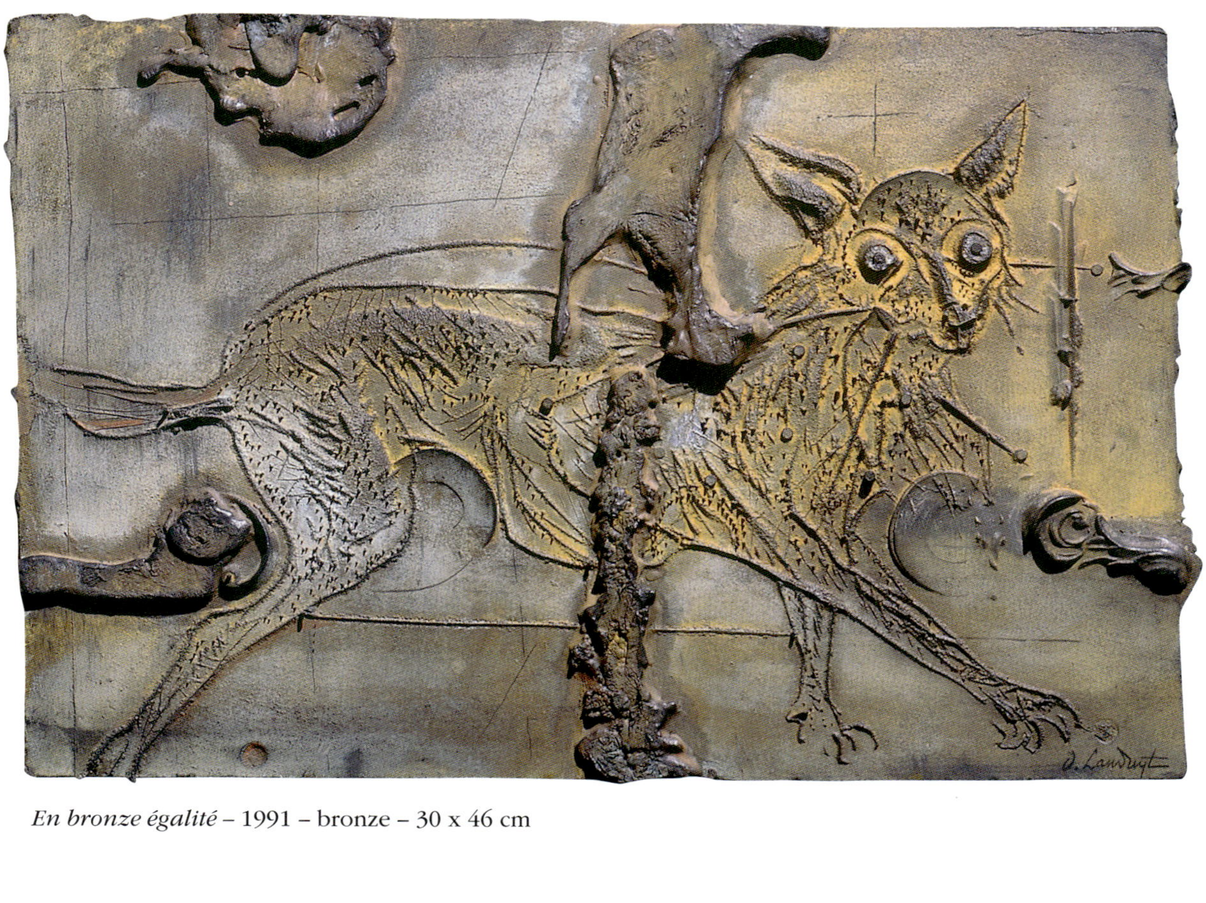

En bronze égalité – 1991 – bronze – 30 x 46 cm

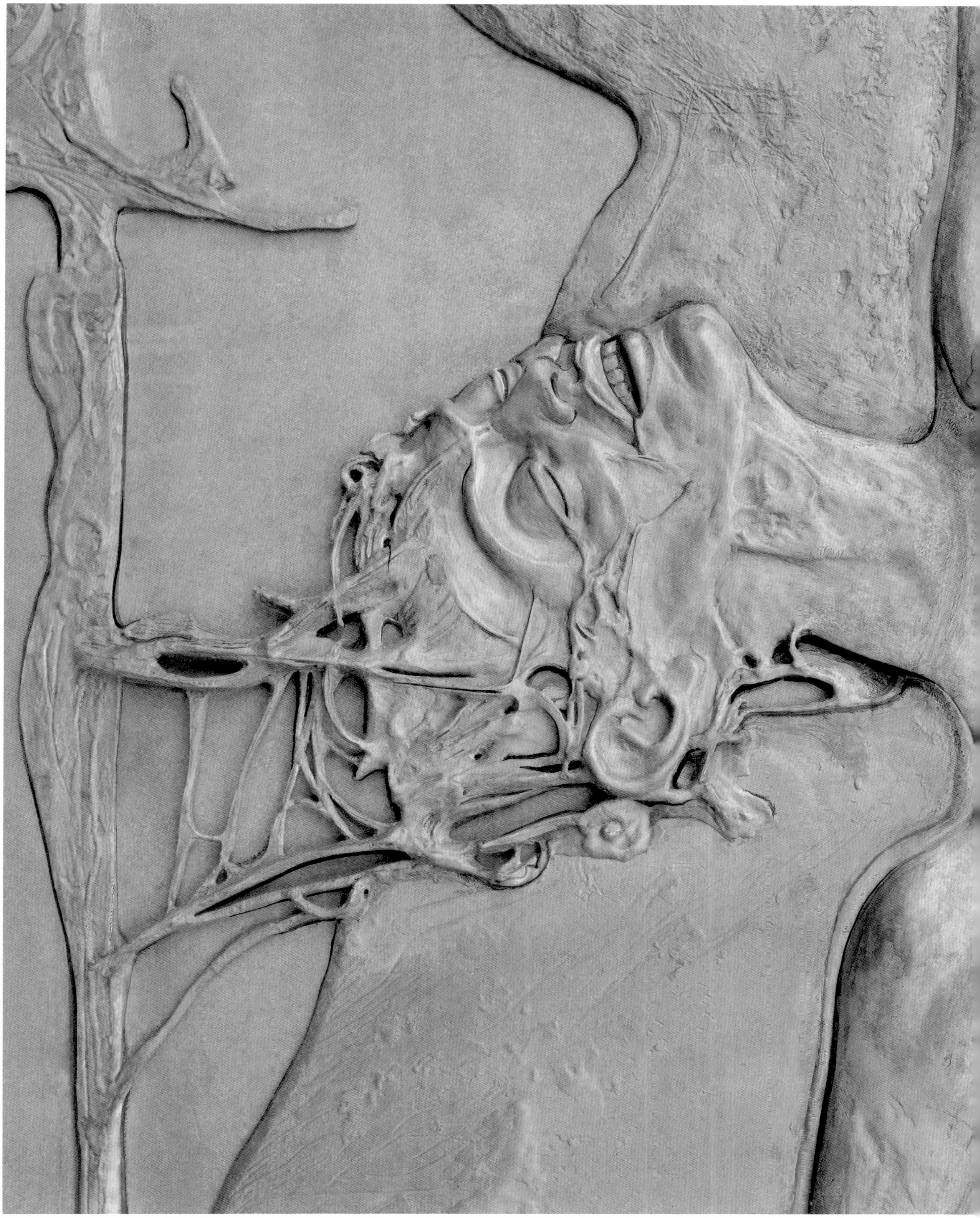

La chevauche d'une croissance – 1988 – bronze (détail) – 250 x 800 x 3 cm

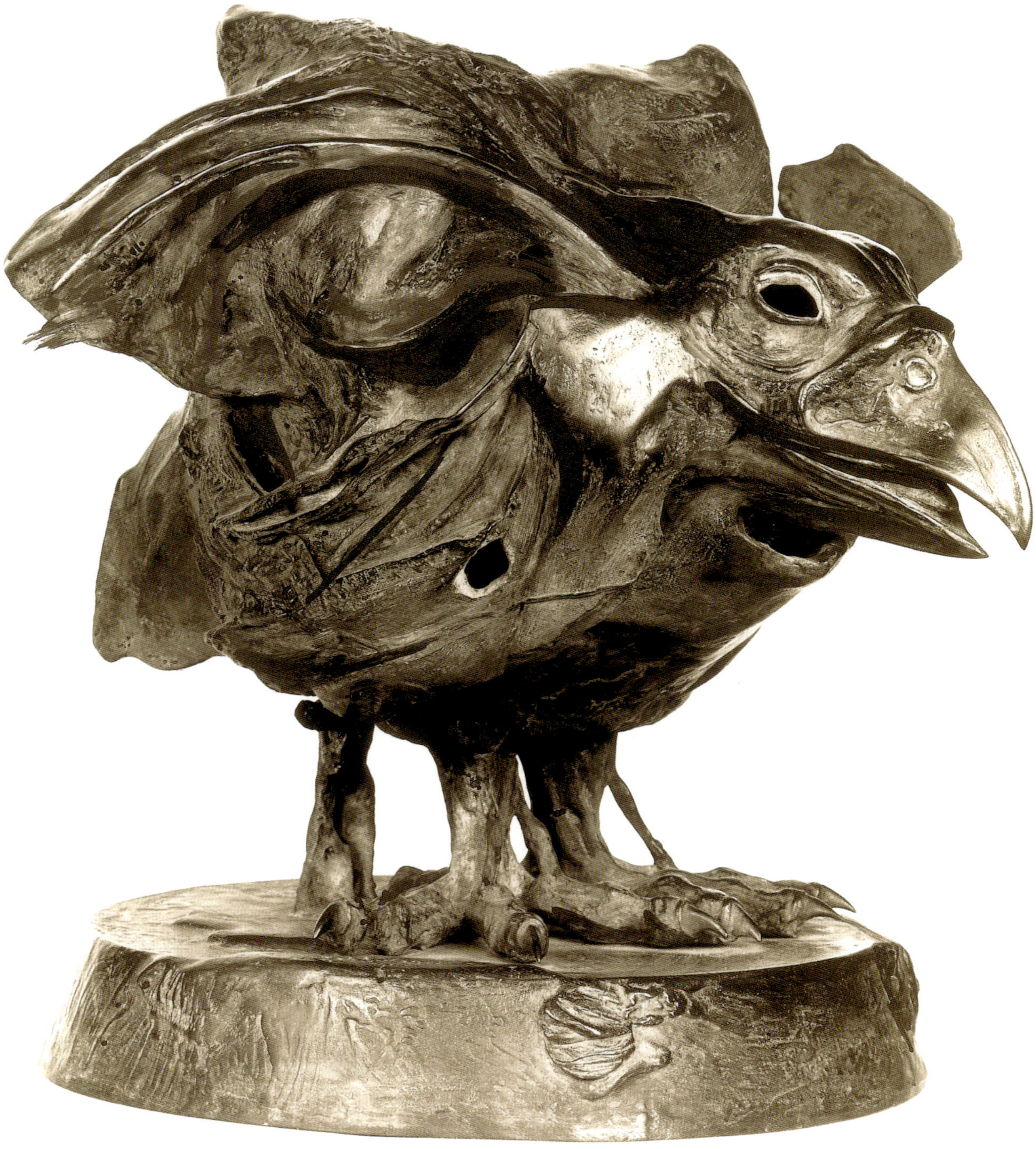

En attente du vol obiculaire I – 1989 – bronze – 52 x 46 x 52 cm

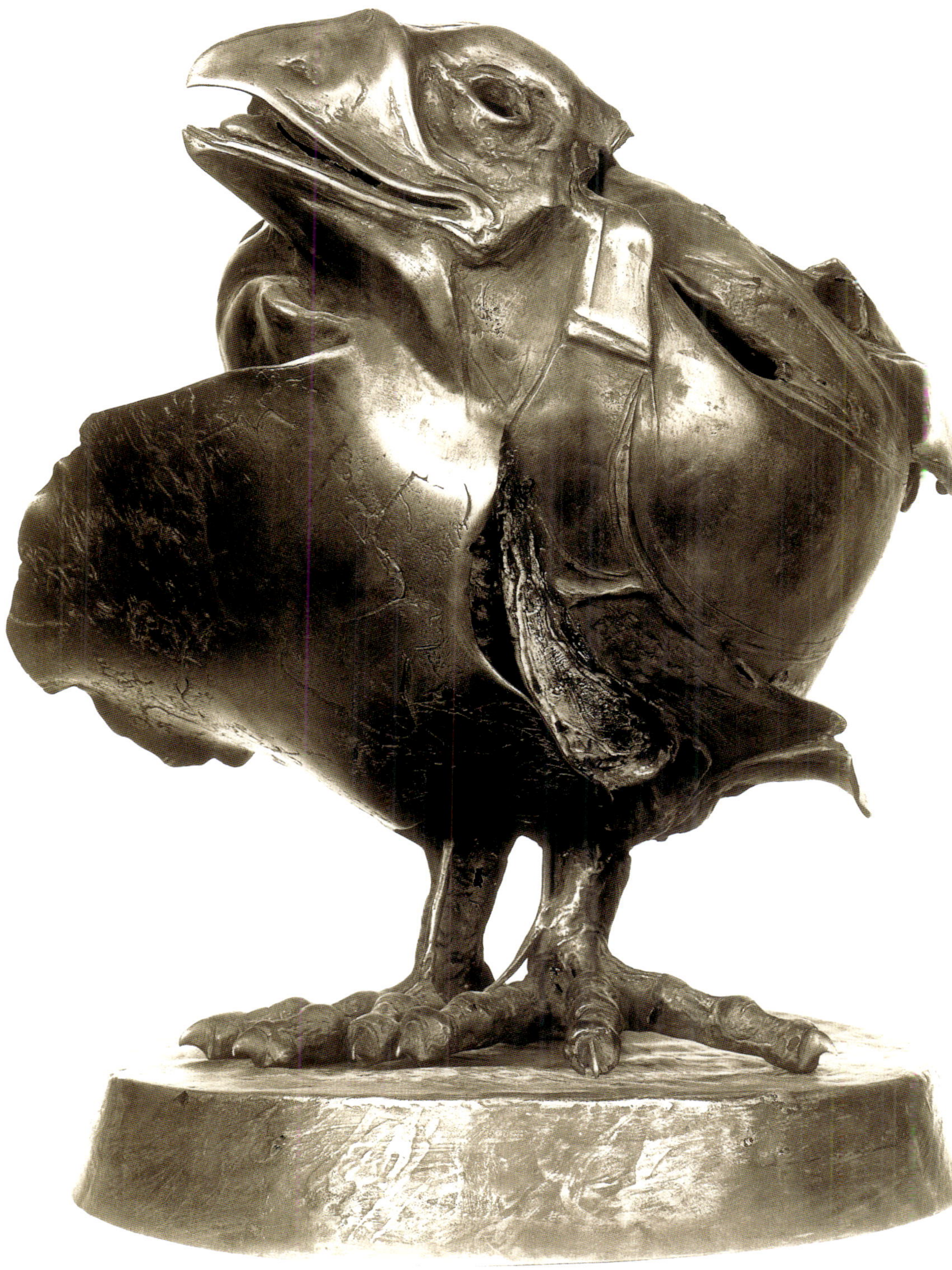

En attente du vol obiculaire II – 1990 – bronze – 52 x 46 x 52 cm

Moules de cire en cire rouge

Lors de la création en cire, on utilise en général une sorte de cire noire parce que son aspect est celui qui est le plus proche du bronze, ce qui favorise la vision au cours du processus. Cette phase terminée, il faut encore placer des canaux de coulage et d'aération sur les moules de cire déjà complexes, de sorte que l'ensemble peut devenir confus après le processus de fusion : qui sait en effet par la suite encore ce que l'on peut ou ce que l'on ne peut pas couper ou polir ? Pour remédier à cela, le moule de base est photographié avant le placement des canaux de coulage et d'aération ou on utilise pour ces canaux une autre couleur de cire, d'ordinaire rouge, afin de ne pas confondre, dans l'entrelacement de tuyaux, des éléments ressemblant à d'autres parties de la sculpture. Landuyt travaille dans le sens inverse et crée ses statues organiques en bronze directement en cire rouge, parce que son aspect correspond le mieux aux aspects sous-cutanés de son sujet, l'animal écorché ou l'homme. Ces moules de cire ressemblent très fort aux 'écorchés' ou statues anatomiques antiques. Dans ce cadre, l'artiste plaçait souvent littéralement tous les muscles de surface et les enveloppait ensuite par la peau lors de la finition, mais ils restaient tout de même reconnaissables ou palpables dans l'œuvre.
Dans la statue de bronze terminée, on ne remarque plus rien de toutes ces opérations complexes car toute la cire rouge a fondu. Seule une odeur de corps colle encore au bronze...

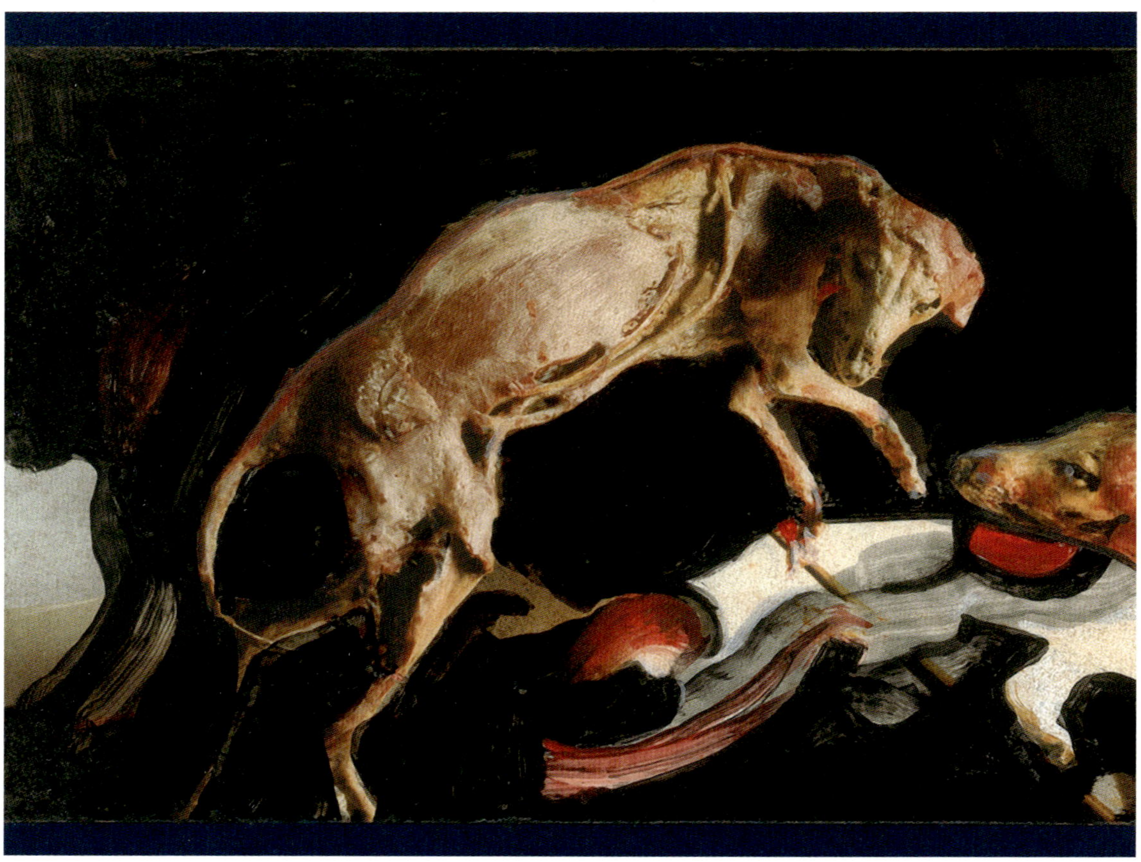

Pour la dernière fois – 1987 – bronze (en réalisation) – 563 x 71 x 37 cm

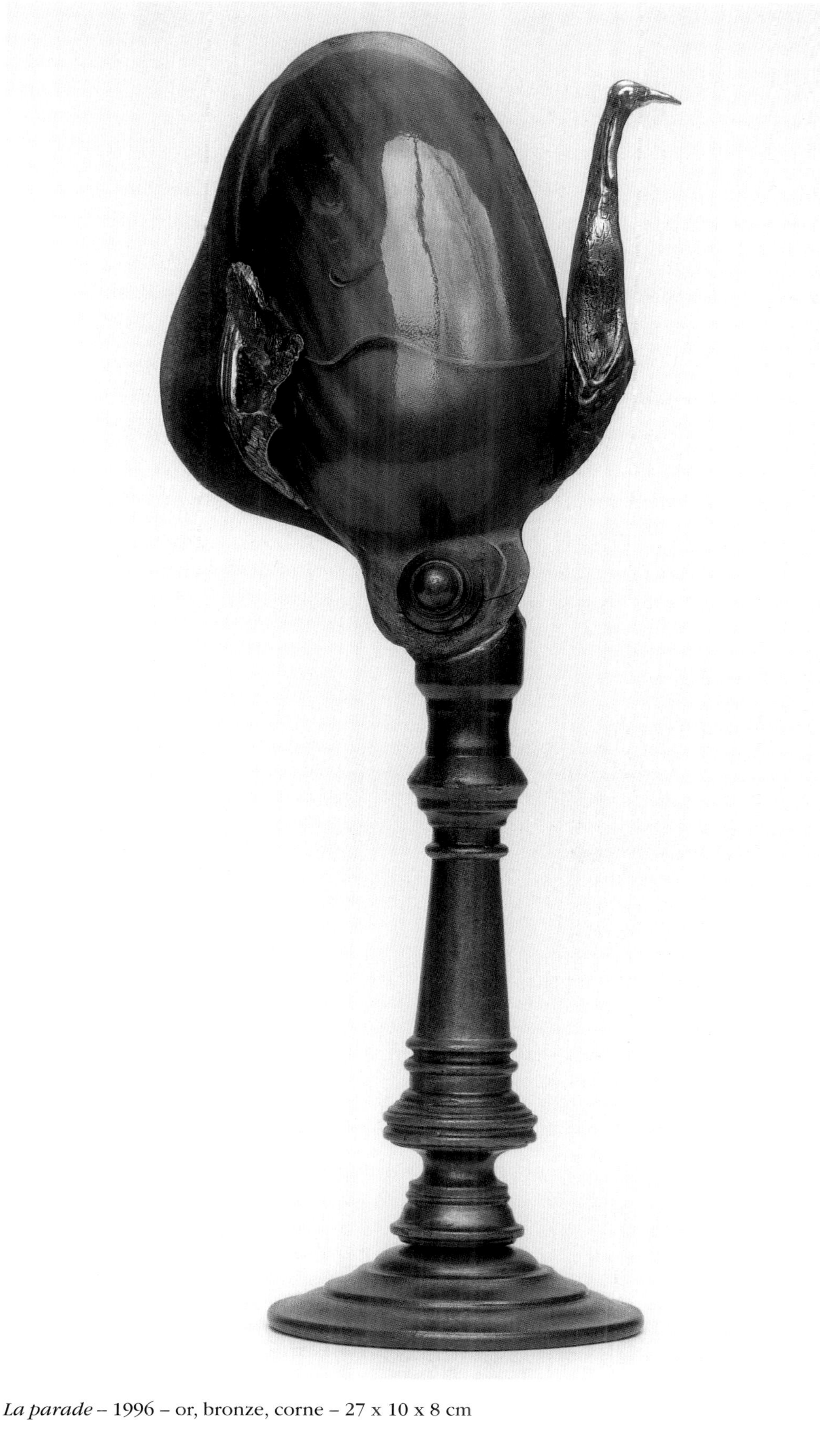

La parade – 1996 – or, bronze, corne – 27 x 10 x 8 cm

Le processus créatif

Chez Landuyt, la création et le processus plastique sont intégrés dans l'ensemble insaisissable plus général au sein duquel toute vie fonctionne et dont on ne connaît aujourd'hui pas encore un cent millième, mais ce relativement peu peut cependant offrir de bonnes notions aux artistes.

Il en avait déjà eu une présomption d'un autre ordre lors de la lecture de Maeterlinck, dont il s'était procuré à bon prix quelques dossiers de textes dans les années trente lors d'une braderie. Cela le conduisit à la découverte de *La vie des fourmis* et de *La vie des termites*, des best-sellers de l'époque du lauréat flamand du prix Nobel écrivant en français, et un des entomologistes littéraires que la théorie de l'évolution de Darwin avait amené à l'époque à réfléchir. Un autre était le Français Jean-Henri Fabre avec ses *Souvenirs entomologiques* en dix parties.

Ce n'est pas par hasard que l'entomologie frappa Landuyt d'étonnement. Son père, qui avait survécu à la guerre des tranchées et qu'il n'était depuis lors plus possible de

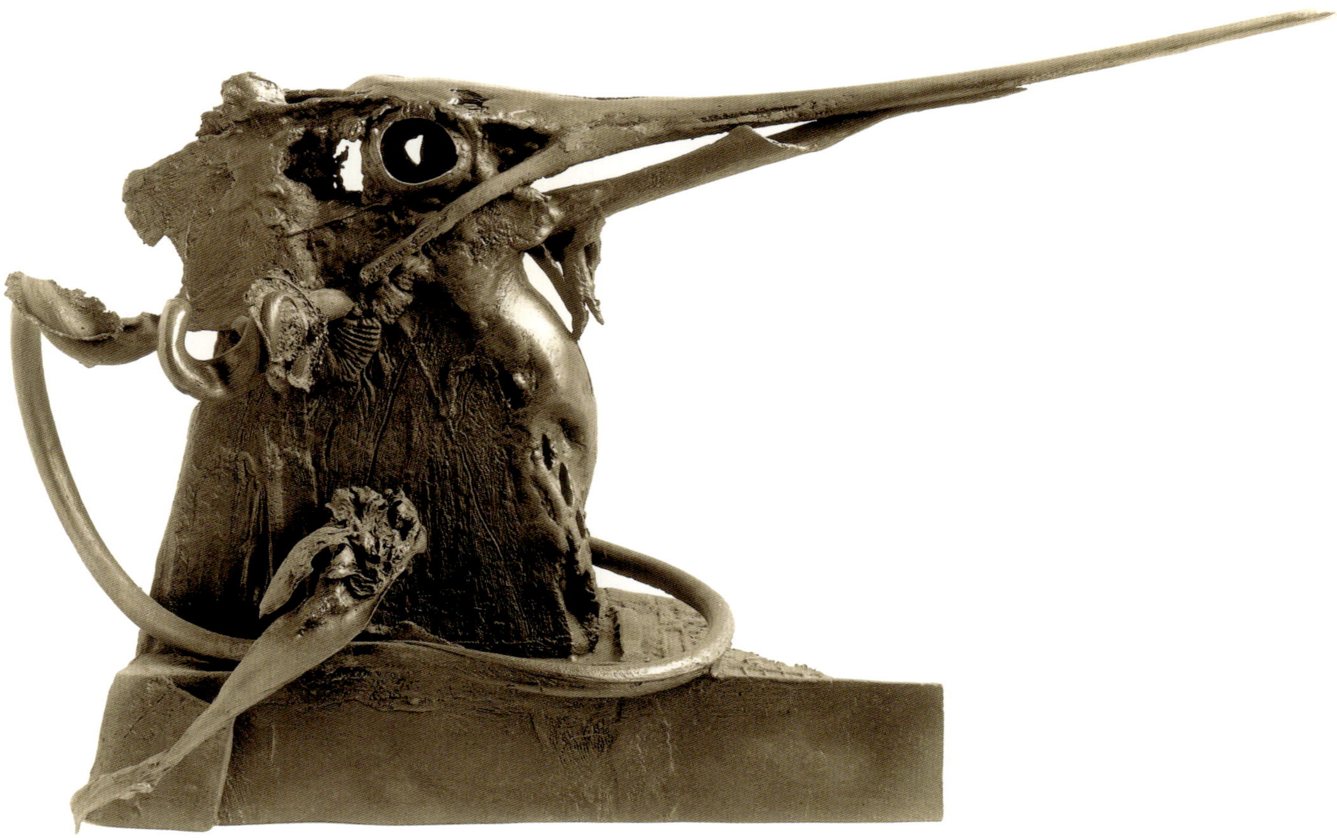

Le crépuscule d'un oiseau – 1996 – bronze – 34 x 66 x 41 cm

décontenancer avec des broutilles, avait une phobie des fourmis accompagnée de peurs paniques. Est-ce que les colonies de fourmis, qui déroutaient son père parce que leurs ouvrières grouillaient jusqu'au plancher de leur toilette, sont réellement les êtres les plus cruels de la planète ? Passionné, le fils se fraya par la lecture un chemin dans le monde des fourmis et des termites, il découvrit 'la termitière comme un individu', son âme collective et la termitière qu'il fallait voir comme 'un grand corps dont les organes n'avaient pas encore fusionné'. Cela a assez vite conduit Landuyt à supposer qu'il existe un autre ordre, qui dirige toute la vie et qui, jusque dans ses moindres éléments, sous la forme de cellules, de bacilles, de bactéries, de virus, de particules atomiques et subatomiques, est insensible à toute influence de la volonté humaine. Impossible à saisir et à diriger, il maîtrise cependant à la fois notre métabolisme et notre pouls, de même que l'existence insaisissable de tout le cosmos. Pour Landuyt, la création et le processus plastique font également partie de cet ordre.
En outre, il trouva également dans l'entomologie la cruauté de toute la vie qui l'avait tellement touché chez l'homme aussi : les termites laissent mourir de faim leur population excédentaire, se dévorent naturellement tout comme d'autres espèces animales, et il découvrit encore une fois grâce à cela la *beauté cruelle* de notre nature glorifiée lyriquement – et c'est ce qui ressortira par la suite de toute son œuvre.

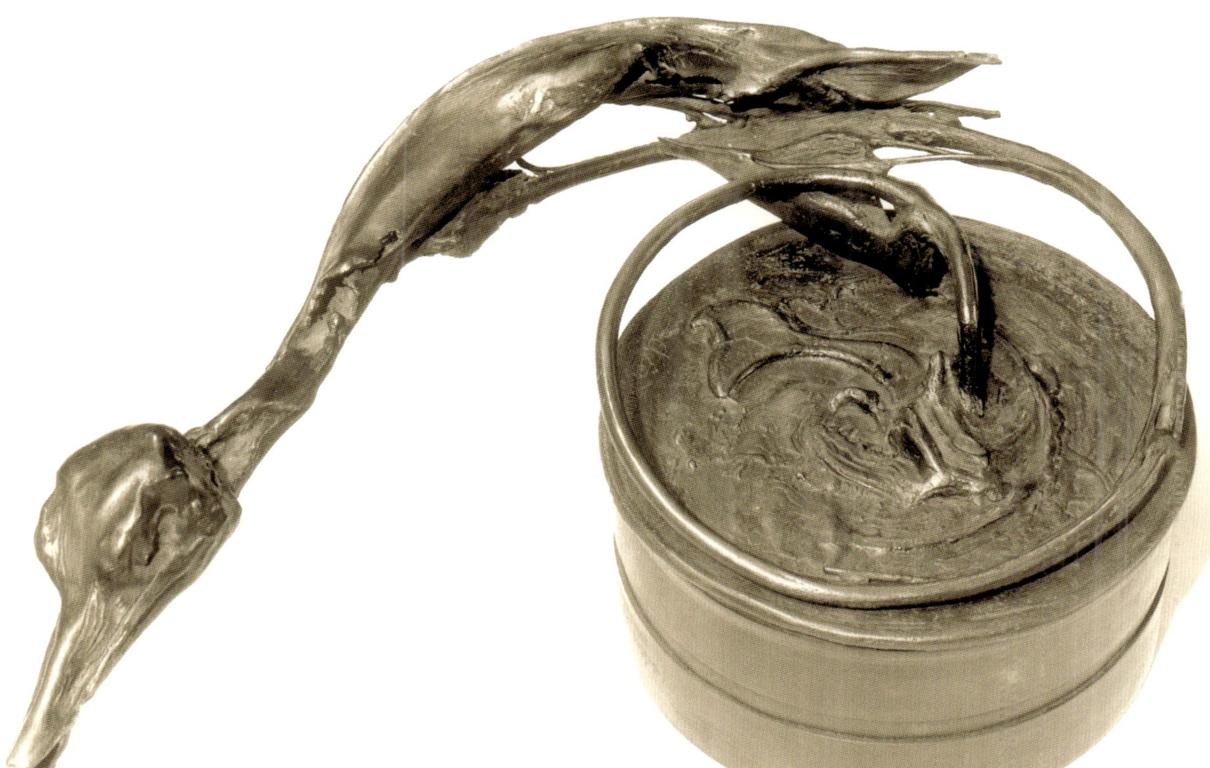

En droit de survie – 1998 – bronze – 21 x 54 x 36 cm

Au cours de cette explication, nous nous sommes régulièrement intéressés à certaines facettes du processus créatif de Landuyt, que nous allons maintenant essayer de décrire le mieux possible. Rien n'est statique dans la vie cosmique et humaine car elle vit elle-même et pour Landuyt, c'est également valable pour la créativité humaine. La première constatation à laquelle le professeur confrontait toujours ses nouveaux étudiants était qu'il n'y a pas de commencement ni de fin dans la création artistique, et pas de répétition mais un continuum. A travers ce continuum, des constatations et des acquis communs d'innombrables personnes créatives ont formé des 'chenaux' au fil des siècles dans diverses disciplines, un peu comme les routes apparurent un jour. Quelqu'un traversa une plaine herbeuse et provoqua une trace qui, quand elle fut utilisée régulièrement, devint avec le temps un sentier et ensuite une route et finalement une artère de circulation. Mais dans ce cours de la vie dynamique de toutes les choses, tout peut tout aussi bien être déplacé, subir une mutation ou mourir. Landuyt voit l'action créative dans ce contexte. Le phénomène de l'artiste est aussi vieux que l'humanité primitive, lorsque *poiesis* signifiait encore simplement 'fabriquer' et l'artiste était le *demiourgos*, l'artisan qui divisait, forgeait et modelait le matériau brut qui coulait de ce chaos pour donner des formes qui existaient déjà potentiellement. C'est du moins ainsi que les premiers philosophes expliquaient les questions que l'on pose encore aujourd'hui au sujet de la création. Chez Timée, le mot *kalos* désignait ce qui a une belle forme, qui peut être en harmonie avec autre chose et qui est admirable éthiquement. En Angola (Chokwe), *utotombo* signifiait pratiquement la même chose, même complété par 'fabriqué avec amour'. Cela reste pour Landuyt un point de départ véritable et original. Cela signifie donc que pour lui, il n'existe pas d'-ismes ; l'-isme est une limitation parce que l'œuvre n'a été conçue qu'autour d'un ou quelques aspects. Ils n'ont en outre été créés que par des scribes et des géomètres pour le cadastre artistique, et plus tard par des précurseurs et des pamphlétaires pour annoncer leur propre raison ! Cette forme de comportement humain fait elle aussi partie de ce grand ensemble cosmique.

Les assises ou les chenaux dans lesquels l'art lui-même évolue dans toutes ses formes artistiques se sont formés au fil du temps par l'accumulation de toutes les actions, de tous les accessoires, de toutes les découvertes, toutes les voies détournées et expériences que chaque créateur était et est appelé à rencontrer sur son chemin, du fait que les problématiques de la création sont universelles et de tous les temps. Cet arsenal est tout sauf sanctifiant, mais Landuyt le trouve trop riche pour le négliger. Tous ces moyens concrets et ces possibilités concrètes d'expression font, pour lui, partie des 'connaissances' de l'artiste. Lorsque Mozart écrivait sur ses partitions *Für Liebhaber und Kenner*, cela signifiait les deux manières de lire l'œuvre : la mélodie ou l'image pour l'amateur et le fonctionnement interne pour le connaisseur. Nous allons maintenant nous intéresser un peu plus longuement à ce dernier avec Landuyt.

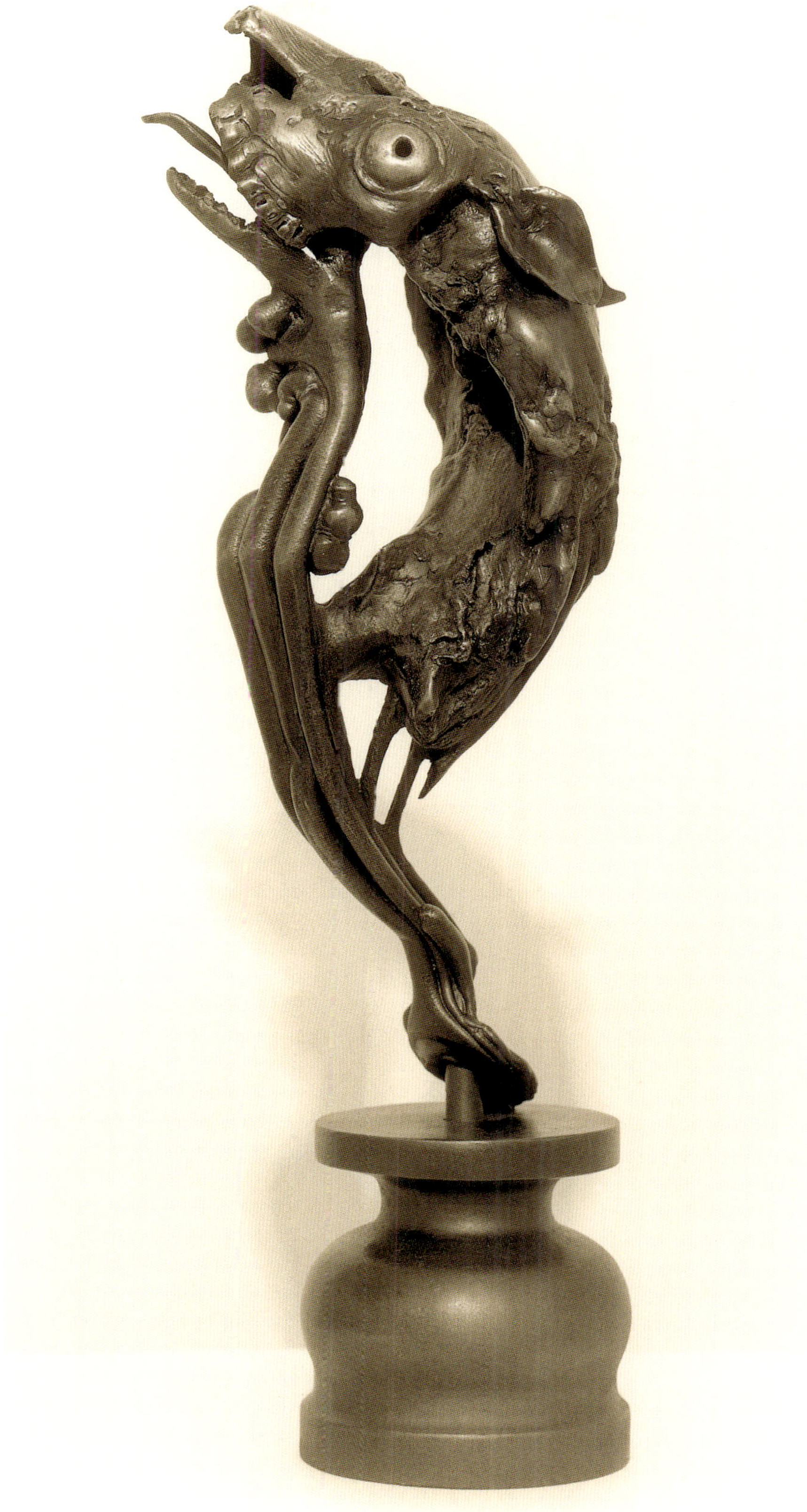

Comme toujours – 1996 – bronze – 51 x 18 x 12 cm

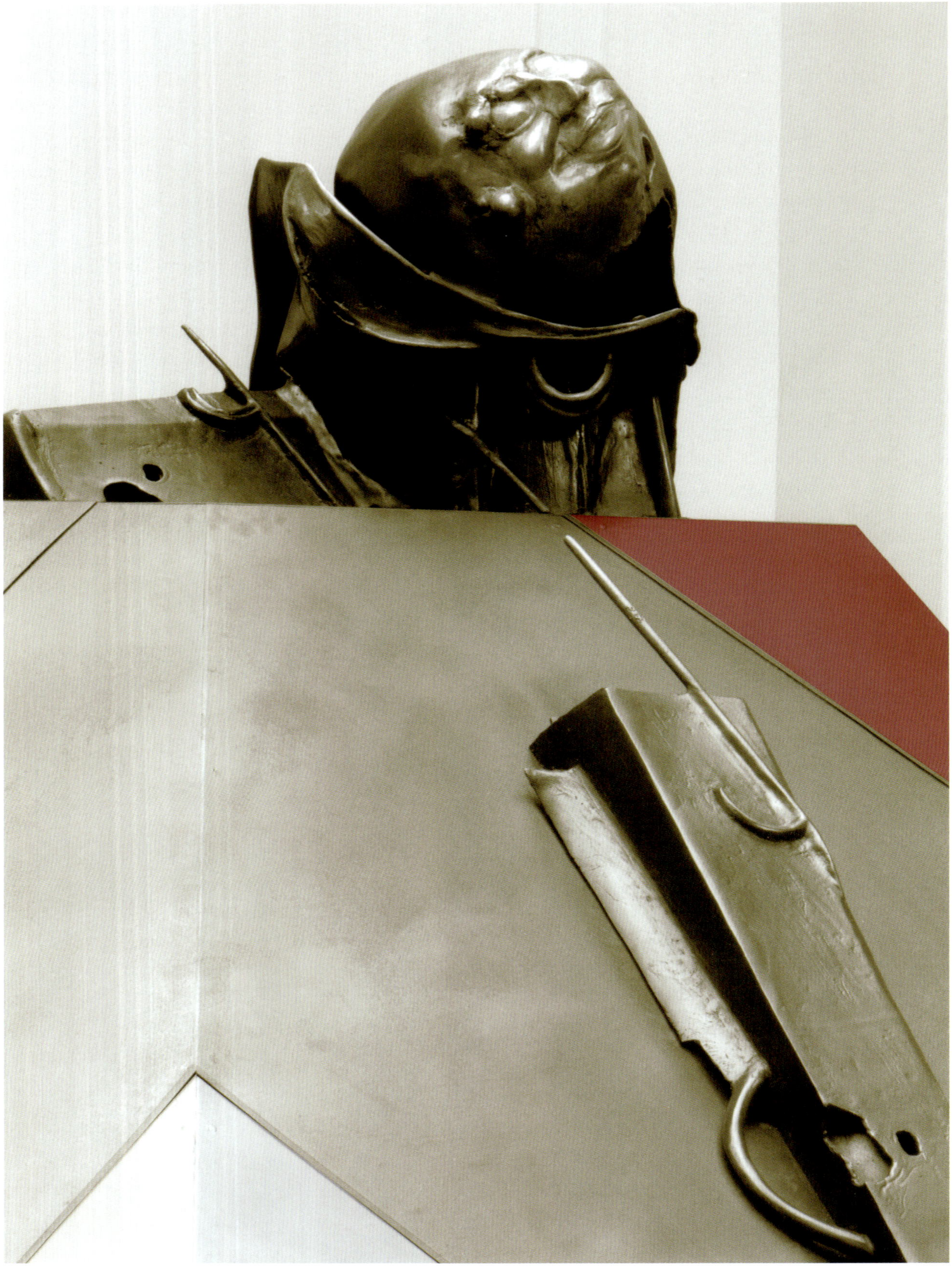

L'envoyé – 1994 – bronze – 53 x 78 x 50 cm

Bien que l'on n'ait pas de prise sur cet autre ordre, il peut offrir énormément de choses à l'artiste attentif. Pendant toute sa vie, Landuyt a 'souffert' d'images eidétiques (*eidos* signifie 'forme') : ce sont des images de représentation nettes, optiques, de couleurs vives, qui furent un jour curieusement décrites en psychiatrie par le terme 'pseudo-hallucinations de Kandinsky'. Nous notons en passant que sa mère hypersensible était également sujette à des hallucinations optiques à l'automne de sa vie. Hormis la question agaçante de l'origine de ces représentations qui s'imposent, ou des images en général, l'artiste les a utilisées immédiatement comme une source d'inspiration permanente, fiable. Ces images abstraites sont souvent traduites dans ses compositions figuratives ou elles ont trouvé leurs équivalents plastiques figuratifs. Cette source d'inspiration extrêmement intime alterne, ou peut être complétée par des observations concrètes : la Croix de Saint-André (*Nommez-le quand même André* 1986) peut tout aussi bien être une traduction eidétique, comme celle du signal routier bien connu à un passage à niveau. De tels mécanismes, pour ainsi dire les pré-créations de ce que l'artiste va créer, se trouvent également à la base de la quête de Landuyt, qui l'a conduit d'Aristote à Prigogine, et sur laquelle une partie de son esthétique a été construite.
Pour Aristote, tout ce qui n'existe pas encore, mais qui *peut* être amené à exister se trouvait dans les *potentia*, qui peuvent être mis en liaison, avec bonne ou mauvaise volonté – selon les circonstances – avec les probabilités dans le monde subatomique et la physique quantique. C'est pour cette raison que Landuyt avance que rien n'est vrai à l'avance : l'œuvre d'art, le comportement ou 'l'événement' se développera à partir de la probabilité : et cela se déroule via ce qu'il décrit comme 'le processus'. Le monde des probabilités de Landuyt est le monde intermédiaire entre l'être et le non-être ; chez les anciens Egyptiens, c'était la *douat*, la méso-réalité, la zone de transition, là où l'on voit déjà quelque chose mais où l'on ne peut pas distinguer cette chose. Mais c'est également la zone transitoire – dans les deux directions – entre la vie et la mort. Nous retrouvons également le principe de la zone de transition dans l'hindouisme, où *maya* signifie le monde des formes en perpétuel changement, et *lila* le jeu créatif par lequel la divinité se transforme en des formes observables. Dans la science d'aujourd'hui, les accélérateurs de particules révèlent un lien fondamental entre les 'matières en puissance' et les *potentia* des anciens Grecs. Ajoutez encore à cela les champs morphologiques ou 'domaines potentiels de formation' de la thermodynamique ou du biochimiste contesté Rupert Shelldrake, et on remarque inévitablement le caractère intriguant que ce phénomène peut avoir pour l'artiste plastique. Landuyt n'est pas un disciple aveugle de tous ces théoriciens, mais cela l'aide tout au moins à nommer les phénomènes plastiques : l'objet ou l'œuvre d'art 'chargé(e)', l'œuvre que l'on 'voit' parmi les nombreuses autres, la 'force' de l'image. La manière dont l'image est libérée de sa puissance à exister à travers le processus créatif nous conduit aux légendes autour de Michel-Ange. Mais pour Landuyt, l'artiste 'développe' l'image tandis que simultanément il 'l'enveloppe' pour le spectateur, et quand il le fait mal, l'œuvre d'art est trop compliquée !

Le clair-obscur n'est qu'une version de cet enveloppage, car le principe concerne toute l'action créative. Peut-on voir cela dans l'œuvre de Landuyt ? Pour l'amateur : non, bien que le connaisseur reçoive une carte d'accès aux zones de l'œuvre d'art, qui seraient sinon inaccessibles. Mais la compréhension s'applique évidemment en premier lieu à l'artiste lui-même.
Il existe dans l'art pictural de sublimes échantillons d'images, qui en raison de leur caractère flou ou de leur apparition contenue existent et n'existent pas à la fois. Elles aiguisent notre attention et attirent le spectateur vers elles. Sur l'apparition de l'image, Landuyt donnait généralement un cours lors duquel une image (généralement un nu) était projetée dans un local complètement occulté. Dans l'obscurité totale, il montrait d'abord la limite de l'apparition : une forme vague 'enveloppée', qui pouvait encore partir dans toutes les directions. Petit à petit, il augmentait l'apport de lumière (comme aujourd'hui avec un variateur) et après avoir beaucoup deviné et supputé, la femme nue apparaissait en sortant de la zone de transition – quelle est l'étymologie et la signification littérale d''apparaître' ? Directement, les étudiants comprenaient le mur humide, dans lequel les peintres de fresques de l'époque voyaient tant de figures possibles, on comprend l'utilité de surfaces préparées à partir desquels l'artiste part – pour autant qu'il peigne, car le principe est tout aussi valable pour les concepts tridimensionnels. On voit que la lumière n'est pas la seule à provoquer ce phénomène, à la fois aux constructions radiculaires bizarres devant lesquelles les anciens Chinois méditaient autrefois et aux croquis de Giacometti : une forme douteuse se dessine chaque fois à partir d'un fourmillement de lignes, ce qui est à nouveau une autre traduction du principe du clair-obscur.
Landuyt a découvert le langage de la matière dès les années cinquante, il a souvent utilisé ses automatismes solidifiés comme base pour la construction de ses œuvres et il a fait usage dans ce cadre des nombreuses variantes de ce principe...

La transhumance transfinie (2000) est un grand pastel dont la naissance illustre de manière saisissante le processus créatif chez Landuyt. Cela ne commence et cela ne finit en effet jamais, la transhumance elle-même non plus, la migration saisonnière du troupeau vers la haute montagne. 'Transfini' est la notion mathématique pour infini : l'artiste est condamné à obéir à la contrainte du processus créatif, comme la vie est soumise au cours des saisons – avant que les années n'existent, on comptait les années de vie sur base des saisons. La même évidence réside dans le récit de la naissance de cette œuvre, ainsi que dans chaque œuvre des dernières décennies – et dans toute la pratique artistique de Landuyt.
Du fait de ses relations avec les personnes de l'industrie du papier, il avait pu constater lors d'une visite de travail quel type de monde se cache derrière ce support de la civilisation occidentale. Le papier est produit sur base de masses confuses de bois, de déchets textiles, de vieux papier et d'autres produits de recyclage. Lors de cette visite, il fut frappé par des tas de déchets d'os de charognes d'animaux – et il y eut même une fois, indique l'artiste crûment, également des restes d'os humains ! Voici les éléments de base d'une matière première, que l'on peut étendre, alterner et varier adéquatement, du carton d'emballage

aux feuilles de dessin les plus raffinées. On verse la pâte sur un grillage, l'eau s'égoutte, la bouillie de papier sèche et devient du papier. Landuyt s'intéressait tout particulièrement à la composition de ces pâtes et dans une telle mesure qu'il obtint que des mélanges spéciaux soient créés pour lui, de sorte qu'il put en déterminer lui-même la taille du grain. Cela lui permit de fabriquer lui-même les panneaux pour ses pastels, d'y appliquer adéquatement la pâte à papier et de laisser sécher et durcir l'ensemble. Nous avons souvent signalé le rôle de l'organique dans la création de Landuyt, et le bois et les os (gélatine) sont ici aussi des partenaires délibérés. Mais il est tout aussi remarquable qu'il parte d'un *principe* – ce qui signifiait étymologiquement aussi le 'commencement' – ou d'une notion de base. Le sujet n'est pas encore connu, seul le papier et le principe qui en découle sont là. Puisque le processus se déroule dans l'immense contexte de la vie qui se vit et des événements qui se déroulent, il emmena sa collaboratrice Marita Van Laethem et sa petite-fille à l'étang du jardin, où le panneau fut trempé dans la vase de la berge. La vase est composée de cadavres de feuilles. Dans cette puanteur organique, la surface fut dotée de gadoue noire et de mottes de boue, sous l'œil attentif de son assistante en formation. La feuille fut alors emportée à l'atelier où elle allait sécher pendant des semaines jusqu'à ce que les croûtes de boue puissent être enlevées, que leur trace soit visible et qu'un fourmillement

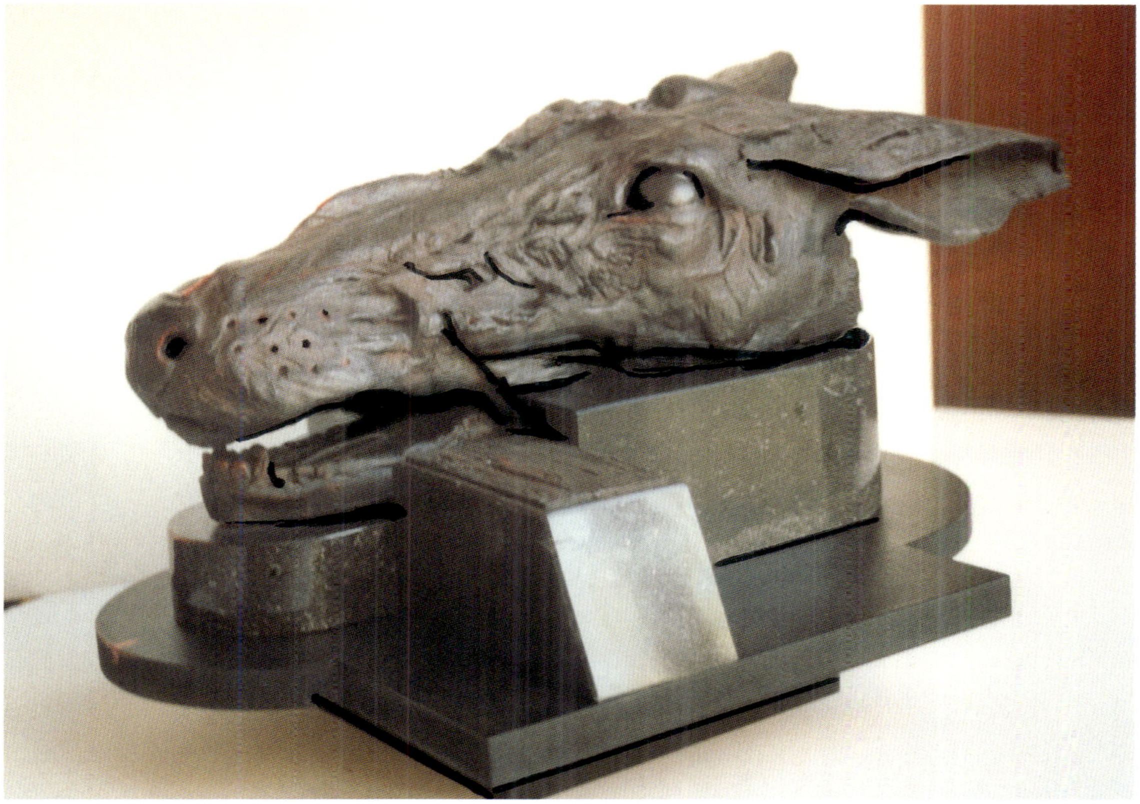

L'intolérance de l'animal – 2005 – céramique, pierre de taille – 22 x 18 x 48 cm

se produise sur la feuille avec des centaines de dessins possibles. Quand Landuyt place ensuite le panneau sur le chevalet, approche une caisse avec des centaines de tons de pastel, il sait déjà environ ce qui apparaîtra et le jeu peut commencer !
Si l'amorce est un tâtonnement prudent dans un océan de possibilités, une évocation et un repoussement, arrive inévitablement la phase au cours de laquelle le principe actif du processus créatif entre en action, et rien ni personne ne peut en déterminer le début sauf le principe lui-même, qui absorbe pour ainsi dire le créateur. L'artiste 'est dedans...'. Le phénomène est si reconnaissable que Paul Valéry notait déjà dans sa *Poietica* de 1923 : « A mesure que l'œuvre ressort davantage, elle s'affirme plus fortement vis-à-vis de l'auteur. Elle le fait appeler et l'utilise comme esclave à qui elle impose des exigences de plus en plus fortes. Exactement comme quelqu'un qui, à mesure qu'il se risque plus loin dans un paysage de montagne, perd en chemin sa liberté de mouvement jusqu'à ne plus pouvoir avancer ni reculer. La suite des opérations, qui étaient initialement imposées à l'œuvre, c'est maintenant elle qui les impose. Tout semble se dérouler selon une courbe analytique. Le possible diminue, comme s'il n'y en avait qu'une quantité limitée... »

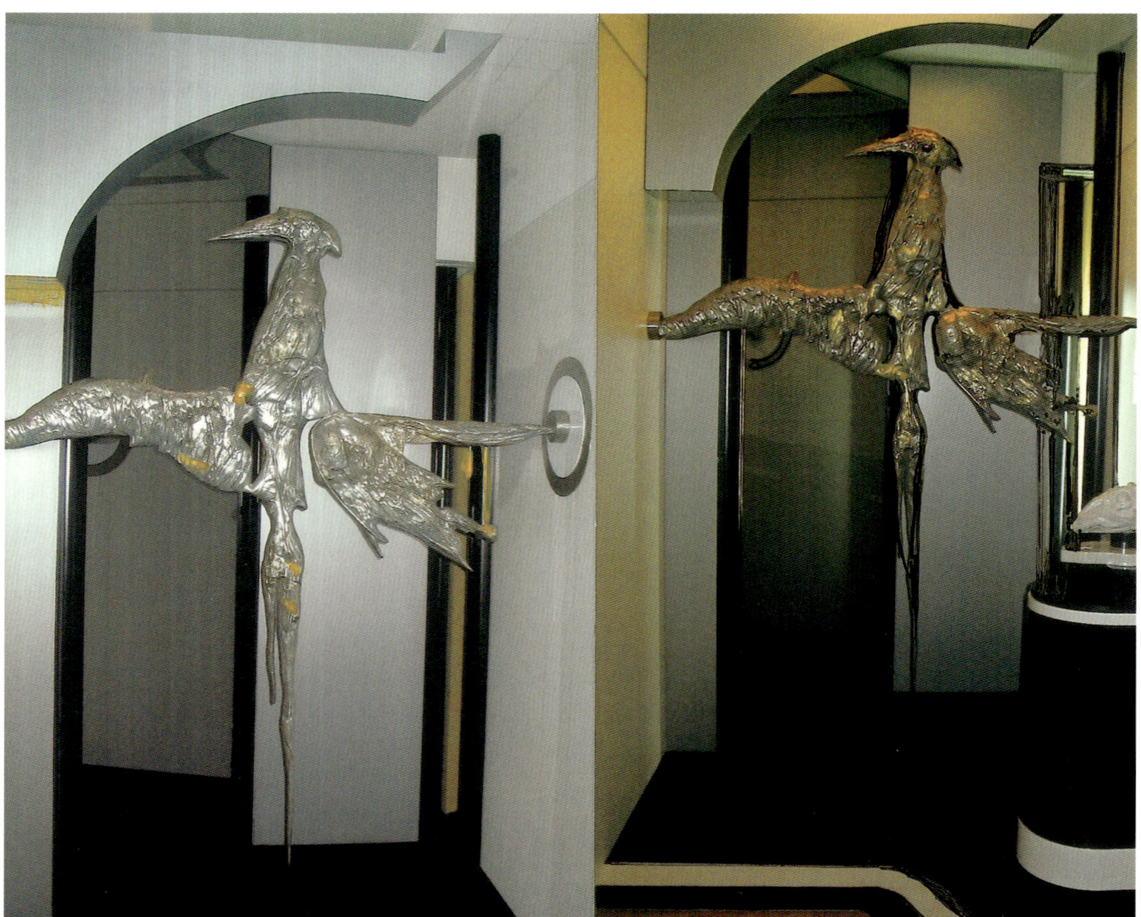

Les restitutions de la mer – 2000 – argent massif – 184 x 155 x 10 cm (2 propositions)

J'ai pu constater à plusieurs reprises que Landuyt se laisse aller lors de la création, lâche délibérément le volant et réagit aux automatismes de la matière.
Une recette, une formule ? Oubliez cela et observez : un artiste déterminé part de son propre Je, de son concept fermement délimité, de l'image claire qu'il s'est tracée et qu'il veut atteindre – et uniquement cela. Il impose sa volonté à ce qui se passe et refuse de réagir aux possibilités des *potentia*, de 'l'art en puissance'. Le processus ainsi que son principe actif sont alors bloqués, on reste dans l'ordre normal et on crée une statue ordinaire, une peinture ordinaire, un poème ou un morceau de musique ordinaire ; l'autre ordre générateur, auquel les artistes de la Renaissance croyaient si inconditionnellement, cesse d'exister dans ces cas. Mais l'offre plastique qui se présente dans cette approche comme dans celle de Landuyt et à laquelle il est attentif, dépasse l'imagination. Il la reconnaîtra dans les traces des anciens maîtres et la fera intervenir à partir de leur chenal ou de leur lit dans son propre processus créatif. Il note leur fonctionnement en observateur attentif : il a autrefois observé, guidé et imprimé sur des grandes feuilles – à nouveau des points de départ – le comportement de la peinture sur l'eau dans des caves inondées. Le frappement des gouttes d'eau dans le sable : un autre type d'impressionnisme et abordé en relief ! Il pourra tôt ou tard utiliser le jeu des lignes du fourmillement d'une colonie de fourmis, le 'grouillement' de la multiplicité telle qu'elle est disponible chez Ensor. L'objet de cette introduction est trop limité pour traiter cela plus en profondeur mais dans ses ateliers, cela 'grouille' d'objets, de lambeaux de toutes sortes qui témoignent tous de la multiplicité, sur laquelle nous reviendrons encore, et d'une propre grammaire plastique extérieure à l'homme. Car le spectateur ne voit généralement que la partie inférieure des nuages.

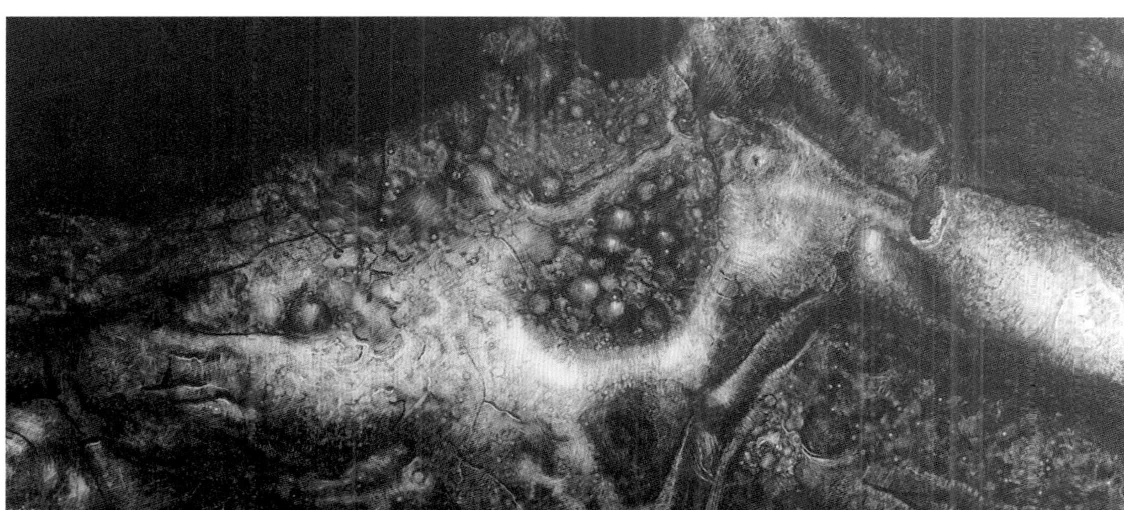

Structures internes – 1963 – encre typographique – 60 x 80 cm

Ensor et Landuyt

Lors de leur pérégrination le long du Mur de l'Atlantique, le trio Landuyt, Vermeersch et De Cnock flâna également à plusieurs reprises le long du petit magasin de coquillages d'Ostende, où habitait Ensor. Le vieux maître avait alors déjà quatre-vingt-cinq ans, était entre-temps devenu baron et officiellement proclamé 'Prince des Peintres', un piètre hommage après tant de décennies de mépris. L'artiste vivait retiré et pour ainsi dire surveillé par son fidèle domestique August van Yper. Il n'était donc pas question d'une rencontre avec Ensor mais après un pari avec ses compagnons, Landuyt tenta tout de même sa chance. Avec une recommandation en poche, il se présenta chez Ensor comme journaliste du journal du parti socialiste Voor Allen, *et en tant que socialiste, Ensor accéda à la proposition.*
Je pense maintenant, se souvient Landuyt, qu'il était à l'époque déjà devenu un peu sénile car il ne cessa pratiquement pas de ricaner pendant toute la conversation. Il fut cependant agréablement surpris lorsqu'il apparut que le jeune reporter connaissait ses écrits et avait connaissance de son habitude joycienne de créer de nouveaux mots qui lui étaient propres. Les monstres de ses œuvres grouillaient et fourmillaient dans des expressions comme 'la crevaison grenouillère' ! En récompense à tant de zèle, Ensor joua quelque chose pour Landuyt sur son harmonium. Le nez sur les touches, il tripotait les touches avec les doigts et jouait avec les sons tandis qu'il relevait de temps en temps sa chevelure blanche et lorgnait vers son jeune auditeur. Le majordome se tenait debout immobile près de l'harmonium. A l'arrière se trouvait l'imposante Entrée du Christ, *à laquelle personne ne s'intéressait à l'époque. Sur le chevalet, il y avait une petite peinture de format carte postale. En guise d'adieu, Ensor lança, tout en ricanant encore, des baisers à son visiteur et demanda une copie du texte. L'article fut écrit et transmis à Ensor. Landuyt chérit le souvenir de cette rencontre impressionnante.*
A cette époque, il était sous le charme de l'authentique, des couleurs à usage interne. Mais les coloris d'Ensor ne peuvent pas être compris non plus sans les caractéristiques opalines et irisantes des coquillages et ne peuvent pas être réalisés sans une étude minutieuse. Alors qu' Ensor les greffe sur d'autres sujets comme des figures ou des masques, ils restent enracinés chez Landuyt avec leurs structures et formes de croissance intérieures. Il dispose lui aussi d'une impressionnante collection de coquillages, dont certaines formes et certains éléments de matière sont parfois utilisés littéralement dans des objets et des bijoux. Ces mystères de la forme étaient partagés avec Prigogine et ses collègues biologistes, avec qui il vint en visite à Heusden, dans des conversations inoubliables dont j'ai un jour pu être le témoin. Mais celui qui s'y était également intéressé auparavant était à nouveau Valéry : « Rien n'est mieux conçu que ce bijou minéral et rien ne fait appel avec plus de charme à notre sens des formes spatiales et à notre instinct de façonner de notre propre main ce que nous palperions avec émerveillement... Comme on parle d'un sonnet, d'une ode, d'une sonate ou d'une fugue pour désigner des formes bien définies, on parle aussi d'une 'conque', d'un 'casque', d'une 'corne', d'une 'haliotide', d'une 'porcelaine' – des noms de coquillages. Et tous ces mots font penser à une action qui recherche la grâce et qui est accomplie avec succès. »

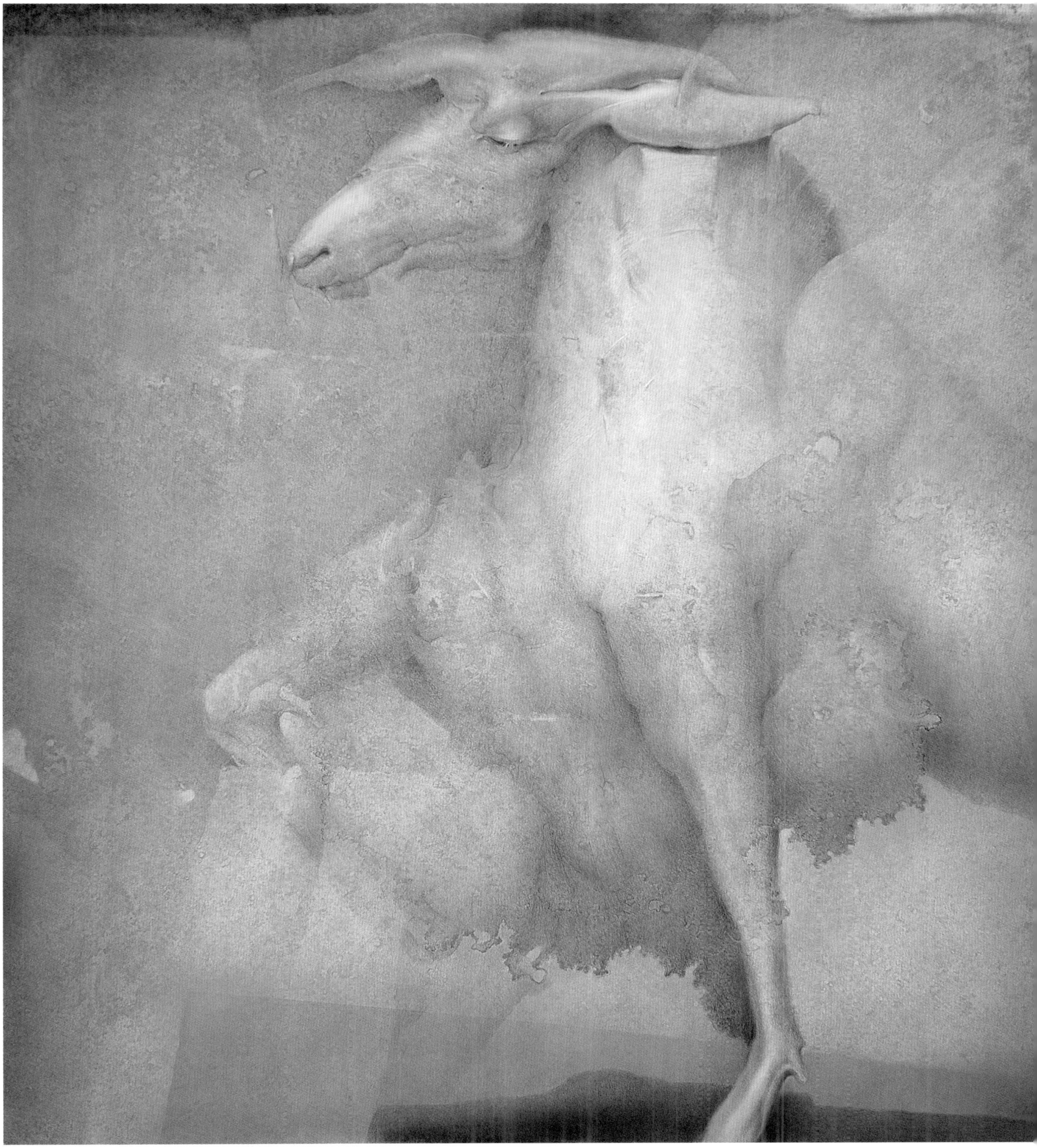

La transhumance transfinie – 2000 – pastel sur panneau – 180 x 164 cm

Après cet épisode, il est temps de raconter à nouveau une histoire qui de prime abord n'y ressemble en rien, mais qui de l'intérieur a tout à voir avec ce phénomène. A Oudenaarde, où se trouve la fonderie de plomb, on était à un moment donné en train de restaurer un bâtiment connu et pour dissimuler les travaux, on avait placé un grand écran sur un haut échafaudage et on y avait représenté une pomme agrandie : certainement quatre mètres sur cinq. Renseignements pris, il s'est avéré qu'il s'agissait d'une toile synthétique qui pouvait résister aux intempéries et au vent et que la surimpression était inaltérable et indestructible. Cet élément donna un nouvel élan à Landuyt après son quatre-vingtième anniversaire !

Dans le cadre d'un projet d'intérieur dont il s'occupait à l'époque, il avait choisi comme mur une sublime plaque de marbre non travaillée, et la nécessité de poursuivre cet élément plastique dans une fresque au plafond était trop belle, il ne devait donc pas la laisser passer. Il ne se voyait plus rester pendant des semaines couché sur le dos sur les échafaudages et pensa à la pomme sur le marché d'Oudenaarde ! Il rechercha comme support un tissu qui pouvait à la fois être collé définitivement au plafond et qui pouvait recevoir la version photographique de son projet : un agrandissement en couleur. Cette 'toile' a finalement été trouvée et le projet a depuis été réalisé avec succès. Tout est bien qui finit bien !

Si ce n'est que Landuyt avait à nouveau découvert un principe qui pouvait lui être utile. A quatre-vingts ans passés et encore plein de projets créatifs, il appréhendait la longue préparation, la mise en route et la peinture compacte de ses formats géants. Il pourrait évidemment aussi passer à des formats plus petits et traverser toutes les portes avec son œuvre, qui s'ouvriraient alors plus facilement pour lui – mais c'est justement cela qu'il n'est pas capable de faire : une grande œuvre n'est pas une petite œuvre et vice versa.

Il doit alors probablement avoir repensé à son cours sur la naissance de l'image et les nombreuses zones génératrices potentielles que l'agrandisseur avait un jour mis à nu. Un trait de graphite d'un crayon, une éraflure ou un trait de pinceau deviennent, agrandis sur une surface de trois mètres carrés un monde de formes inaperçues, un mur humide qu'il peut diriger lui-même dès l'ébauche. Il a donc pour commencer fait toute une série de très petits projets de base extrêmement élaborés, prévu la réalisation de tout ce qui pourrait devenir passionnant lors de l'agrandissement et fait réaliser toute la série sur des grands panneaux. Il avait ainsi non seulement épargné des mois de travail préparatoire, mais également acquis des avantages plastiques considérables en utilisant de nouvelles techniques et cela se voit aux chefs-d'œuvre récents. Du principe de départ, plus rien n'est visible pour l'amateur en raison des nombreuses couches successives, mais il y a une valeur ajoutée évidente, un 'presque rien' qui est presque tout.

Le processus du principe actif, que nous avons tenté de développer à l'intérieur de l'œuvre d'art, est également valable en dehors de celle-ci. L'occasion, ce que les scientifiques appellent 'l'attractor' était la représentation de la pomme géante, qui a lancé un processus de réflexion qui a passionné l'artiste pendant plusieurs années, et qui s'est terminé dans ses peintures via une nouvelle sorte de *ceiling picture* : du Landuyt tout craché.

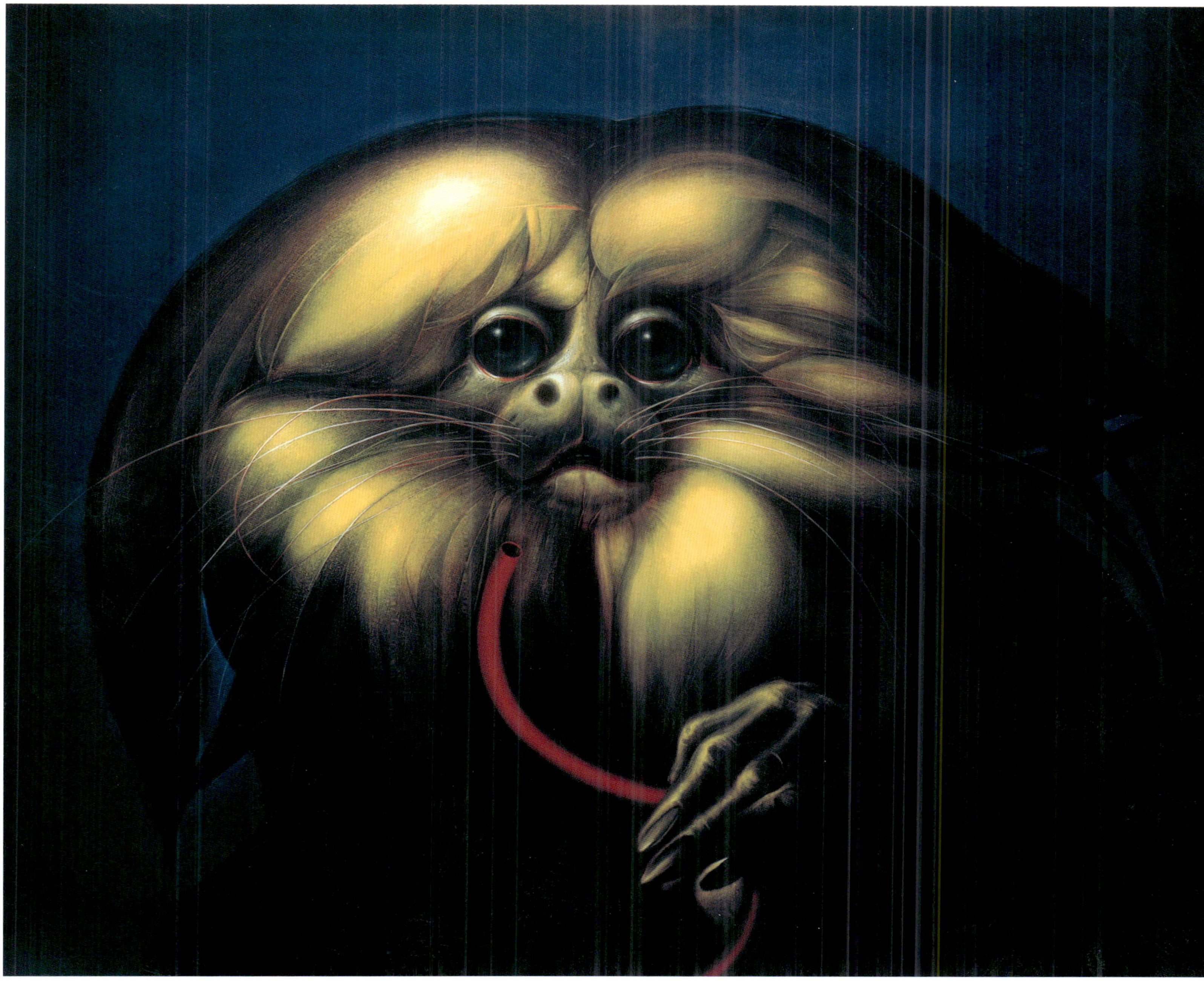

Le moment absolu – 1981 – huile sur toile – 165 x 200 cm

La qualité de l'objet (d'art) qui résulte de l'action d'un excellent spécialiste peut être considérable, mais ce que l'on appelait dans la tradition 'la main du maître' continue à jouer un rôle. La maîtrise est pour Landuyt aussi une façon de vivre qui comporte une recherche continue et pratiquement obsédante de la perfection et où il reste également maître de lui-même. Elle existe sous toutes les formes d'apparition : les escrocs, les prestidigitateurs et les artistes géniaux sont tous des maîtres. Leur action est éclatante ; le résultat chevauche des domaines moraux et immoraux. Dans ses relations avec la vie et les matières, Landuyt remet en permanence en question son comportement dans la création et ailleurs. Il met son érudition et ses aptitudes à disposition dans les cours et les écrits avec une générosité parfois étrangère à ce monde ; pour ses étudiants, son processus de réflexion plastique était du domaine public et parce que l'enseignement est pour lui davantage que la transmission des choses connues, il a également appris aux autres à poser les bonnes questions. La manière dont l'artiste plastique manie les possibilités de formes n'est généralement jamais à l'ordre du jour, si ce n'est que Landuyt sait qu'il n'existe pas de forme qui n'est basée sur aucune formule mathématique – en général complexe. Contrairement aux automatismes de la matière et à leur ordre instable, ces connaissances appartiennent solidement à la raison impitoyable qui a déterminé si profondément notre époque. Il découvrit chez son concitoyen Platteau les bases de la topologie, qui le mena à la théorie des ensembles. L'élasticité des membranes des liquides avec leurs tensions de surface lui montrèrent la voie vers des figures et des corps qui, avec la limitation des poignées et des trous, obtinrent une particularité d'un nouveau type. Pour l'artiste, il s'agissait de possibilités génératives au sein de ses dimensions et transitions familières. Il pouvait passer sur la surface plate d'un cercle à un carré ; dans l'espace, c'était possible d'une boule à un cube, ou d'un cube à une bouteille, et ce même avec une table comme forme intermédiaire. Tout, et certainement les transitions souples orientées, ce qui peut se présenter sur cette voie, est important pour l'artiste inventif. Cette compréhension n'est pas une condition pour produire du grand art, mais elle est cependant particulièrement excitante et générative. Les possibilités font partie des possibilités transformatrices à partir desquelles l'œuvre d'art peut apparaître ou non. Pour Landuyt, cette *multiplicité* est également une condition créative par excellence ; il est convaincu que dans l'ancien Japon, on tournait certainement plus de cent vases, qui différaient les uns des autres en presque rien, pour en garder un ou deux – le reste était détruit. Dans le processus créatif de Landuyt, la topologie, tout comme la phénoménologie, s'avérait un moyen de prise de conscience efficace ! Les anciens ont fait la distinction entre *kalos* et *mathesis*, et cette dernière notion est la représentation rationnelle de la beauté parfaite, pour Landuyt un des principes de base dans le cadre du façonnement esthétique et industriel. Si la multiplicité, la prolifération dominent l'œuvre de Landuyt, son approche topologique en constitue certainement un élément.

Le domaine des systèmes instables fonctionne autrement et se dirige lui-même dans des directions imprévisibles. Landuyt construisit autrefois avec son groupe de grands

bonhommes de neige dans le parc pour observer les changements de forme lors de la fonte, et c'était une toute autre histoire. Dans ce domaine, il faisait intervenir dans son façonnement des formes en expansion, comme des bouillonnements solidifiés de matières synthétiques par chauffage ou par des processus chimiques, ou des formations calcaires formées par la nature, qu'il sortait du tunnel où le canal de Bossuyt avait autrefois coulé. Et il faut encore ajouter à cela l'offre de formes des objets ou des choses existant(e)s, avec leur adaptabilité, leur capacité à se combiner et leur capacité de transformation. L'artiste doit chaque fois faire un nouveau choix dans cette offre globale et par peur de perdre quelque chose, Landuyt a beaucoup de difficultés à faire un choix ! Il choisit donc le plus possible, sachant ce qu'il perdra malgré tout ! Ce n'est jamais 'ou-ou' mais toujours 'et-et', et de ce fait il étend, distribue, empile, de manière de plus en plus complexe, de plus en plus loin de l'épuré oriental, de plus en plus proche du baroque. Et alors il fait encore une fois la somme entre le nombreux et le peu, comme preuve qu'il connaît lui aussi le principe zen, avec un signe sur la construction, une petite plume sur la statue, un trait ténu, très risqué sur le tableau, car presque rien c'est presque tout.
L'artiste est le prisonnier de ces zones de possibilités. La création doit avoir lieu en une action rapide – la réalisation et la finition sont les autres phases, auxquelles on consacre aujourd'hui probablement trop peu d'attention. Les œuvres d'art sont des traces de la charge affective humaine, transmise à la matière par des réseaux neuronaux et par des actions, afin d'être à nouveau suscitées par les mêmes réseaux chez le spectateur En fait, le processus créatif est la situation fébrile du déséquilibre, toute asymétrie demande sa suppression, et cette suppression crée une nouvelle asymétrie qui à son tour doit être supprimée ! Les centres de gravité et les supports et appuis empêchent le sculpteur de dormir, pour le peintre ce sont les possibilités qui s'appellent et se neutralisent en permanence, pour en évoquer à nouveau d'autres, jusqu'à ce qu'un presque équilibre apparaisse. C'est la plus petite distance possible vis-à-vis de l'inaccessible, où Landuyt s'arrêtera. L'image est gelée, la photo instantanée qui s'appelle une œuvre d'art et dans laquelle le grand continuum de la vie est solidifié un instant, a été accomplie. Cette distance la plus courte est-elle la faiblesse humaine ou le 'presque rien' de Jankélévitch ? Ou est-ce ce que Landuyt appela un jour 'le génialement mal-foutu' ? George Steiner s'est lui aussi intéressé à cela : « Toute œuvre créée porte le fait en soi, nous fait comprendre plus ou moins clairement qu'elle aurait pu ne pas exister ou exister totalement différemment. Dans ce qui est fermé réside le souvenir, la possibilité toujours présente du non-créé (le 'à naître'). La caractéristique extérieure de cette cohabitation essentielle (quasi nulle) est la présence de l'imperfection même dans les œuvres esthétiques les plus réussies. Il existe une erreur de tissage plus ou moins subtile dans le patron du tapis ; les architectes violent le canon formel du temple grec et permettent des erreurs dans le volume et dans le placement des colonnes. La perfection, même si elle était accessible, porte la mort en soi. »

Le processus qui passionne l'artiste est une expression du continuum cosmique et dans ce jeu créatif, sa combinaison et sa dissolution, l'ordre et le chaos, relation, dénouement, usure, construction et démolition sont équivalents : les directions se compensent complètement, comme pour l'addition et la soustraction.
Mais dans la vie organique, dont nous sommes nous-mêmes le seul observateur, tout ce qui est lié à la dissolution et à la déconstruction est vécu comme négatif, peut-être pour la simple raison que la vie est dominée par une fin, la mort. Cet aspect de la vie n'a pas été écarté non plus de la route de Landuyt.

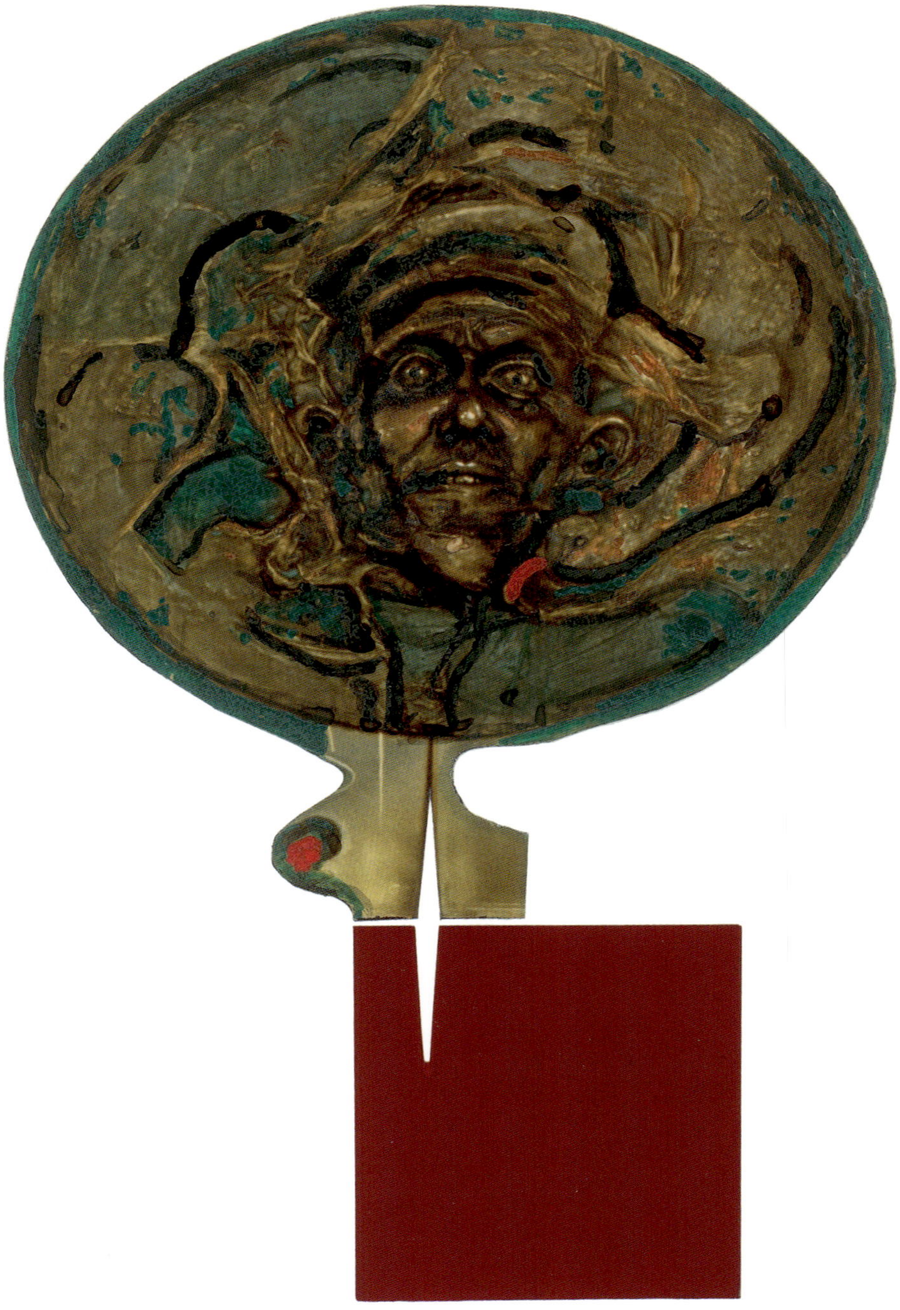

La transformation alchimique – 1985 – céramique – 52 x 62 x 7 cm

Landuyt, Brel et la mort

Tout au long de sa carrière, l'artiste est entré en contact avec le monde de la chanson française. Il réussit à citer sans faute les textes anarchistes de Léo Ferré, et Avec le temps, *qui fut utilisé pour le finale du film* Bijna niets is bijna alles, *peut faire figure de synthèse de l'œuvre entière de Landuyt. Edith Piaf visita son exposition à Ostende, et aujourd'hui encore, l'artiste a de bonnes relations avec le musicien Dirk Brossé. Mais celui qui a vraiment laissé des traces dans son œuvre était bien évidemment Brel…*
En 1979, après le décès de son père, Landuyt se retrouve à nouveau confronté à la mort. Au cours de la même période, Brel annonce également qu'il est en phase terminale du cancer, ce qui touche profondément l'artiste étant donné son estime pour Brel. Trois lithos sont la résultante de ces processus d'acceptation. L'arrière-plan est le même : une montagne gris pâle dans une combinaison de blancs. Sur la première, sur laquelle ses parents sont représentés, son père est marqué par une croix rouge agressive. Sur les deux autres, à la fois Landuyt et Brel sont marqués d'un trait rouge tout aussi agressif. Signification sous-jacente : en attendant la croix destructrice, la fin. Un cordon ombilical d'un blanc resplendissant, dont l'extrémité n'est reliée à rien, part des personnages sur les trois lithos – à l'époque une prouesse au niveau de la technique d'impression. Les nuances de blanc dominent les images sobres, pratiquement japonaises. Toutes les trois représentent des chansons que Brel écrivit sur la mort : Les vieux, Le dernier repas *et l'émouvante* J'arrive. *A écouter en regardant les trois images…*

Litho 1 Les vieux ne meurent pas, ils s'endorment un jour et dorment trop longtemps /
Ils se tiennent la main, ils ont peur de se perdre et se perdent pourtant…
(Les vieux)

Litho 2 Dans ma pipe je brûlerai / mes souvenirs d'enfance / mes rêves inachevés /
mes restes d'espérance / et je ne garderai / pour habiller mon âme /
que l'idée d'un rosier / et qu'un prénom de femme / puis je regarderai /
le haut de ma colline / qui danse qui se devine / qui finit par sombrer /
et dans l'odeur des fleurs / qui bientôt s'éteindra / je sais que j'aurai peur /
une dernière fois.
(Le dernier repas)

Litho 3 De chrysanthèmes en chrysanthèmes
A chaque fois plus solitaire
De chrysanthèmes en chrysanthèmes
A chaque fois surnuméraire
J'arrive j'arrive…
(J'arrive)

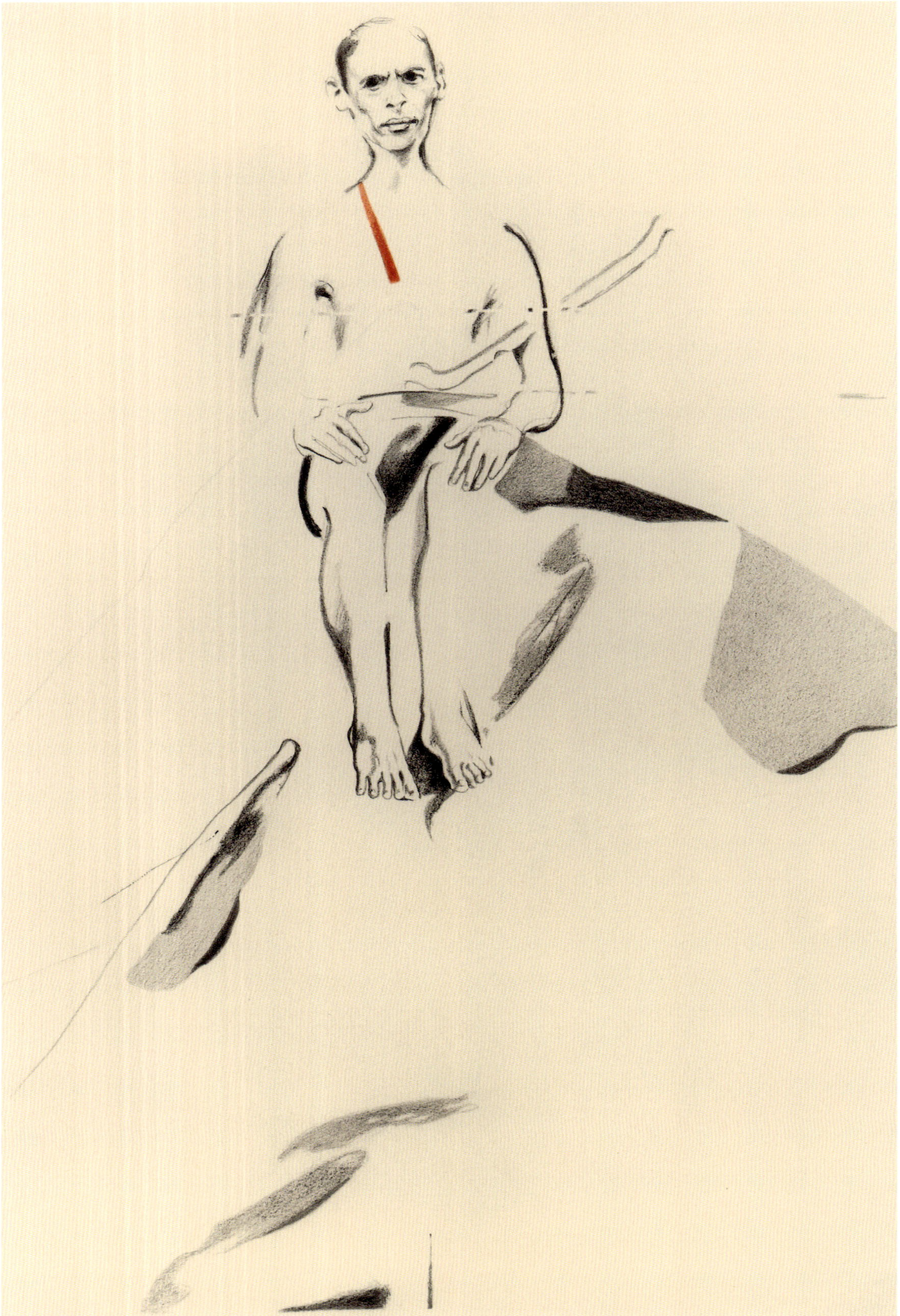

Le dernier repas – 1975 – sérigraphie – 56 x 35 cm

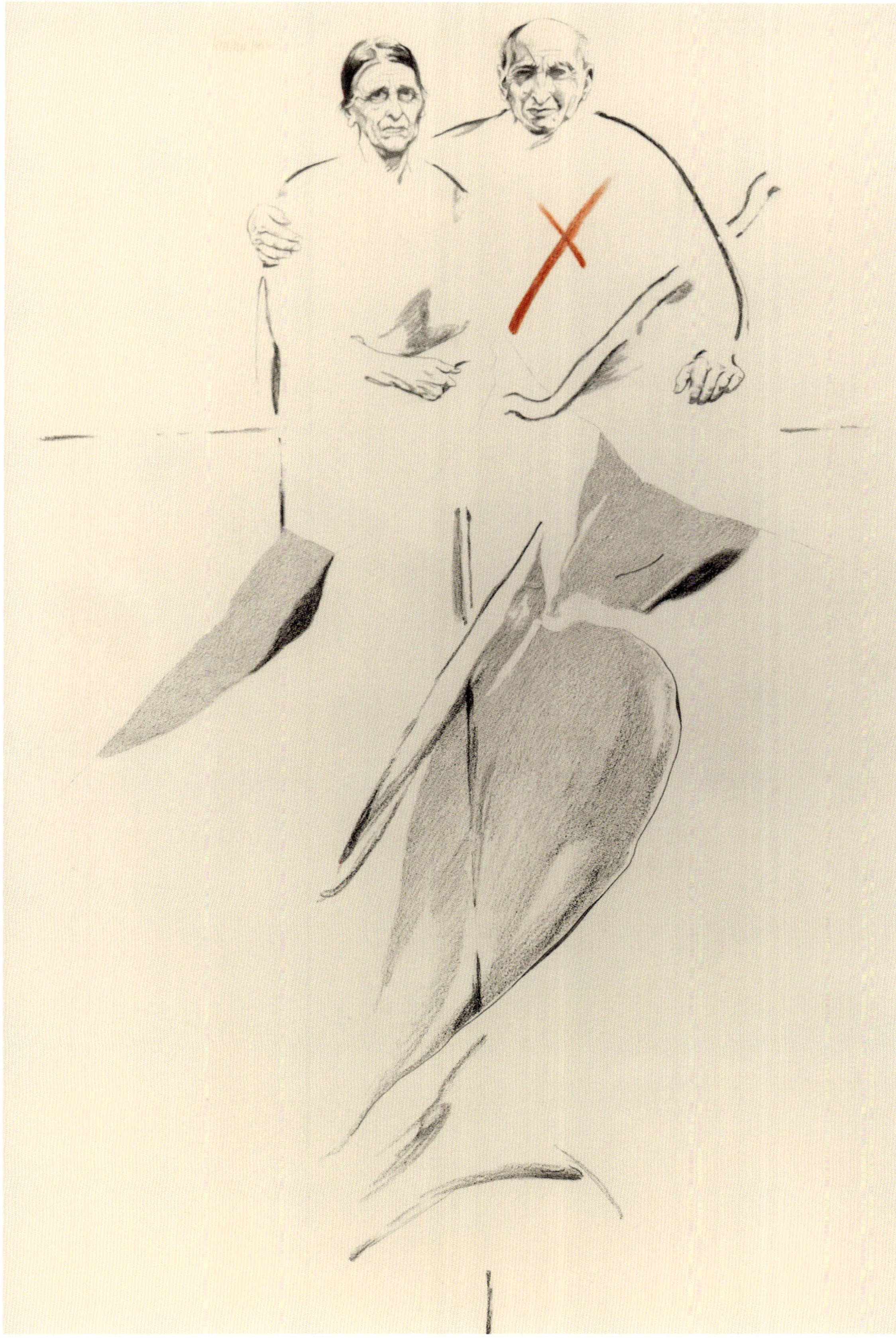

Les vieux – 1975 – sérigraphie – 56 x 35 cm

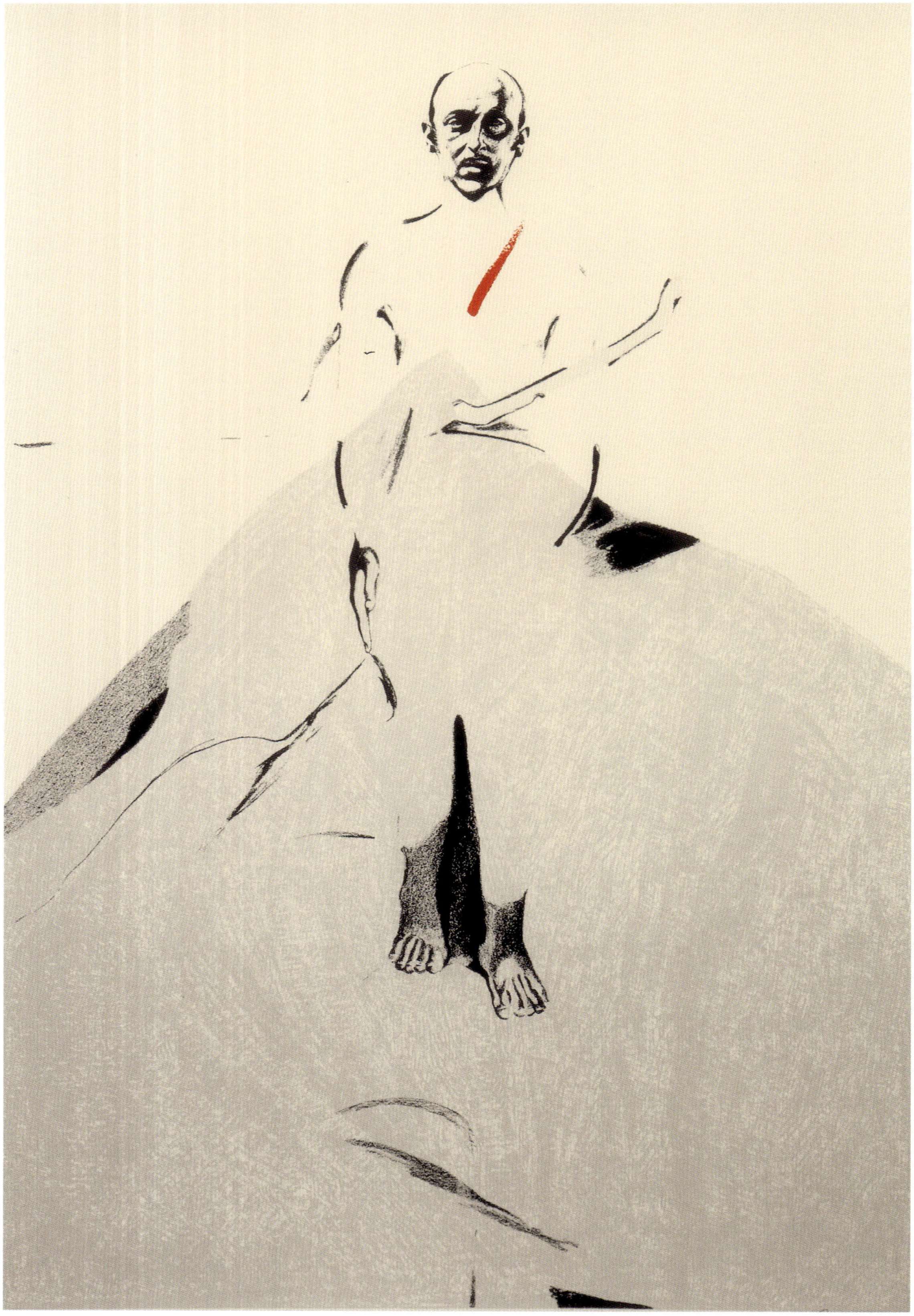

J'arrive – 1975 – sérigraphie – 56 x 35 cm

Landuyt et la mort

Si le chemin labyrinthique de l'œuvre d'art mène à l'origine même de la création et aux grands points d'interrogation de toute existence, la *poiesis* est également l'envers de la mort. C'est comme si tout art intemporel, même le plus innocent, faisait inconsciemment référence à cet autre côté, comme si la fleur et la tombe se trouvaient entre elles, comme si la rose représentait la précarité, également sans Ronsard. Dans le monde de Landuyt, nous faisons nous aussi partie des 'choses nues', l'escalier qui dépasse l'authentique, sur lequel aucune intervention n'est possible. Nous ne sommes qu'un phénomène de la vie, qu'il prend pour sujet dans toutes ses œuvres, et de la mort, qui, pour Landuyt, en fait indissociablement partie. Cela a flanqué la frousse ou même fait fuir le public, le crâne humain sur la peinture primitive avait produit le même effet sur l'homme du Moyen Age, d'autant plus que l'aspect organique et également le rouge forment pratiquement un glacis sur son œuvre antérieure. Il faut déplorer que le rôle de la mort ait surtout été signalé dans ce contexte chez l'artiste, car il se passait et il se passe beaucoup plus que cela à cet égard.
Landuyt était-il un sismographe ?
Indépendamment de ses expériences d'enfant dans l'abattoir au-dessus duquel il logeait, indépendamment des cadavres gonflés et en décomposition pendant l'exode de 1940, indépendamment des images de guerre après le bombardement de Courtrai, indépendamment des coïncidences formelles et plastiques qui ont également conduit à cet aspect de son travail et indépendamment des dissections humaines auxquelles il a un jour assisté à l'université, nous devons aujourd'hui plus que jamais nous intéresser au changement d'attitude de la société vis-à-vis de tout ce qui est lié à la mort et au fait de mourir. Les anthropologues affirment à juste titre qu'aucune société, primitive ou développée, et aucune civilisation n'a jamais tiré au clair la relation humaine avec la mort et l'au-delà. Jusqu'au milieu des années cinquante, le passage du temporel à l'éternel était encore fortement ritualisé et intégré dans la vie de tous les jours ; le cortège funèbre avançait lentement vers le cimetière, les gens sortaient encore de leur véhicule au passage du cortège ; tout le monde se découvrait encore la tête ; une veillée du mort était organisée derrière des volets baissés. Les personnes en deuil portaient des vêtements ou des rubans noirs, qui activaient inconsciemment un processus d'accompagnement.
Ce fut précisément dans cette société encore basée sur le respect et la tradition que l'artiste entama son développement initial. Le respect de la mort avait auparavant apporté des chefs-d'œuvre dans tous les genres artistiques, du romantisme aux années soixante, où le revirement allait se produire. Il n'a pas échappé aux bons observateurs.
C'est précisément au moment où Landuyt commença à mettre ouvertement et simplement la mort à l'ordre du jour dans son œuvre, que les historiens et les sociologues indiquèrent

le changement de l'approche vis-à-vis de la mort en vogue dans la société. Dans les années soixante, Geoffrey Gorer étudia les manières de porter le deuil dans l'Angleterre de l'époque et parvint à la conclusion que le deuil était devenu invisible, que la période d'isolement et les vêtements noirs n'étaient plus d'actualité et que l'on ne voulait plus laisser apparaître la peine en public. Gorer signalait que la mort était devenue un tabou social au vingtième siècle et commençait à remplacer le sexe comme sujet interdit. En France, l'historien Philippe Ariès fit grand bruit avec une étude comparable dont la conclusion était : « Le mourant n'a plus de statut et de ce fait plus de dignité non plus. Ce sont des marginaux, dont la misère n'est découverte que maintenant en dépit du silence des médecins, du clergé et des politiciens. » Emmanuel Le Roy Ladurie nota directement dans *Le Nouvel Observateur* : « Bien qu'accompagné scientifiquement et dans des chambres climatisées, on meurt isolé dans les hôpitaux et parfois comme un chien. Alors que les tabous sexuels disparaissent, la mort devient obscène. »

Au cours de cette période, le père de Landuyt mourut inopinément d'un arrêt cardiaque. L'artiste fit au cours de sa période de deuil trois lithos basées sur trois chansons de Brel concernant la mort, et c'est peut-être pour cette raison que j'écris aujourd'hui cet essai. Car sans avoir parlé préalablement à Landuyt de ces publications, je l'ai interviewé – précisément à la Toussaint – sur le phénomène de la mort, à propos des lithos et de sa propre relation à la mort, qu'il n'avait pas du tout cachée à la presse. A mon grand étonnement, il constata pendant cet interview précisément ce qui était ressorti des études de Gorer, Ariès et d'autres thanatologues frais émoulus ! En outre, son œuvre de cette période en disait plus que les thèses des chercheurs – qu'il ne pouvait pas avoir lues – mais leurs constatations étaient représentées sans faille dans ses tableaux !

C'est une des raisons pour lesquelles Landuyt voulait à nouveau intégrer la mort dans la vie quotidienne via l'œuvre d'art, une conviction qu'il a conservée jusqu'à aujourd'hui. Cela n'a pas non plus influencé l'évolution sociale, au contraire : en plaçant la mort à l'avant-plan dans les œuvres d'art, ces œuvres d'art étaient de préférence exposées en dehors du champ de vision et 'du bon cours des choses'. Mais son œuvre prophétique des années septante continue à témoigner d'un phénomène qui s'est encore amplifié entre-temps et qui n'a pas échappé à Steiner non plus : « Là où l'abondance domine, la mort est réhabilitée. Les soins médicaux et la technologie médicale privilégient les mourants à l'aide de toutes sortes de tuyaux dans des chambres éclairées par une lumière douce. Simultanément, la mort est cependant intégrée dans un processus presque commercial d'uniformité aigre-douce. Des manuels pour les parents de jeunes enfants en Californie suggèrent que la mort est plus rassurante si on tire la chasse du W.C. sur un poisson rouge. Paradoxalement, cette disparition optimiste se déroule dans une société où la faim d'une violence extrême, où la présentation du meurtre à l'écran et dans les bandes dessinées est insatiable. Etalez suffisamment de rouge sur le défunt bien-aimé, faites jouer de la musique douce par l'orgue électrique et la mort devient rapidement une *virtual reality.* » Landuyt est également un artiste important de par sa prophétie plastique de ce phénomène.

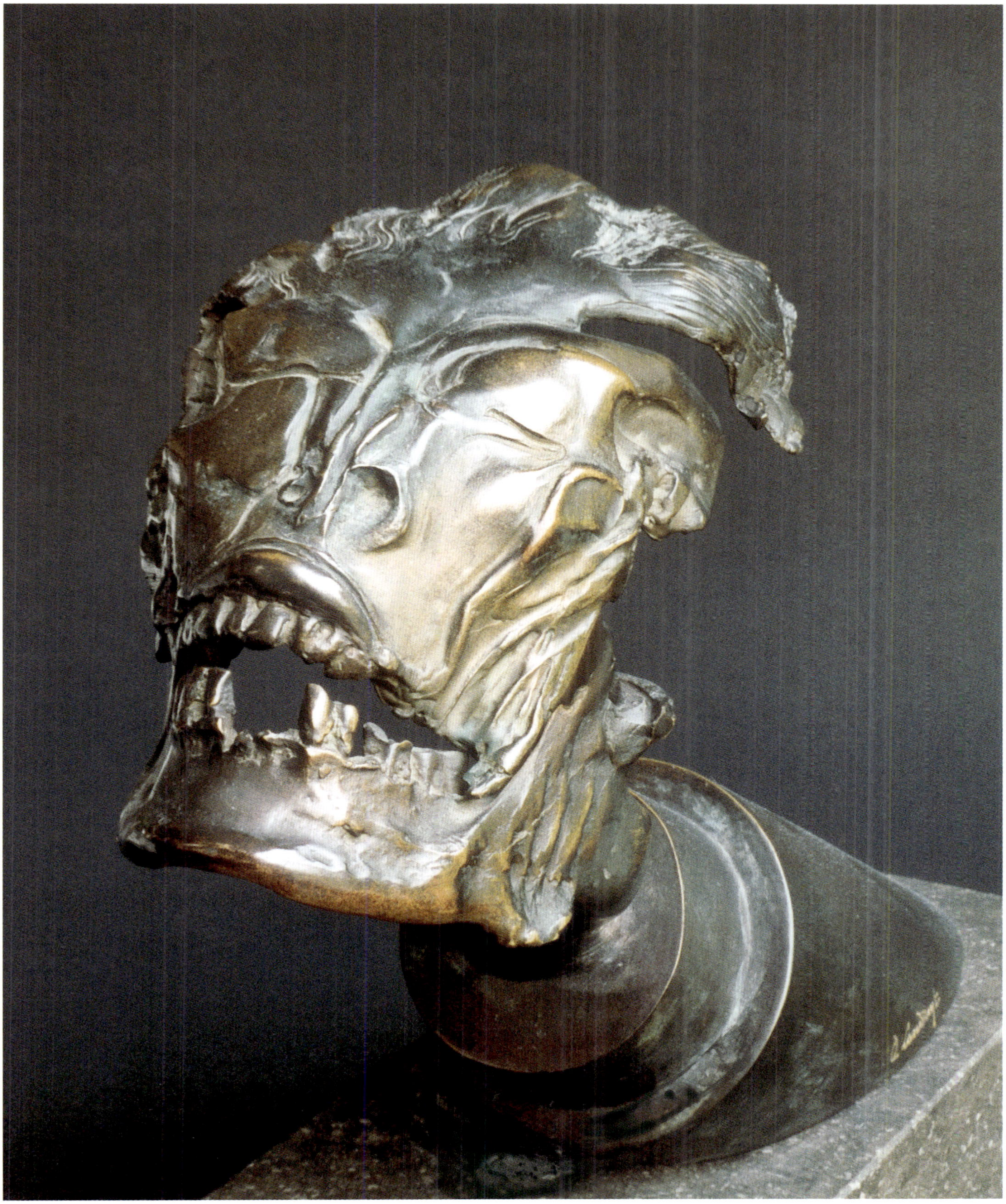

Le mordant du dernier mot – 1998 – bronze, pierre de taille – 35 x 19 x 46 cm

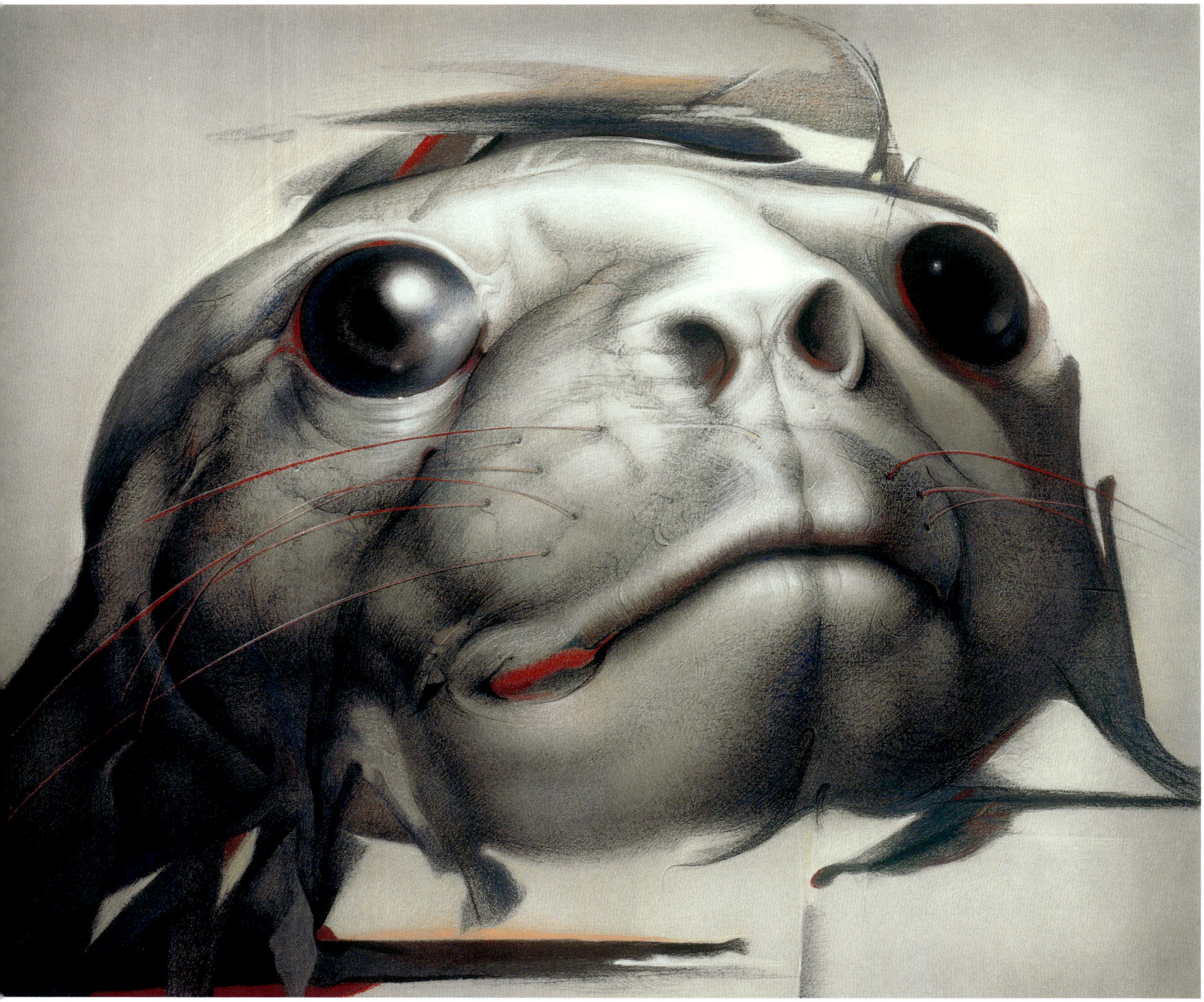

Le relevé d'une petite distance – 1989 – pastel sur panneau – 118 x 138 cm

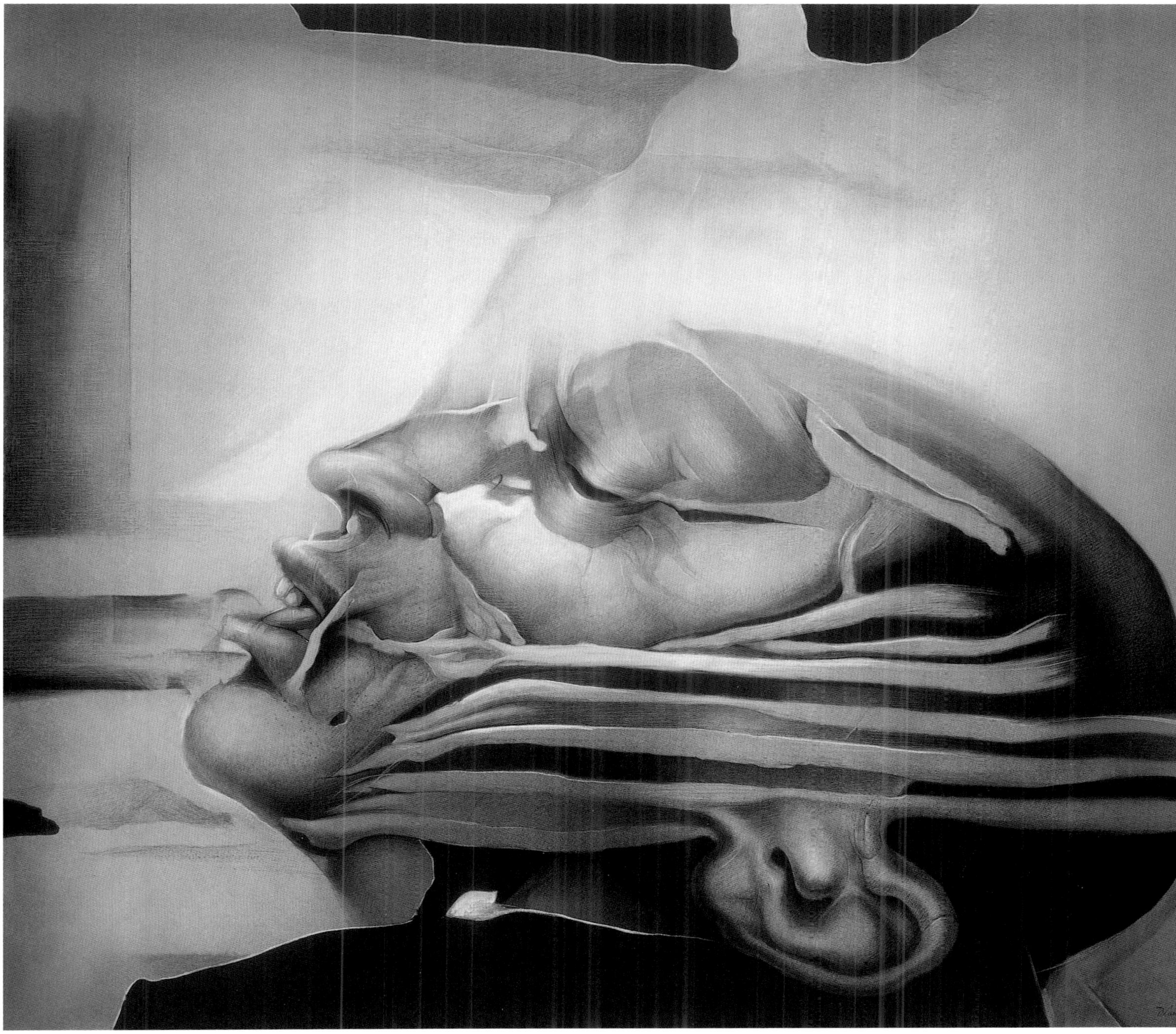

Figé au dépourvu – 1988 – pastel sur panneau – 117 x 138 cm

Le courage du désespoir

Lorsque la marque de sacs à main Delvaux demanda en 2002 à divers artistes un concept de présentation pour son modèle le plus récent, Landuyt créa à cet effet un bijou assorti en or blanc et l'appela... Diamant. *Il s'agissait d'un sac à main blanc, qui possédait toutes les caractéristiques permettant de servir de socle à bijou et il va de soi qu'un socle principal fut également conçu pour l'ensemble. Un souvenir émouvant lie l'artiste à cette maison de mode. Un de ses premiers fans était un pilote de guerre, dont les membres inférieurs avaient été paralysés après un crash, de sorte qu'il était sa vie durant cloué à une chaise roulante. Mais pour quand même garder le moral et pour pouvoir tuer le temps, l'homme s'était habilement consacré au tressage de bandes de cuir. Il avait développé une telle aptitude dans ce domaine que la maison de mode montra de l'intérêt pour ses pièces finies afin, le cas échéant, de les intégrer dans la fabrication de sacs à main. Landuyt recevait régulièrement chez lui le visiteur en chaise roulante pour discuter de ses réalisations et tous deux s'appréciaient : l'un faisait bon usage des conseils du dessinateur et concepteur sur tissu et l'artiste pouvait ainsi se remémorer les souvenirs du cuir et de la broderie dans la maison de cordonnier de son grand-père. Mais il s'agissait ici de plus que cela : du* conato *de* Vico, *la force mentale pour vaincre les obstacles physiques. La virtuosité avec laquelle l'homme tressait les rubans de cuir et les tons les uns avec les autres des manières les plus étonnantes constituait une victoire mentale sur son handicap. Nous touchons ici à l'essence de sa virtuosité ; 'virtu', dont le terme est dérivé, ne signifiait rien d'autre que le courage, la bravoure : se jeter dans la lutte après s'être exercé patiemment avec un avion de combat ou faire cela avec un violon devant un public. Nulle part, dans aucune autre performance, l'action n'est aussi vitale, littéralement pour le pilote, mentalement pour l'artiste en représentation. Mais la même bravoure fait également partie, quoiqu'un peu différemment, de l'acte créatif. La première ligne de Landuyt sur le panneau ou la toile vide de plusieurs mètres carrés, qui comportera peut-être quinze couches – il n'existe pour ainsi dire pas d'œuvre d'art qui peut être totalement terminée et totalement vécue sans cette virtu. Même si le créateur a une idée très précise de son avant-projet, il entame une entreprise dont le résultat sera inexorablement lié à l'appréciation de son ego...*

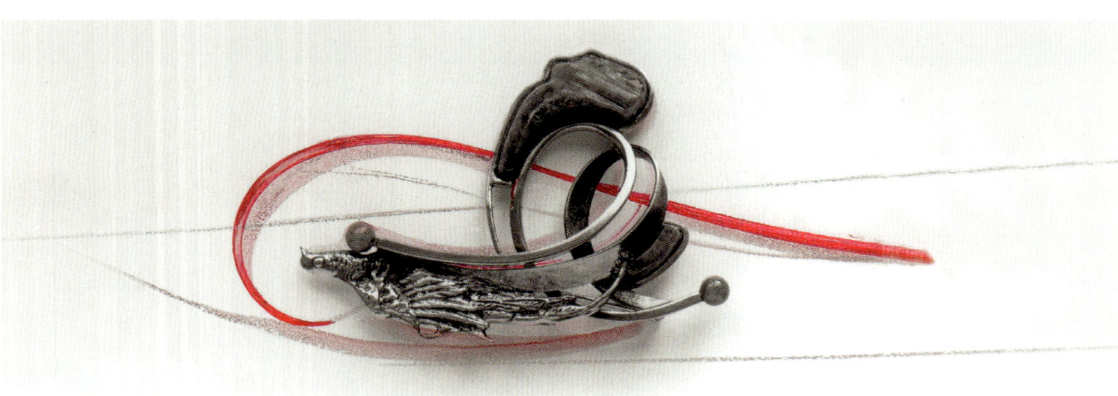

L'élargissement – 1997 – épingle, or, lapis lazuli (tissé en or) – 5,5 x 4,5 cm

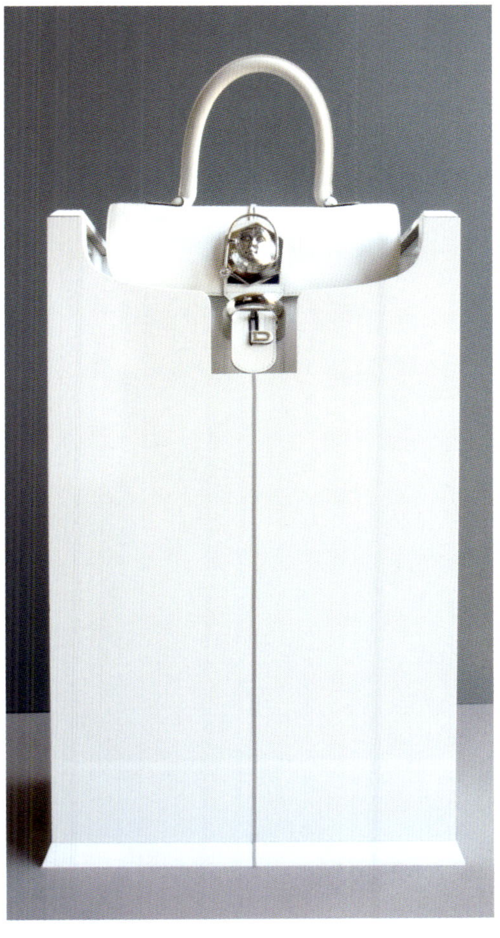

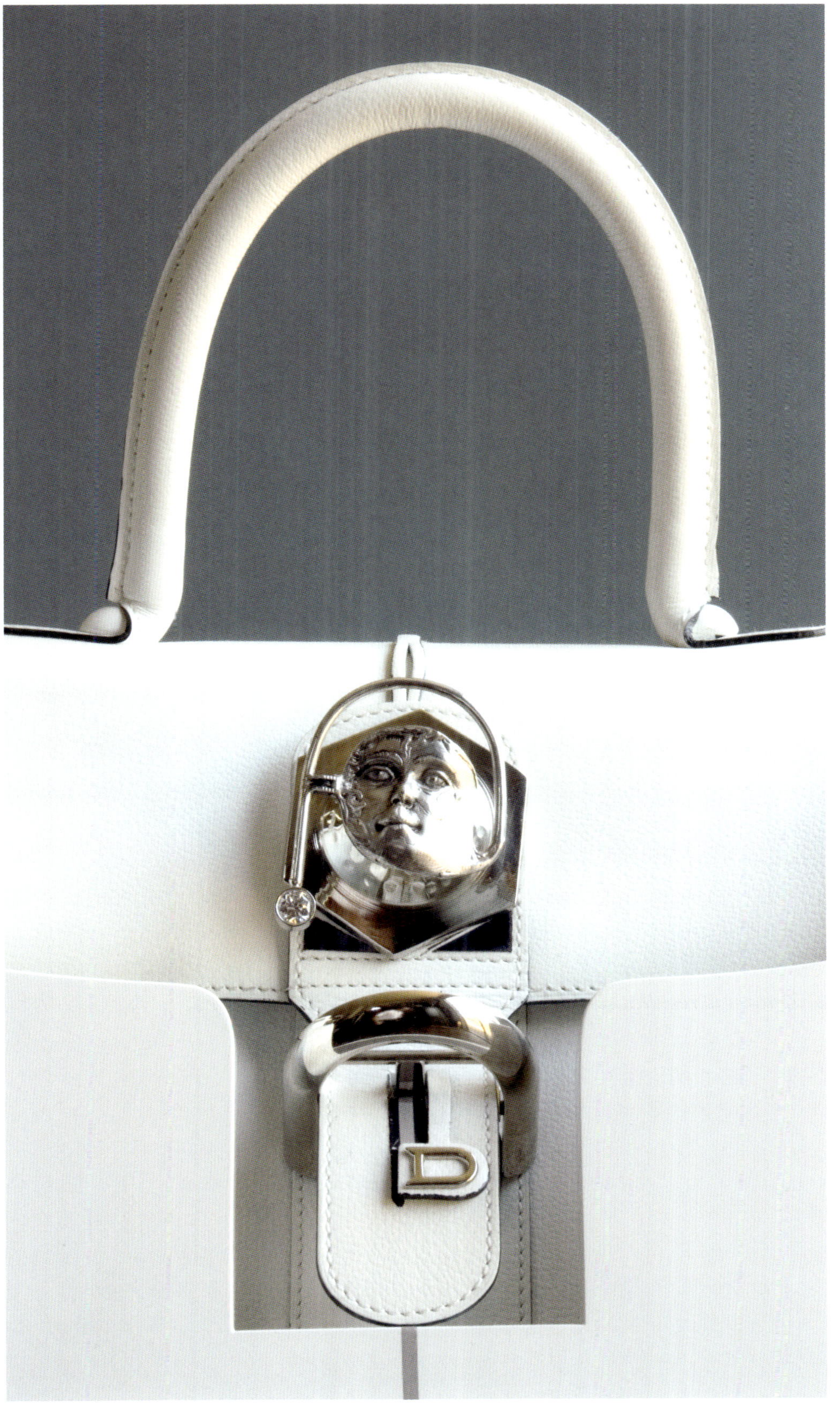

Diamant (bijou) – 2002 – argent, quartz – montage pour sac à main Delvaux

Ylya Prigogine : science et art

Il est déjà apparu entre-temps que pour Landuyt l'œuvre d'art est un système ouvert soumis à des situations où le créateur est obligé de choisir. Un choix différent conduit inévitablement à un résultat final différent qui n'est pas en soi meilleur ou pire. Landuyt avait découvert que la genèse d'une œuvre d'art est remplie de fourches ou de bifurcations de ce genre parce qu'elle naît d'une situation de déséquilibre et d'incertitude. On peut donc s'imaginer le choc qu'il a subi à la lecture de l'œuvre d'Ilya Prigogine, le prix Nobel belgo-russe de chimie, qui décrivait le fonctionnement de tels systèmes instables. Les analogies étaient si frappantes que l'artiste brûlait de rencontrer le scientifique. Cette occasion se présenta plus rapidement qu'il ne le pensait par le biais de leur connaissance commune à tous les deux, Herman Liebaert, qui dirigeait à l'époque la bibliothèque Albertina. Il apparut alors que Prigogine avait lui aussi déjà exprimé le souhait de rencontrer Landuyt. Ils étaient l'un pour l'autre bien plus que des *stars to been seen with*, et ce dont il était question pour tous les deux devint la base d'une longue amitié.

Il faut s'imaginer le bouleversement que la découverte des systèmes instables entraîna dans la science et dans la vision du monde. Jusqu'alors, la pensée était dominée par le modèle de Newton et ses lois immuables ; elles constituaient le critère du 'meilleur des mondes' de Leibnitz et un système déterministe de certitudes. Le temps n'y était qu'imaginaire. Pour Dieu, il n'y a ni passé, ni présent, ni futur : Dieu *est*. Le fait d'être primait sur le fait de devenir, dans un concept de systèmes fermés. Ceux-ci suivent, dans le passé, le présent et le futur, les récursivités éternelles de la nature et sont stables et immuables. Dans ce système, le temps est réversible : on peut lire le futur dans le passé et vice versa. La navigation spatiale est cependant possible à l'intérieur des lois de ces systèmes stables, elles ne s'appliquent toutefois pour Prigogine qu'à des parties spécifiques d'un plus grand ensemble et ne sont pas un critère de l'évolution cosmique. Dans les systèmes ouverts et instables que Prigogine a étudié, la cause et la conséquence sont loin d'être proportionnelles l'une par rapport à l'autre, une évolution permanente est en cours et le temps a de ce fait une direction : sa fameuse 'flèche du temps'. Le chaos y est un phénomène caractéristique qui fait chaque fois apparaître de nouvelles structures, avec comme caractéristique permanente que leur complexité augmente chaque fois. Cette complexité est également une donnée permanente dans le processus et l'œuvre de Landuyt. Ces deux personnages étaient fascinés par le phénomène du temps et par les conceptions de Bergson à cet égard : le cours de toute vie a une durée. L'élément temps est lié intrinsèquement à l'œuvre d'art et la manière dont il y est lié a certainement été trop peu étudiée.

Prigogine a lui aussi toujours été conscient des analogies entre ses domaines d'études et le processus créatif, dont le fonctionnement n'était étudié à l'époque que par quelques-uns, dont le philosophe de l'art et homme de lettres français Paul Valéry. Dans les considérations à cet égard, il a donc souvent été fait référence à Valéry.
Prigogine et Landuyt se sont également trouvés du fait que tous deux sortaient des lignes prescrites. La controverse entre la vision du monde de Newton et les systèmes instables est encore loin d'être levée et ce n'est pas par hasard que Giordano Bruno, sur qui Prigogine donna des conférences, suscitait également leur intérêt à tous les deux. A l'époque de Galilée, Bruno parlait déjà du *multiversum*, il voyait la matière comme une possibilité et le monde comme un infini. Déjà avant Giambattista Vico, il était contre la mathématisation de l'univers. Il fut brûlé.

Pour Landuyt, tout fait partie d'un continuum, dont le processus créatif est une expression. Prigogine indique que ce continuum n'évolue que par la créativité. Dans leurs conceptions à tous les deux, ce sont des systèmes fermés, déterministes qui font partie d'un plus grand ensemble de systèmes instables, comme des certitudes déterminées dans l'ensemble plus général des probabilités.
Prigogine, également un musicien professionnel, démontre comment la musique repose sur ces deux éléments : le système musical et les unités de temps sont fixes et fermés mais dans les lignes mélodiques, leurs chevauchements et leurs rythmes, le compositeur fait toujours des choix différents aux bifurcations, ce qui, notamment chez Bach, est très facile à suivre et a conduit à quelque chose d'unique. Les choix que Landuyt fait au cours de son processus créatif sont comparables à cela. La fabrication d'une sculpture est également un processus instable, dans lequel des systèmes fermés comme la pesanteur jouent un rôle, sans y être déterminants. Prigogine indiquait que toute son œuvre scientifique a consisté à amener délibérément les systèmes instables dans des situations encore plus instables pour vérifier ce qui se passait dans ce cas. Le processus créatif de Landuyt ne peut pas être mieux décrit, certainement si on prend en compte dans ce cadre la théorie du chaos et la complexité croissante : Vico apporte à nouveau son éclairage dans le *ricorso* de l'ordre et du désordre, et la multiplicité, qui rend l'œuvre de Landuyt 'baroque', attire à nouveau l'attention.
Chez Prigogine, il est certain que le temps est irréversible, car tout est en permanence en évolution et sa flèche du temps est impitoyable. Mais la créativité universelle fait en sorte que dans le déroulement cosmique imprévisible, il y ait au moins autant de nouvelles espèces qui voient le jour que d'espèces existantes qui disparaissent. Les deux amis ne parlaient pas de la direction du temps ; par respect, dit l'artiste, qui est beaucoup moins convaincu de cette flèche du temps.
A la fois chez l'artiste et chez le scientifique, la créativité apparaît selon Prigogine par étonnement et il distingue deux possibilités (la première bifurcation !). Magritte exprimait son étonnement mais ne réagissait pas au processus, contrairement au scientifique ou à l'autre

sorte d'artiste qui posent de plus en plus de questions au système. Sur le plan plastique, Landuyt appartient à la dernière catégorie. Il met le processus créatif de plus en plus en déséquilibre en sachant qu'il se restructurera ensuite par lui-même – et de manière plus complexe – et assiste à la réorganisation permanente pendant la naissance de l'œuvre d'art ; sa tendance à repeindre tombe également sous ce dénominateur. Pour Prigogine, il est évident que les éléments qui interagissent dans ce cadre, comme dans ses 'systèmes dissipatifs', échangent des informations et de ce fait l'inertie a moins de prise sur le processus global. Cette théorie a donc des conséquences idéologiques, car il en est autrement dans les visions religieuses du monde : dans la distinction entre être et devenir, Dieu représente l'être et la nouvelle science le devenir, caractérisé par l'échange de données.
Prigogine et Landuyt sont tous deux fascinés par la culture précolombienne ; Landuyt en raison de sa beauté plastique intemporelle, Prigogine également par sa religion, dans laquelle l'homme et les dieux échangent de l'énergie. Les dieux Mezcala devaient être nourris par l'homme afin que l'univers instable soit maintenu en état : les hommes et les dieux échangeaient des données et avaient besoin les uns des autres...

Landuyt conçut les couvertures des éditions originales des publications importantes de Prigogine et fit également son portrait – une grande exception. Les différences et les ressemblances entre leurs deux mondes furent confrontées en 1994 dans les *Rencontres internationales des jeunes publics* au Jardin Botanique à Bruxelles, où Prigogine et Landuyt menèrent devant un auditorium bondé un dialogue sur 'La création dans l'art et la science d'aujourd'hui'.

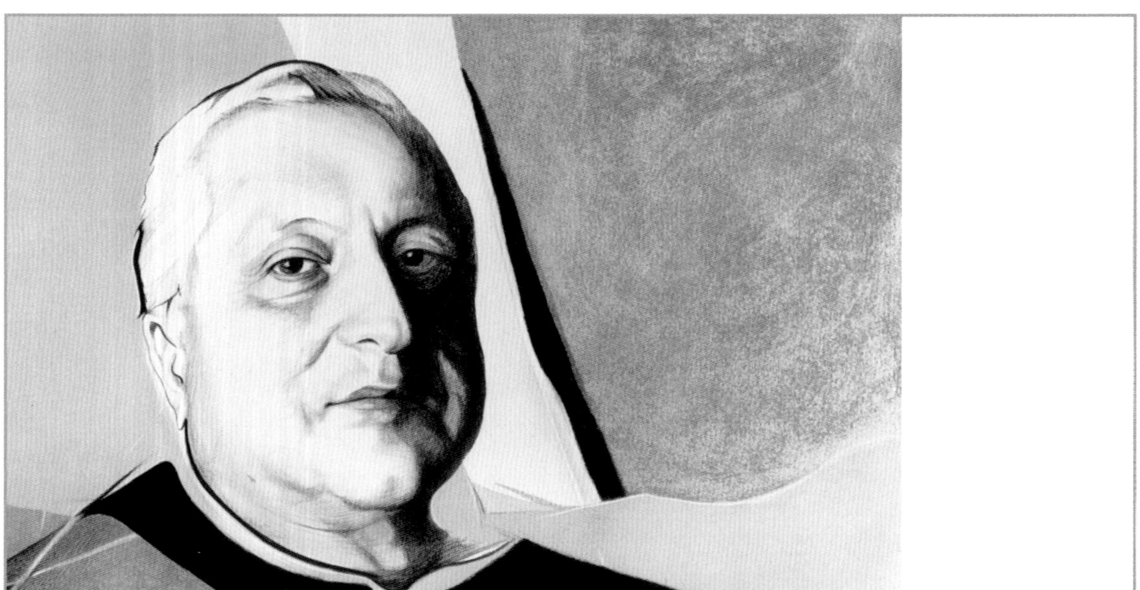

Portrait de Ilya Prigogine – 1986 – mixed media sur papier – 79 x 120 cm

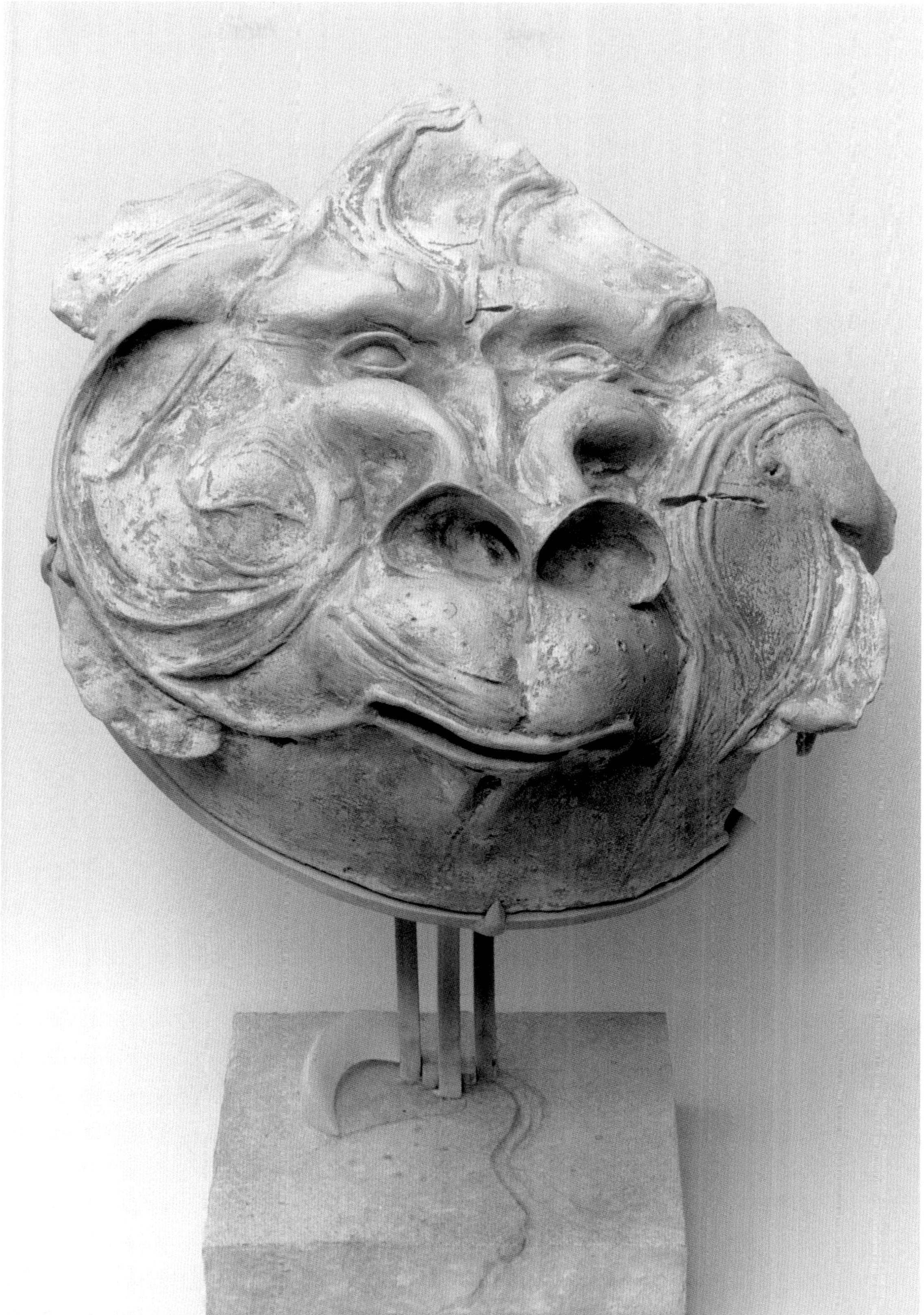

Singer d'un blanc – 2000 – céramique, marbre – 49 x 46 x 40 cm

Kamikaze

Cette série d'images était la conséquence de l'intérêt de Landuyt pour la forme du crâne rond allongé, traduit dans ses tableaux par le casque comme une sorte de double crâne, comme il se présente dans le base-ball et en navigation spatiale. On pouvait déjà le voir dans des œuvres telles que Le son du liseron *(1954)* L'effet de lune sur l'effet des choses *(1952),* L'épouvantail du stade *(1954),* L'astronaute *(1964) et* A Vladimir Kamarov *(1967), le premier cosmonaute russe à s'être écrasé. Dans le projet* Kamikaze, *l'artiste allait faire oublier tous les aspects temporels du casque en le rendant intemporel avec le feu comme allié.*
Le revêtement intérieur des casques était bleu. Il créa ensuite des bustes en céramique dans une matière usée, comme étrangère à notre terre, tout autant apparentée au bleu, avec des visages dont l'authenticité suggérait qu'ils étaient réellement venus jusqu'à nous du cosmos en brûlant à travers l'atmosphère. Les artefacts resplendissants de casques furent traités avec le brûleur à gaz et soumis à autant d'interventions que des millions d'éraflures témoignaient elles aussi de leur voyage spatial. Ici aussi, le moyen d'expression proprement dit était le feu du four à céramique et la chaleur guidée et les flammes sur le plastique des casques. Le thème du kamikaze, faisant référence au suicide des pilotes japonais, est malheureusement à nouveau actuel aujourd'hui, bien que sous d'autres formes. Bien qu'il n'était pas encore question à l'époque d'installations ou d'ensembles, il exposa la série de statues en groupe en 1969, pratiquement à hauteur de genou et de hanche lors de l'exposition inaugurale du Kunstforum de Schelderode, la galerie louangée de toutes parts d'Albert Van Wiemeersch, après quoi le projet effectua un circuit à l'étranger et s'égara dans ce cadre en Pologne, après des expositions à Lotz, Varsovie et Cracovie. Interpol le ramena.

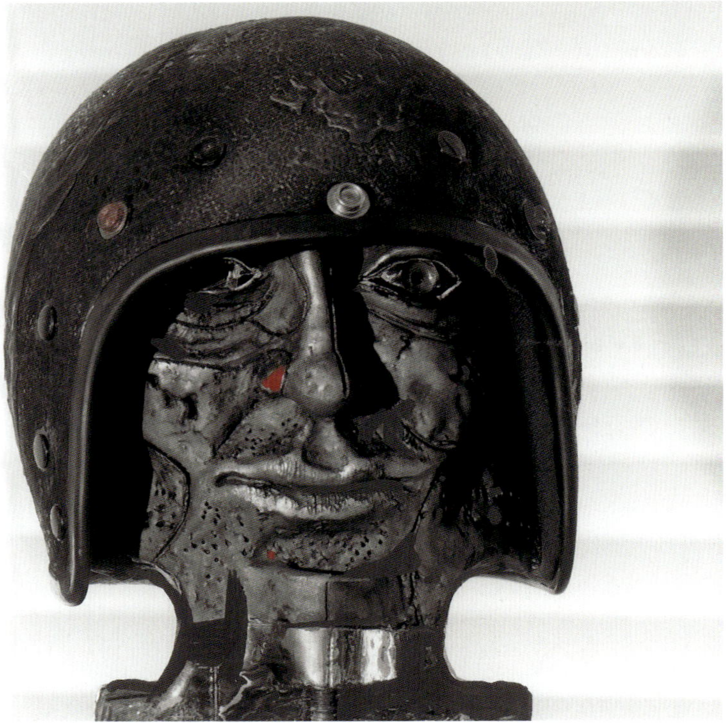

Kamikaze VIII – 1969 – céramique – 38 x 35 x 28 cm

Une œuvre est plus qu'une île : la mise en fonction

Comment se fait-il qu'un ready-made, une création *arte povera* et une œuvre d'art d'assemblage plaisent considérablement moins – ou parfois pas du tout – à leur place d'origine (le lit de la rivière, l'échoppe du brocanteur, le tas de bric-à-brac) alors que c'est le cas dans la bonne galerie d'art, dans l'intérieur design ou à d'autres emplacements choisis ? Que la grande statue du Christ de Rio ne soit pas aussi attrayante à même le sol que sur le rocher de 700 mètres de haut de Corcovado – et pas seulement parce que les détails disparaissent ? Quand les statues précieuses et les objets précieux sont à moitié déballés à côté de leurs caisses en vue de l'exposition, plus d'un artiste est saisi d'angoisse : est-ce *cela* qui doit constituer l'exposition ? La réponse à ce type de questions va de soi pour quelqu'un qui est peu amateur d'art : l'œuvre doit être en dialogue avec l'environnement. Mais l'extension à *quel* dialogue et à *quel* environnement est le petit fil innocent par lequel, si on tire dessus, tout un tissu se détache. Le principe est connu en science sous le nom de 'théorie du lacet', avec laquelle Chew a pu expliquer comment tout est en relation avec tout ou comment toutes les choses sont imbriquées les unes avec les autres, et la base de cela est la relation.
Le point de départ est de savoir si l'on est ou non ouvert à l'expérience de l'art plastique. Le fait d'être capable, l'accessibilité émotionnelle et le caractère influençable sont cruciaux. A un stade ultérieur, il n'est même pas exclu qu'il s'agisse d'un besoin : d'aller *maintenant* au musée, d'écouter *maintenant* Bach ou Puccini. Pour Landuyt aussi, c'est la situation émotionnelle idéale, qui permet pour ainsi dire de 'consulter' l'œuvre d'art. Cela implique d'autre part que la réponse à ce besoin, l'œuvre d'art elle-même, doit pouvoir remplir son rôle de manière optimale.
Beaucoup de choses ont déjà été dites – et tues – sur la manière de faire fonctionner l'art plastique dans son contexte spatial, mais pas tout loin s'en faut, et Landuyt a accordé beaucoup d'attention à ce qu'il nomme 'la mise en fonction' à travers toute son existence créative. Pas à tort et à travers, car dans la production de meubles métalliques, il était également responsable chaque année de dizaines de stands pour des salons de vente et autres, le plus souvent internationaux. Cette problématique prit une direction purement artistique dans sa collaboration avec Veranneman, bien que là aussi ce soient souvent les mêmes principes qui s'appliquent. Dans les expositions et les intérieurs, on a pu voir d'innombrables combinaisons – ou 'installations' ! – d'œuvres de Landuyt et (ou parfois dans) des concepts de meubles de Veranneman.
La préparation d'une exposition est donc chez Landuyt un processus qui requiert beaucoup de temps et d'impressions de plans et un capital important de socles et de vitrines à usage unique. Si une petite œuvre ayant une texture en close-reading n'a pas besoin

d'un grand espace, la peinture qui doit fonctionner à une certaine distance le requiert quant à elle ; les primitifs flamands sont à la fois regardés de tout près et de plus loin. C'est le phénomène du point focal qui joue ici un rôle à ne pas sous-estimer, comme dans toute exposition ou tout intérieur. La distance précise à laquelle l'œuvre est la mieux perçue est en effet variable, mais le plus grand commun diviseur de tous les points de vue était dans les anciens musées souvent visible au sol juste devant l'œuvre à l'usure de la dalle ou du tapis ! Lors de la conception d'intérieurs, il faut en tenir sérieusement compte lors du placement des tables, des meubles et des objets. Dans la confrontation avec des œuvres d'art anamorphosées, le point focal était même dicté par la formation même de l'image, sinon, la tête de mort cachée dans l'œuvre de Holbein ne se remarque même pas ! Si ces principes sont en fait basés sur la géométrie et l'optique, le fait de subir (et donc aussi de faire fonctionner) des œuvres et des objets d'art va si loin pour Landuyt qu'une étude à part entière mérite d'être écrite sur ce sujet. Dans leur qualité de formes dirigées ou dirigeantes (le triangle, la pyramide et le cône sous toutes leurs formes) et des formes non dirigées ou non dirigeantes (le cercle, la boule et les formes qui en découlent), des éléments comme la direction jouent leur rôle à la fois à l'intérieur même de l'œuvre et dans sa fonction dans l'espace. A l'intérieur de la peinture – et également à l'extérieur de celle-ci dans l'intérieur ou à l'endroit où elle se trouve – une couleur peut également fonctionner de façon à donner une direction. Et sans parler des directions figurées, comme une succession de sujets ou d'époques, par laquelle le trajet du spectateur dans le musée ou l'exposition peut être déterminé. Chez Landuyt, ce n'est pas une thèse théorique : les principes de la direction jouaient tout autant leur rôle dans les nombreux stands et pavillons d'exposition qu'il a dû concevoir, et ce même pour des expositions universelles. C'est ainsi que la direction de marche de la rue joue un rôle lors de la conception d'étalages et autrefois des miroirs servaient dans ce cadre à compléter le champ visuel, et de tels principes sont également en vigueur pour d'autres situations apparentées. Mais dans toute leur complexité, les notions de Landuyt sont d'une désarmante logique et simplicité, même si le chemin vers cette source – le *ricorso* – peut sembler long.

Outre la direction, la proximité joue un rôle pour faire fonctionner l'œuvre ou l'objet. Les êtres vivants et les choses ont en effet la capacité de s'attirer ou de se repousser mutuellement et en général l'homme n'en est pas toujours bien conscient. Les gardiens de musée connaissent cependant le besoin qui incite les visiteurs à toucher les objets ! On recherche le contact le plus intense possible, on caresse les sculptures, on porte la petite sculpture au cœur et la palpation des formes en céramique fait partie intégrante de la cérémonie japonaise du thé. D'autre part, il arrive souvent que les artistes travaillent avec les doigts lorsqu'ils peignent et Landuyt se sert souvent aussi des mains pour ouvrir la peinture. Parfois, un objet ou une statue ne quitte pas ses mains pendant des jours : par le frottement, la matière de la surface se sature en graisse de la peau et c'est alors qu'apparaît la patine, dont 'on ne sait pas comment il fait pour l'obtenir'. La statue se met à rayonner, on la voit tout à coup apparaître, elle est 'chargée'. Sa mère avait également tendance à tout palper et son ami le grand céramiste Pierre Caille fabriquait ce qu'il appelait 'des objets à caresser' ! Au sens figuré, cette proximité devient un souvenir, l'objet préféré d'une personne se trouvant très loin ou décédée, la tabatière, la montre, la bague, le bijou. Alors que le petit *netsuke* brille par l'usage quotidien, les grands lions de la place Saint-Marc sont chatoyants parce que les enfants les escaladent et en descendent tous les jours et au zénith, cette patine reflète magnifiquement les rayons du soleil : les principes restent les mêmes ! Déplacez le lion vers la gare de marchandises de Merelbeke et il mourra de sa mort de bronze parce qu'il se prive de l'architecture de Venise qui lui a permis de se déformer plastiquement.

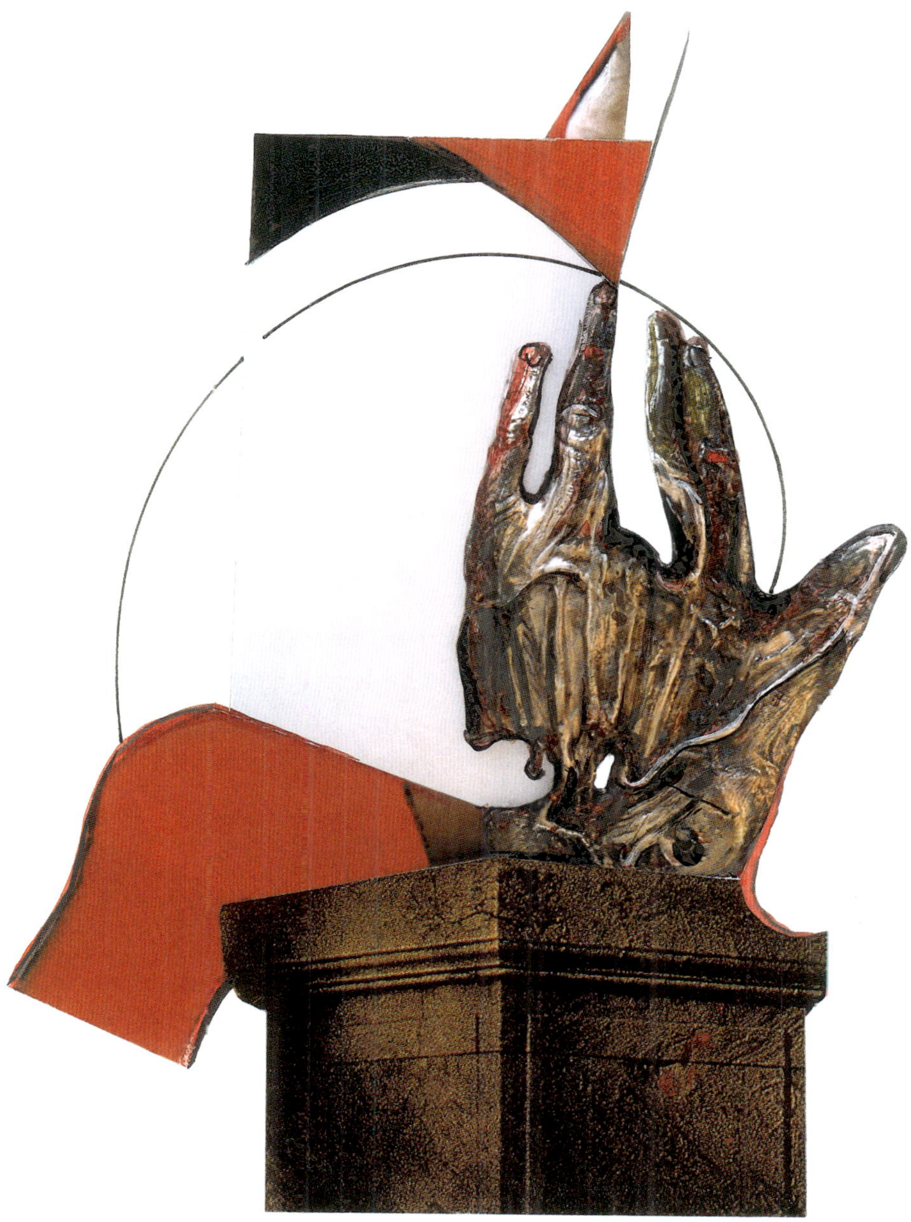

Le geste accueillant – 2005 – argent patiné – 75 x 87 x 18 cm
(construction structurelle)

Un des nombreux rêves de Landuyt était la création d'une statue de bronze grandeur nature d'une femme nue, qui serait assise à califourchon sur une poutre de chêne massif. Lors de la réalisation de ce projet, pour permettre à cette statue utopique d'exister dans l'environnement humain, il transforma la poutre en une table spéciale de forme allongée et construisit autour de cet ensemble un intérieur, lui aussi quasiment unique dans sa réalisation, avec le renfort d'autres œuvres d'art. Cela nous permet de démontrer que tout le processus, du stand de vente, en passant par les projets avec Veranneman jusqu'à la mise sur pied de l'intérieur ou de l'exposition, revient à la création d'un champ, qui peut luimême être composé de nombreux sous-champs. Via leurs propres champs de tension et de par leurs distances, proportions et familles de couleurs réciproques et tout ce que nous avons déjà cité à cet égard, les objets, œuvres d'art ou non, entretiennent de telles relations les uns par rapport aux autres qu'un champ que l'on ne peut pas (encore) décrire apparaît. Avec leur intensité de champ immensurable, ces champs fonctionnent sur tous les plus beaux sites ou emplacements de la nature et de la culture, et leur influence et leur force furent remarquées et décrites, d'abord inconsciemment mais plus tard consciemment, dès les premières expressions de la civilisation, du module du temple au modulor de Le Corbusier, et utilisées : grâce aux tout premiers designers et constructeurs assyriens et égyptiens. La connaissance de tels champs de tension fait aujourd'hui partie de l'arsenal secret de chaque discipline qui s'occupe de structures esthétiques, et certainement de celle des meilleurs créateurs d'exposition (Landuyt a donné des formations) ; mais pour les architectes et les urbanistes, elle l'était déjà beaucoup plus tôt. Dans leurs temples et églises, ces champs étaient prévus à l'avance, l'emplacement futur de l'œuvre d'art était choisi à l'avance en fonction de la lumière, qui devait être optimale au moment où le soleil arriverait sur l'objet, la tombe, la statue ou l'autel, suivant les calculs précis effectués à l'avance. Le sol aménagé en forme de rosace s'éclaire de ses motifs et de ses couleurs quand les rayons du soleil arrivent précisément à travers le vitrage central et y provoquent un petit spectacle lumineux éphémère. L'homme simple du Moyen Age pouvait encore se laisser aller à la contemplation de ces modestes merveilles – mais ce sont des champs. Beaucoup d'œuvres d'art ne restent debout que grâce à leur champ de support qui est l'emplacement où elles sont exposées. Ces dernières décennies en ont été le témoin : les petites colonnes tronquées, colorées ou non entre les murs séculaires de la cour intérieure, le fil de couleur tendu sous la voûte, ou la décoration colorée dans l'arc en plein cintre !

Un des plus anciens champs est le groupe : de l'ensemble d'arbres du début de la civilisation aux collections de statues installées ou non en rangées, leur direction et leur signification, des sphinx aux rangées de statues grecques, de l'île de Pâques aux Etrusques et à leur traduction moderne par Giacometti : un groupe est un champ, dont les parties peuvent se renforcer !

Le fait que cela n'ait pas échappé à Landuyt se voit à ses groupes de statues *Kamikaze*, qui partaient également en voyage en groupe. Dans l'exposition de 2007, de petites sculptures en or ont été présentées sous forme de batteries sur de petits vases ronds en

céramique, sur un dessin de fond créé spécialement à cet effet. La 'batterie' est un amplificateur qui contient la force tendue du début... Partez à la recherche des champs dans les expositions et découvrez-les ! Bien que le principe soit aussi ancien que l'armée chinoise en céramique de Xiang (loin d'être présentée de manière optimale dans le dépôt actuel), il n'existe pour Landuyt pas la moindre raison de négliger de tels principes et de les remplacer à nouveau par 'quelque chose de nouveau'. Cela devient cependant agaçant pour lui quand des principes et des méthodes d'autrefois acquis de manière empirique sont présentés comme des nouveautés – en sachant que ceux qui les utilisent le savent parfaitement mais le passent sous silence. Il ne reste d'ailleurs plus rien dans l'enseignement qui se concentre encore sur cela. Pourtant, le mot 'originalité' contient le mot 'origine' et il n'y a pour Landuyt rien de mal à de telles originalités.
L'isolation aussi peut être un champ : pas seulement la forme ronde en soi et les recouvrements beaucoup utilisés par Landuyt, mais ce principe est également actif dans les cocons des anciennes maisons d'opéra, les bonbonnières du Fenice de Venise et de la Scala de Milan. Elles font partie de la famille de la niche, dans laquelle la statue a été isolée. Et un seul petit spot orienté sur une statue dans le local occulté peut même constituer un champ plus puissant qu'une grande place de ville mal aménagée. Quel sera le rôle de l'image digitale dans le champ général ? Est-ce un nouveau centre autour duquel des champs totalement différents se développeront, ou sera-t-elle intégrée dans les champs existants ?

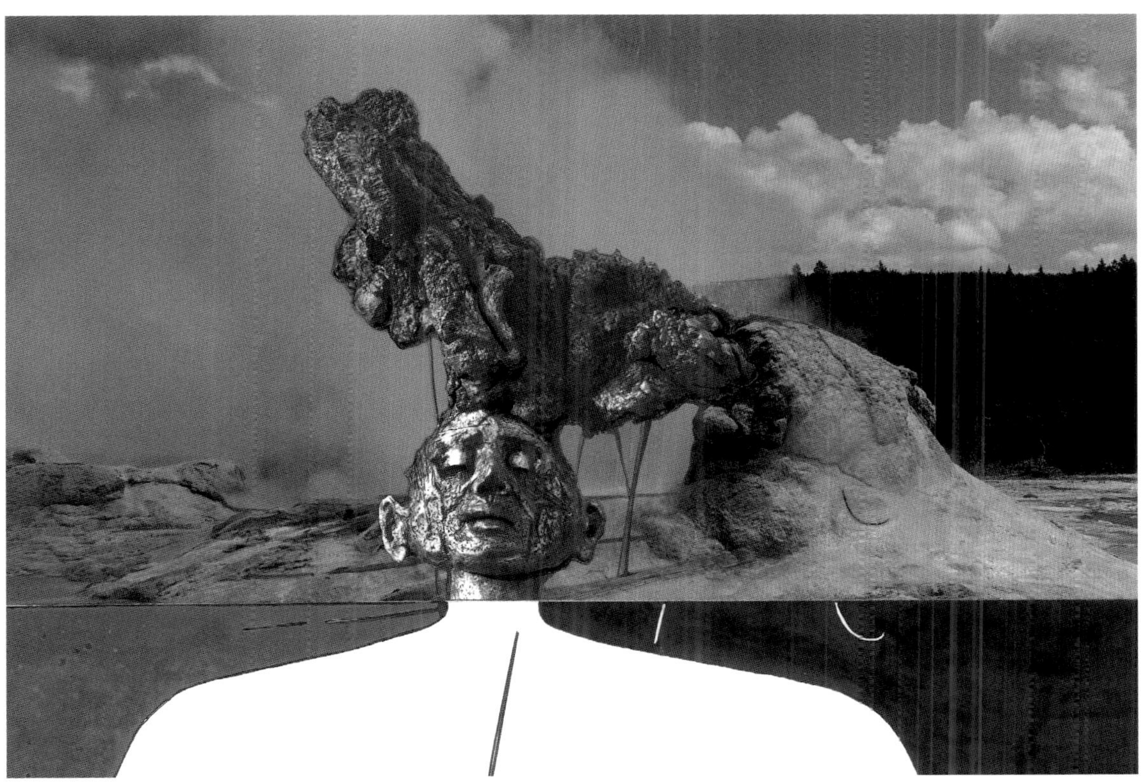

Le conquérant – 1966 – céramique (projet) – 46 x 45 x 18 cm

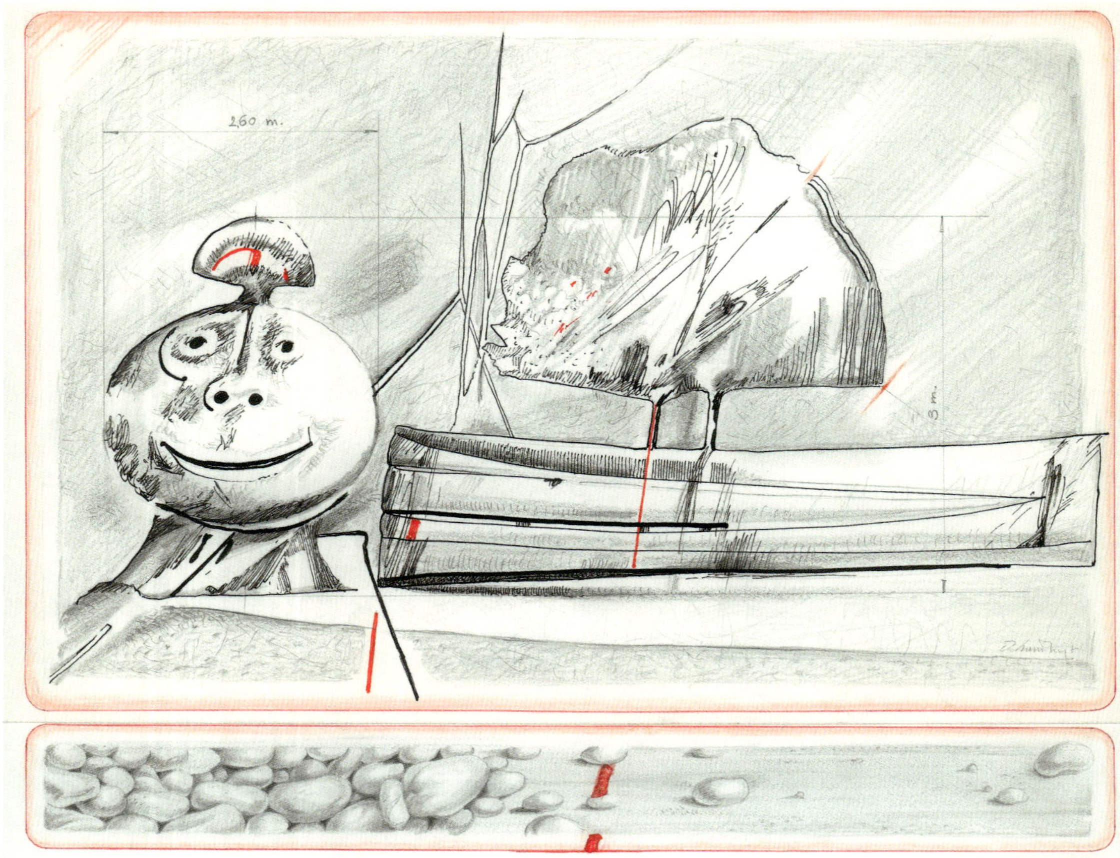

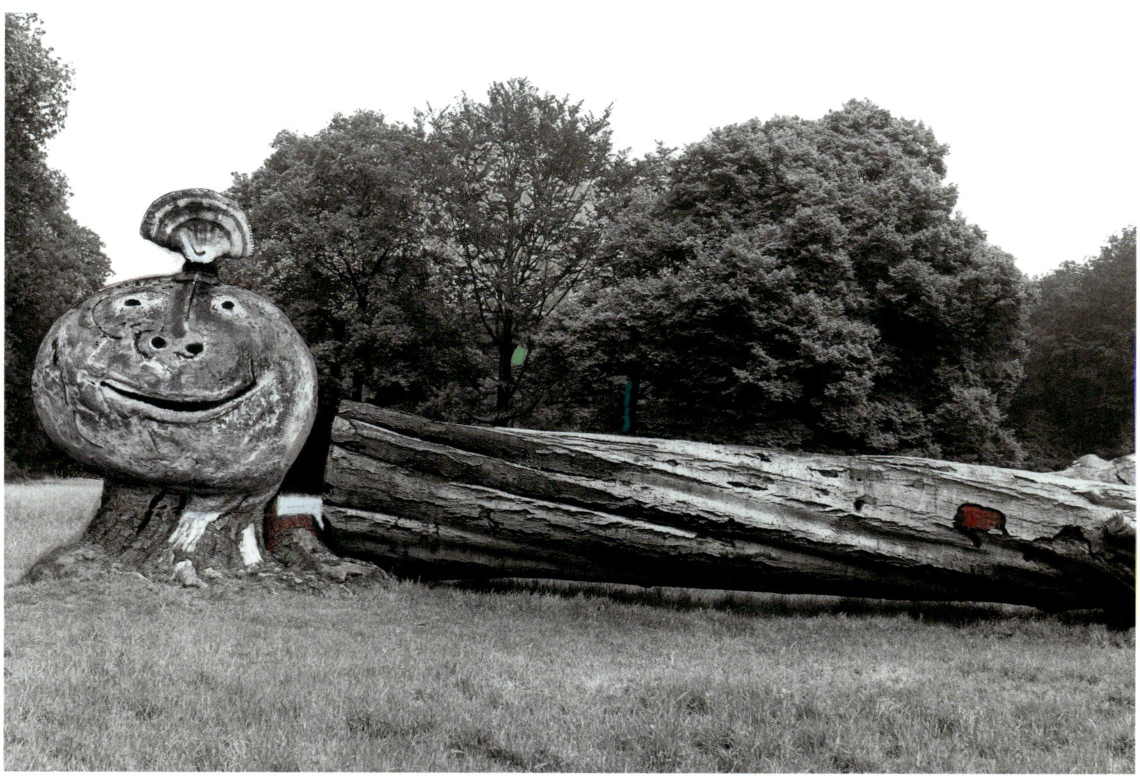

Head Club Member – 1965 – céramique, dessin (projet) – 20,3 x 26 cm

Head Club Member – 1965 – céramique – 13 x 13 x 10 cm

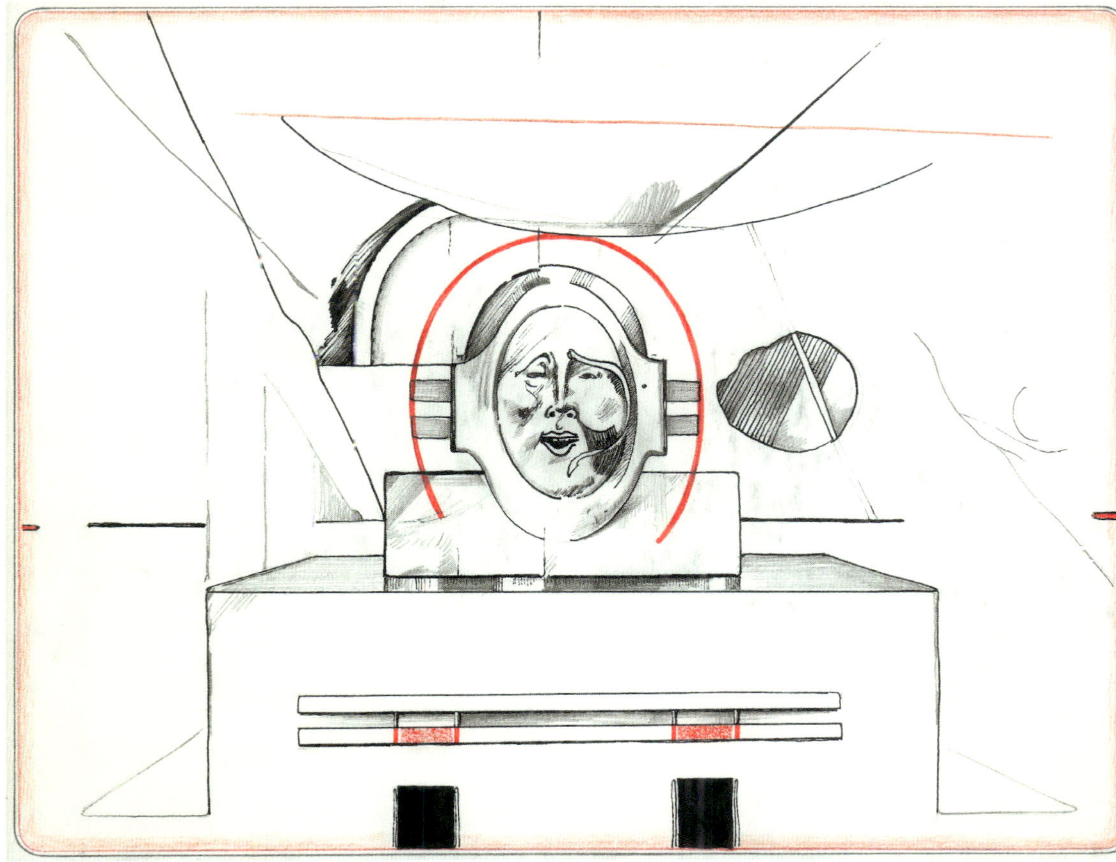

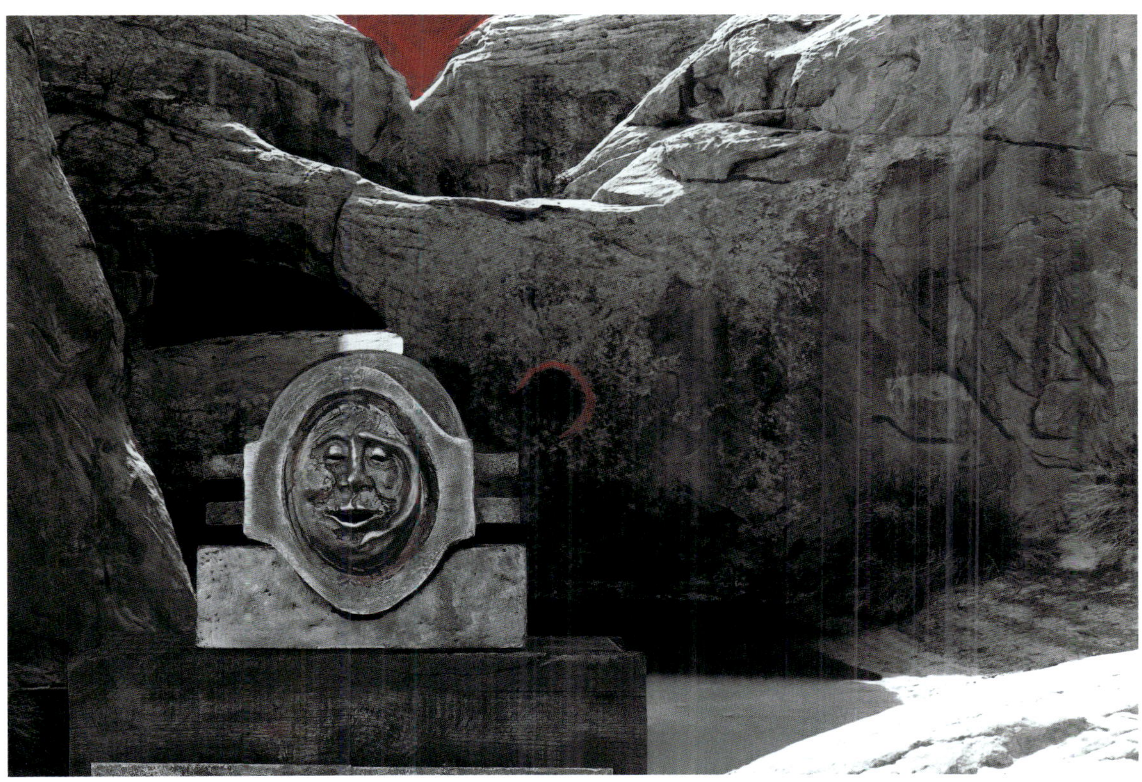

Samurai 4 – 1969 – céramique, métal (ébauche) – 40 x 50 x 10 cm

Samurai 4 – 1969 – moonproject bronze – 40 x 50 x 10 cm

Mais l'intérieur, l'environnement d'un parc ou d'un petit jardin, des livings ou des locaux de réception, sont rarement des choses qui se suffisent à elles-mêmes ; elles font partie d'organisations ou de familles qui veulent voir leurs propres besoins traduits d'une manière ou d'une autre dans ce nouvel ordre. Même si un vieux meuble de famille ne cadre pas bien dans un concept d'intérieur, on ne l'enlèvera pourtant pas volontiers en raison du souvenir qui y est lié. Landuyt a souvent résolu cela, du moins si l'objet en valait la peine sur le plan plastique, en le plaçant par exemple sur un socle laqué, en l'élevant à quelque chose de solennel (*plechtig*) (le 'gaillard' (*plecht*) était une surélévation sur les bateaux qui n'était utilisée que pour des 'solennités' spéciales) et en y appliquant même des motifs ou des ornements d'un autre langage de formes, afin de le faire tout de même participer au jeu plastique unique. Si cette mise en fonction est la grammaire cachée de tout cet événement, cette grammaire ne se met finalement en place qu'après l'installation, ce qui la rend particulièrement éphémère et vulnérable. Un ajout erroné et tout l'orchestre plastique est désaccordé, chaque divorce divise le mobilier et l'ensemble minutieusement composé, et Landuyt est bien conscient de cette temporalité. Tout, et tout particulièrement le surplus qui s'appelle art, n'est là que pour un petit moment, exactement comme notre vie. La rétrospective de 2007 a demandé plus de deux ans de travail pour un événement de quelques petits mois ; ensuite tout se désagrège à nouveau et chaque objet suit son propre parcours. Dans la *Javanaise* de Gainsbourg et dans la vie, tout dure 'le temps d'une chanson'. C'est ainsi que de nombreux intérieurs et chefs d'œuvre architecturaux de Hofmann, Vandevelde, Gropius, Mackintosh, Veranneman, Landuyt et beaucoup d'autres n'ont une existence que pour un petit moment – un demi-siècle représente déjà beaucoup – avant que les propriétaires ou leurs descendants ne puissent plus résister à l'aspiration de quelque chose de nouveau, à une autre couleur pour changer ou au dalmatien en terre cuite dans le jeu de quilles plastique. Pour être parfaitement clair, il faut indiquer que pour Landuyt l'architecture d'intérieur n'était pas un but en soi et il n'a en outre jamais voulu être honoré pour cela. La seule chose qu'il cherchait à atteindre était de faire fonctionner son ou ses œuvres une fois dans des conditions optimales aménagées par ses soins. A côté des intérieurs, nous allons maintenant vérifier de quelles autres manières et à quels autres endroits il a appliqué cela dans la pratique, bien qu'une répartition délimitée des principes et méthodes sur base desquels Landuyt fait interagir ses créations avec leur environnement soit impossible parce qu'elles se succèdent et se chevauchent en permanence.

C'est pour cette raison qu'il est peut-être simple de commencer par le bijou, qui fonctionnera par définition sur le corps humain. Dans la mesure du possible, Landuyt créera pour des personnes qu'il a rencontrées ou qu'il connaît, car la base de départ est la relation avec la morphologie. Dans son dialogue entre forme, métal et pierre précieuse, l'objet en tant que tel est en soi déjà un champ de tension qui doit établir un accord avec l'échancrure de la robe (bien décolletée !) et le 'bateau' qui épouse la forme du pendentif. La cimaise humaine doit à son tour satisfaire les conditions qui ont été

expliquées ci-dessus ; la robe fleurie qui doit masquer le caractère potelé peut anéantir la meilleure sculpture en or mais la forme féminine 'authentique' dans la robe appropriée contribuera, dans un jeu de rapports de formes et de couleurs, à créer un champ de tension, qui a tout à voir avec l'esthétique et rien avec le statut. Il arrive assez souvent que l'on vitupère contre cela, même dans les meilleurs cercles. Pour la présentation du bijou sur des socles et dans des présentoirs, ce sont les principes généraux qui s'appliquent et dans des enveloppes telles que des boîtes et des recouvrements, le principe de l'emballage joue une nouvelle fois un grand rôle. La fonction du recouvrement ne doit pas être négligée car il isole l'objet et crée un champ propre autour.
Comme deuxième variante à la manière de faire fonctionner ou de renforcer l'œuvre d'art, nous notons ses expériences avec des arrière-plans, naturels ou non : paysages, bâtiments ou lieux particulièrement chargés comme des ruines ou des chantiers navals. Grâce aux accessoires photographiques, l'artiste peut via le langage des formes et la couleur créer et déterminer des accords avec l'environnement. Nous allons directement voir comment cela va s'étendre aux *moonprojects* tout à fait uniques. La troisième variante, la maquette, est l'une des plus dramatiques parce qu'elle remplace l'inaccessible. Chez Landuyt, il s'agit en général de points de départ, de principes. Elles viendront une seule fois à la lumière, après quoi elles disparaîtront peut-être pour toujours après qu'il ait pu les voir. A la Renaissance, dans les villes d'art italiennes, des maquettes grandeur d'homme et particulièrement détaillées étaient créées de la même manière et exposées à un endroit public, pas seulement en vue de leur réalisation mais également en tant que prestation. La quatrième variante est constituée par les animations spatiales, dont la station de métro 'Porte de Namur' à Bruxelles est encore visible actuellement, mais ce projet n'a pas pu être réalisé dans sa totalité, comme nous le lisons dans *Les Ateliers de Landuyt* (1980) de Jan D'Haese, parce que le donneur d'ordre considérait superflu « le dialogue avec l'architecte concerné et que l'art y a simplement été plaqué ainsi. » Il n'empêche que les quatre œuvres en céramique méritent certainement une visite sur leur site public. Il était à l'époque d'usage qu'un certain pourcentage du prix de revient des bâtiments publics soit consacré à des réalisations artistiques et des critères clairs n'ont jamais été établis concernant le type d'art. Cela se remarque à divers endroits. Déçu ou non mais en tout cas avec beaucoup d'enthousiasme, Landuyt se lança dans les *moonprojects*, notre cinquième et remarquable variante, qui réunit pratiquement toutes les précédentes. Il s'agit, comme le mot l'indique, de projets certainement irréalisables, parfois lunatiques, comme tout véritable créateur les a un jour rêvés, sans pouvoir les réaliser et parfois sans les avoir notés ! Landuyt s'est occupé du projet pendant des décennies, avec l'intention de pouvoir un jour le montrer dans un livre spécial mais il resta, fidèle à son titre, dans les cartons. Le principe de base était que la fonction spatiale ou ce qu'il appelle 'la mise en espace', comporte deux directions : d'une part celle de l'objet dans l'espace, avec tout ce que cela peut supposer d'adaptation de l'environnement à l'œuvre d'art, et d'autre part la direction à partir de l'espace, qui demande un

objet adapté. L'emplacement qu'il avait en vue pour cela était le Grand Canyon, où il envoya un photographe bien briefé qui fixa le décor naturel sur pellicule. L'artiste planta ensuite – une fois de plus -, selon la méthode de la maquette, ses statues dans un environnement spatial, et cela donna naissance à un champ en raison de corrélations statiques et dynamiques. Il appelle cela 'le domaine de validité', comme si l'œuvre d'art s'y réalise ou s'y affirme de manière optimale. C'est là que sera traité tout ce qui a été indiqué ici sommairement : l'authenticité, le langage des formes, les aspects de la matière résultant de la solidification (à la fois dans la lave solidifiée des sites et dans le métal ou le vernis solidifié des œuvres d'art). Nous avons à cette fin tracé çà et là une promenade lunaire pour le lecteur.

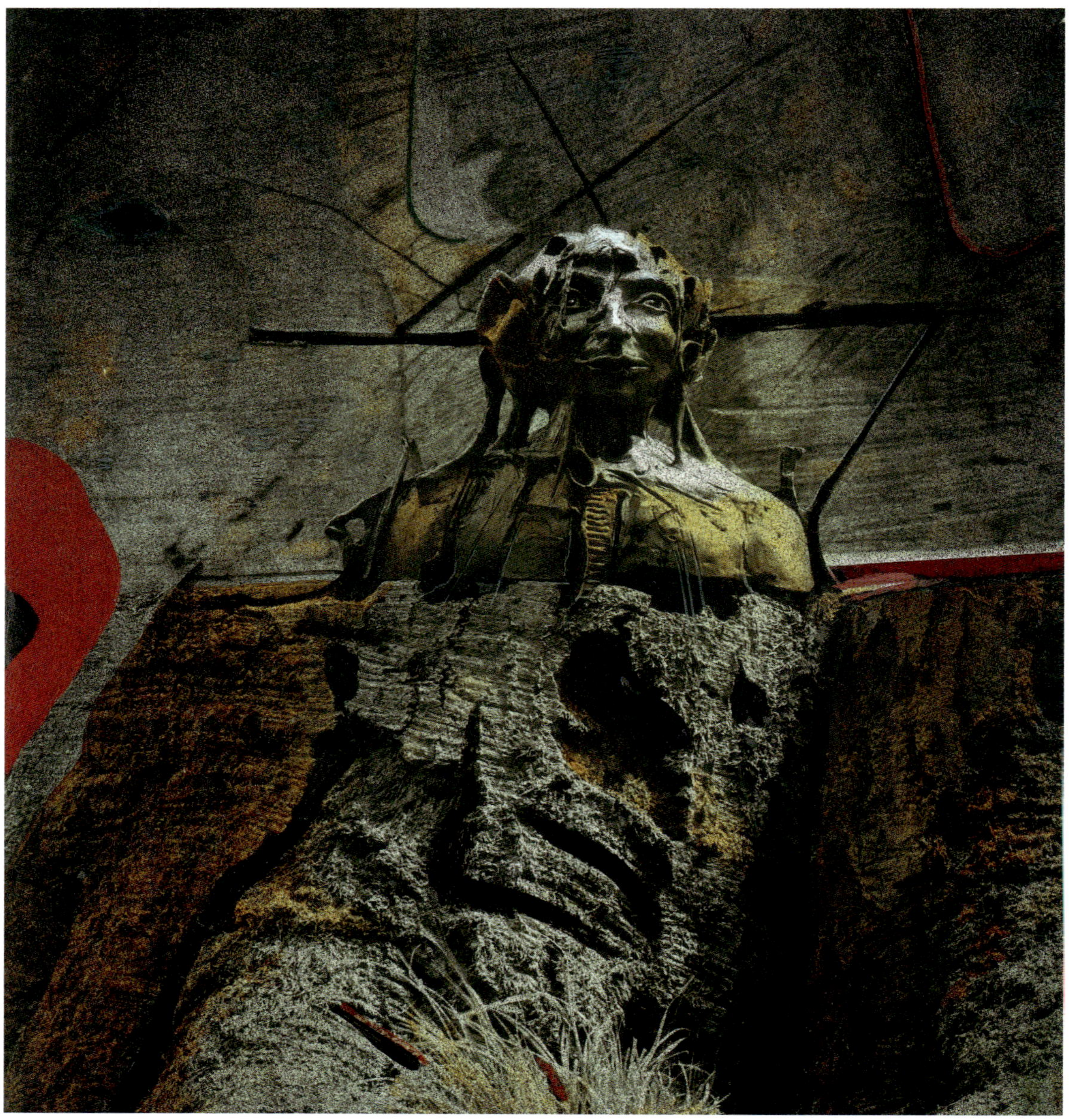

Comme une réminiscence – 1980 – céramique – 46 x 67 x 47 cm

Toute l'étude de ce que Landuyt appelle 'la mise en état' (âme), 'la mise en espace' (espace) et 'la mise en fonction' (champs) était déjà de plus en plus en cours dès les années cinquante. Dans une critique de cette époque, on remarqua que l'artiste 'était en outre un bon décorateur'. Au fil des courants artistiques alternant rapidement, cette facette de l'artiste s'est mise à suivre sa propre vie et Landuyt se vit coller l'étiquette de 'décoratif'. Curieusement, des 'ensembles' et des 'installations' commencèrent à être en vogue une quarantaine d'années plus tard. Des œuvres d'art voyaient ainsi le jour avec les ready-made et les rebuts les plus simples ou 'tout ce que la société de consommation secrète'. Avec leur ruban adhésif dans l'arc en plein cintre et les petites colonnes tronquées colorées dans la cour intérieure, ces œuvres étaient en principe plus décoratives que ce que Landuyt avait jamais réalisé ! Mais à l'époque, tant de choses s'étaient déjà passées dans le monde de l'art que la notion de 'maîtrise', qui signifie la transmission d'acquis et d'aptitudes, était pratiquement devenue un reproche. Dans le *corso delle cose umane*, ce n'est pourtant jamais 'ou-ou', mais 'et-et', quelle que soit la manière dont on essaie de manipuler cela...

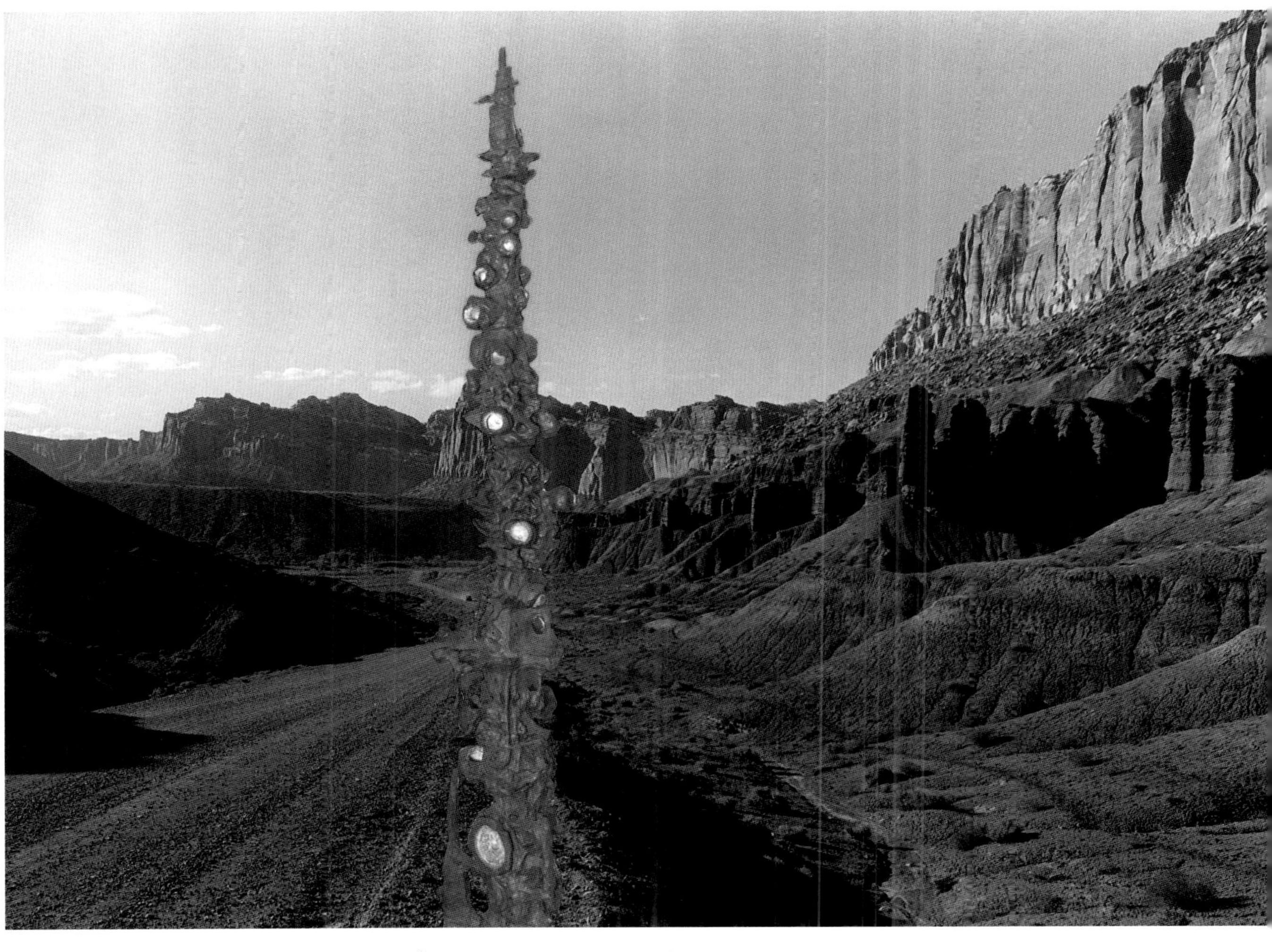

Le fond du paradis (avec mât floral) – 1960 – céramique – 220 x 35 x 30 cm

Nommez-le quand même André

Dans les couloirs d'Europalia, il avait été question que l'église espagnole, où le célèbre Martyre de St. André *(1638) de Rubens était exposé, était si délabrée qu'il fallait faire quelque chose d'urgence. L'église était la propriété de l'association de bienfaisance* Capilla de San Andréas de los Flamencos, *créée en 1601 par un notaire flamand pour tous les indigents venant des Pays-Bas et de Flandre. L'église reçut au cours des siècles des donations considérables, dont cette œuvre de Rubens. Au début des années soixante, la fondation fut cependant confrontée à des difficultés financières insurmontables et l'église se trouvait de ce fait dans un état lamentable. Les instances responsables étaient empêtrées dans un embrouillamini administratif, auquel étaient mêlés à la fois l'Etat espagnol et l'Etat belge ainsi que l'église. L'œuvre de Rubens était de ce fait conservée dans les plus mauvaises conditions qui soient et courait le risque d'être endommagée. Etant donné que le temps pressait, le projet fut conçu d'éditer un timbre spécial, dont la valeur ajoutée serait destinée à la restauration et qui permettrait également d'attirer l'attention du public sur tout ce problème. On demanda à Landuyt de concevoir le timbre et il était très enthousiaste de pouvoir défendre Rubens.*

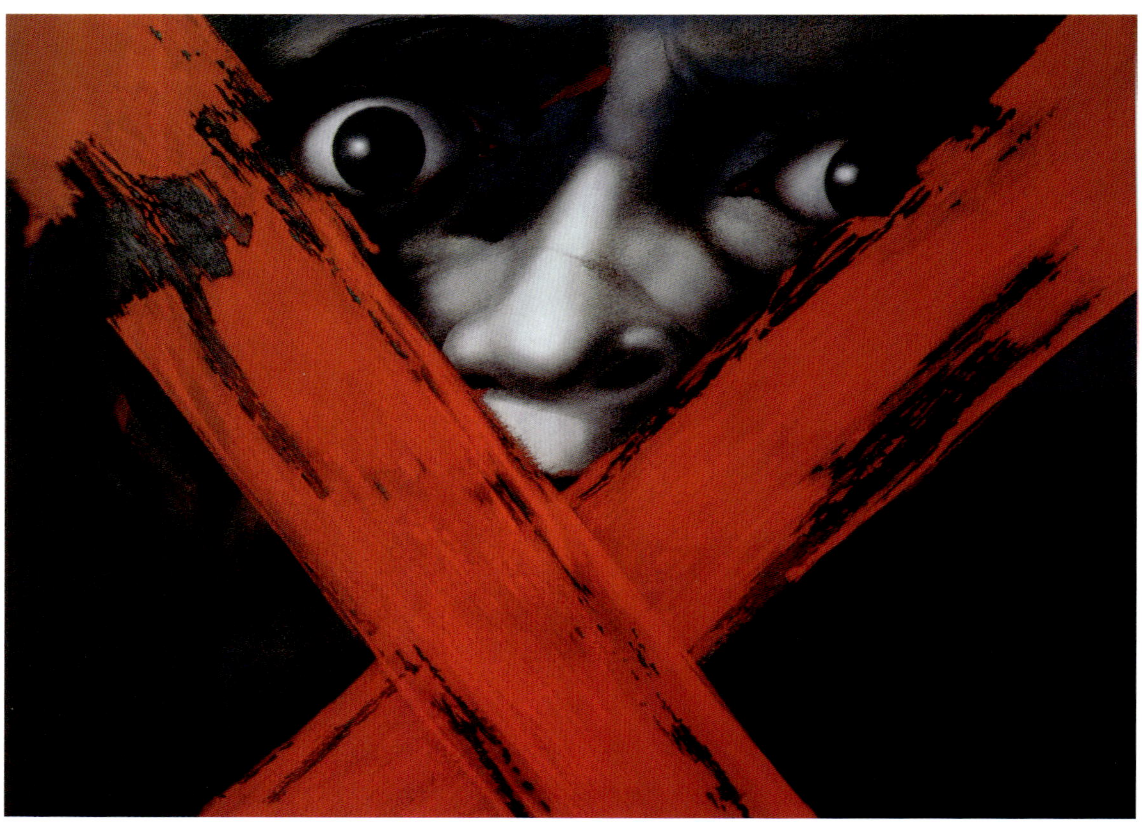

Nommez-le quand même André – 1986 – pastel sur carton – 128 x 170 cm

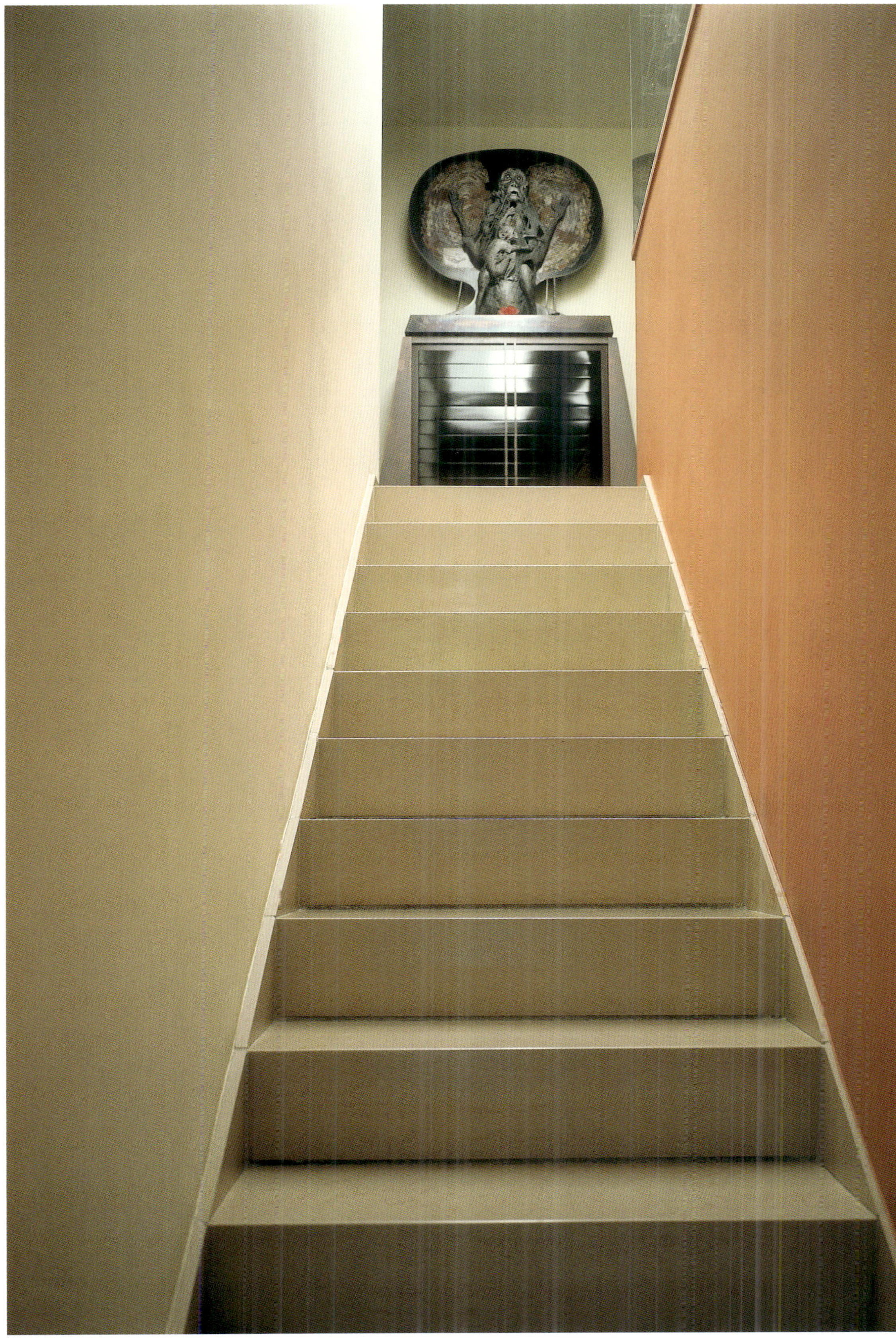

A l'abri dans son impuissance – 1976 – céramique – 103 x 90 x 30 cm
Cage d'escalier, maison à Heusden

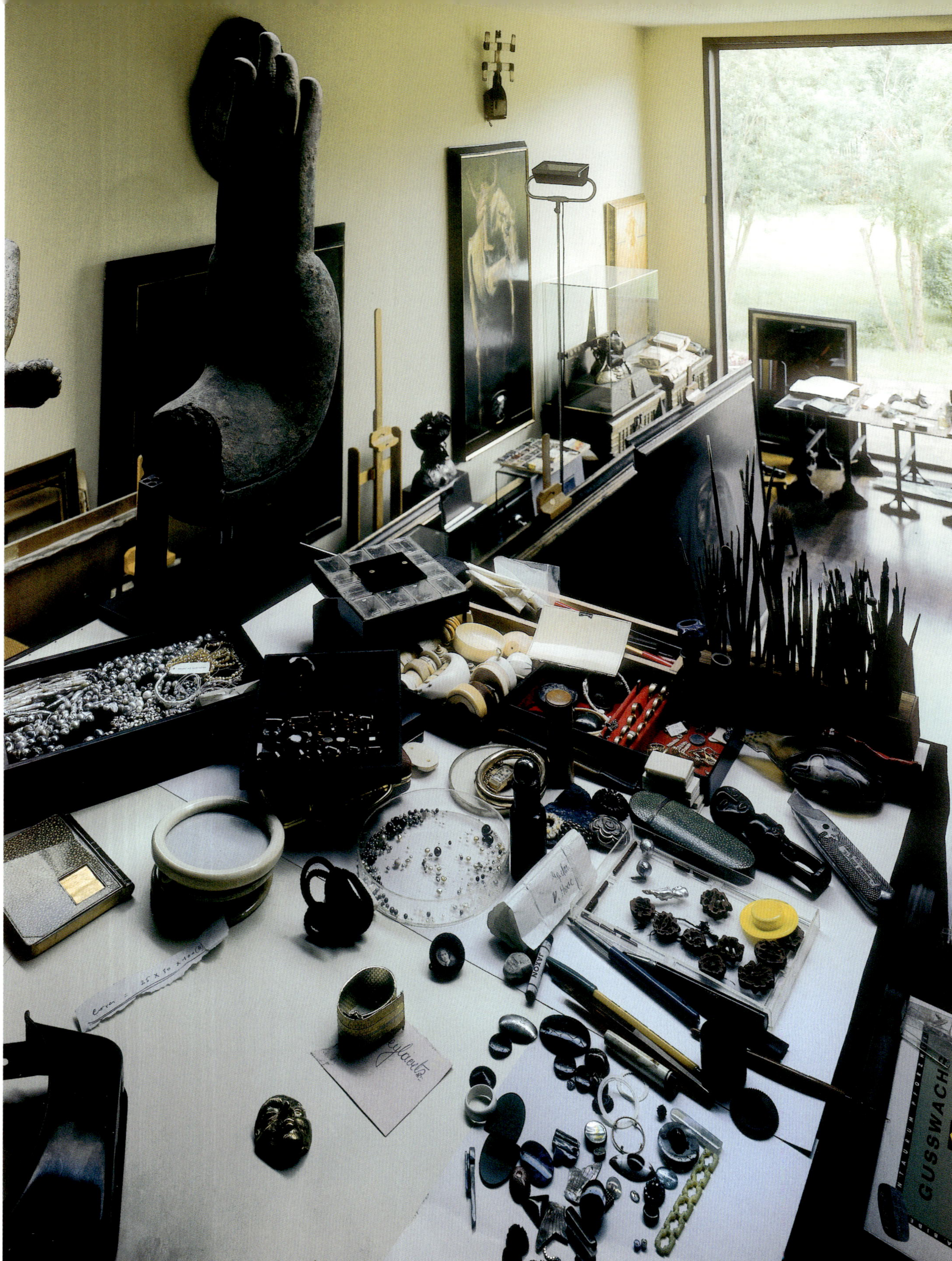

Atelier, maison à Heusden

Etant donné que l'aspect mat favorise la qualité de reproduction, il opta pour le pastel. Pour Landuyt, la petite surface d'un timbre requiert un signe fort, si on veut qu'il soit vu : en l'occurrence la croix et en raison du tableau de Rubens une croix de Saint-André, et de préférence en rouge, car c'est un avertissement dans le trafic également, le signe stop devant un passage à niveau, un signal. Dans le contexte de la 'peinture appliquée' de Landuyt, le message était clair : « Ce n'est pas permis, arrêtez ! » Mais le maître n'aurait pas été lui-même s'il n'avait pas suggéré une signification supplémentaire à savoir que le personnage principal avait été réduit au silence par cette croix. Tout cela avait pour résultat une œuvre plastique particulièrement énergique, qui aurait également gardé toute sa force sur le format du timbre – si elle n'avait pas été refusée. Les objections concernaient le dessin qui était tout de même un peu profane et le fait de ramener un symbole sacré à un signe d'interdiction, qui était en outre rouge – et à l'époque, les couleurs avaient des plus fortes connotations politiques qu'aujourd'hui. Le titre de Landuyt Nommez-le quand même André *aurait du reste témoigné d'une indifférence, que l'on ne pouvait pas tolérer dans ce contexte ! Il n'était d'ailleurs pas question de la moindre concession et il en alla pour Landuyt comme jadis pour son ami Roel D'Haese, un autre forte tête notoire. D'Haese avait voulu l'image* Ode à Lumumba *sur la couverture de sa biographie subsidiée et refusa après les objections des autorités de changer ce titre. La biographie n'a jamais vu le jour.*

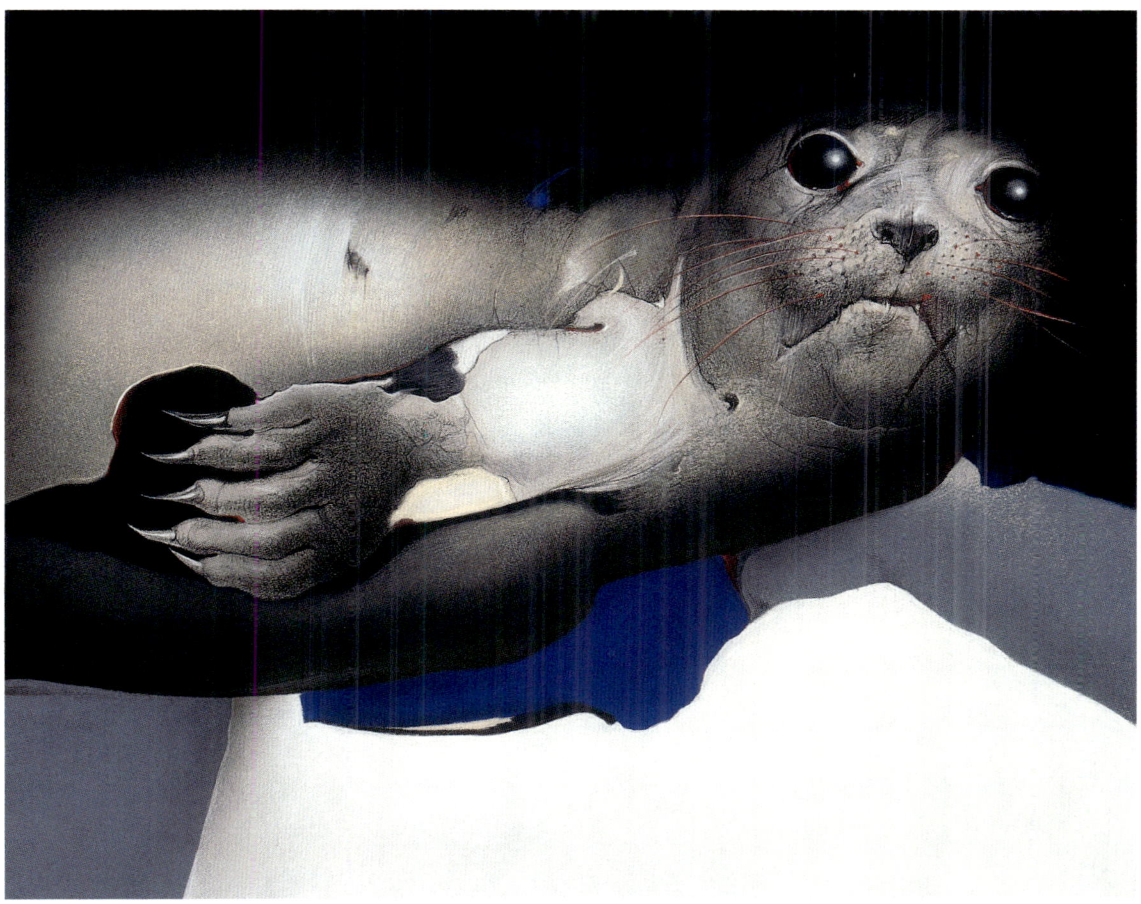

La banquise – 1993 – pastel sur panneau – 118 x 138 cm

Importance et valeur : la mise en valeur

Dans ses cours d'esthétique, Landuyt recherchait souvent une réponse aux questions de ce que l'art plastique peut signifier pour l'homme et pourquoi quelque chose est beau. Le système de normes qui en découlait était primitif et allait de pair avec d'innombrables nouvelles questions, hypothèses et réponses. Une statue ou une peinture (ou une autre œuvre d'art) peut tout aussi bien être belle parce qu'elle est moderne ou parce qu'elle est antique. Le canon contemporain de la modernité s'appuie sur une société en plein développement, dans laquelle l'art moderne est associé au progrès, à la croissance économique, à l'architecture, au design et à la mode, et diffusé par notre communication de masse qui ne s'arrête plus désormais. Une statue de marbre de Pompéi récemment découverte aujourd'hui ne rentre pas dans ce cadre parce qu'elle appartient au canon oublié de Vitruve et des siens. D'autres affirmeront cependant qu'une statue est belle par son ancienneté, et nous arrivons ainsi à nouveau dans le domaine du secret des traces de la manipulation humaine ou de l'altération naturelle et au cœur du *Sehnsucht* et du romantisme.
Quel rôle le temps joue-t-il dans ce cadre ? Le passé bénéficie en soi déjà de la valeur ajoutée d'être révolu. Demandez-le à Rilke ou à Jankélévitch : le passé ajoute du charme aux choses qui n'ont pas de charme, et c'est justement de ce fait que le passé est un poète, un artiste. Des milliards d'objets plus ou moins insignifiants acquerront à la longue un charme qui n'est pas encore décelé aujourd'hui, sauf par des poètes ou des peintres, dont on dit qu'ils 'vivent hors du temps'... Selon Landuyt, les tout premiers cubistes le savaient parfaitement lorsqu'ils utilisèrent dans leur nouvelle esthétique les tons archaïques du bronze, du cuivre et du chêne pour rendre acceptable pour le spectateur leur langage des formes tout à fait particulier. Mais dans l'appréciation ultime de l'art, le temps est à la fois un allié et un ennemi. Ce charme du passé fut souvent un arbitre impitoyable, car tout l'art ne vieillit pas aussi favorablement. Alors qu'une sculpture en bois déterminée s'érode en une simple masse, une autre statue polychrome, qui était autrefois dotée de couleurs criardes, acquiert des nuances inoubliables, atténuées par le temps sur les arrondis usés.
Ce qui suscite évidemment aussi la question de ce que le temps fera de nos expressions artistiques contemporaines…

'La valeur' est une grandeur qui a de l'importance dans grosso modo trois domaines : la relation (également en durée), la teneur et la possession ou la propriété. Faites-en l'enjeu d'une œuvre d'art et toute une structure ('mise en valeur' de Landuyt) s'ouvre. Le fait qu'il pense en français dans ce cadre, a l'avantage que sa répartition – 'la mise en fonction', 'la mise en espace' et 'la mise en valeur' – témoigne ici d'une terminologie universelle, si ce n'est que les éléments se chevauchent en permanence.

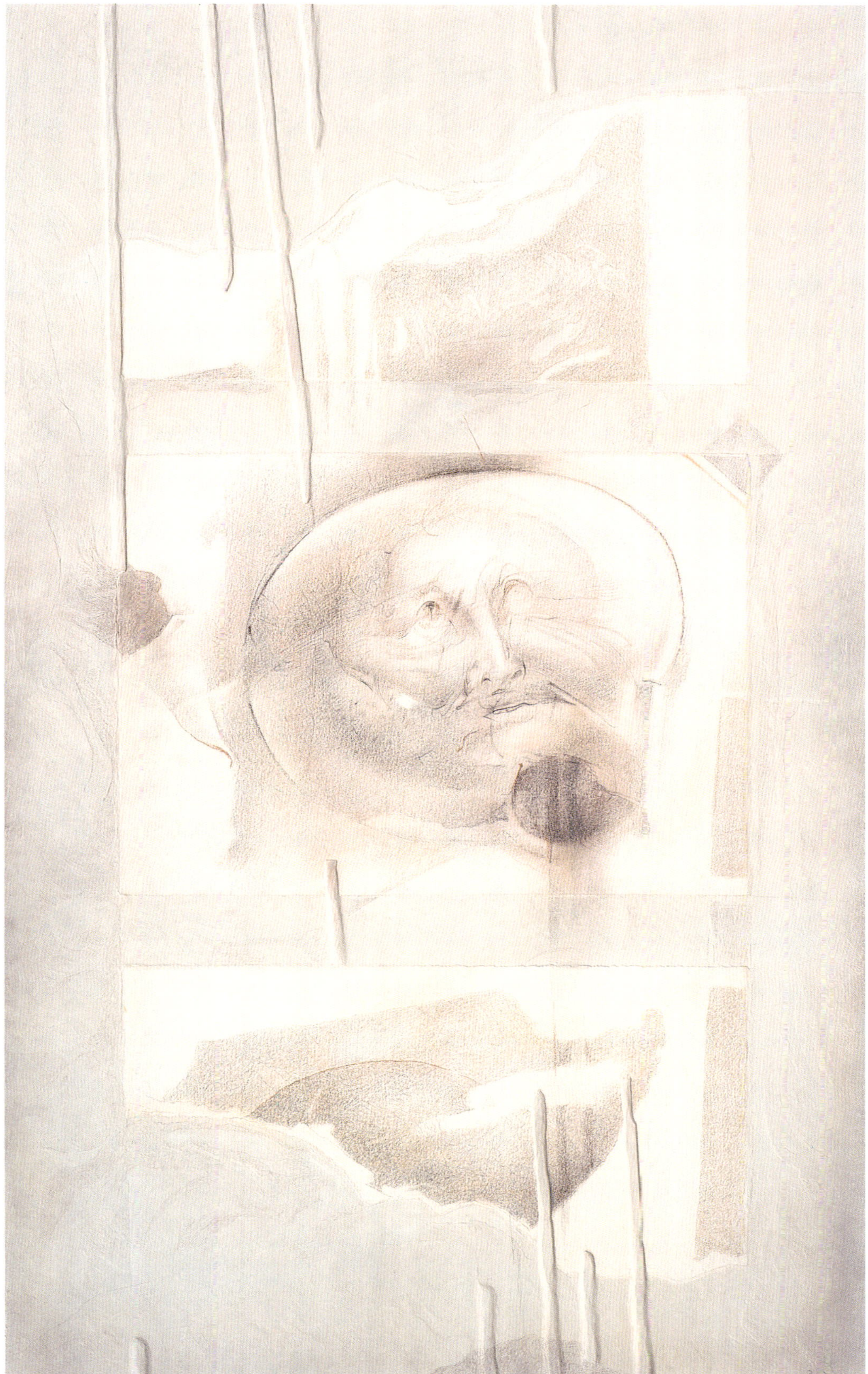

Sous la craie, la lente combustion – 1993 – pastel – 237 x 146 cm

Un important facteur de signification dans la valeur d'une œuvre d'art est la relation, la mesure dans laquelle l'objet est important pour quelqu'un, pour l'artiste lui-même ou pour d'autres personnes. De Vinci aurait tout aussi bien pu réaliser ses dessins anatomiques ou d'autres études au fusain, mais il les réalisa en fonction du projet chaque fois sur des types de papier préparés et toujours différents et adaptés, ce qui trahit son grand intérêt pour la portée du métier et de la maîtrise. Le mot néerlandais *belang* (= importance) est un dérivé du verbe oublié *langen* (en anglais aujourd'hui encore *to long for*), qui signifie un désir intense et qui se rapporte à son tour à la relation que l'on a avec le sujet, ici l'œuvre d'art. Cette relation est alors la valeur que l'œuvre d'art a dans notre vie, ce qu'elle nous dit, nous apprend et nous fait. Tout le monde dispose certainement d'objets et d'œuvres d'art avec lesquels il entretient une telle relation : ils font référence au temps qui passe, aux événements, au bonheur et à la précarité. Parmi les objets précieux de sa collection, Landuyt conserve la tabatière ni ordinaire ni particulière de son grand-père. La peinture *Le temps d'un espace* est l'image du corps de sa mère : de tels jalons de la vie sont une émotion solidifiée et sont conservés chèrement.

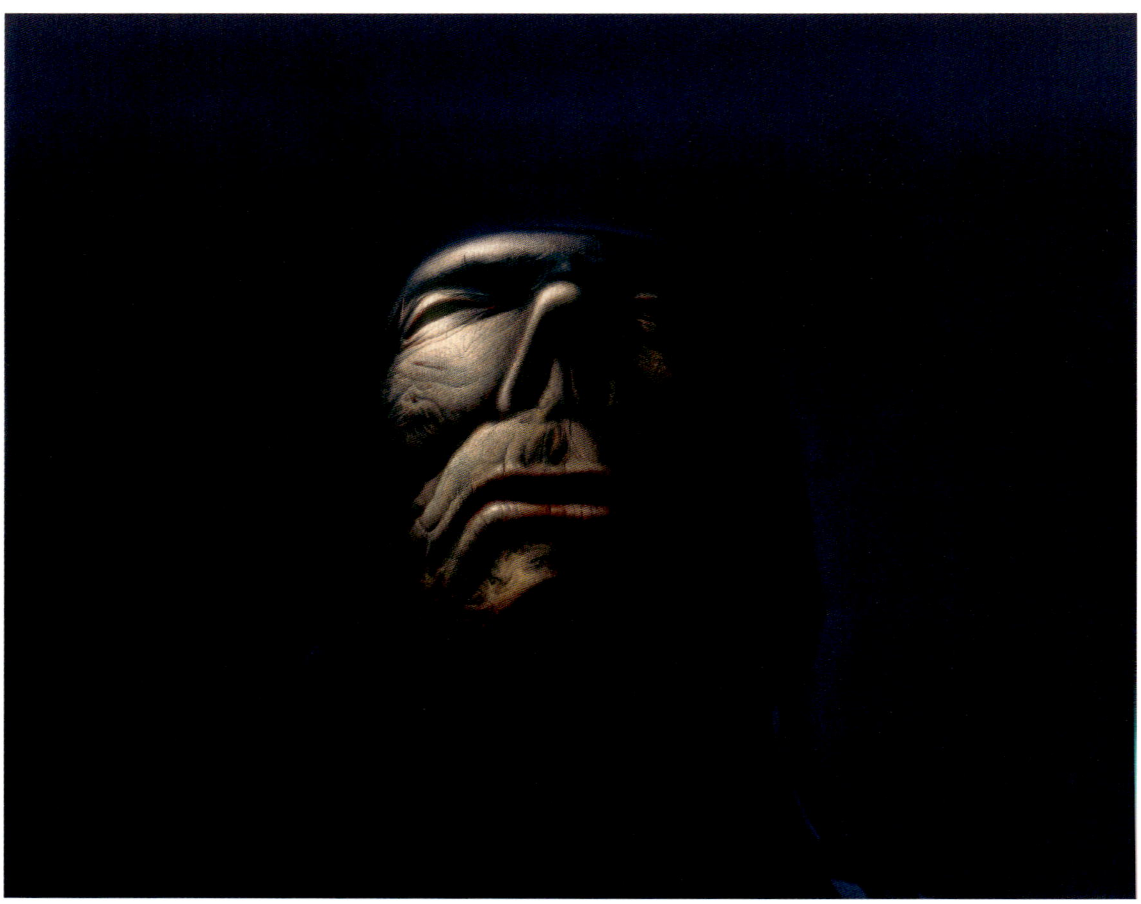

Le temps d'un espace – 1978 – huile sur toile – 165 x 200 cm

Dans notre distinction *für Kenner und Liebhaber*, la teneur attirera surtout l'attention des connaisseurs, qui savent apprécier la valeur de l'esthétique virtuose. Mais autrefois, on entendait littéralement par le mot 'teneur' la quantité de métaux précieux et de pierres précieuses qui étaient utilisés dans l'œuvre d'art. Dans le quattrocento, l'outremer était après l'or et l'argent à peu près la matière première la plus chère qui pouvait être utilisée dans la peinture car le lapis-lazuli finement moulu, à partir duquel il était fabriqué, venait du Levant. C'est ainsi que l'œuvre de Landuyt comporte elle aussi encore maintenant une teneur littérale en or, en bronze et en matériaux précieux. Mais hormis et après la teneur matérielle, il s'agissait et il s'agit naturellement de beaucoup plus que cela : la représentation, l'histoire qui en découle et la stratification. En dépit de la photographie, la ressemblance est aujourd'hui encore une valeur ajoutée figurative, un alphabet. Et il faut évidemment ajouter à cela la teneur de l'émotion, de l'invention et de tous les facteurs de la création.

L'étendue du sens de la 'possession' d'une œuvre d'art est à nouveau un sujet qui pourrait donner du travail aux doctorants. Pour Landuyt, les personnes qui possèdent des œuvres d'art en sont également responsables ; ici aussi s'applique sa thèse selon laquelle l'esthétique reste une forme d'éthique. L'œuvre d'art doit en effet être conservée (*bewaren*), préservée en valeur (*waarde*) et une nouvelle fois, l'étymologie (des mots néerlandais) en dit long. Le responsable final – qui doit également se charger de cette conservation, de cet entretien et de cette restauration – est le conservateur. Mais des connaisseurs et des amateurs passionnés ont eux aussi constitué des collections au fil du temps. La possession d'œuvres de premier plan d'anciens salons, biennales et documenta flatte leur vanité et ils partagent fièrement ce plaisir avec leur prochain et c'est bien ainsi, car ce type de comportement a guidé une grande partie du patrimoine mondial au fil des siècles.
Quoiqu'il en soit, la possession nous conduit vers les instincts primitifs de notre espèce : le fait de s'approprier un territoire et les objets dont il est composé. Le fait de prendre à soi la nourriture est tout autant une prise de possession que le sentier que les premiers chasseurs se gravèrent dans la mémoire pour délimiter leur territoire. De la même manière, lire est une prise de possession et la technique de la lecture un moyen phénoménal pour prendre possession des connaissances.
Aux siècles de la photographie et du film, il est difficile de s'imaginer ce qu'a dû représenter autrefois le fait de peindre un portrait en tant que prise de possession et le rôle magique que l'artiste remplissait dans ce cadre. Avant que l'œuvre d'art ne trouve son propriétaire, l'artiste a déjà complètement pris possession mentalement du modèle ! C'est certainement pour cette raison que la relation entre l'artiste et le modèle est d'une toute autre nature que ce que l'on est tenté de penser. Ainsi considéré, l'acquisition de l'œuvre d'art n'est rien d'autre que la prise de possession de la prise de possession, dans un jeu insondable de valeurs – et de 'valeur'.

Il n'empêche que le possesseur se distingue quoiqu'il en soit et où que ce soit du non-possesseur, et que les collections deviennent souvent les indices de valeur du prestige personnel, et à cet égard le fait de collectionner du prestige est souvent plus important que les œuvres d'art qui le constituent. De ce fait, il existe depuis que le monde est monde d'innombrables personnes qui possèdent des épées qu'ils ne sont pas capables de manier, de chevaux blancs qu'ils ne sont pas capables de monter, d'instruments dont ils ne sont pas capables de jouer, de peintures qu'ils ne comprennent pas eux-mêmes, et tout cela pour la plus grande gloire de leur majesté en tant que telle.
Au début, aucune possession n'était possible sans effort, aucune nourriture sans travail ou sans chasse, aucun chemin familier sans exploration, répétition et souvenir. Aujourd'hui encore, nous nous donnons également la peine de lire, de nous informer, de visiter des galeries, de voyager vers de grands musées, de visiter des villes d'architecture avec comme unique but de pouvoir être soumis à l'expérience de la transmission 'artistique' : une grande responsabilité également pour les artistes, car cela doit cependant valoir la peine de s'en donner la peine…

Le but était que l'inspiration de Landuyt s'exprime à travers ce texte, mais nous sommes conscients que la vision du monde a changé et est toujours en cours de changement. Cela fait longtemps que les œuvres d'art ne sont plus uniquement exposées comme un signe sur le mur, mais font désormais également partie d'un portefeuille d'actions.
Le commerce d'objets d'art implique des transactions s'élevant à des milliards, des intervenants russes et chinois richissimes entrant dans le jeu ; souvent, on ne sait plus où les œuvres se retrouvent et où elles réapparaîtront. Peu à peu, le marché s'est partagé en un marché classique mais en recul et en un super-circuit médiatisé. Dans ce contexte, la qualité est subordonnée à la valeur du marché, qui peut être influencée par divers acteurs. Aux questions critiques concernant un achat récent, un directeur de musée a un jour répondu qu'il s'agissait d'une des pièces les plus coûteuses de la collection. Devra-t-on dorénavant également munir toutes les œuvres de musée d'étiquettes de prix pour en déterminer la valeur ? La 'mise en valeur' de Landuyt s'est-elle vue ajouter cette dimension ?

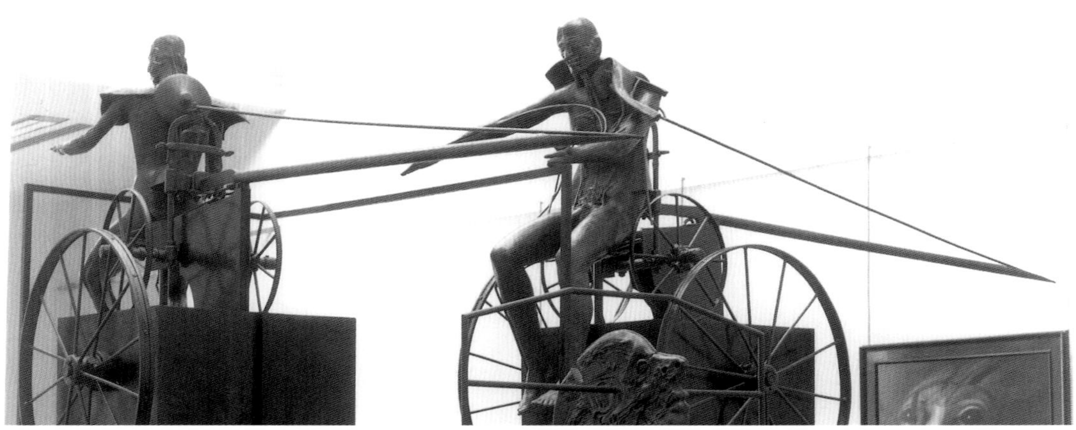

La transaction – 1993-1994 – bronze – 175 x 110 cm (homme), 170 x 100 cm (femme), 200 x 100 cm (socles)

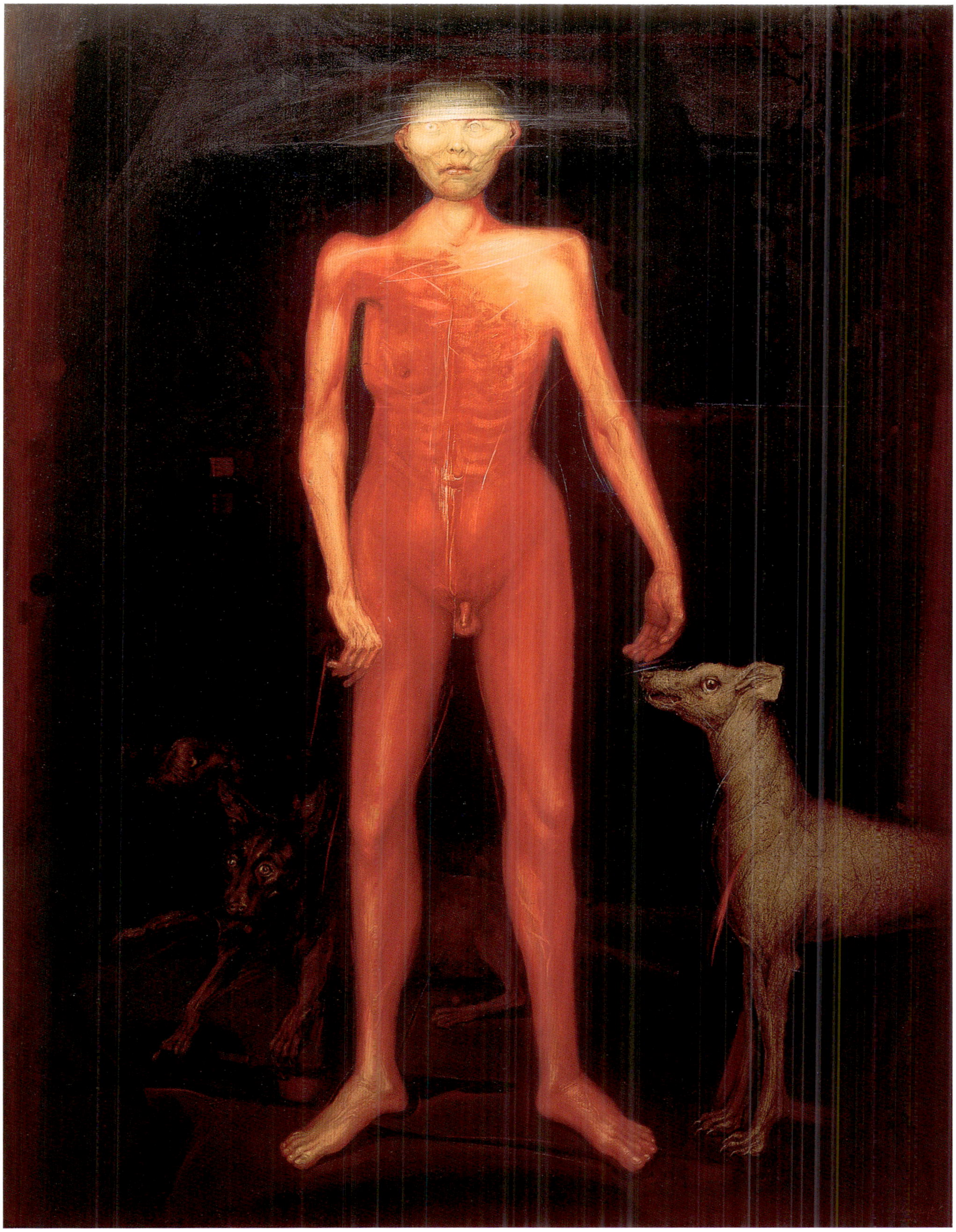

Le rouge importun – 1993 – huile sur toile – 130 x 100 cm

Le premier violon : Landuyt et la musique

Landuyt fut baigné dans la musique dès sa plus tendre enfance et fut allaité à l'opéra de Gand, où son grand-père chantait dans les chœurs. Des cartes gratuites pour le paradis étaient la récompense pour toute la famille et il connaît de ce fait aujourd'hui encore par cœur des pans entiers du répertoire français et italien. Pour sa grand-mère, dont le frère était violoniste, le violon était l'instrument le plus émouvant et le plus raffiné. Pour gagner son petit-fils de cinq ans à la musique, elle lui acheta comme jouet un violon en métal vraiment muni de cordes. Le surdoué du dessin en fut ravi, l'examina minutieusement... et le peignit ! Quand il le ressort maintenant à un âge avancé, cette forme continue à le fasciner : les courbes, le nom anthropomorphe du ventre et du cou, les fils vibrants, sympathiques et les mystérieux trous en f. Les rapports qui diffèrent les violons s'expriment en grande partie par leurs mensurations. De la même manière que le son et l'instrument sont liés l'un à l'autre, les panneaux de peinture étaient autrefois eux aussi adaptés préalablement à ce qui devait être fait avec : leur proportion répondait au nombre d'or et leur couleur de fond était dès le début le diapason qui devait guider les harmonies de couleurs. Le fait que les plus grands luthiers vivaient les uns sur les autres à Cremona signifiait que la passion commune pour le violon avait dépassé les rivalités internes. Pour Landuyt, la maîtrise du corps d'un violoniste et d'un artiste plastique, l'attitude du violoniste et celle du peintre ont beaucoup en commun : il existe une analogie entre le trait parfait qu'un son ou une ligne provoque. L'influence italienne sur l'art de Landuyt provient de l'opéra.

En 1985, il se chargea des décors et des costumes de Lohengrin *de Wagner à l'*Opera voor Vlaanderen *à Gand. En raison d'une restriction budgétaire, les costumes furent réalisés en calicot et avec des appliques d'imitation et des peintures, l'éclairage devait de ce fait rester tamisé ! Le designer, dessinateur sur tissu et créateur de couture, le maître qu'il était déjà à l'époque, aurait pu le refuser mais c'était l'opéra de son enfance, de ses grands-parents et de ses parents. Et Wagner est très proche de Landuyt et vice versa. Le pastel* Prononcer, le rideau rouge *(1985) fut projeté sur un voile en remplacement du rideau de théâtre et ne laissa planer aucun doute : Landuyt était revenu dans son opéra. Une œuvre symphonique de Jan de Cadt (*Muzikale Monografie over een groot schilder *1964) est consacrée à l'art de Landuyt ainsi qu'un cycle de chants de Dirk Brossé (*Landuytcyclus *1992), créé avec une projection gigantesque des œuvres de Landuyt dans la Cathédrale Notre-Dame à Anvers.*

L'artiste créa d'innombrables affiches, housses de disques et plus tard couvertures de CD, ainsi que des décors de théâtre pour pratiquement toutes les maisons théâtrales de l'époque, nous notons cependant spécialement la Magie Rouge *de Michel De Ghelderode,* Alles voor de tuin *d'Albee et* Vertraagde Film *d'Herman Teirlinck.*

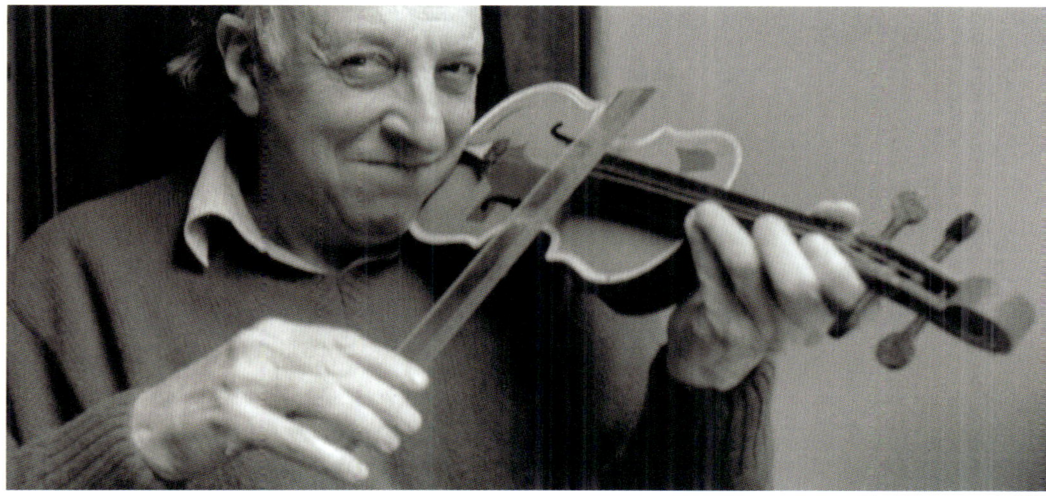

L'artiste avec son petit violon jouet

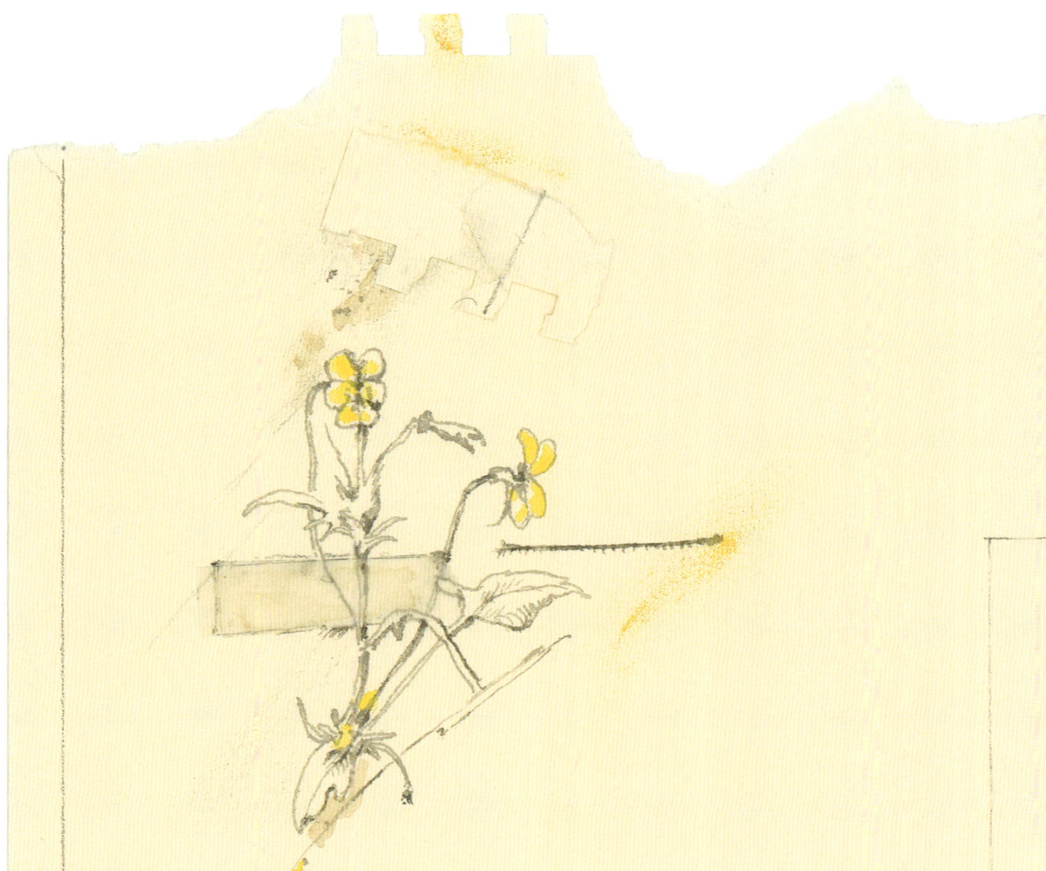

Herbier, quand on marque la plante, on dessine la viola lutea – 1937 – dessin adapté dans la série 'Le violin d'Ingres – 13 x 14 cm

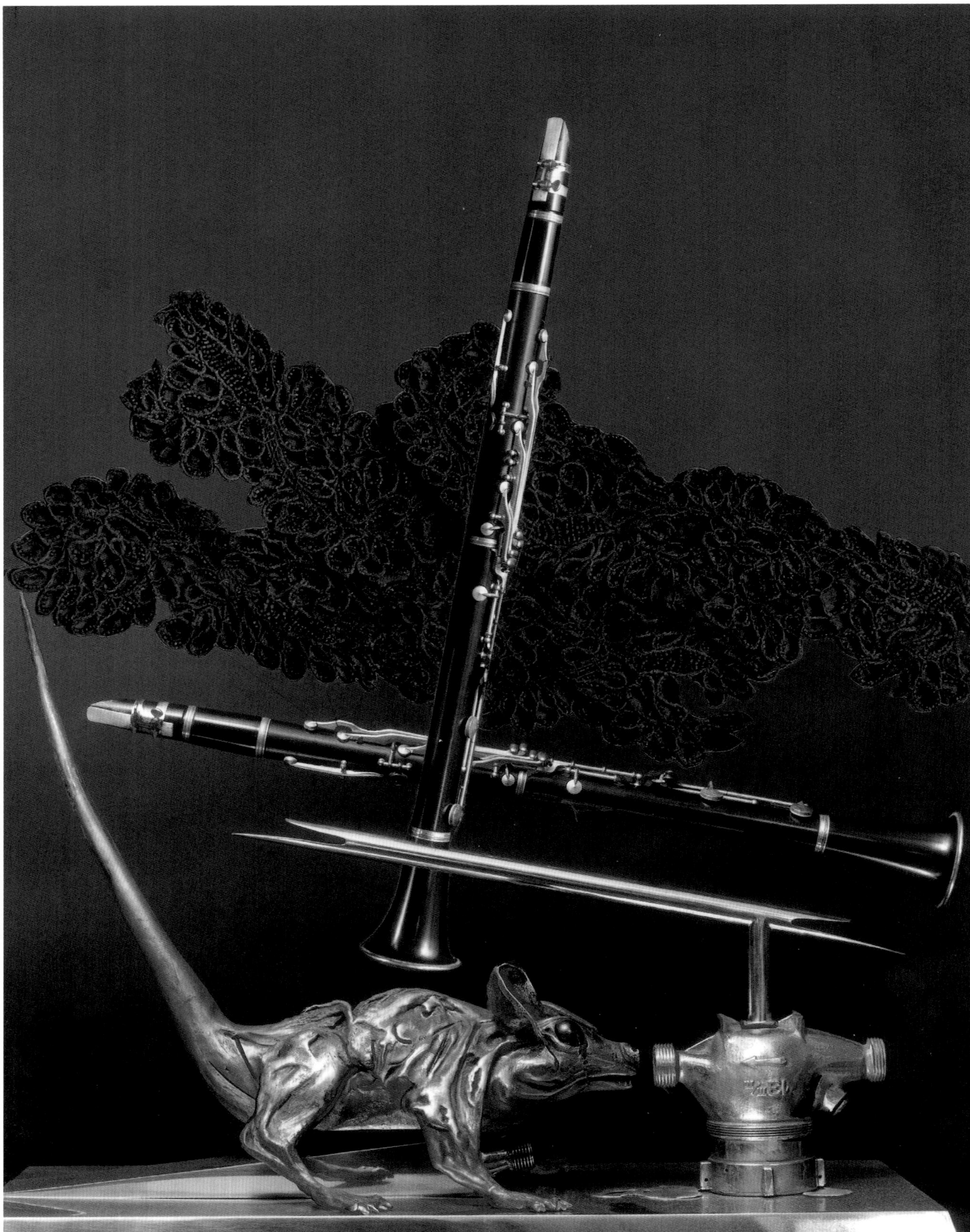

La terre morte – 1990 – or ou céramique – 67 x 87 x 44 cm
Projet pour programme 'Con brio', concert *Noble,* Bruxelles.

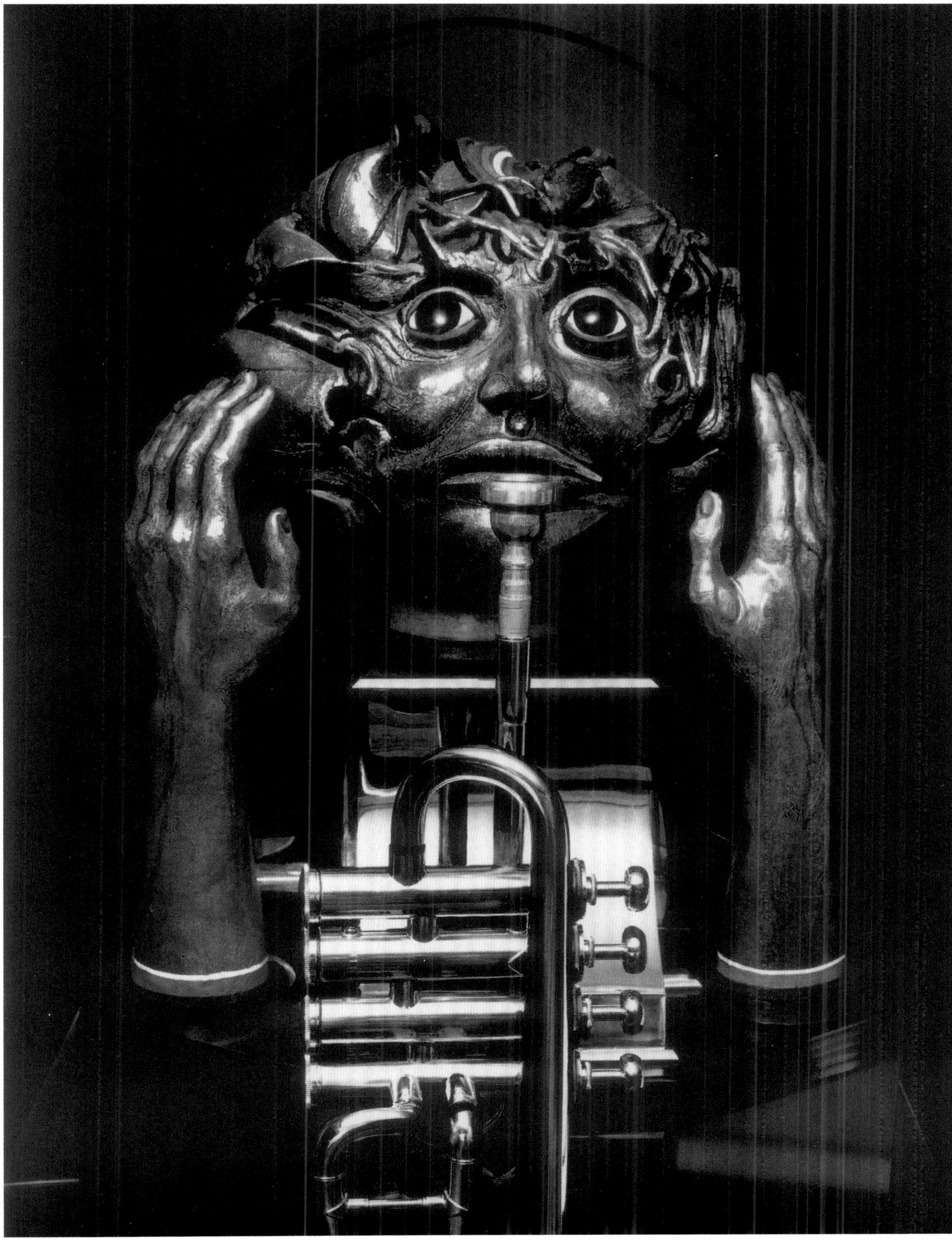

Le passé simple dans le geste – 1982 – or ou céramique – 38 x 33 x 20 cm

Projet pour programme 'Con Brio', dans une production de *Music in the motive,* Bruxelles 1990.

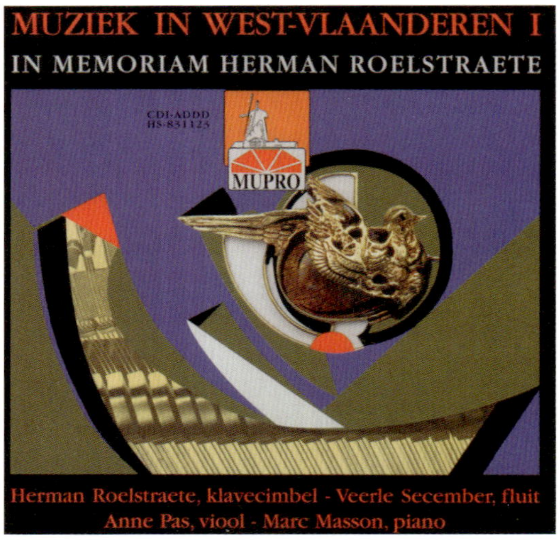

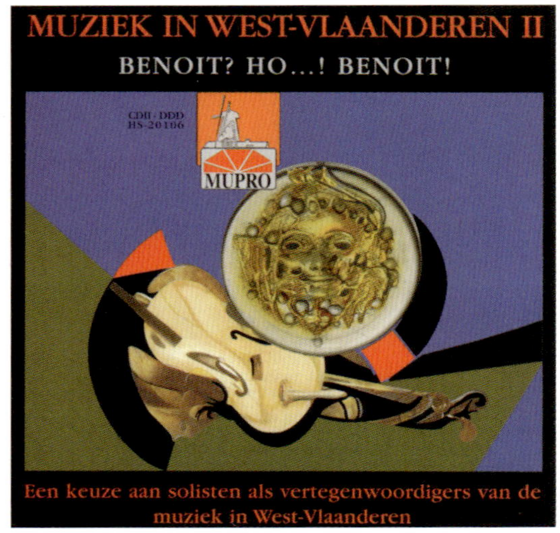

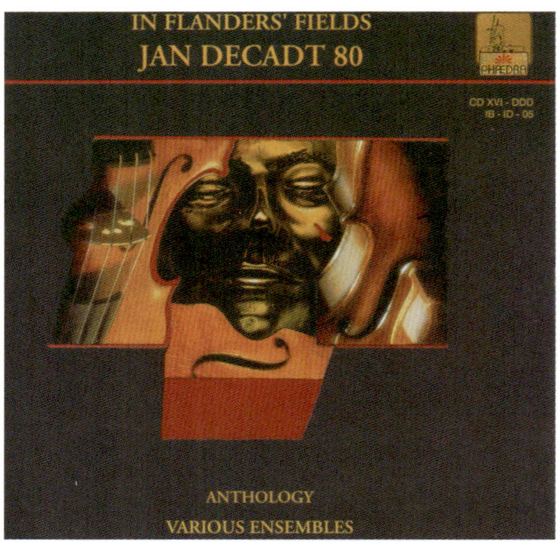

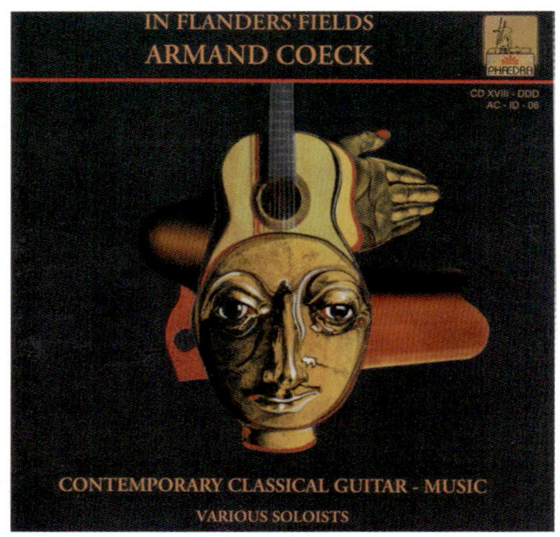

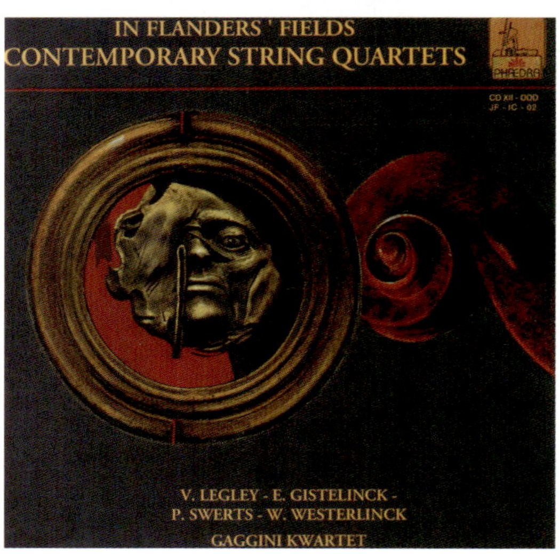

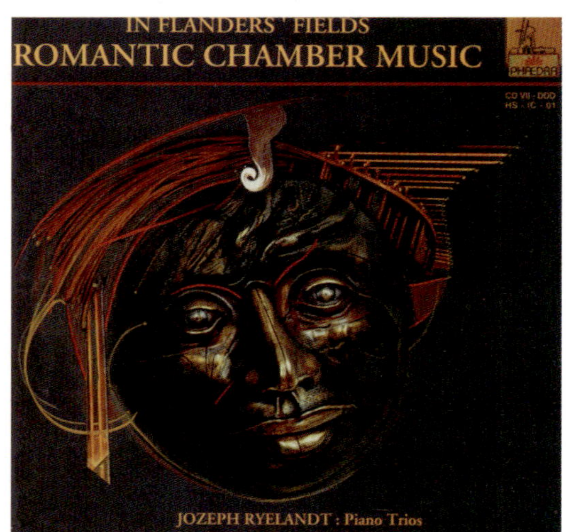

Couvertures de CD: *In Flanders' Fields*

Matrouchka

Quand il était enfant, Landuyt était intrigué par un logo dans son journal. Ce logo représentait une presse avec un enfant montrant une pierre lithographique présentant une image. Sur l'image se trouve la même presse avec un enfant montrant une pierre lithographique présentant une image. Sur celle-ci se trouve à nouveau... Dans les Contes d'Hoffman, *une œuvre vitale avec laquelle Landuyt a été élevé en tant qu'enfant, la marionnette joue une marionnette qui joue une marionnette, et ailleurs un clown joue le rôle de quelqu'un qui joue un clown... Shakespeare porte à la scène dans son œuvre un théâtre de marionnettes dans lequel la même œuvre est jouée. Ce monde subtil d'apparence et de réalité, de l'alternance des dimensions, de dédoublements de situation et de personne constitue les instruments des artistes. Ils présentent tout en se présentant : le fait de se mettre en spectacle est une caractéristique essentielle de leur espèce. Dans l'œuvre d'art collective qui s'appelle opéra, ce phénomène atteint des dimensions presque mythiques et c'est précisément cela le lait maternel avec lequel Landuyt a été allaité ! Il a donc pu explorer en profondeur cette machinerie magique dans ses applications plastiques.*

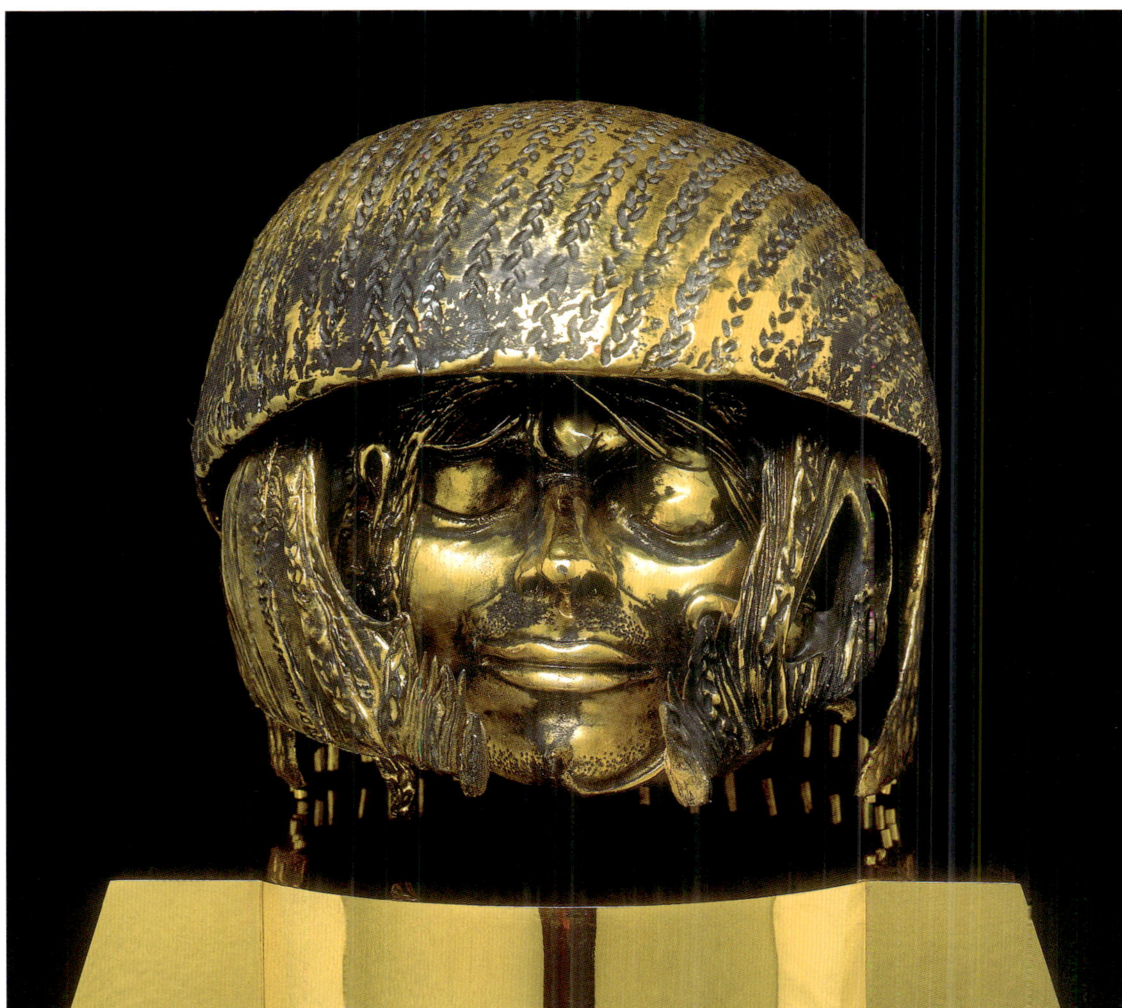

Casque d'or – 1981 – céramique – élément principal dans le décor de *Lohengrin* (Wagner) – 26 x 43 x 29 cm

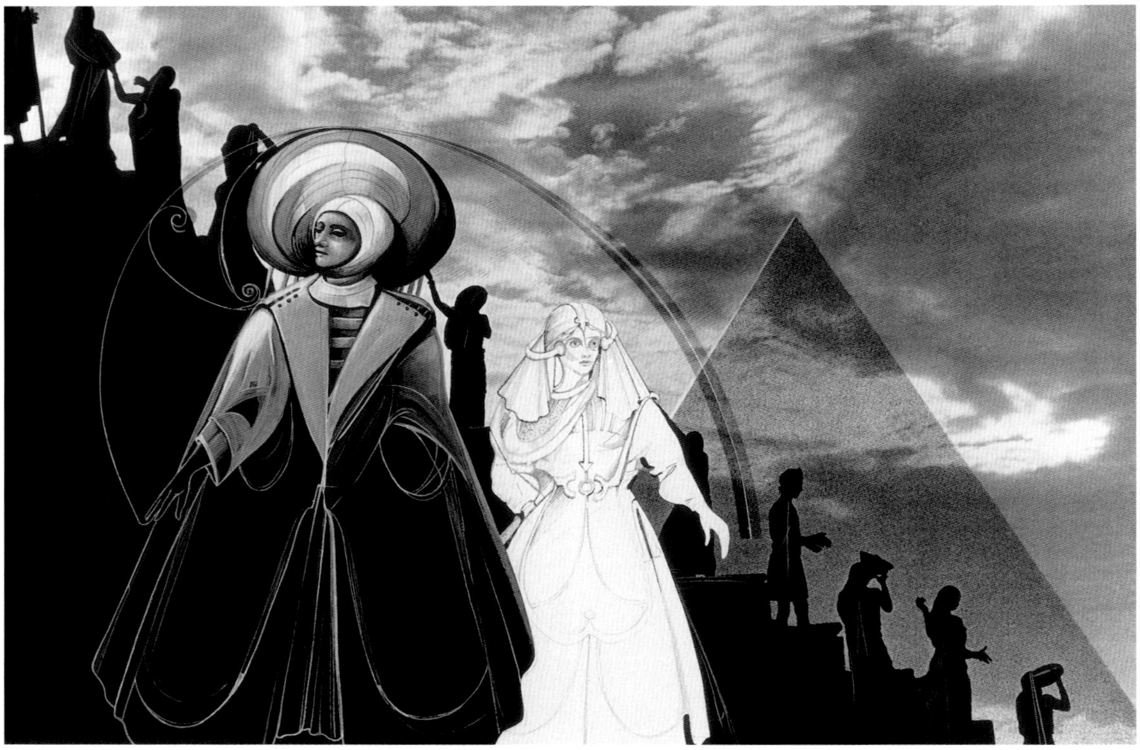

Costumes créés pour *Lohengrin* (R.Wagner) pour l'Opera voor Vlaanderen – 1985

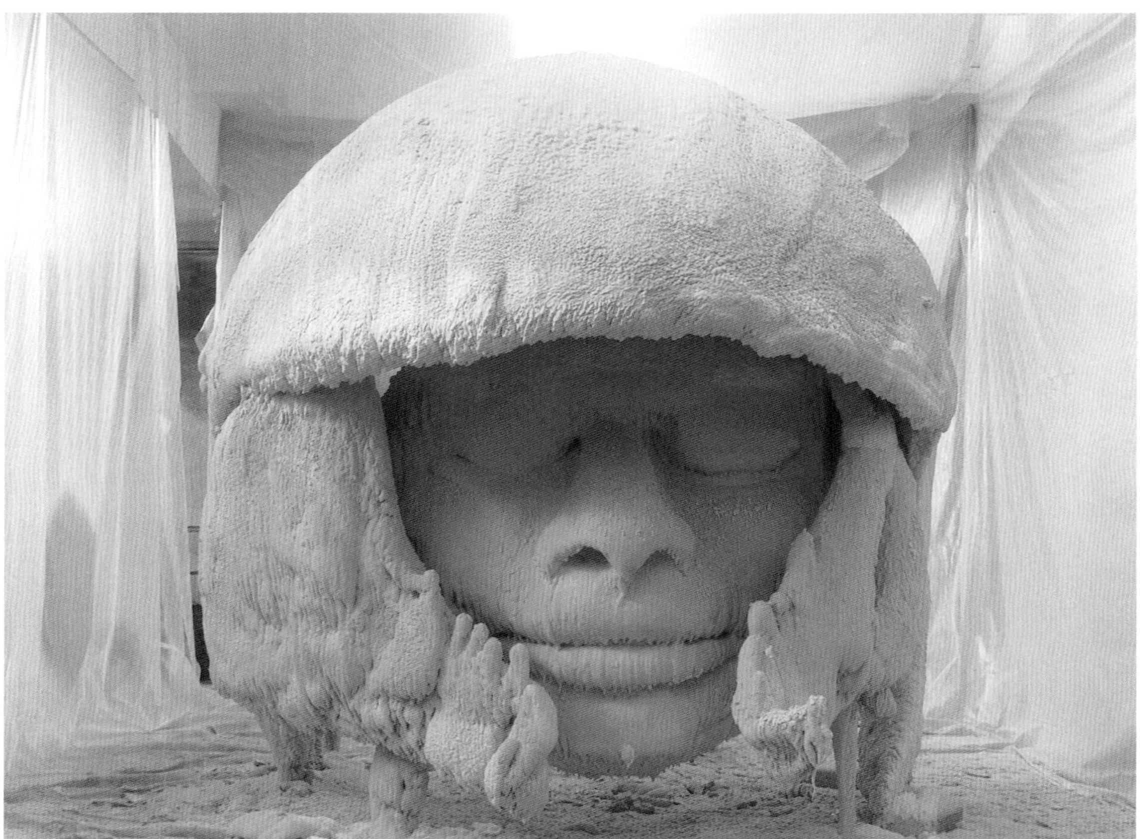

Tête en réalisation, *Lohengrin*, Opera voor Vlaanderen, Gand, Anvers – 1985

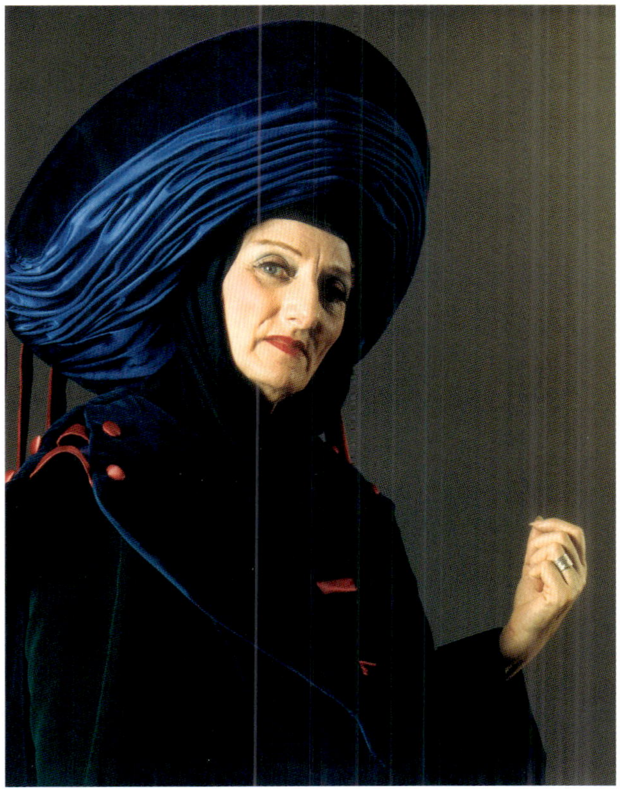

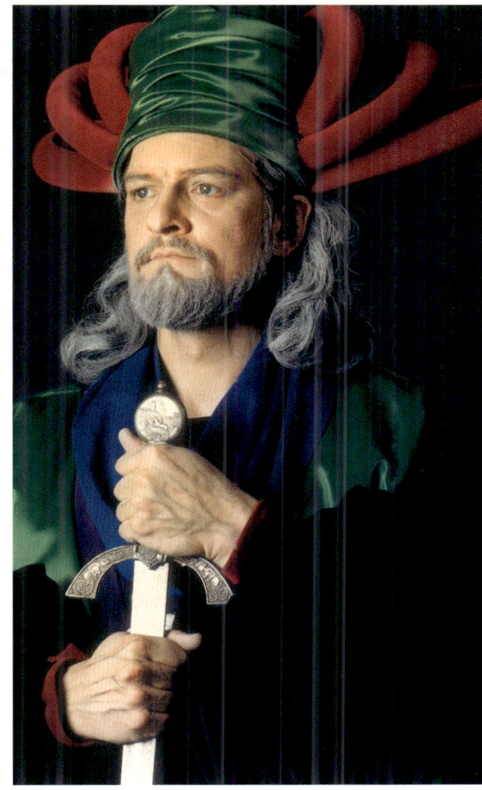

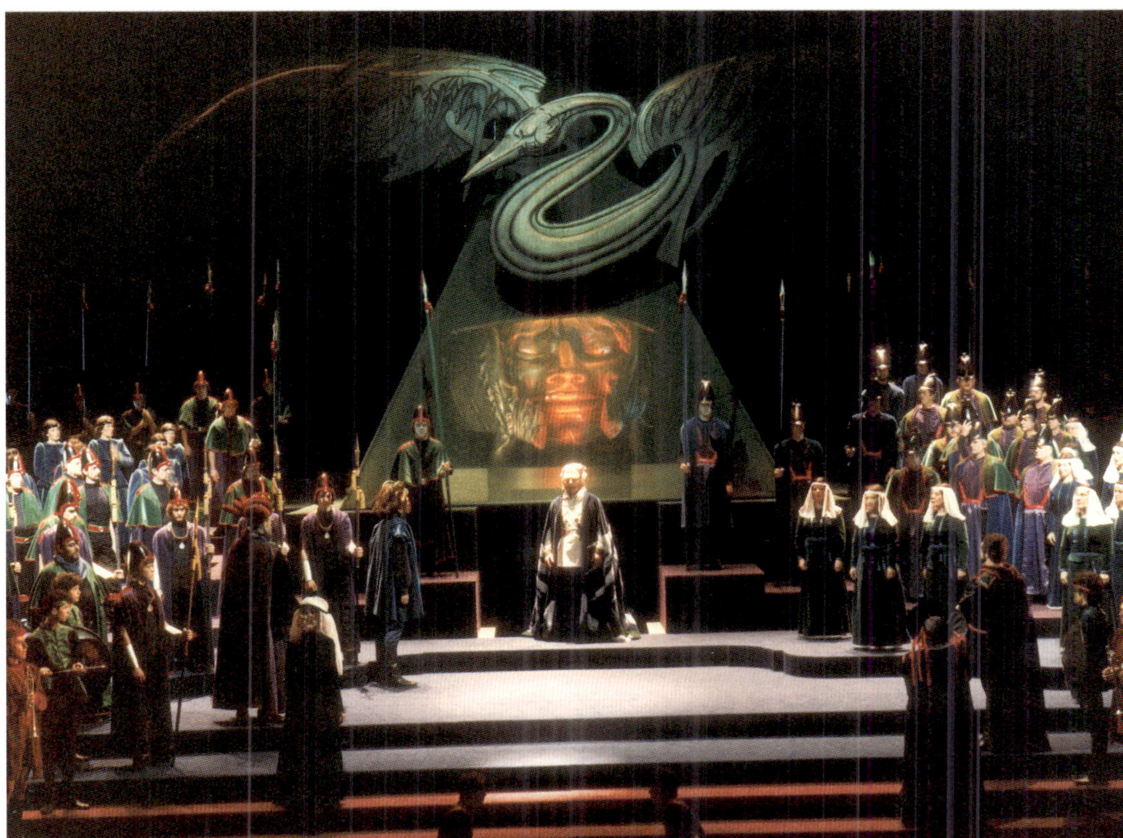

Opéra *Lohengrin* (R.Wagner) – 1985 – Opera voor Vlaanderen, Gand, scène en costume

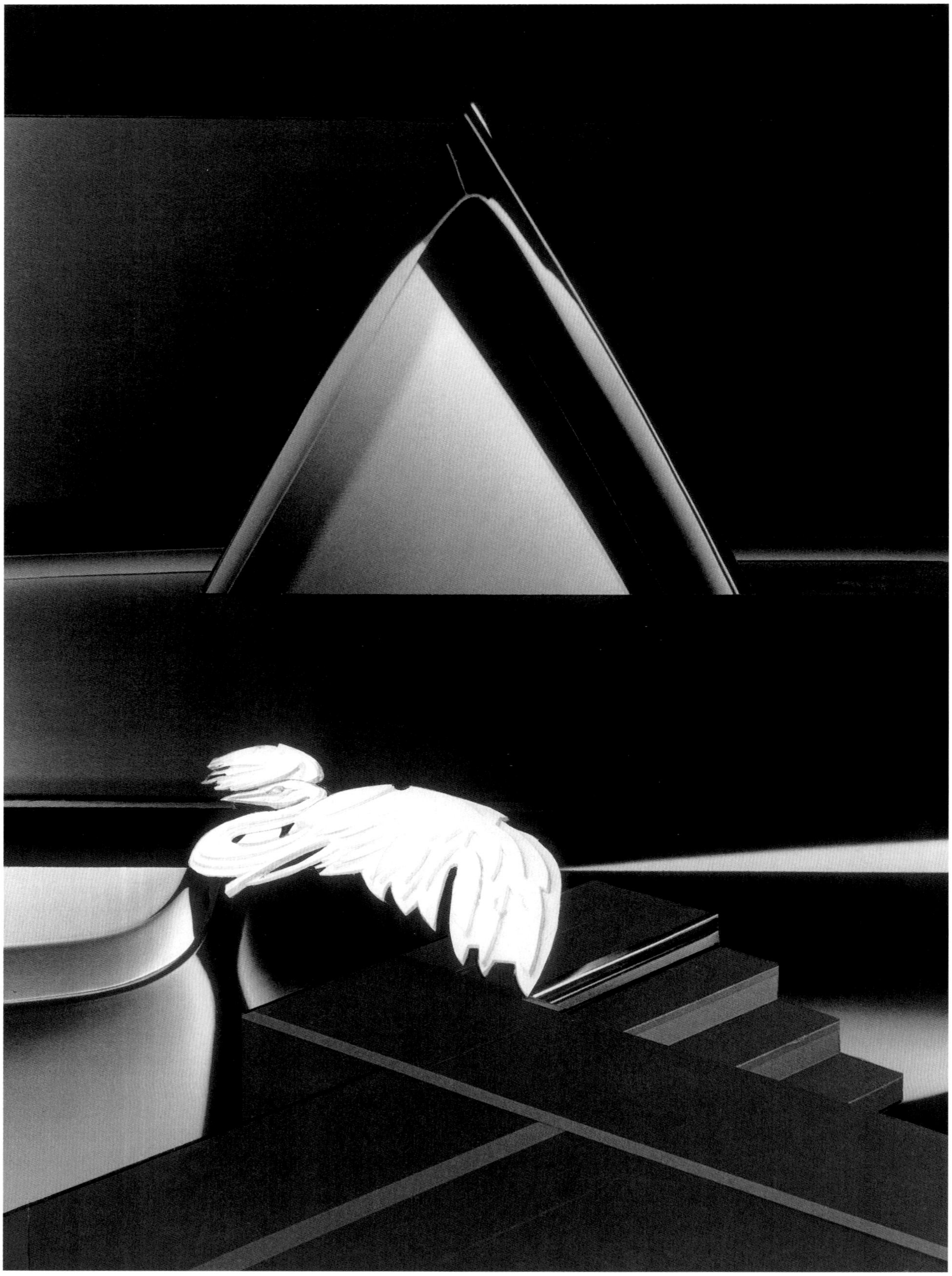

Scène avec le cygne pour *Lohengrin* – 1985

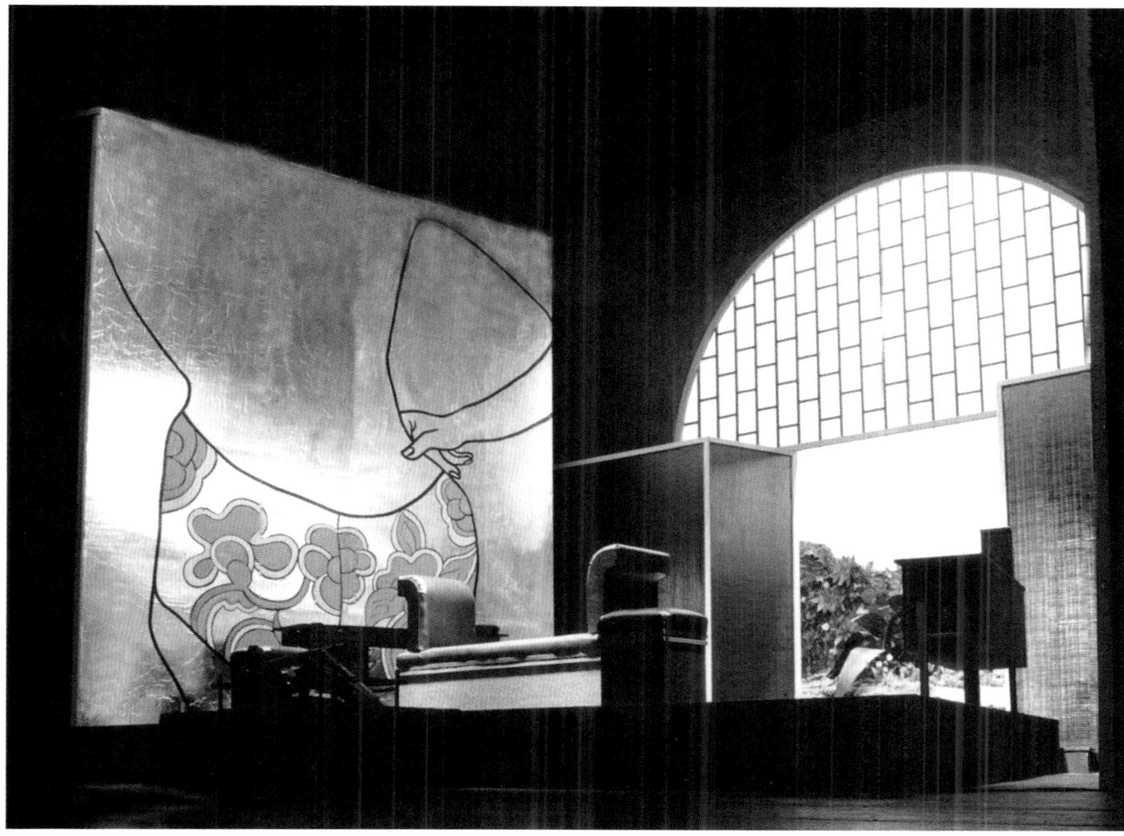

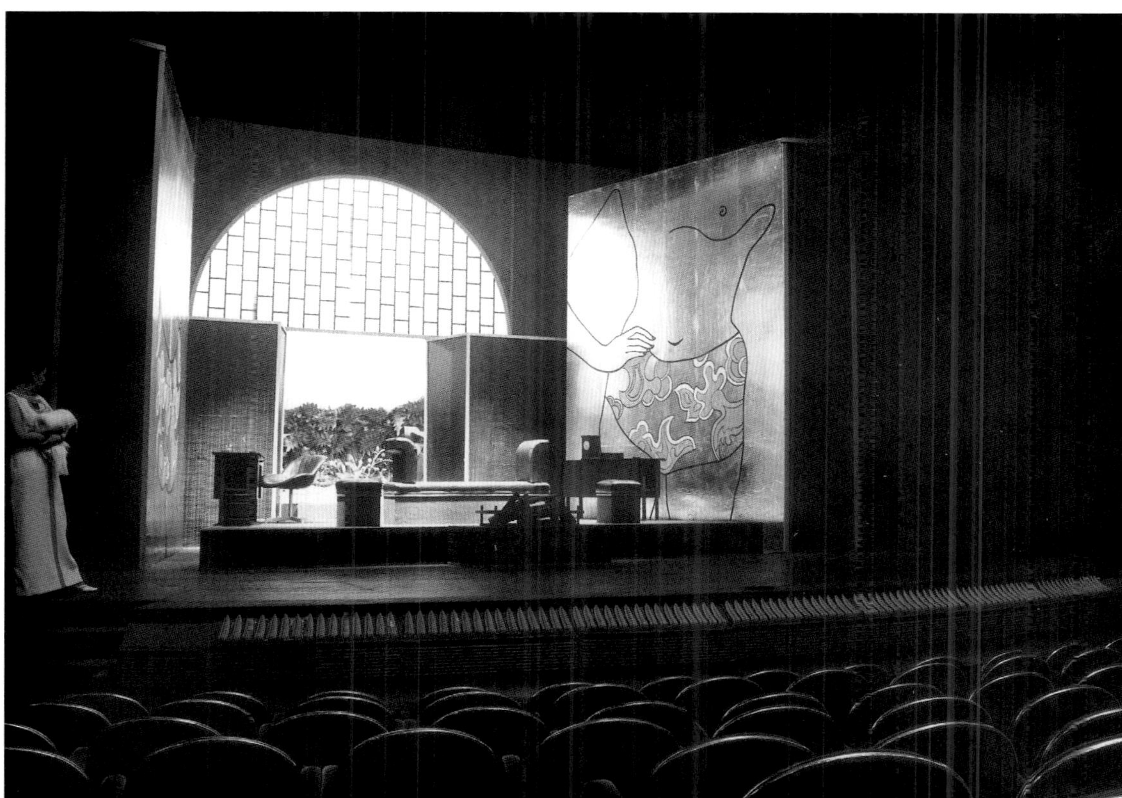

Décor de théâtre: *Alles voor de tuin* (Albee) – 1970 – K.N.S. Bruxelles

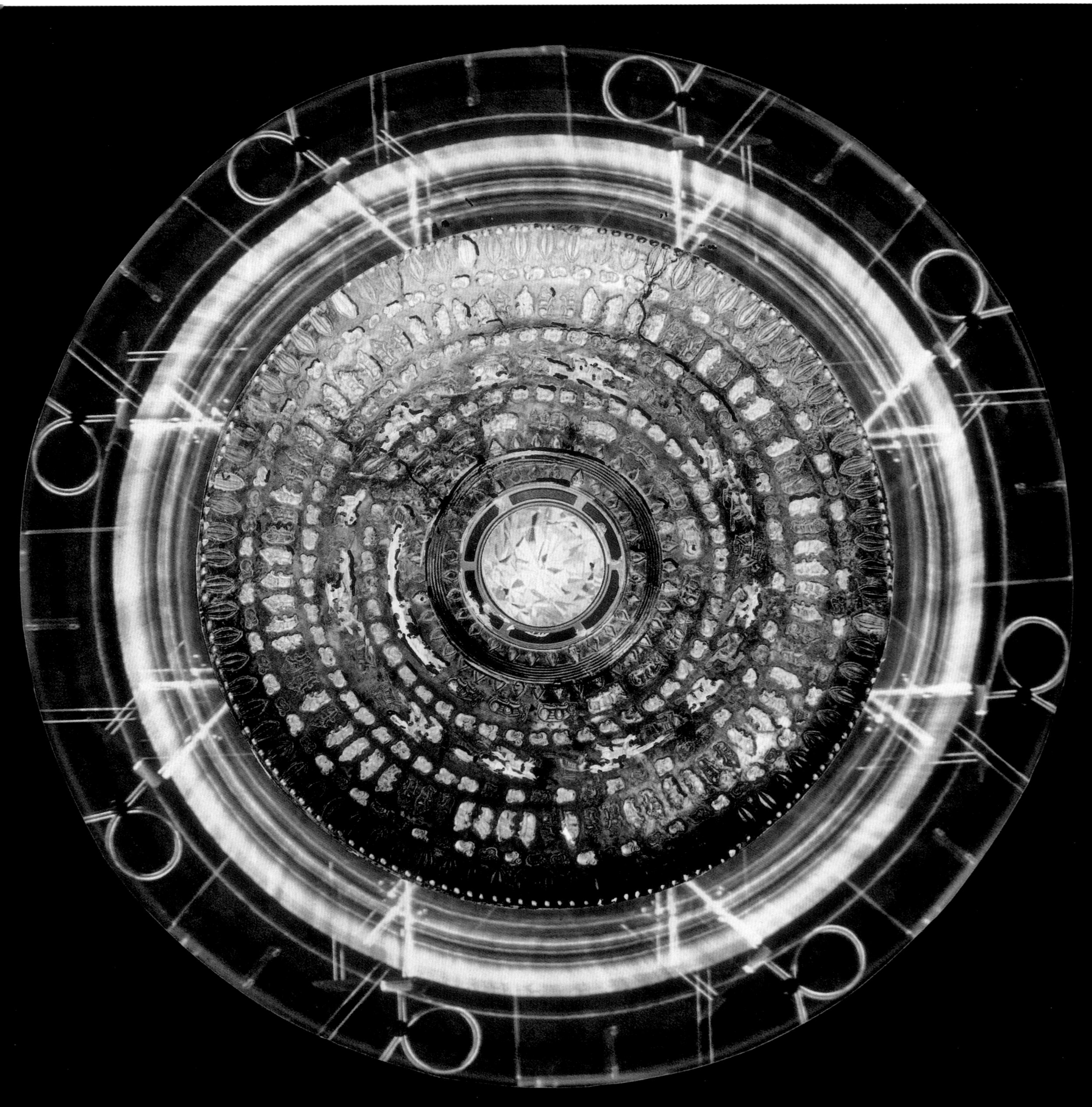

Accessoire: *Bouclier de Lohengrin* – 1985 – plaque avec appliques en cuivre, plexiglas – Ø 100 cm

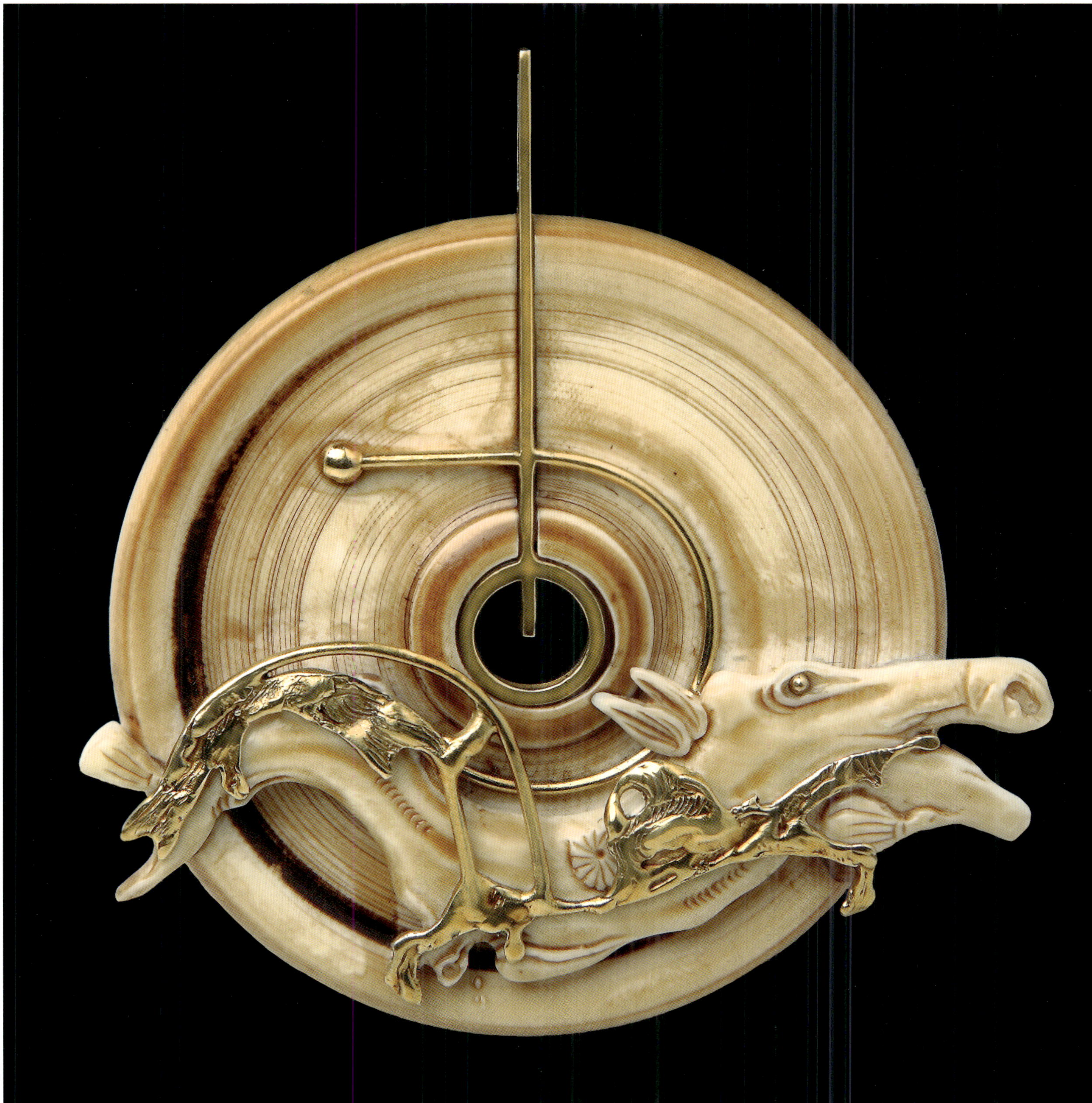

Accessoire: *Le carrousel* – 2007 – or jaune, ivoire – 7,8 x 7,3 cm

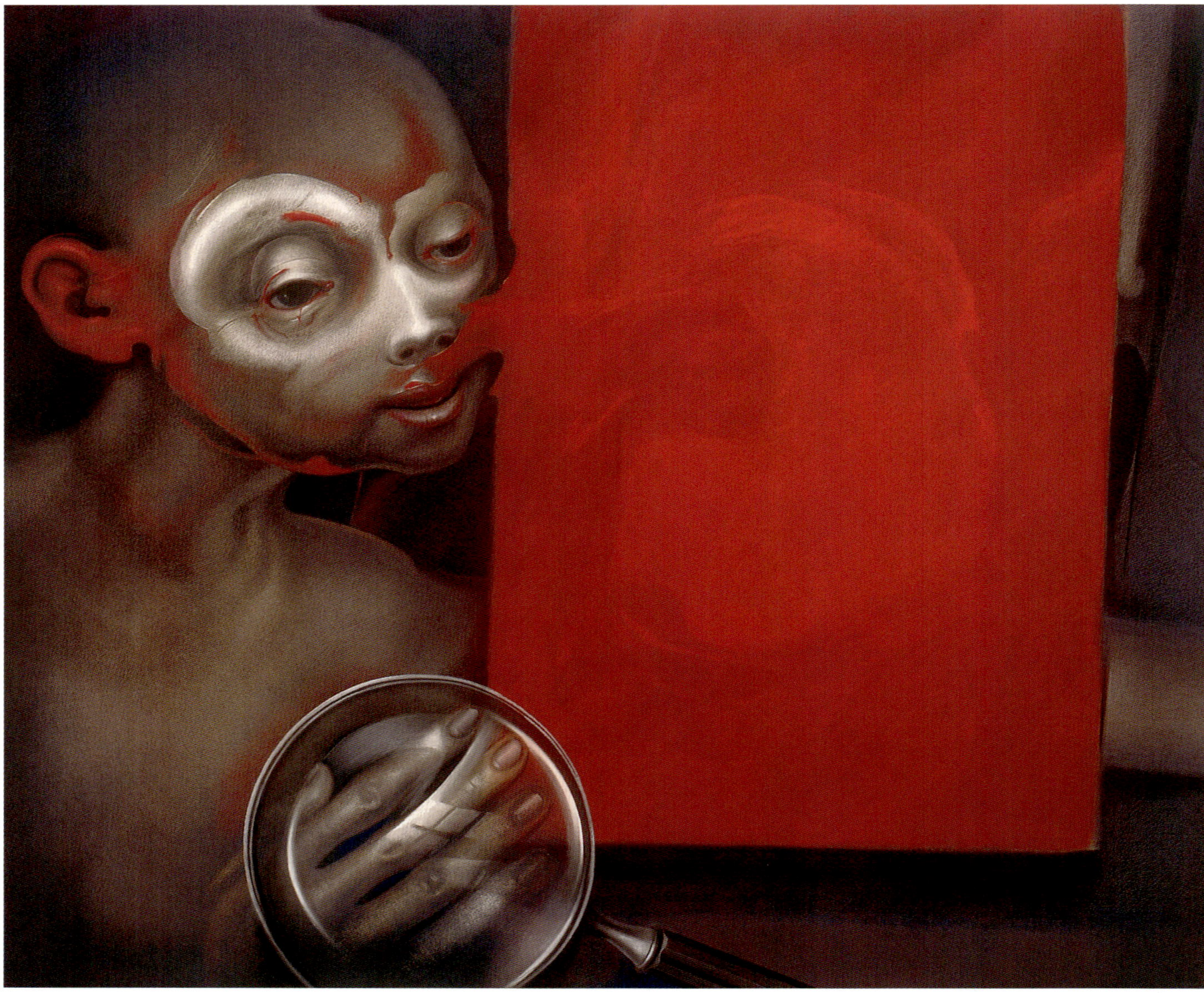

Prononcer, le rideau rouge – 1985 – pastel sur panneau – 166 x 195 cm
Cette image fut projetée sur un voile en remplacement du rideau de théâtre (*Lohengrin*)

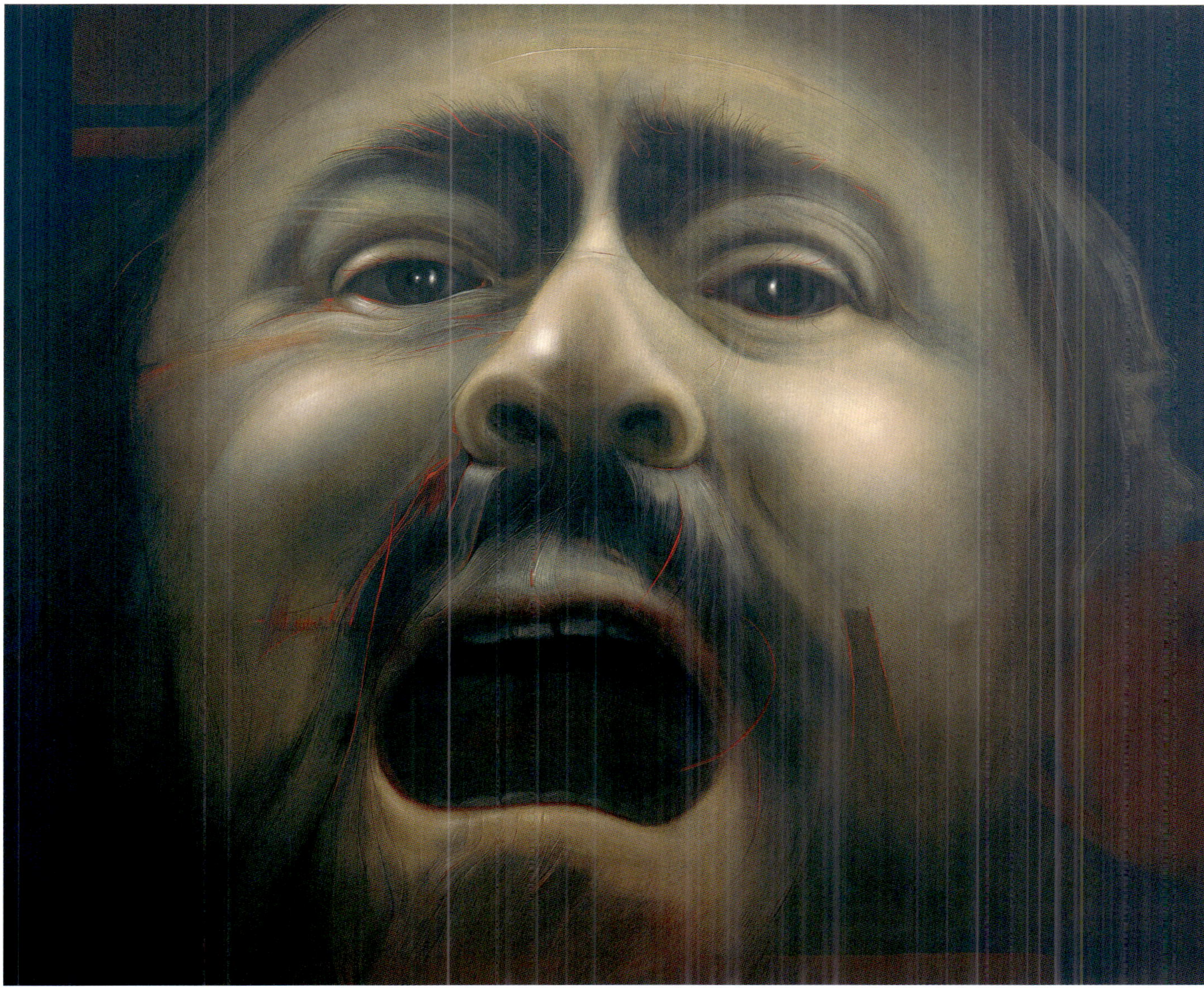

Le son acheminé – 1992 – huile sur panneau – 180 x 216 cm

Landuyt et le tournant

Sous le signe de l'authentique et de 'la chose nue', l'animal, la flore et l'être humain sont les représentants de l'essentiel : la naissance, la vie et la mort. L'artefact fabriqué par l'homme fait quant à lui partie d'une autre catégorie, ce qui ne signifie pas qu'un artefact ne peut pas pour autant être de l'art. Cette approche est en contradiction flagrante avec la reproduction des sujets contemporains souvent à la mode notamment des hyper-réalistes, qui en leur temps n'étaient essentiellement modernes que par la thématique choisie notamment des pin-up ou des pneus de voiture – ce qui en principe diffère peu, dans l'expression, des natures mortes archaïques et de leurs faisans et n'implique pas de sous-estimation non plus. Landuyt est capable d'analyser lucidement ces développements esthétiques du demi-siècle dernier, en harmonie avec quelques autres penseurs expérimentés – qui ne sont pas écoutés non plus. Mais où cela s'arrête-t-il pour lui, où a-t-il – ou a-t-on – décroché ? « On peut » indique Landuyt « sculpter beaucoup de choses dans le bois, des personnages humains ou des animaux, mais pas un banc parce que dans ce cas on *fabrique* un banc, et pas un arbre non plus, parce que l'arbre *est* déjà là. Celui qui transforme un artefact en une œuvre d'art, celui qui signe l'urinoir, arrête le jeu : le processus créatif n'entre plus en ligne de compte. »

Ce jeu, exactement comme un jeu de cartes, peut être joué à un niveau élevé et avec intelligence, avec beaucoup de cartes, de connaissances et de compréhension. La connaissance inimaginable des artistes de la Renaissance et leur capacité d'application a déterminé leur art et leur époque. Mais on peut tout autant jouer aux cartes avec seulement quelques cartes. Selon Landuyt, c'est ce qui s'est passé après l'intervention de Duchamp, qui a fait de l'art avec un artefact, et qui était un joueur très habile – mais qui a joué peu de cartes ! En 1912, lors de leur visite au salon de Paris de l'aviation, Duchamp avait déjà signalé la maîtrise et la beauté de l'hélice à Fernand Léger et Brancusi, et affirmé sous forme de défi que rien ni personne ne pouvait améliorer un tel objet.

La subtilité de sa manière d'agir à cette occasion a échappé à beaucoup de personnes. A travers le regard de designer de Landuyt, l'urinoir de Duchamp qui repousse les limites est un objet parfaitement conçu, dont le statut esthétique augmenta encore en le retirant du mur et en le présentant horizontalement. La célèbre roue de vélo est pour le designer davantage que ce que nous ressentons au premier regard : elle comporte outre la perfection géométrique du cercle et la répartition radiale également son rapport à l'ensemble (l'homme inclus), selon un principe qui avait également frappé à la fois les Etrusques et Le Corbusier. Avec son jeu de lignes en entonnoir, le casier à bouteilles était lui aussi tout sauf une nullité géométrique, et il complète l'image de la subtilité avec laquelle Duchamp déplaçait les balises. Puisque plus aucune action n'était de ce fait requise de l'artiste, il 'baptisait', consacrait ces objets en œuvres d'art comme un prêtre, ce qui était tout à fait dans la ligne des surréalistes.

Au début, il n'avait pas encore beaucoup de disciples. Un jour, Picasso et Dalí laissèrent aller leur imagination sur une petite terrasse de la Place de l'Opéra à Paris jusqu'à mouler cette vue magnifique entièrement en bronze : l'opéra, la petite table, les verres, eux-mêmes. Ils ne pensèrent pas à faire une photo et à la signer ou à placer un petit panneau avec leur signature sur ce site, car dans ce cas ils n'auraient rien créé. En moulant un verre à vin dans du bronze et en le plaçant sur un socle, on le déplace vers la catégorie (d'évaluation) de l'œuvre d'art – ce qui est actuellement suspect. Mais le bronze est beaucoup plus intemporel que le papier mâché, le PVC ou le polyester, car il s'oxyde allègrement et s'intègre dans la vie universelle en prenant la couleur de la mousse et du feuillage. Il s'unifiera donc rapidement avec 'l'authentique'. Landuyt fait en outre dialoguer le bronze avec l'or, qui ne s'adapte pas facilement du tout, cet or à son tour avec la rouille et pour compléter les bipolarités, il combine à nouveau ce lyrisme avec le design high-tech. Un jeu se joue avec mille cartes et l'artiste oscille parmi tout cela...

Ce jeu classique s'est en fait déjà arrêté au cours de la Première Guerre mondiale lorsque Dada créa une rupture avec tous les acquis de la culture occidentale. Avec en arrière-plan les trois cent mille corps pas enterrés près de Verdun, la notion de chef-d'œuvre et de gloire immortelle est non pertinente et ridicule, disait-on au Cabaret Voltaire. Le philosophe culturel George Steiner affirme sans détour que depuis lors, pratiquement tous les mouvements d'importance dans la culture occidentale étaient issus de Dada. Dorothy Tanning, la veuve de Max Ernst, que Landuyt connut autrefois via son époux, pense la même chose.

Le déconstructivisme et le postmodernisme tirent leur origine de Dada, mais dans ce cas traduit dans un jargon académique et théorique – un jargon qui est aussi impénétrable que le charabia de Dada lui-même. Mais en même temps, des personnages comme Picasso, Matisse et beaucoup, beaucoup d'autres (dont selon moi Landuyt et quelques contemporains) font partie d'un passé olympique et poursuivent le chemin de Giotto, Raphaël et consorts en dehors du terrain de jeu médiatique et commercial. Y a-t-il eu, se demande Steiner, après De Vinci un seul artiste, un seul inventeur qui fut plus lucide que Duchamp ? Du tas de pierres sur le sol de la galerie, en passant par les draps souillés jusqu'aux excréments sur toile, ce sont encore ses règles du jeu qui s'appliquent.

L'objet trouvé, le banc, la locomotive, l'artefact étaient désormais élevés au rang d'art. 'Tout est art' était en perspective. L'artefact devenait un fait d'art ou un *artfact*. Le dépassement de la limite, la catastrophe de la théorie du même nom s'était produit(e) et en raison de cette réorganisation, l'élégance d'un appareil mécanique était élevée au rang d'art et, selon ce à quoi on le comparait, placée au-dessus. La technique devient de ce fait un acte de *poiesis*, l'artiste perd pour la première fois face à l'ingénieur (*ingegno*) et l'invention est considérée dans le monde moderne comme une forme importante de création. Octavio Paz signale dans ce cadre le danger de rester avec un concept mais sans art, avec la trou-

vaille sans la chose chargée : « C'est ce qui s'est souvent passé avec les disciples de Duchamp. Il faut en outre mentionner à cet égard qu'il est fréquent qu'ils ne présentent à la fois ni art ni concept ; le concept y est parfois simplement ajouté. Il est assez évident que l'art n'est pas un concept en soi : l'art fait essentiellement partie du royaume des sens. » Curieusement et au grand mécontentement des surréalistes, Duchamp quitta le terrain artistique et se mit à jouer aux échecs ; il devint même champion. Le jeu auquel il s'était fait prendre dans l'art y était-il encore disponible et y disposait-il de plus de cartes ?
Du fait de sa grande expérience en design esthétique et industriel, Landuyt est en mesure de percevoir la problématique ou la formule comme nul autre. Pour lui, un objet comme le Concorde, avec son nez recourbé et ses proportions phénoménales, est un chef-d'œuvre absolu – en design (le mot signifie 'destination'). L'œuvre d'art est cependant sans destination et est un surplus à l'habituel ; elle peut tout aussi bien ne pas exister – même si c'est mieux qu'elle existe ! Qu'est-il arrivé à la signification de la destination et de l'utilisation d'un ready-made, l'objet trouvé ?
Dans ce contexte, on ne s'est pas encore beaucoup ou jamais intéressé à la théorie de la catastrophe, même si une approche logique mathématique peut sembler tout à fait discordante dans le concert de la critique d'art.
Le mathématicien français René Thom découvrit en 1975 une méthode topologique qui révèle la structure des discontinuités comme étant des sauts, des retournements et des réorientations. Dans ce cadre, deux champs de signification interagissant sont définis dans l'espace tridimensionnel, via des coordonnées et des axes, sur base desquels la chute, le saut ou la catastrophe est décrit(e) d'un champ de signification à l'autre. En art plastique, cela se déroulera simultanément. C'est le changement soudainement visible entre plusieurs formes, systèmes ou situations ; où le pôle positif du barreau aimanté rejoint le négatif ; où l'avant passe tout à coup à l'arrière ou la dimension change ; où le pointillé de Seurat devient soudainement une seule surface de couleur optique ; lors de la transition choquante entre deux champs différents mais qui se chevauchent à cet endroit – ou lorsque quelqu'un meurt : cette transition-là également. En redéfinissant le champ de signification de l'urinoir, l'objet devient dichotomique, il est à la fois œuvre d'art et objet d'usage courant et le spectateur se trouve dans une situation de pat. Duchamp était joueur d'échec !
Nous verrons comment ce phénomène se dissimule dans l'œuvre de Landuyt (comme moyen) et comment on peut le découvrir ouvert et à nu (comme but ?) à partir de Duchamp, en passant par les surréalistes et Magritte – bien qu'Arcimboldo l'ait déjà montré approximativement au 17ème siècle. La question peut se poser de savoir si cette confrontation de niveaux de signification peut nous 'émouvoir' dans l'art contemporain ou nous étonne simplement – mais elle est cependant en partie basée là-dessus. Une telle œuvre n'est donc plus une chose pour Paz : c'est un éventail de signes, qui dévoile et dissimule chaque fois en s'ouvrant et en se fermant (catastrophes) la signification ; l'œuvre d'art est un signe d'intelligence qui est échangé entre signification et non-signification.
Landuyt a un jour lui aussi été confronté à ce problème.

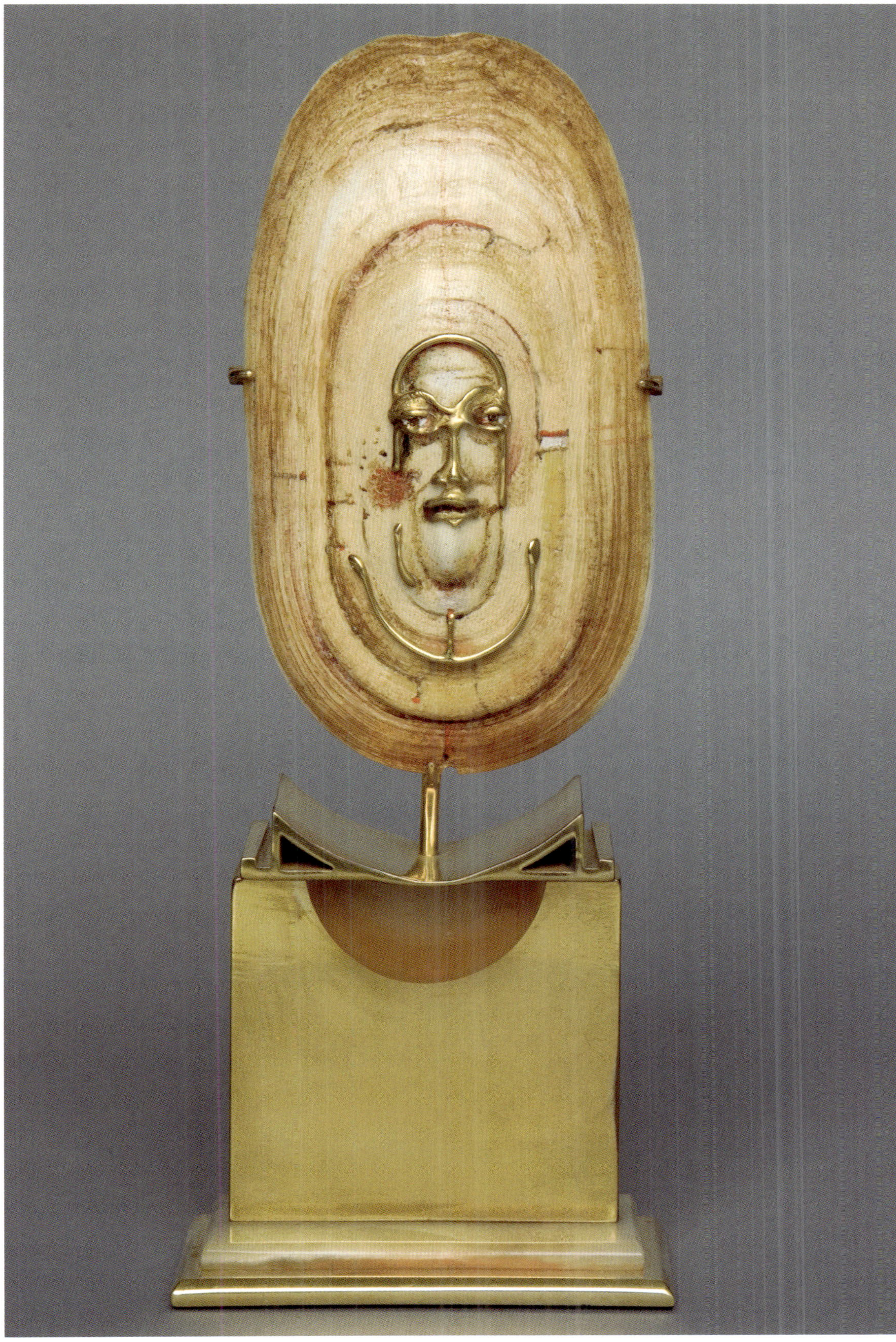

Les rides de la mer – 1996 – or sur patelle – 19 x 7,5 x 4 cm

Le phénomène est complexe et la limite entre les couches de signification se réduit de plus en plus. C'est ainsi que dans les années soixante, en pleine période organique, il découvrit les locaux universitaires de dissection et les formes de fœtus, qu'il avait autrefois lui-même collectées. Dans le bocal, qui remplit alors la fonction du recouvrement, le fœtus, devenu blanc sous l'action de la poudre de formol, peut alors se rapprocher de l'aspect d'une véritable œuvre d'art. A cette époque, beaucoup trouvaient de tels objets obscènes ; il arrivait parfois qu'un visiteur quittait l'atelier pour cette raison. La beauté des oiseaux, papillons, squelettes et fossiles empaillés, tels qu'ils sont aujourd'hui encore négociés dans la maison parisienne Deyrolle, est d'un même ordre. Landuyt et Veranneman y allaient à l'époque très souvent ; un ami taxidermiste suivait même tous les cirques possibles pour pouvoir empailler leurs animaux décédés ! La momie fait ainsi partie de la même catégorie en tant qu'objet phénoménal : l'exemplaire péruvien de Landuyt était en outre tatoué – un bodypainting avant la lettre ! Du fait de leur authenticité et des aspects de forme particuliers, ces objets se trouvent précisément sur la limite entre document et œuvre d'art, et c'est cette position intermédiaire douteuse qui fut ex-

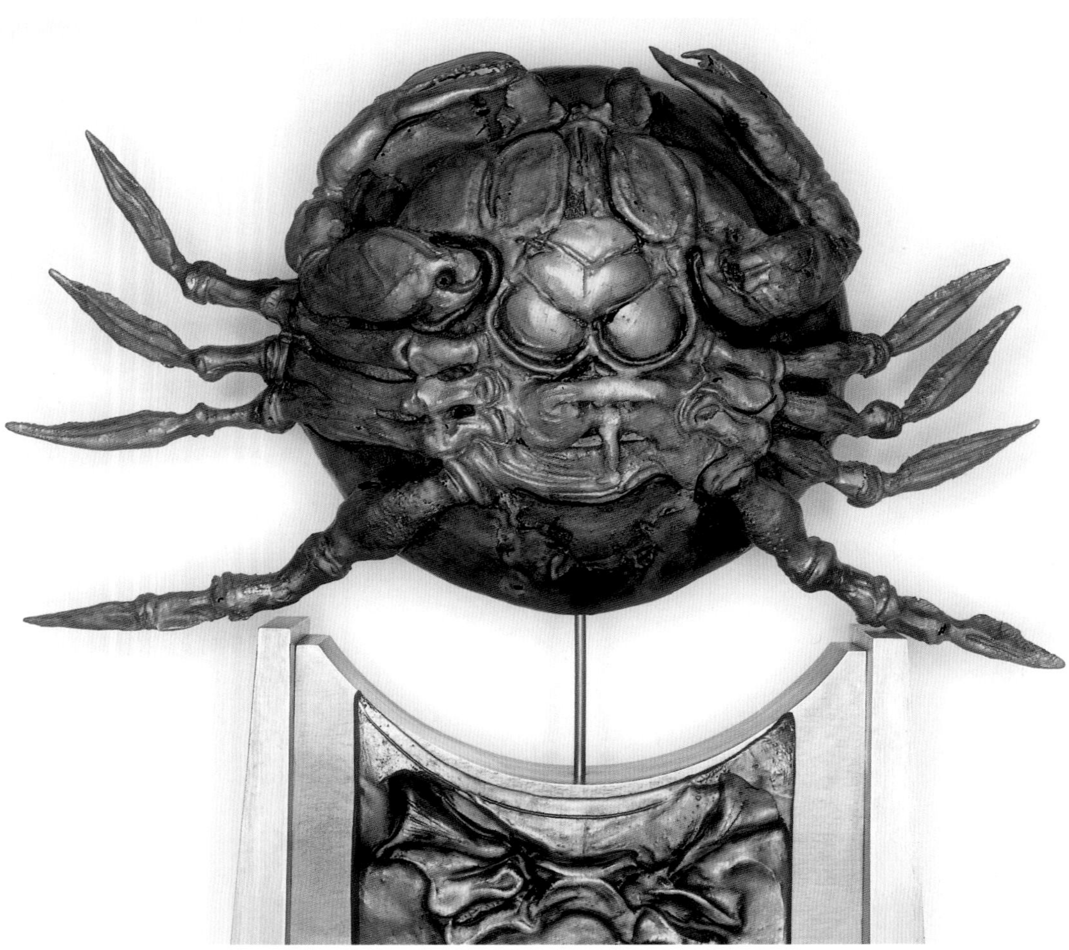

Fêter l'existence du crabe – 1983 – céramique – 54 x 53 x 15 cm

plorée à la fin du 20ème siècle dans l'art plastique – et dans la ligne de Duchamp. Les armées de coléoptères et de papillons sont d'une beauté impressionnante chez Deyrolle et dans les collections entomologiques, et leur beauté est encore plus effrayante en raison de leur multiplicité. L'artiste les utilisera-t-il ou les interprétera-t-il ou les moulera-t-il en reproduction ? Un *corso* se termine-t-il et le *ricorso* commence-t-il ici à cet endroit ? Tout recommencera-t-il, mais autrement ?

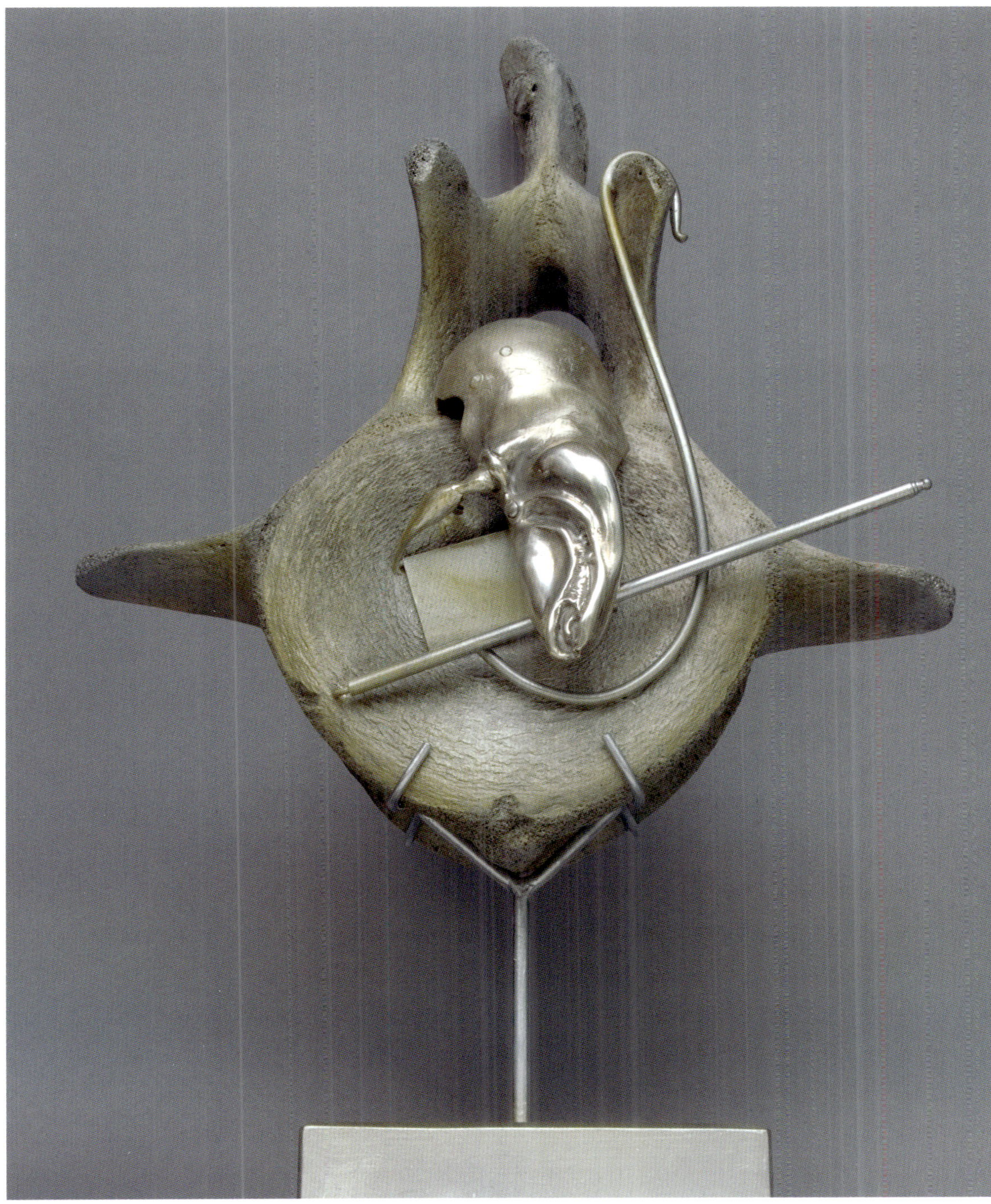

The new tale of the big old whale – 2007 – argent, os – 63 x 44 x 22 cm

En tant que maître dans le sens classique, Landuyt ne devait pas choisir, il est parfaitement capable de créer lui-même l'œuvre d'art. En fonction d'une grande production commerciale, des créateurs moins formés peuvent avoir – et auront – tendance à opter pour le ready-made ou le document, et dans ce cadre la catastrophe se fera sur la différence de signification la plus étroite. Les similitudes avec des tendances, des expressions artistiques plus récentes sur base de tels objets ambigus : coléoptères, requins-tigres et d'autres espèces animales sont flagrantes et constituent la limite ultime ; une fois cette limite dépassée, la maîtrise s'arrête inévitablement et l'élément capacité disparaît.

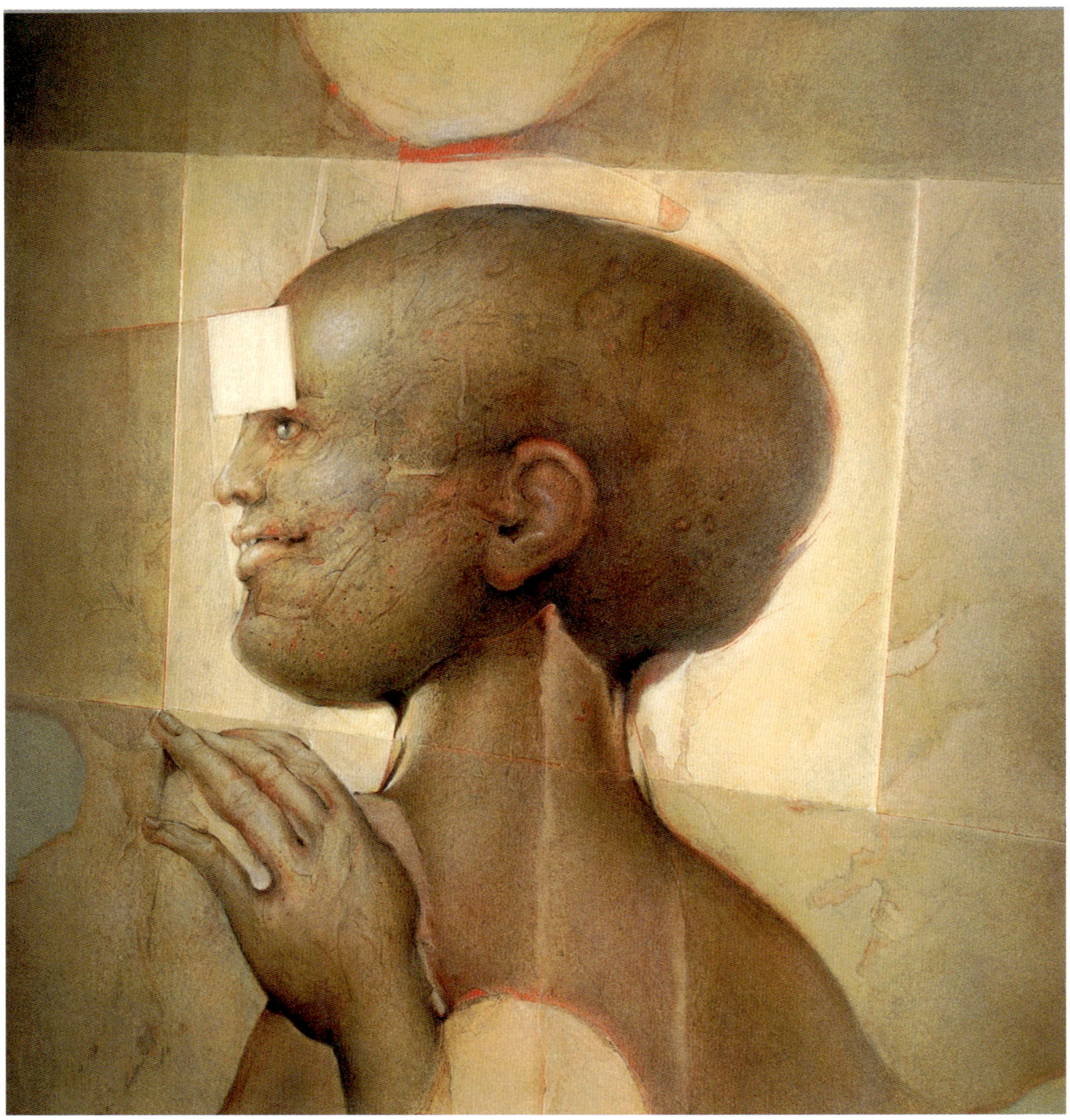

Douter d'une présomption – 2001 – mixed media sur panneau – 138 x 118 cm

Pour les œuvres de Landuyt, Bacon, Freud et leurs semblables, la confrontation est d'une toute autre nature et a encore dans le lointain quelque chose du choc que l'on subit devant l'autel Grünewald d'Isenheim, dans lequel le personnage du Christ nous prend encore à la gorge après cinq siècles. Beaucoup d'œuvres contemporaines consistent en des objets dans une relation ou une autre, catastrophique ou non ; les niveaux n'existent pas pour l'un ou sont innombrables pour l'autre car ils peuvent être imaginés à l'infini. En effet, l'œuvre n'existe plus comme le résultat d'un processus et d'une action magistrale mais est 'élevée' au rang d'art. « Dans les œuvres d'art modernes », indique Paz, « la signification disparaît dans le rayonnement de l'existence. Le fait de voir devient un processus intellectuel qui est également un rituel magique : voir devient comprendre et comprendre est entrer en communion. A côté de la divinité et de ses croyants, il y a les théologiens : les critiques d'art. Leurs spéculations ne sont pas moins hermétiques que celles des scolastiques du Moyen Age et des pères de l'église byzantine, bien qu'elles soient moins strictes. » En dépit de tous les écrits explicatifs très épais, le choc de l'émotion, structuré sur la profondeur et la stratification, se fait jusqu'à présent attendre dans beaucoup d'art actuel.

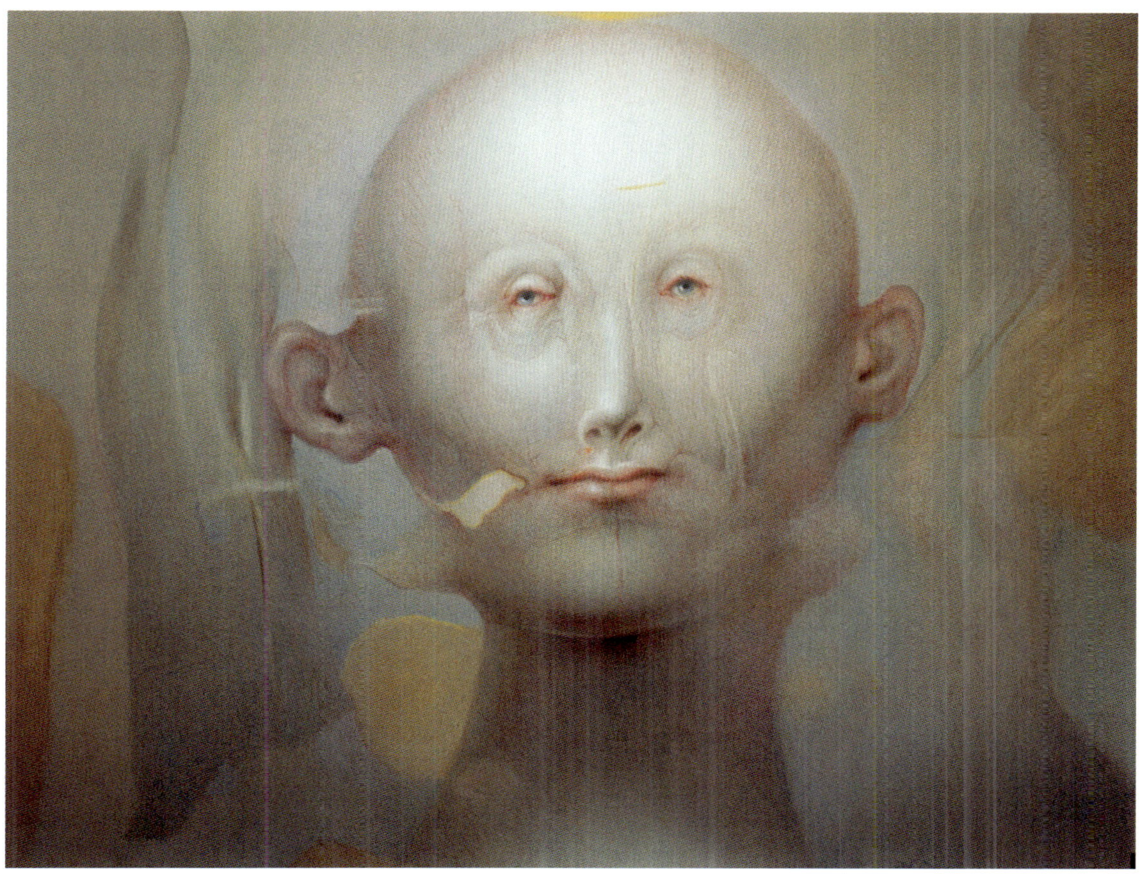

Inéluctable – 1998 – pastel sur panneau – 58 x 73 cm

En contradiction flagrante par rapport à cela, les statues de Landuyt simplement émouvantes, parfois déchirantes ou énigmatiques sont accessibles comme une chanson pop ou une aria de Puccini. Car chez Landuyt, c'est en premier lieu la mélodie qui y trouve son compte, mais elle est soutenue par une composition qui ne peut exister que par les connaissances professionnelles et par une maîtrise, qui n'appartiennent plus au monde contemporain mais plutôt à un Parnasse oublié, où les derniers représentants de l'art universel se tiennent compagnie. Un tableau typique de Landuyt a quelque chose d'une cathédrale ; l'élégante forme extérieure du premier regard dissimule les organisations internes plus profondes qui soutiennent l'ensemble, les décombres peut-être de temples antérieurs, servant de base pour reconstruire et pour réorganiser, déjà simplement parce que le champ créatif est un endroit sacré et que les autels n'aiment pas déménager. La grande porte massive est entrebâillée. Chaque endroit sacré est un souvenir de la création authentique, de la *poiesis*, de la naissance. Chaque traduction de celle-ci en matière, du dolmen en passant par la roche erratique Shinto, le stupa, la pagode, la pyramide, est une création, un hymne issu de la même source impossible à retrouver. C'est ainsi que

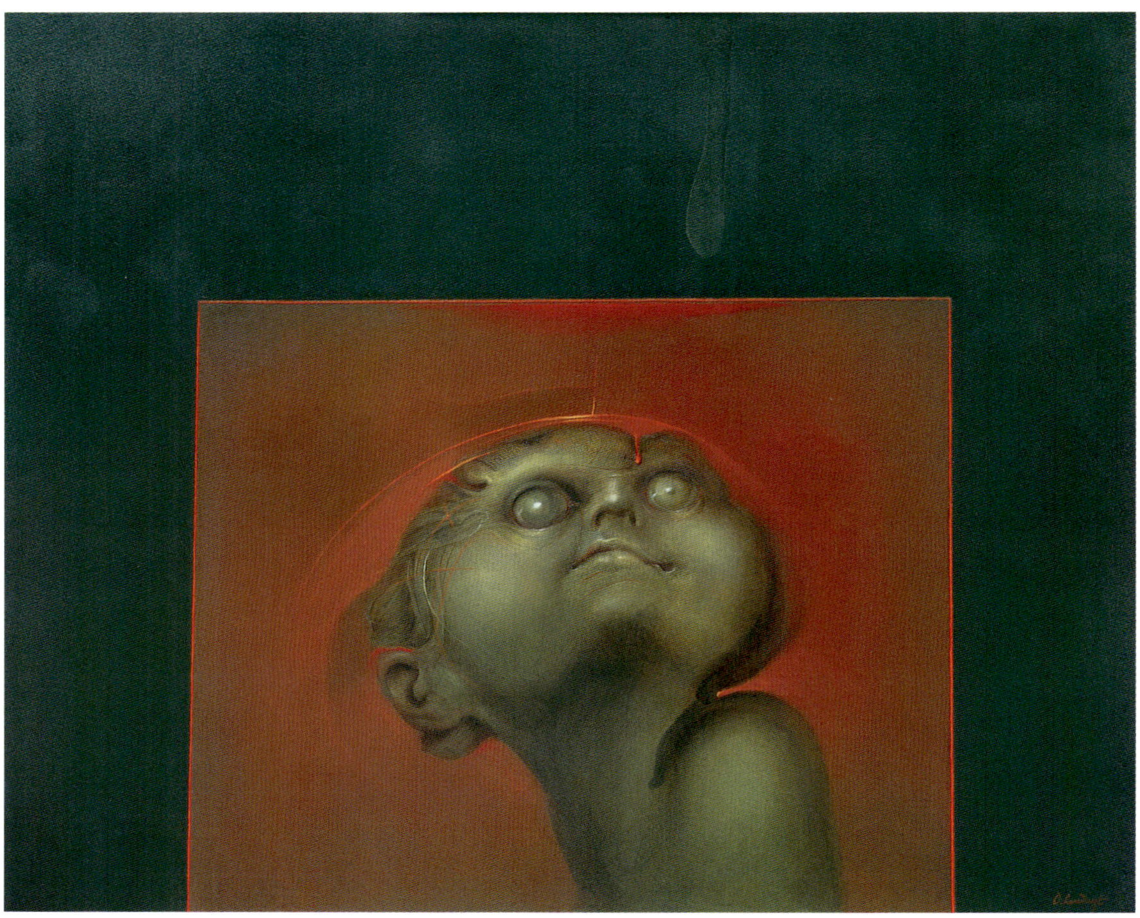

Lui-même – 2000 – huile sur panneau – 144,5 x 160 cm

l'œuvre d'art est restée debout, même au-dessus de l'escalier monumental du Louvre, comme le majestueux Samotrace, délabré mais grandiose, il reste après des siècles un véritable morceau stratifié de notre passé humain. Pénétrez dans un chef-d'œuvre classique et un labyrinthe vous conduit vers ce mystère de la création – si on reprend ou si on parvient à reprendre le fil, mais c'est comme si ce temps essaie névrotiquement de dissimuler ce fil. L'œuvre de Landuyt est d'une simplicité étayée de manière complexe mais à y regarder de plus près, elle devient une maison avec de nombreuses pièces et de nombreux étages. C'est ainsi qu'il l'a voulu. A la différence des expressions artistiques contemporaines dotées de nombreuses notices philosophiques hermétiques, tous les niveaux doivent déjà être contenus dans le premier regard : close-reading, point focal, émotion, énigmes, harmonie, équilibre, symétrie, empathie (entre l'objet, le créateur et le spectateur), grandeur, sobriété, élan, et ce qui peut être disponible ou non est déjà sous tension dès la première rencontre. Les niveaux ne nécessitent pas d'interprétations forcées, car ils occasionnent ensemble dès la première confrontation avec l'œuvre d'art un dépassement inexplicable qui est propre aux chefs-d'œuvre. L'artiste l'a un jour formulé ainsi : « Chez

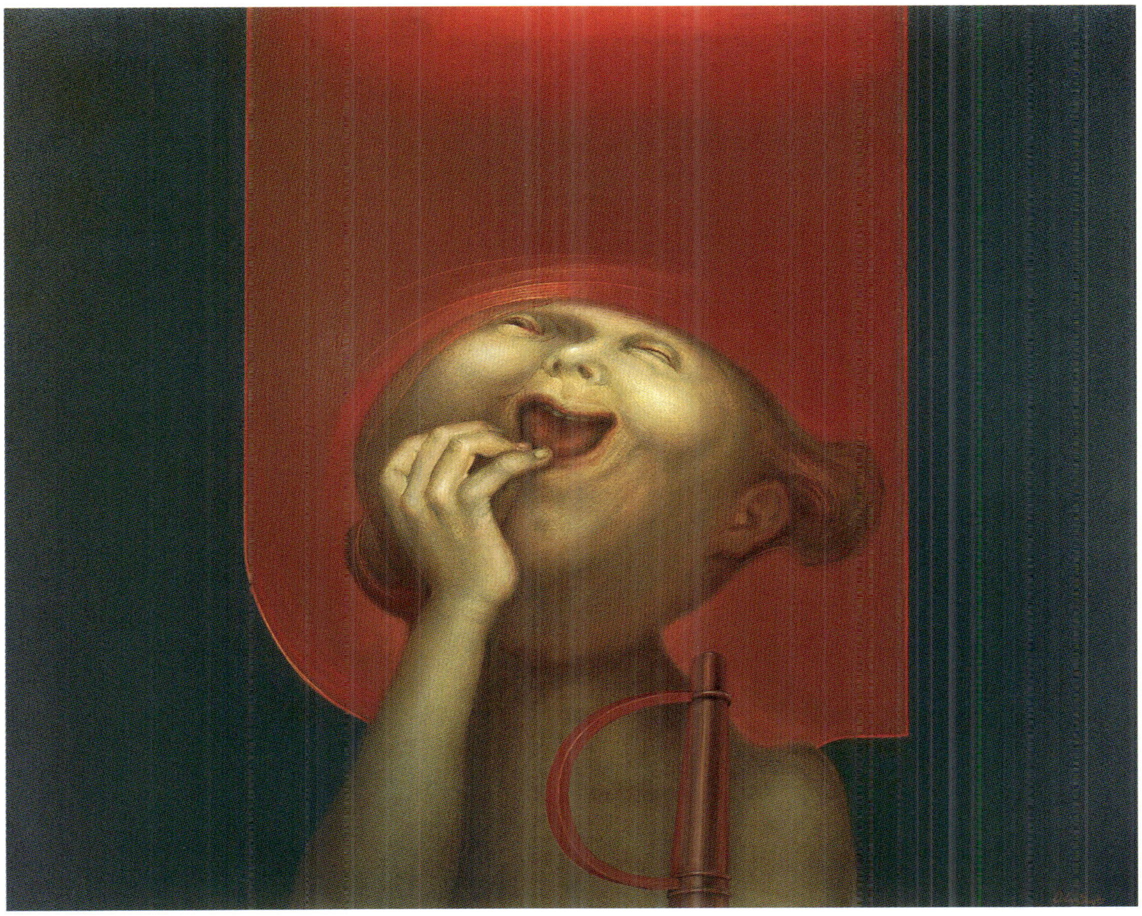

Elle-même – 2000 – huile sur panneau – 145,5 x 160 cm

les primitifs flamands, j'ai ressenti les niveaux comme les paliers de la cage d'escalier, qui relie le fonctionnement du détail avec la création d'une image globale. Les niveaux ne peuvent exister et être compris par eux-mêmes que si le chemin vers ce niveau a été totalement parcouru. » Ajoutez certainement à cela pour l'œuvre de Landuyt le dépassement, le crescendo de Mahler, mais jamais un crescendo de musique minimaliste.
Il n'est pas possible de trouver une plus grande opposition avec les tendances d'esthétique plastique actuelles : l'apaisement introverti, la charge artistique énigmatique et la forme de Landuyt déformée de manière pratiquement invisible face aux cascades d'images exactement aussi incessantes que pénétrantes de notre culture actuelle, la force des publicités et des médias, auxquels l'image de Landuyt peut par définition difficilement se prêter. Cela perturbe notre bonheur acquis de la consommation, fait penser et réfléchir. Il gêne notre ronde et est, selon ses propres mots, 'l'empêcheur de danser en rond'. Dans sa spécialité, Ilya Prigogine se trouvait dans une situation similaire, qu'il décrivit dans un de ses articles comme 'l'empêcheur de penser en rond' !

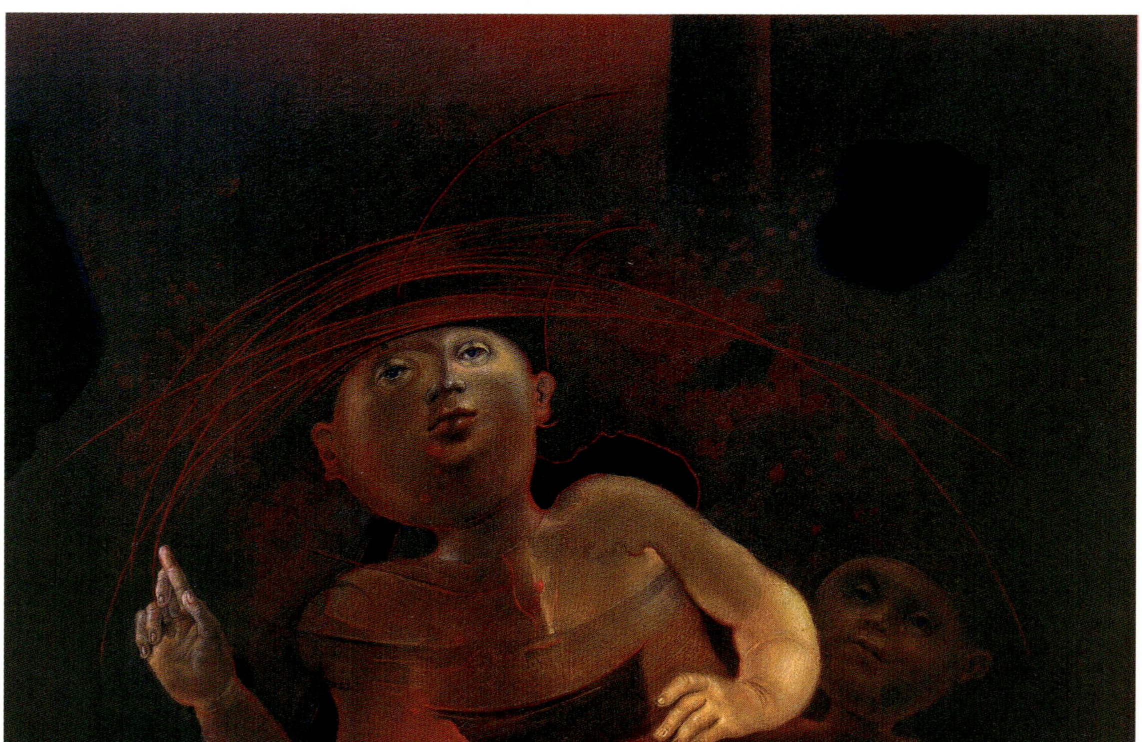

L'inaccessible silence – 1997 – huile sur panneau – 86 x 106 cm

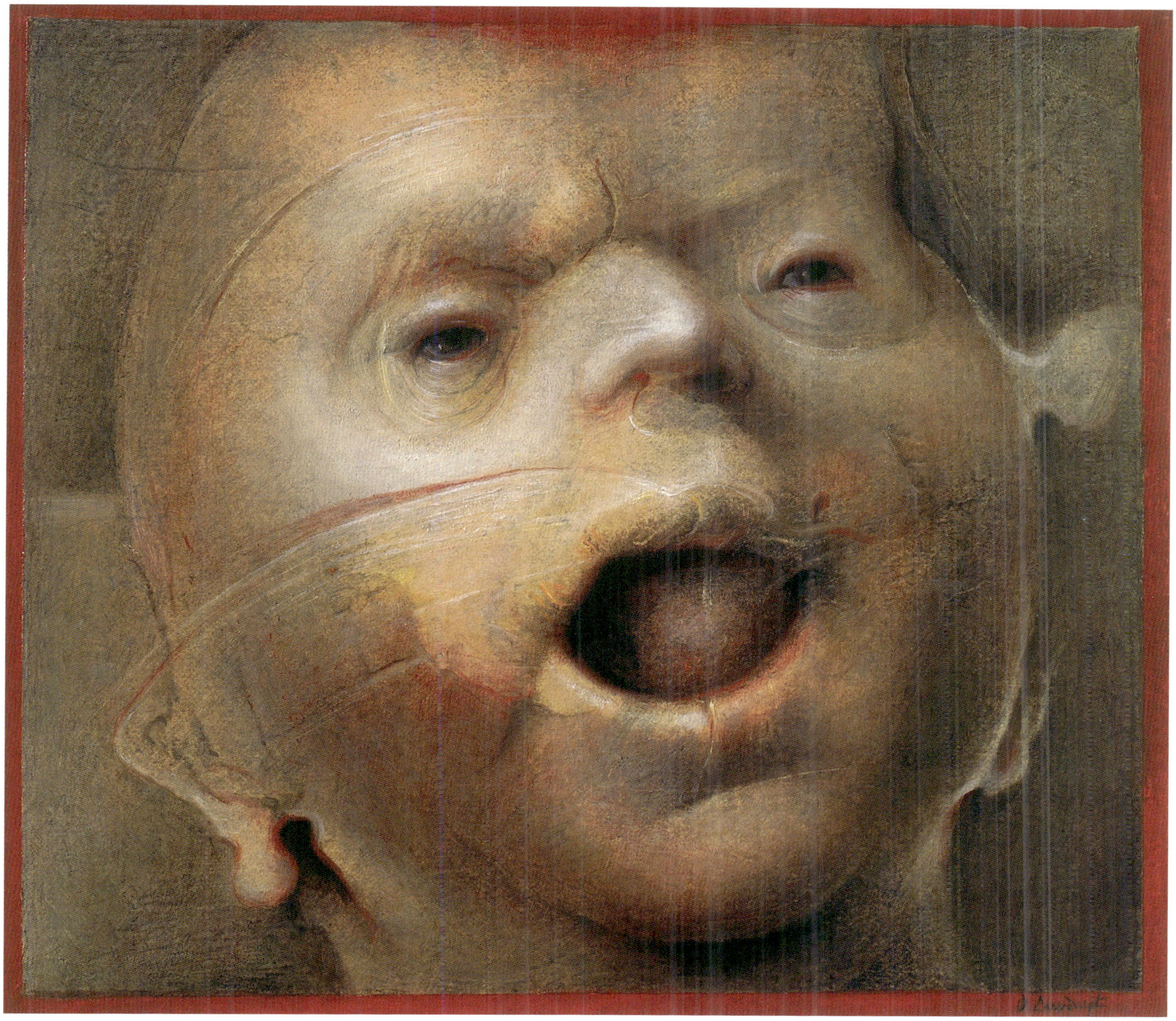

Quand la tête retentit – 1999 – huile sur papier (marouflé sur panneau) – 62 x 64 cm

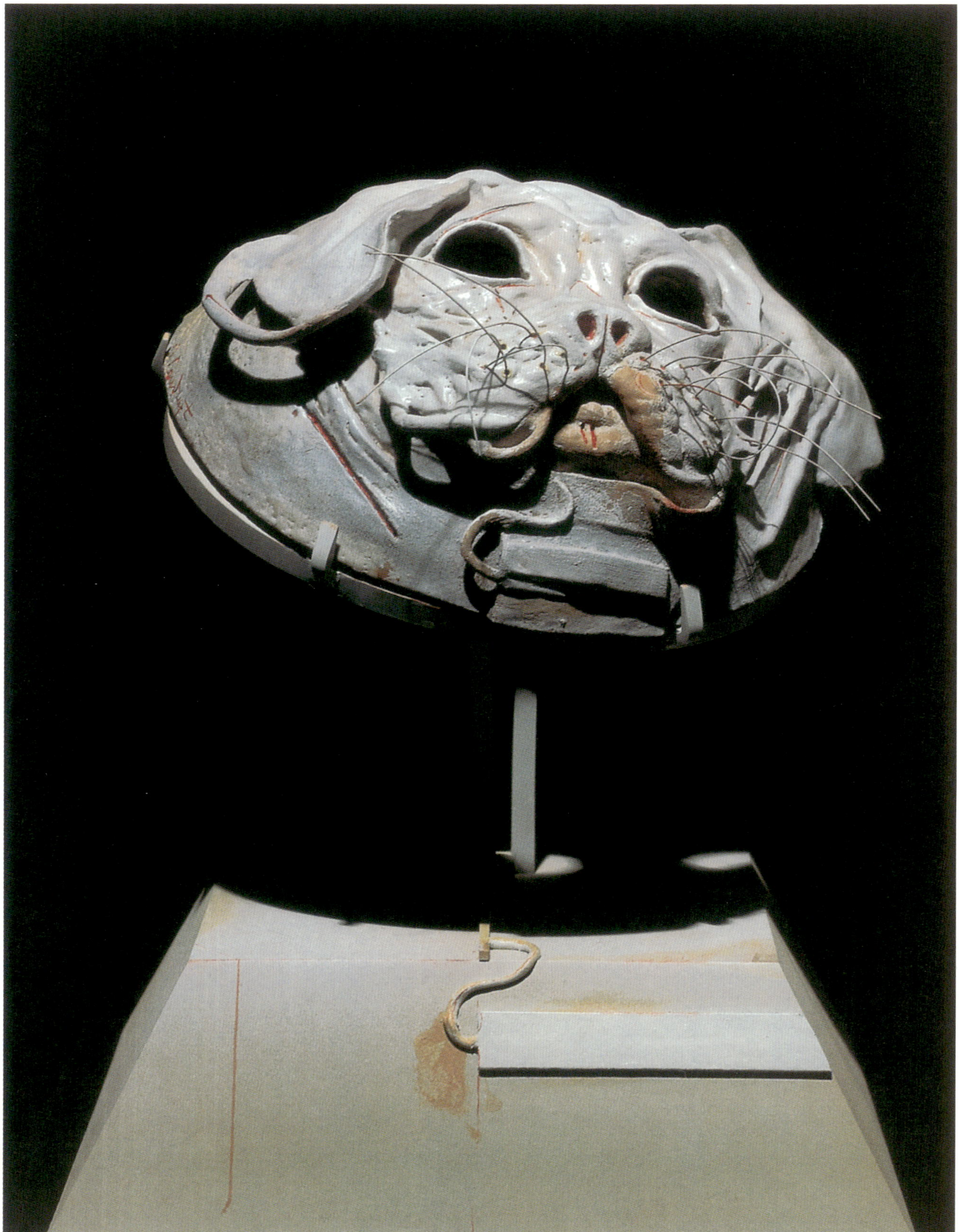

Le poids d'une tête – 1993 – céramique – 30 x 30 x 17 cm

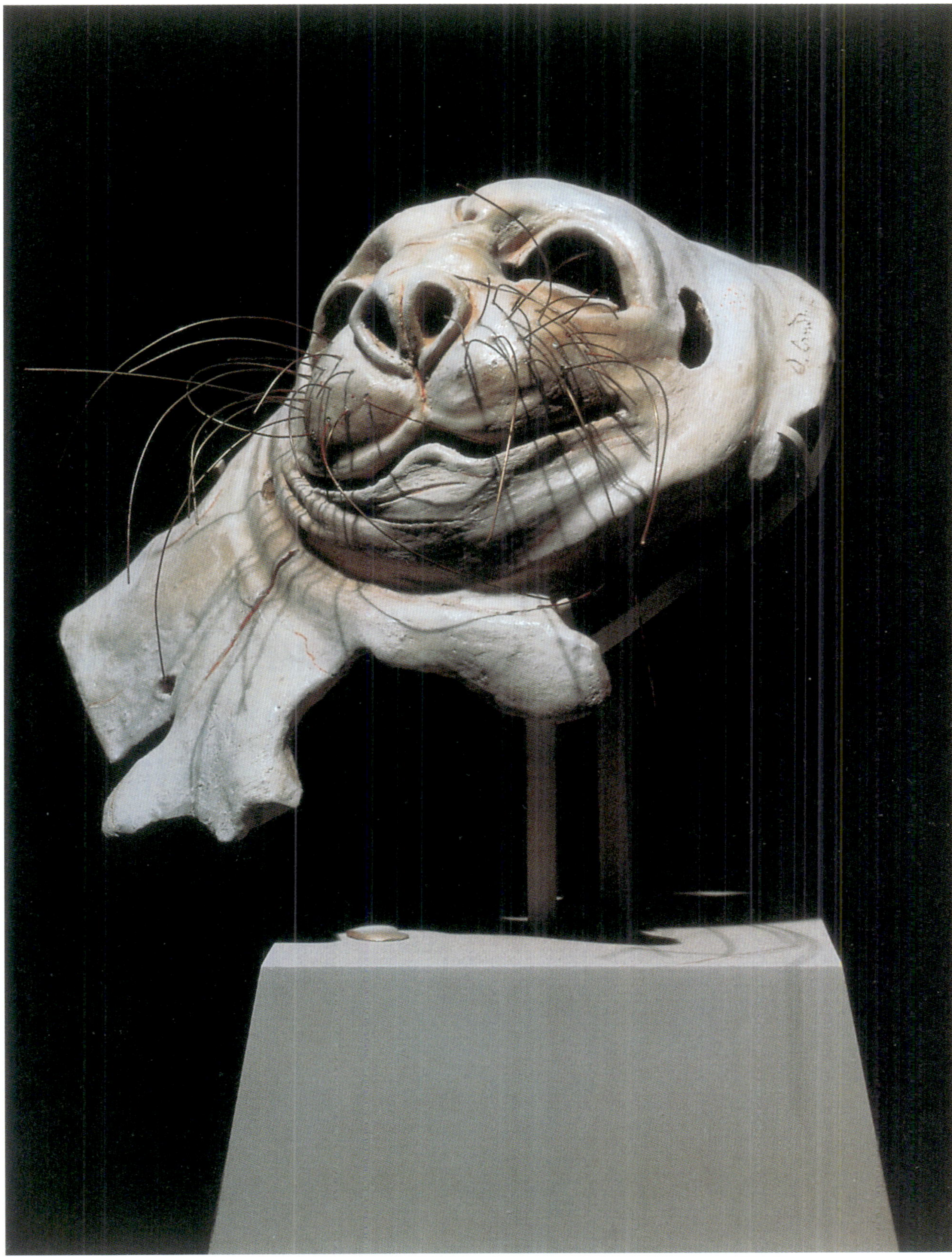

Une fois le corps délaissé – 1993 – céramique, marbre – 38 x 30 x 26 cm

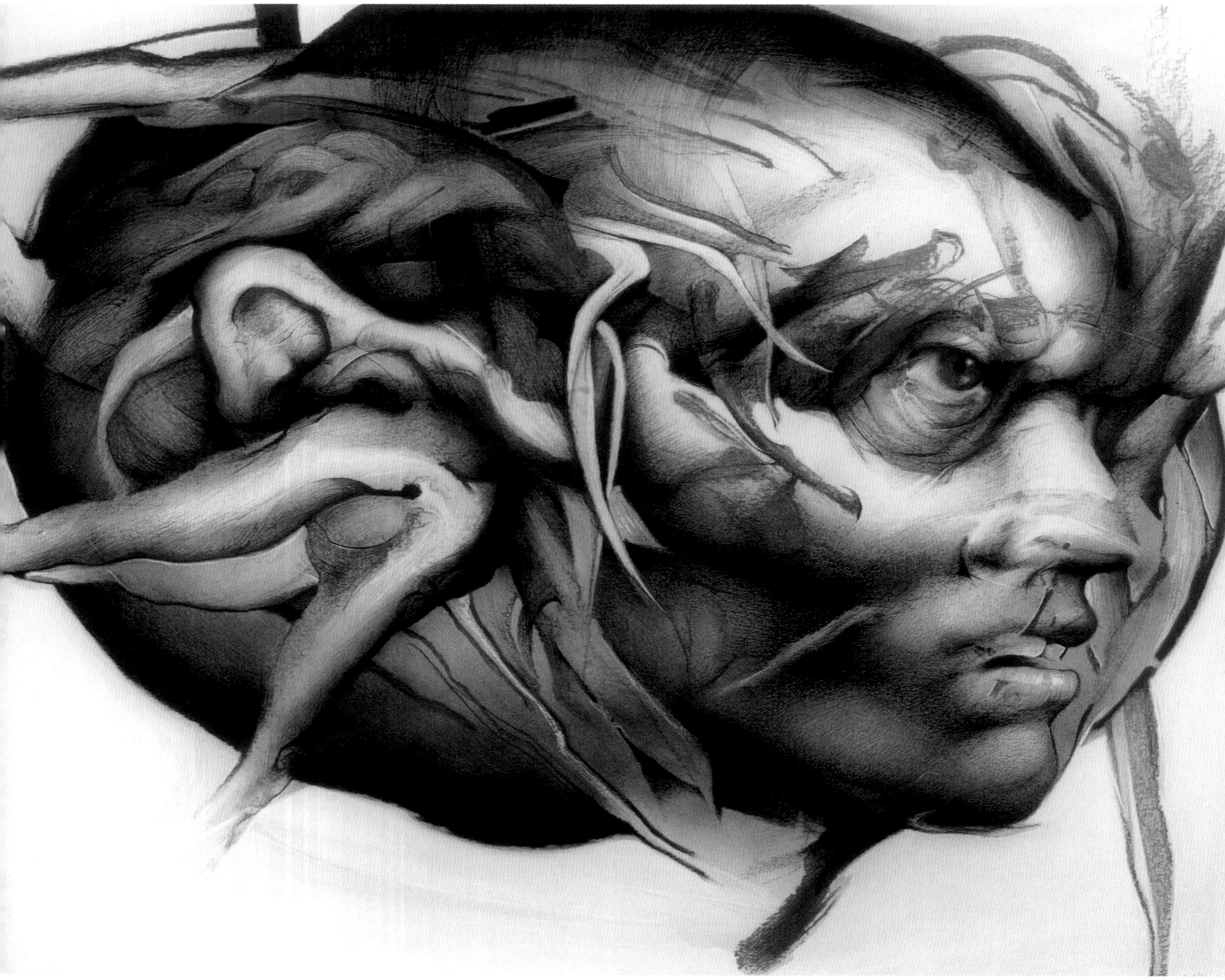

Une fois comme l'albâtre, les broussailles en délire – 1987 – pastel sur panneau – 182 x 227 cm

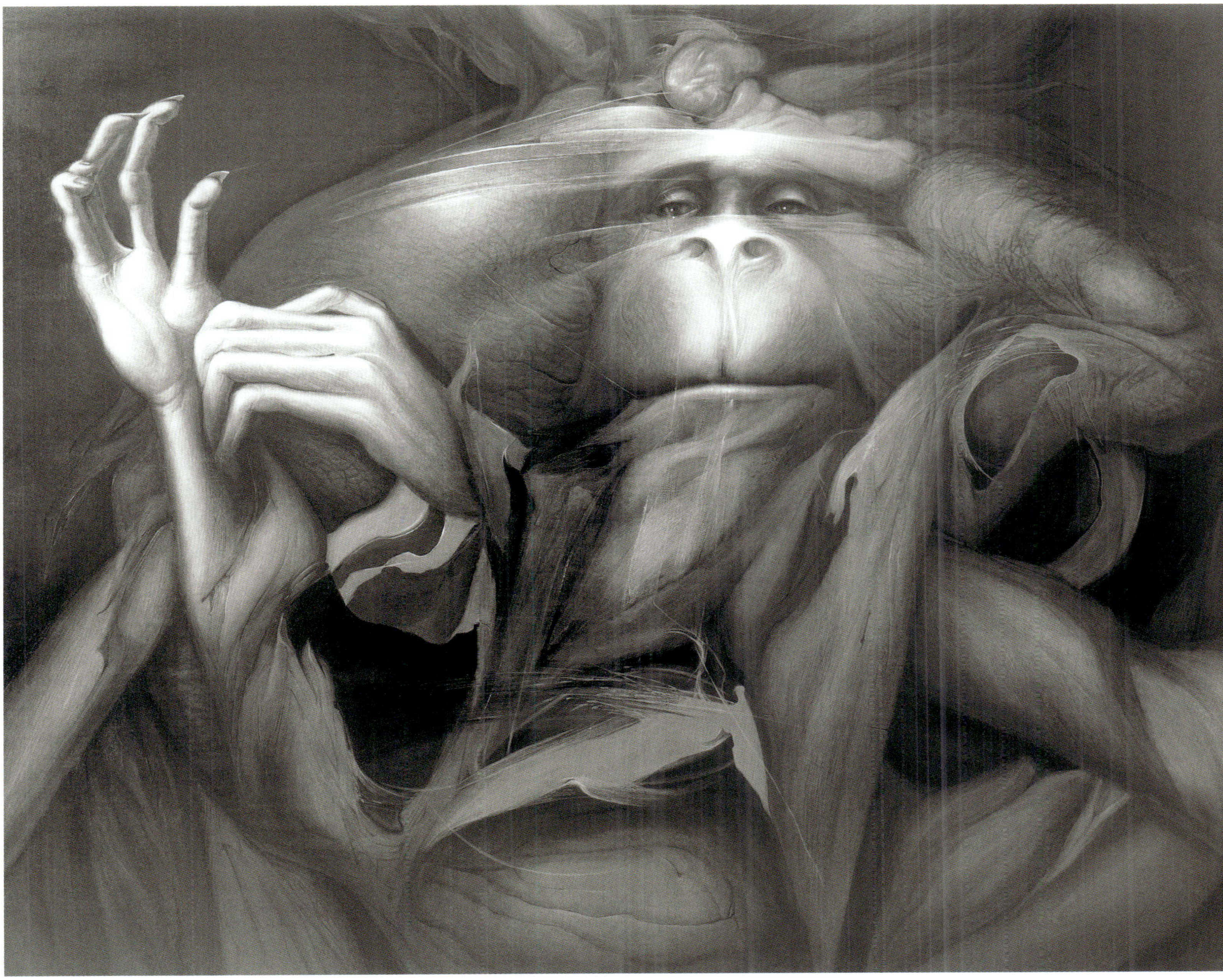

Le rouge mimétique – 1990 – huile sur panneau – 213 x 280 cm

Landuyt et son temps

Nous sommes arrivé à la question de la relation entre l'œuvre de Landuyt et ce monde – et inversement.

L'approche par un habitant de Mars peut du fait de sa distance vis-à-vis de l'enchevêtrement peut-être offrir une meilleure compréhension que beaucoup de points de vue au sein de ce monde complexe. Mais quelle que soit la manière d'envisager les choses, toute l'activité pendant, autour et après la création ne reste rien d'autre qu'un comportement et est donc aussi vieille que l'humanité elle-même. En réaction à la dictature d'une modernité à la mode, en son temps incarnée par Descartes et ses disciples, qui exigeaient que chaque étude soit basée sur des méthodes mathématiques et physiques, Giambattista Vico publia en 1725 sa légendaire *Scienza Nuova*. Il y étudiait la naissance des nations en analysant les fables et les premiers écrits sur base du comportement humain – longtemps avant la naissance de cette discipline. Ceux qui supposent qu'il s'agit d'une manière de penser dépassée doivent être conscients qu'aujourd'hui encore on discute de cette œuvre dans des études et des colloques dans le monde entier. Parce que nous ne pouvions pas nous imaginer un meilleur habitant de Mars, nous prenons de son système de règles empiriques la suivante comme point de départ.

« En raison de la confusion naturelle de son esprit, l'homme se considère lui-même comme le critère de toutes les choses, quand il tombe dans l'ignorance. Cet axiome se trouve à la base de deux usages humains. Le premier est *fama crescit eundo* (la notoriété augmente par la diffusion). L'autre est *minuit presentia famam* (la notoriété diminue du fait que les choses sont présentes). »

Traduit en langue contemporaine, cela devient *what comes up* (*crescit*) *must come down (minuit)*, une formule toute faite avec laquelle on désigne volontiers les phénomènes instables. L'application des axiomes de Vico à l'histoire et à la critique de l'art met en lumière un cours logique des choses, que nous pouvons confronter au monde actuel de l'art et à ses conséquences pour des œuvres telles que celles de Landuyt. Les moyens de diffusion sont la parole et l'image dans les médias et la science. *Fama crescit eundo* s'applique à l'œuvre des années cinquante à aujourd'hui. Du fait du développement quantitatif récent des médias, l'art contemporain le plus minimal dispose de canaux de distribution, qui sont cent fois plus développés qu'avant et après cinquante-huit. Landuyt a encore pu vivre juste à temps le début de cette évolution et a donc un curriculum dans les médias de certainement mille pages, de dizaines de grandes émissions radio archivées – à l'époque un média important – et d'autant de prestations télévisées, dont deux documentaires artistiques à part entière. Mais elles datent essentiellement d'entre les années soixante et nonante-cinq. A ce moment-là, sa renommée est déjà plus qu'établie, dans une telle mesure que l'autre

axiome entre en action : du fait de la disponibilité, la célébrité diminue (*minuit presentia famam*). Tout spécialiste du marketing sait que même la marque la plus forte doit continuer à être soutenue de manière ininterrompue et bien que Landuyt soit une très forte marque, ce soutien est resté absent. Cela tient pour une grande part – mais pas uniquement – à l'artiste lui-même, pour qui la mise en réseau reste encore un gros mot et son orgueil professionnel le tient à l'écart de toute position de demande.
Mais un scientifique ou un artiste brillant doit-il se résigner à ces efforts, une œuvre ne parle-t-elle plus pour elle-même ou se passe-t-il quelque chose avec les médias ; ce type d'art est-il négligé uniquement parce qu'il était déjà là ?
George Steiner, le philosophe de la civilisation expérimenté d'Oxford, est notre autre habitant de Mars qui a suivi les évolutions de près au cours de sa longue vie et qui peut leur donner une place du fait de son érudition phénoménale.
Déjà avant la Deuxième Guerre mondiale, une crise jusqu'alors encore sans précédent était en cours dans la société occidentale, dont Vienne était encore un des importants centres culturels, cette crise était à l'époque incriminée sans pitié par l'auteur et critique culturel Karl Kraus. Il trouvait que le langage était trivialisé imperceptiblement par la

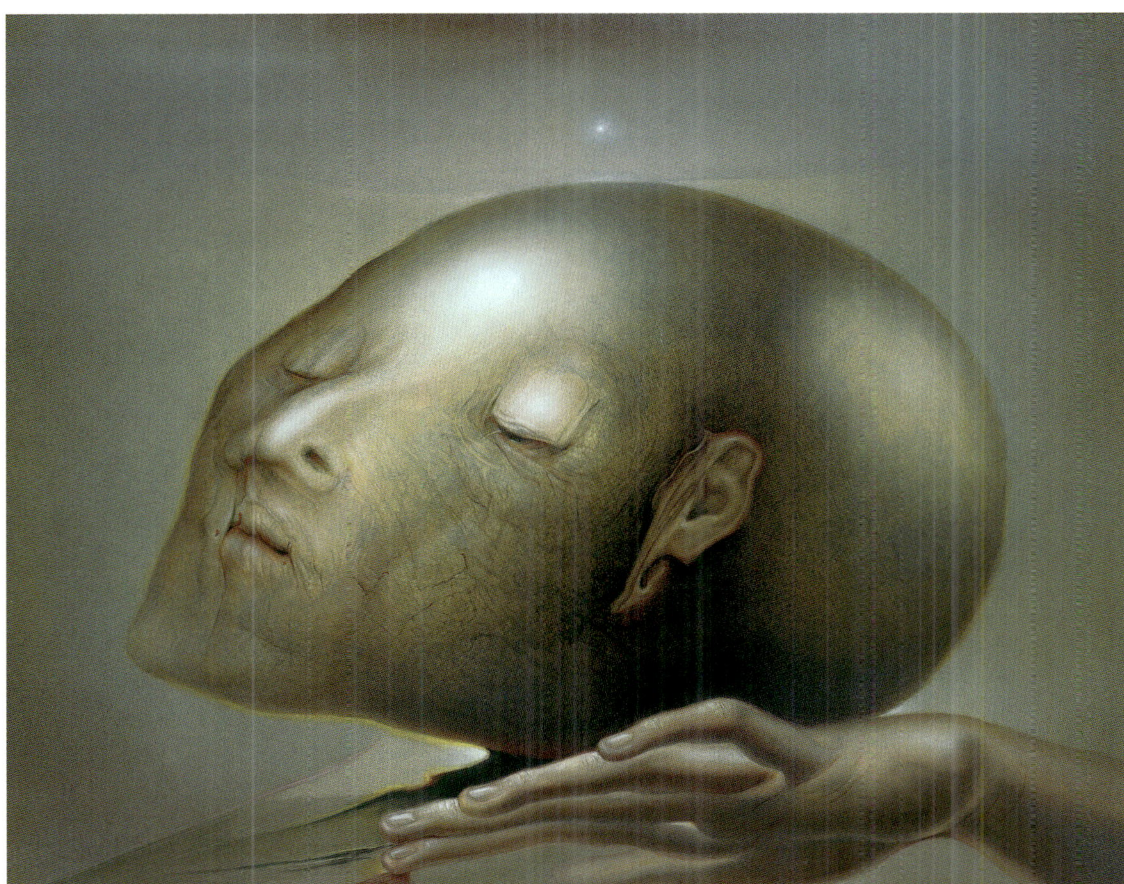

Tant est que – 1998 – huile sur panneau – 59 x 74 cm

consommation de masse et la publicité, dénaturé par le jargon de la bourse, des pédagogues, des bureaucrates et des puristes : il n'était plus possible de dire la vérité. Il prédisait au milieu de la Belle Epoque que le temps était proche où en Europe, des gants seraient fabriqués avec de la peau humaine. Le monde souffrait d'un bavardage contagieux, écervelé. A partir de cette dévaluation de la parole, indiquait-il, les mass media cultivent l'infantilisme manipulateur d'un capitalisme débridé. « La 'centrale électrique', la matrice pour la mise en circulation de la nouvelle manière de penser est la presse », indique Steiner, « et elle est aujourd'hui complétée par le web qui couvre le monde entier de médias graphiques et électroniques. »

Retournant du web à Tacite, qui à son époque savait déjà que 'tout ce qui est inconnu est glorifié', à toutes ces nouveautés merveilleuses qui nous échoient de ce fait aujourd'hui, on peut évaluer les moyens de communication et de diffusion dont l'art de la nouvelle génération peut disposer et comment ils fonctionneront.

Mais il y a un revers. Le jambon attaché à une rangée de colonnes et un toboggan dans le Tate se transforment d'une assertion artistique en un simple événement médiatique, avec comme danger que tout l'événement artistique puisse être évalué sur cette base.

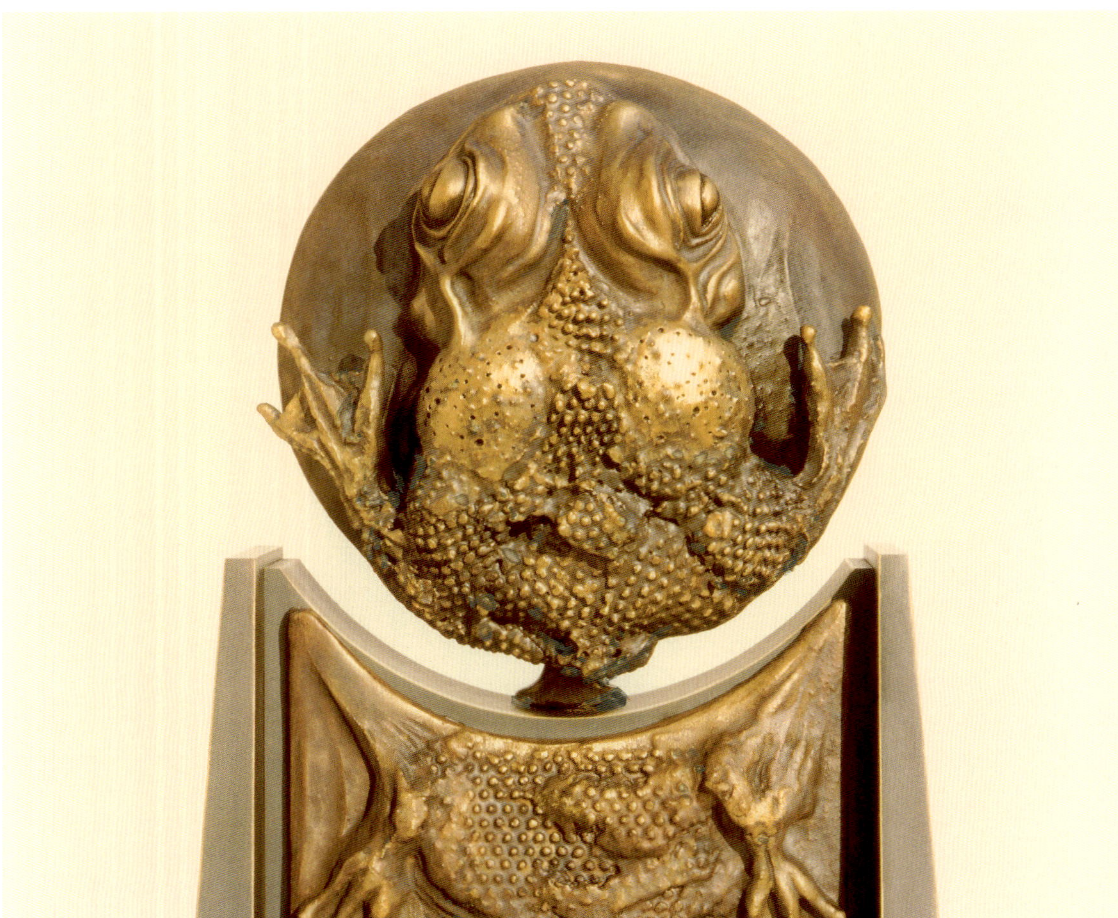

Fêter l'existence de la grenouille – 1983 – céramique – 47 x 34 x 18 cm

Landuyt se rappelle les tentatives de record populaire lors desquelles on essayait autrefois de jouer de l'accordéon le plus longtemps possible dans des endroits oubliés de Dieu : ce qui échappait la plupart du temps au public et à la presse dans ce cadre était le fait qu'après quelques jours, la musique ne ressemblait plus à rien.
Mon habitant de Mars, Steiner, indique sans détours que le journalisme contemporain est basé sur l'épistémologie et l'éthique d'une fausse temporalité, dans laquelle tous les faits acquièrent la même importance. A la fin de chaque journée, les articles sur l'art sont éparpillés parmi les scandales politiques, le cahier beauté et les résultats sportifs. Les faits d'actualité sont évalués sur base de leur importance et de leur capacité à susciter l'intérêt. L'art dans le sens classique du terme n'a aucune de ces deux 'qualités' dans l'offre de nouvelles ! Un record d'accordéon, une nécrologie, un artiste qui se tire dans le bras ou qui séjourne dix jours au-dessus d'un poteau ont la même importance pour les médias qu'une rétrospective qui passe en revue un siècle d'histoire. Les nouvelles doivent être nouvelles mais l'art universel est lié à l'originalité, au ressourcement perpétuel : archaïque comme il est, il porte en lui le dynamisme d'une source lointaine. L'œuvre de Landuyt ne peut pas en être un meilleur exemple. Les aspects précarité et mort de sa thématique ne cadrent

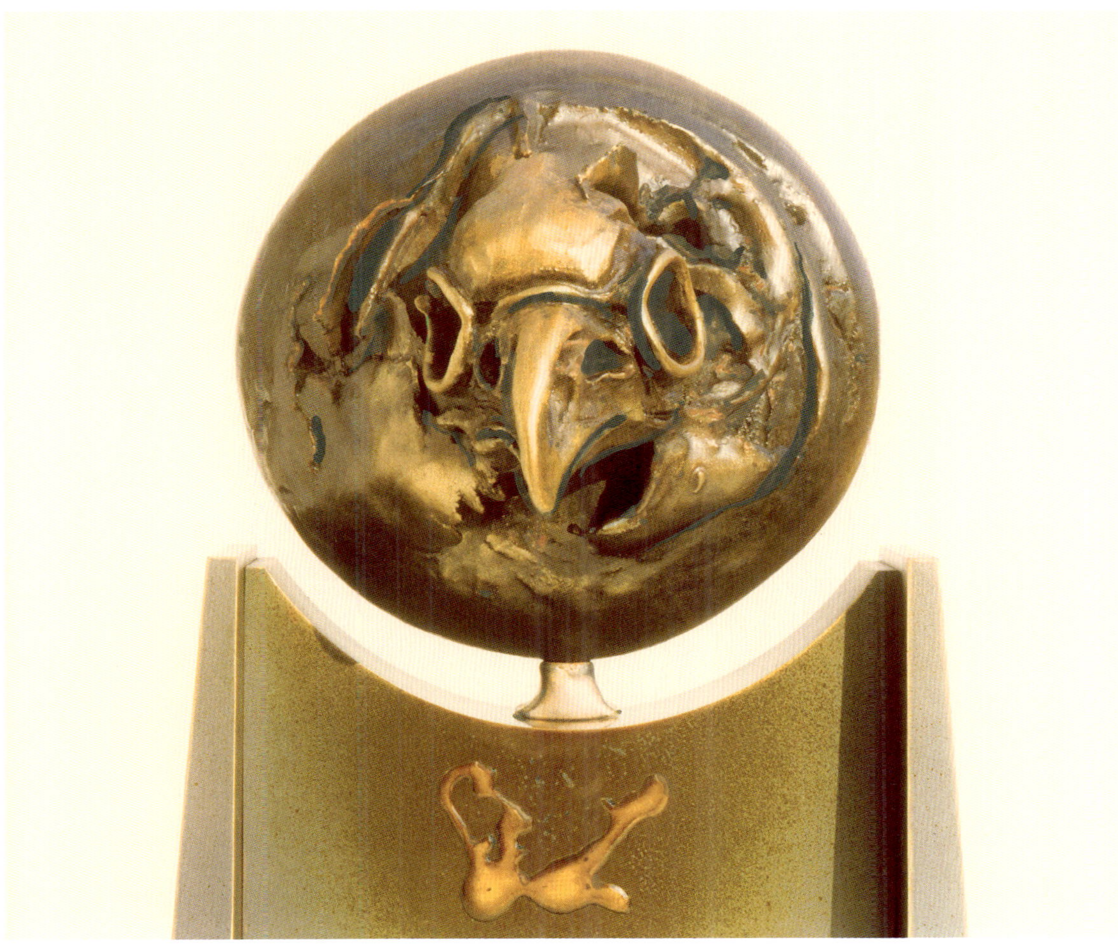

Fêter l'existence du rapace – 1983 – céramique – 43 x 34 x 30 cm

pas bien dans un environnement dans lequel le lecteur et le spectateur doivent surtout pouvoir lire et voir le plus clairement possible ce qu'ils aiment lire ou voir.
Cela a occasionné un glissement tectonique dans la culture, sur lequel on ne s'attarde pas encore suffisamment. Karl Kraus, un précurseur d'Orwell dans ce domaine, analysait, parodiait et détruisait le langage informatif dans ses écrits dès les années trente parce que ce langage portait atteinte au mot dans sa signification authentique. Il le comparait au fonctionnement d'un produit de nettoyage qui récurait si mollement qu'il 'dissimulait' les faits les plus graves 'et les transformait en routine et réduisait tout art et toute idée à de la marchandise'. Landuyt s'est plaint dans son œuvre de la manière dont la mort était supprimée dans la vie quotidienne.
Est-ce là où l'homme tombe dans l'ignorance dans le monde de Vico ?

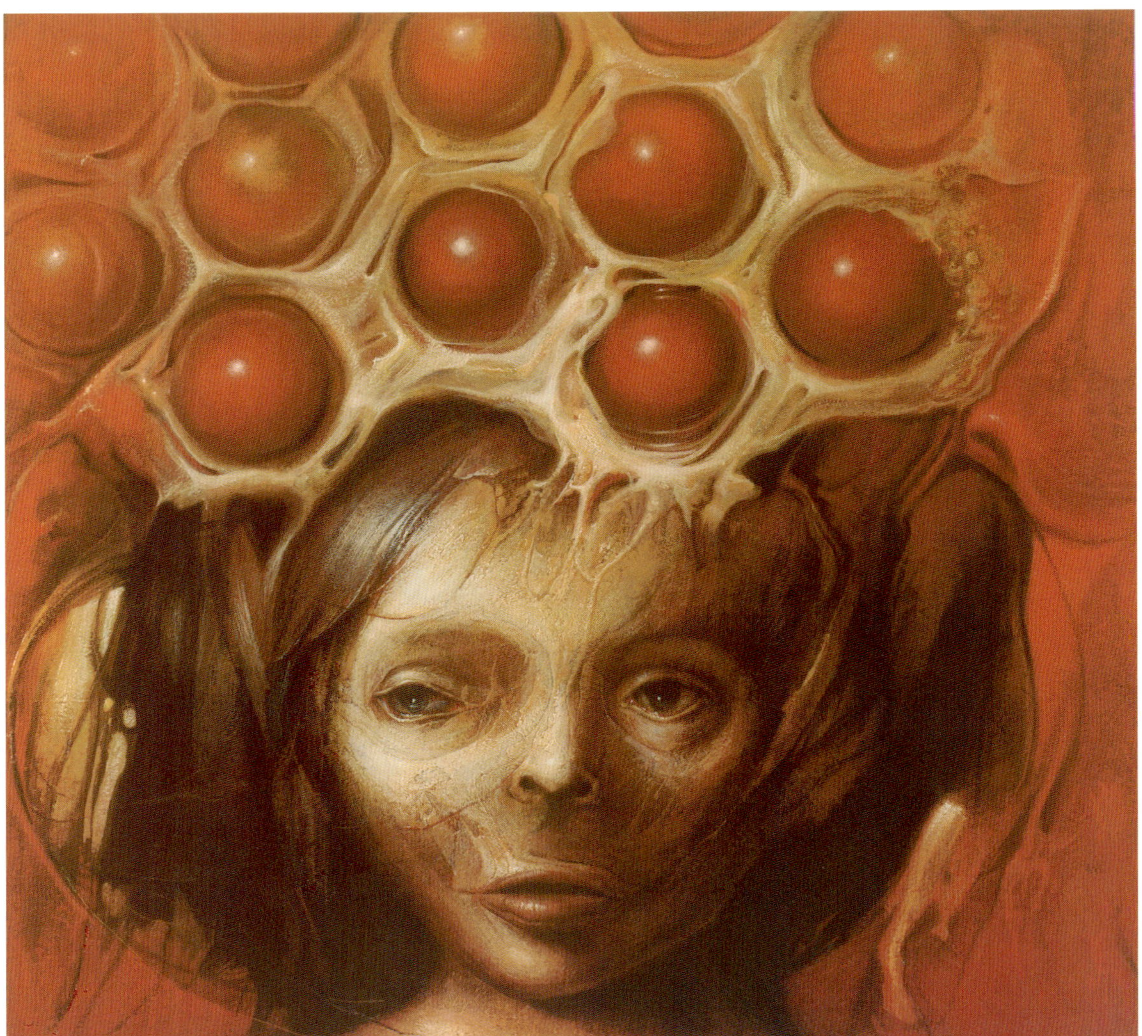

L'espace biologique – 1971 – huile sur panneau – 95 x 90 cm

Les caractéristiques de l'art de Landuyt et celles d'autres artistes ne sont pas uniques car elles sont liées directement à l'origine, à la source de toute création humaine : on les trouve dans les tranchées laissées par l'immense processus créatif de toute l'humanité. L'authentique, l'organique, la chose nue, la tératologie, la topologie, la lumière, le feu, le processus, l'action, il n'y a pas de véritable création possible sans leur complicité. Chez Landuyt et ses semblables, ces éléments sont à découvrir dans une seule œuvre et ils constituent également la base de toute une œuvre. Mais sous quelle forme ces éléments sont-ils disponibles dans l'art contemporain médiatisé ?

Ils ne le sont pratiquement pas, sauf peut-être un éclat naturel dans une installation, l'organique dans les animaux tatoués ou dans des performances où la respiration de quelqu'un est reliée à l'anus via des conduites en plastique, lors d'automutilations où l'on goutte

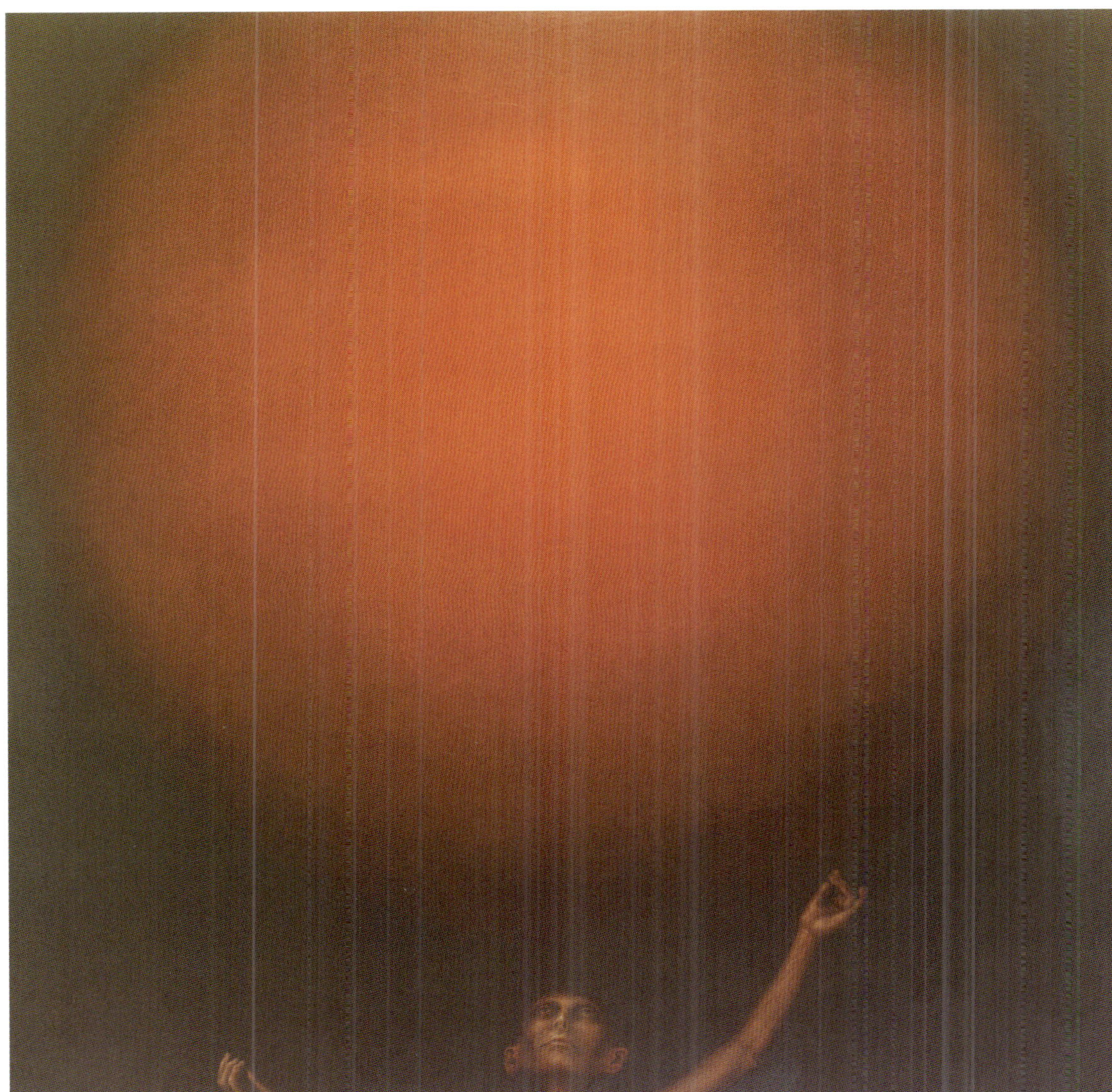

Dépassement humain – 1972 – huile sur panneau – 171 x 172 cm

littéralement du sang ou que penser d'une masturbation publique dont le son est amplifié ? Si les actions de personnes qui restent sous l'eau, qui se couchent dans des tombes, d'accordéonistes sont nommées sur le forum des tours de force, elles s'appellent des performances dans le contexte culturel et leur innocence disparaît également, car la mutilation et l'automutilation font appel à l'essence de notre existence. Un fin jet de sang coule d'une performance célèbre à l'autre mais de manière moins évidente que dans les tribus africaines primitives, où l'on dessinait et peignait déjà beaucoup plus tôt avec du sang.

C'est photographié, filmé, publié et expliqué dans une espèce de discours parasitaire dans la critique et la critique de la critique, dans une inflation de textes sur l'esthétique dans les universités et les médias ce qui, avance Steiner, « porte en soi les germes d'une déchéance plus ou moins rapide. » Voici donc l'image que le lecteur, auditeur, spectateur moyen se voit proposer, à cause de la nouvelle 'centrale électrique' et avec laquelle le jeune artiste, l'étudiant, l'adolescent 'attire l'écran' dans son imagination ambitieuse.

Au milieu des mouvements de l'activité artistique contemporaine, les stars artistiques des médias, les dieux multimillionnaires du football des beaux-arts surgissent alors des

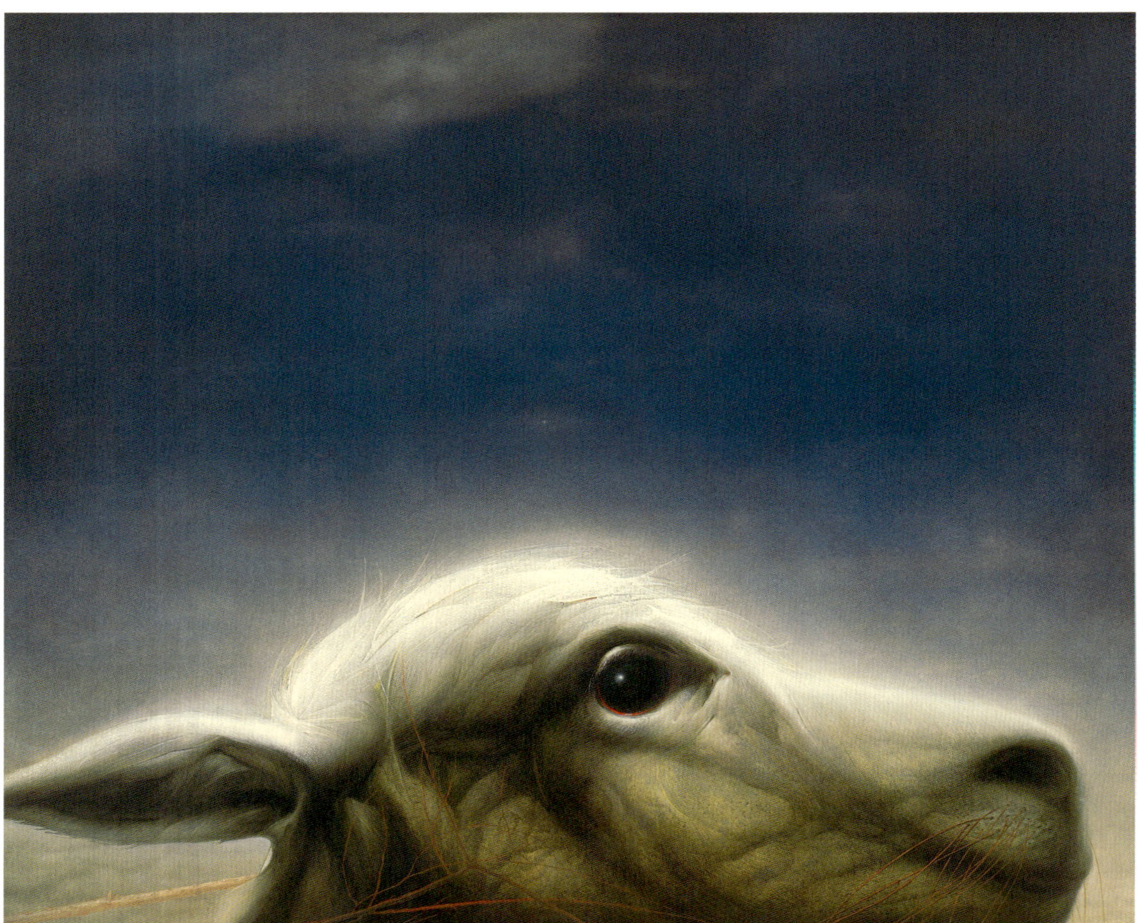

La grande confirmation – 1982 – huile sur toile – 165 x 200 cm

réseaux de leurs managers, papes de l'art, galeries, marchands. Etant donné que les manifestations dépendent souvent des subventions publiques et du sponsoring, les réactions doivent être nombreuses, surtout et parfois uniquement dans les médias ; pour ce faire, de grands noms sont nécessaires, *fama crescit eundo* : les noms des médias, les stars des curateurs et des maisons de vente aux enchères. Celui qui ne parvient pas à s'y introduire comme curateur, conservateur ou artiste n'a aucune chance. Tout le monde artistique s'est-il hissé dans une position de pat, tombe-t-il dans l'ignorance de Vico ?
Dans les *corsi* de l'histoire, toutes les évolutions et les réalisations humaines atteignent, après leur avènement, leur essor et leur apogée, un déclin, un état d'ignorance et de confusion. Rimbaud décrivait ce vide intérieur et ce désespoir, qui minerait radicalement l'ordre et la création avec son 'je est un autre'. Dans le long poème *Stele voor Emiel Veranneman*, Hugo Claus écrivit un jour : « Donnez-moi simplement Vico, qui dit que nous faisons comme si en raison d'une forte ignorance, *una corpulentissima fantasia.* »
Dans cette incertitude, savait Vico, les gens, exactement comme les animaux, ne pensent plus qu'à leur propre intérêt.

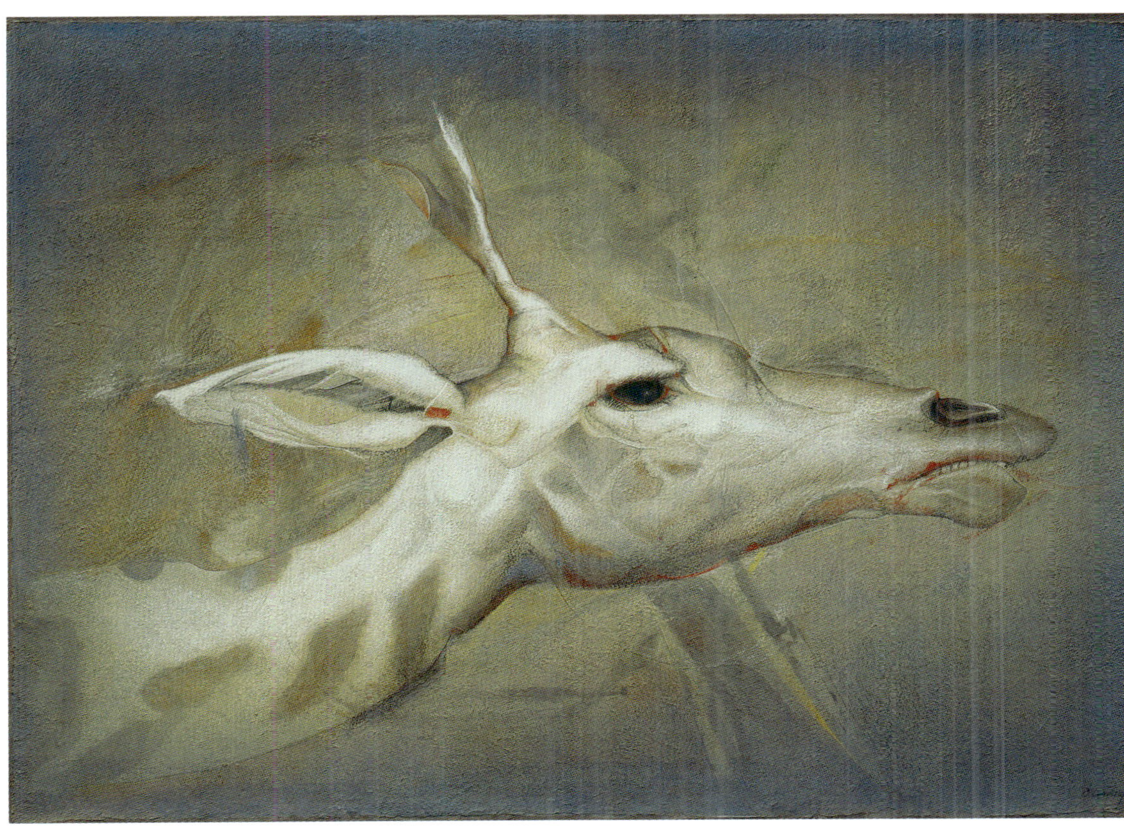

En pleine lumière, l'extrémité du grand sommeil – 1984 – pastel sur papier – 120 x 171 cm

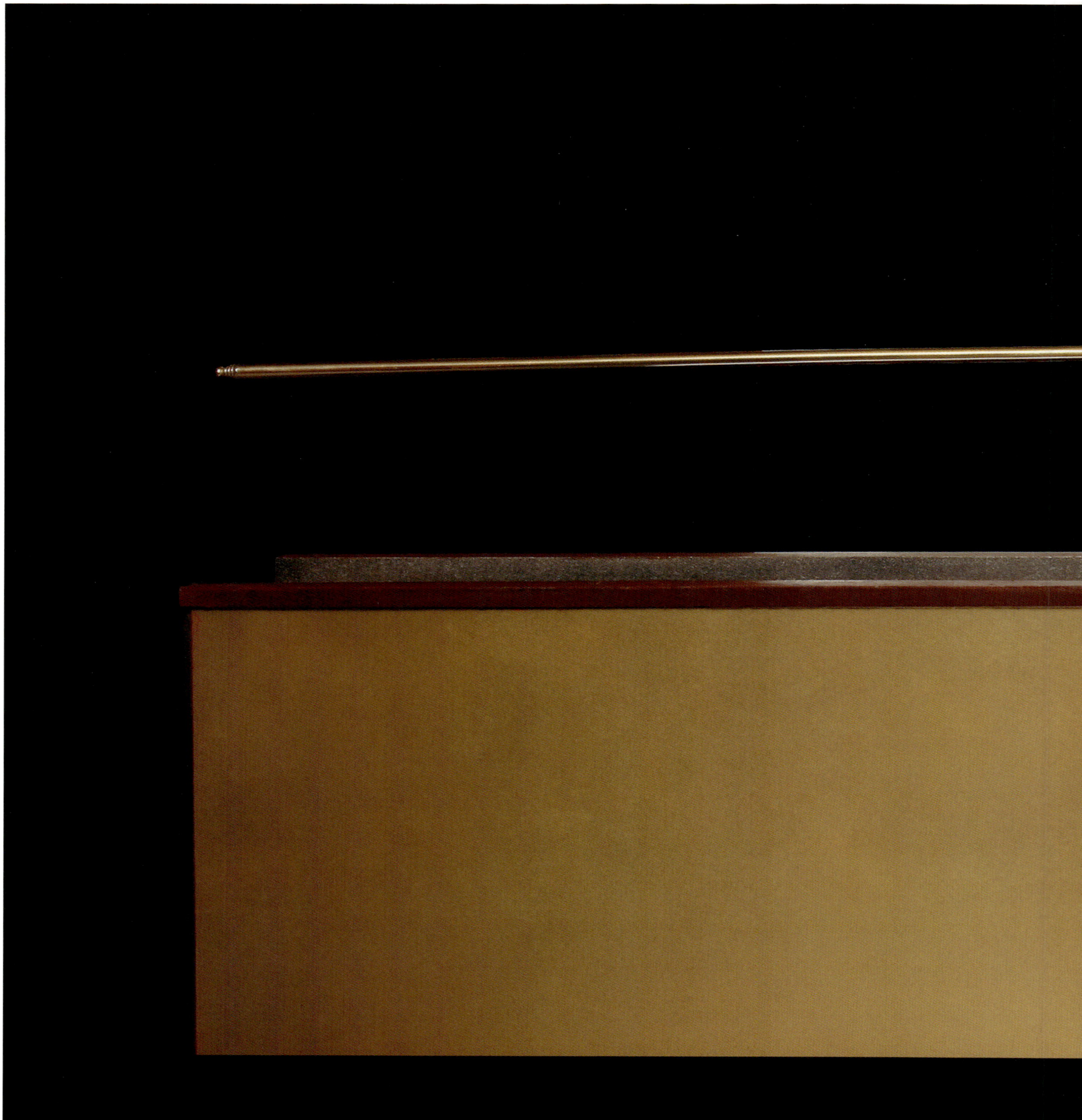

L'instabilité d'un équilibre – 1999 – or jaune – 19 x 12,5 x 9 cm – 55 x 105 x 36 cm (socle)

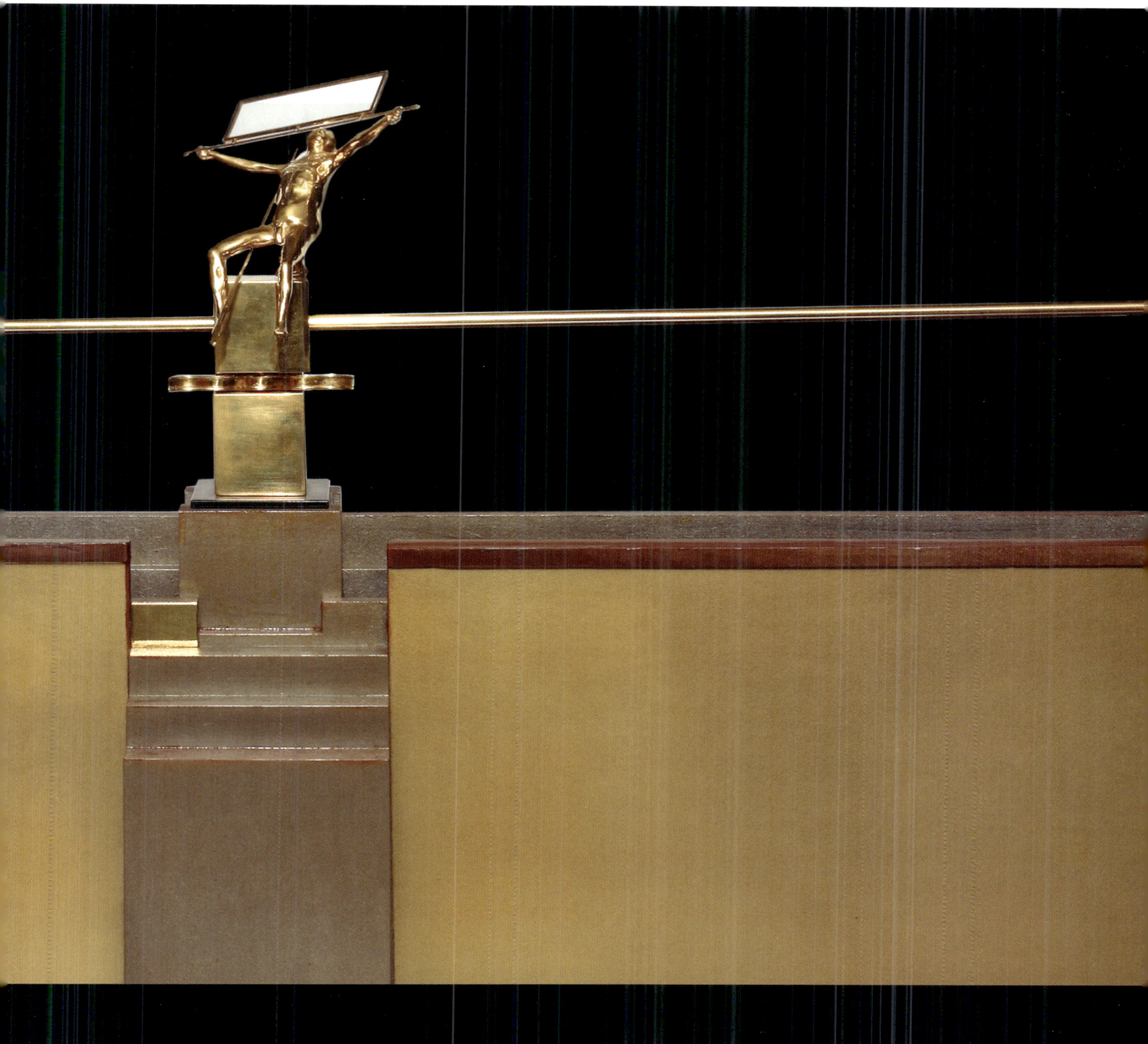

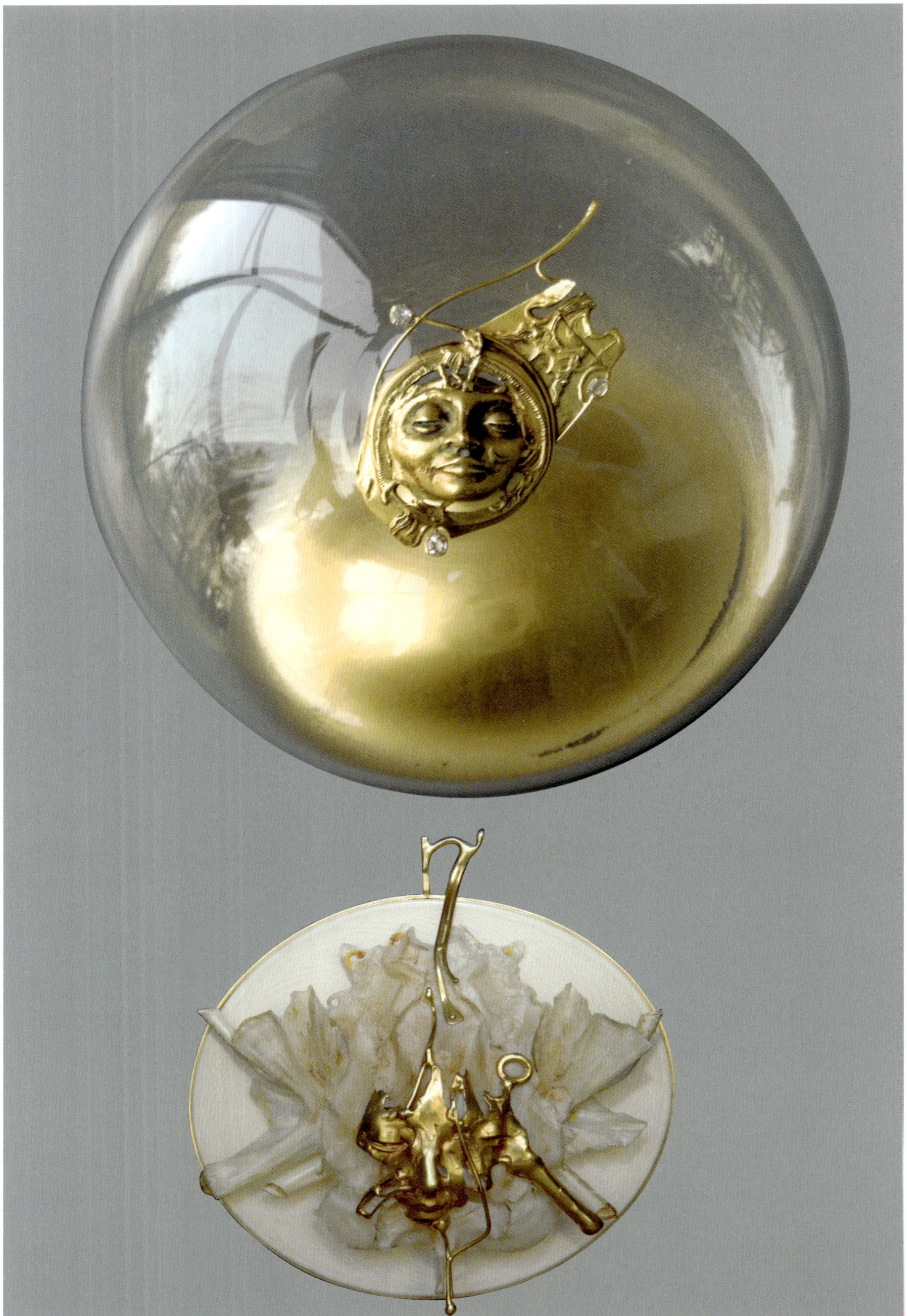

En quête d'un enracinement – 1998 – or jaune sur vase en verre – 14 x 24 x 27 cm

La splendeur décharnée – 2006 – or jaune, ivoire – 10,2 x 10,25 cm

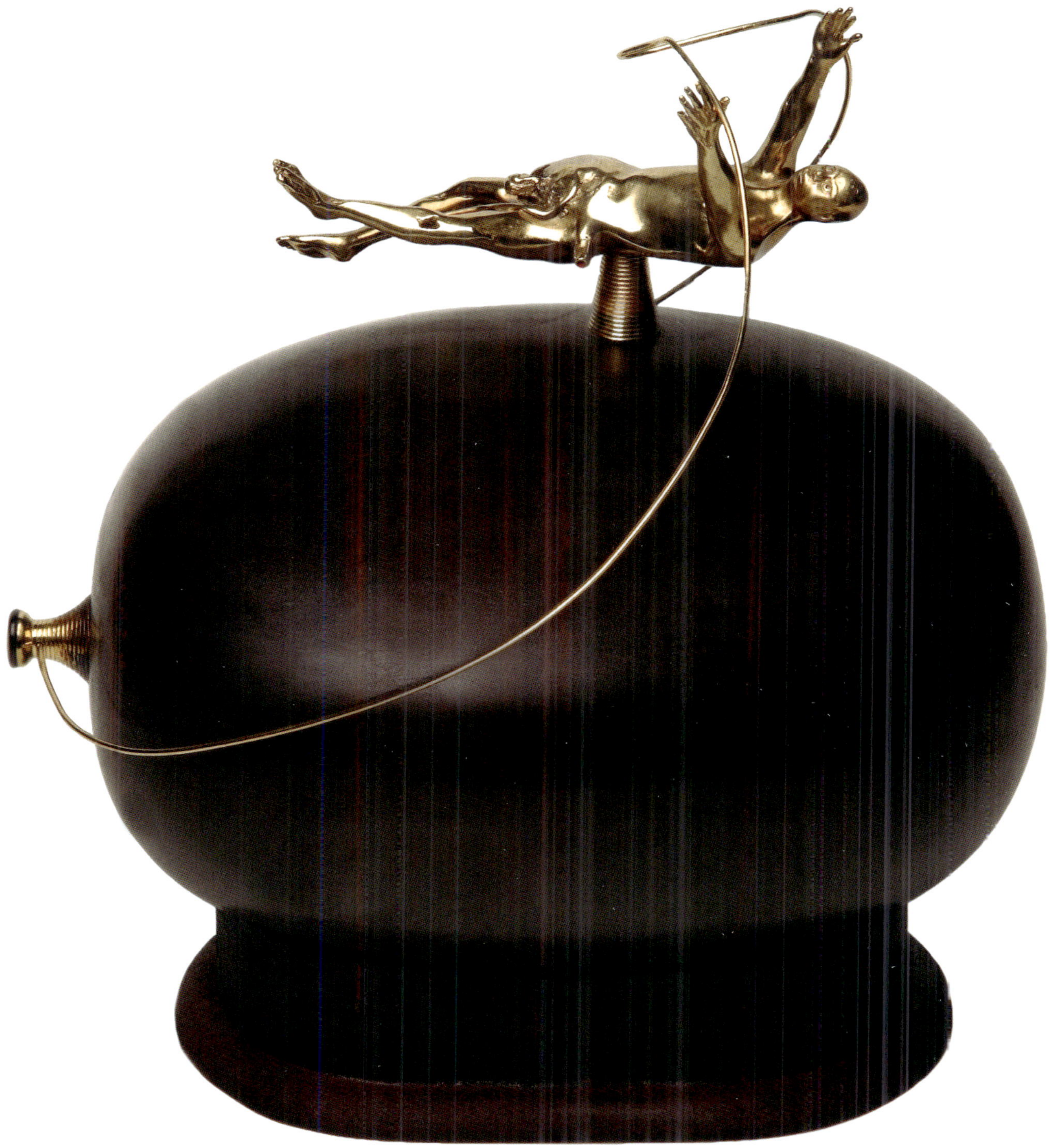

Orbiculaire – 2005 – or jaune sur lingam, bronze – 23 x 24 x 15 cm

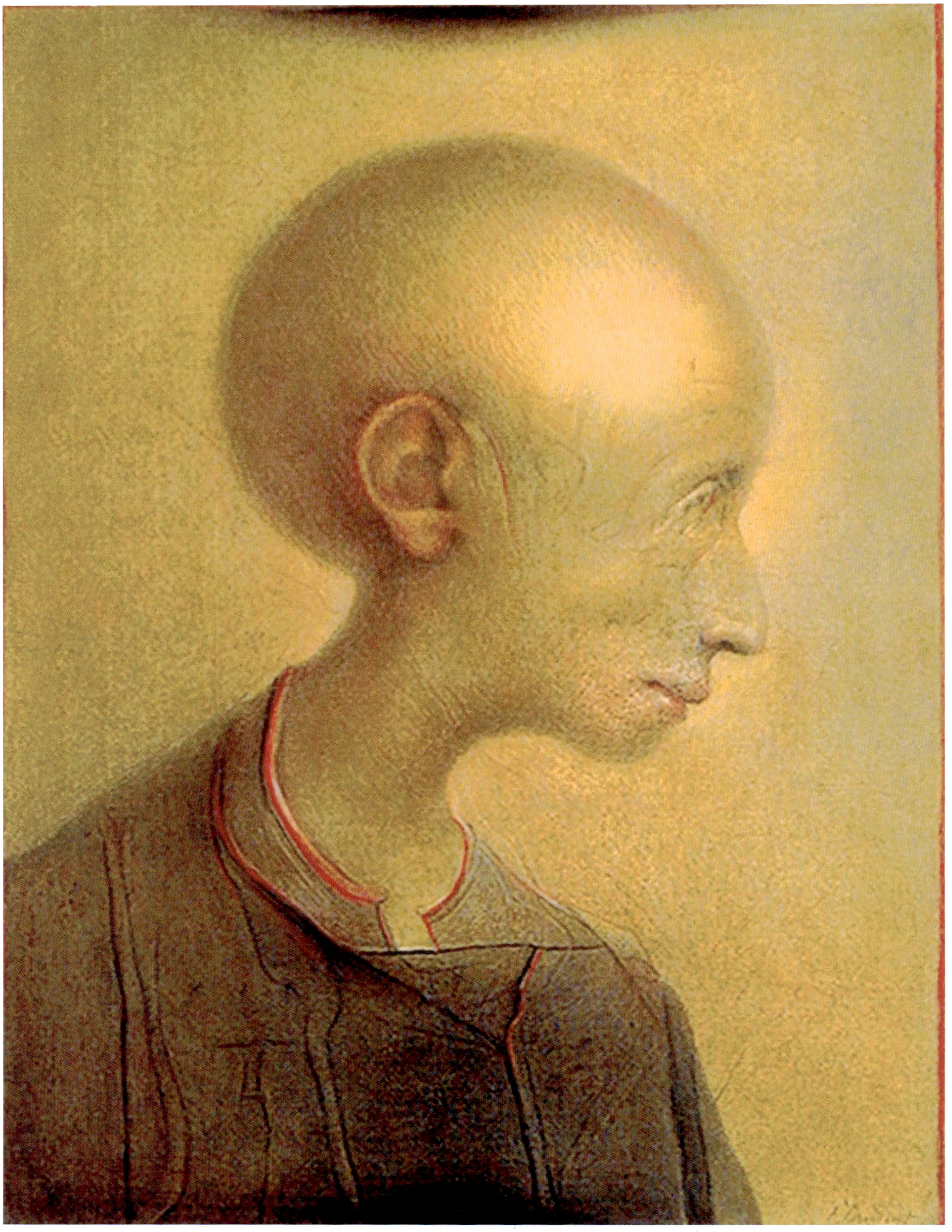

Sa parole interrompue – 2005 – huile sur toile, marouflé sur papier – 66 x 50 cm

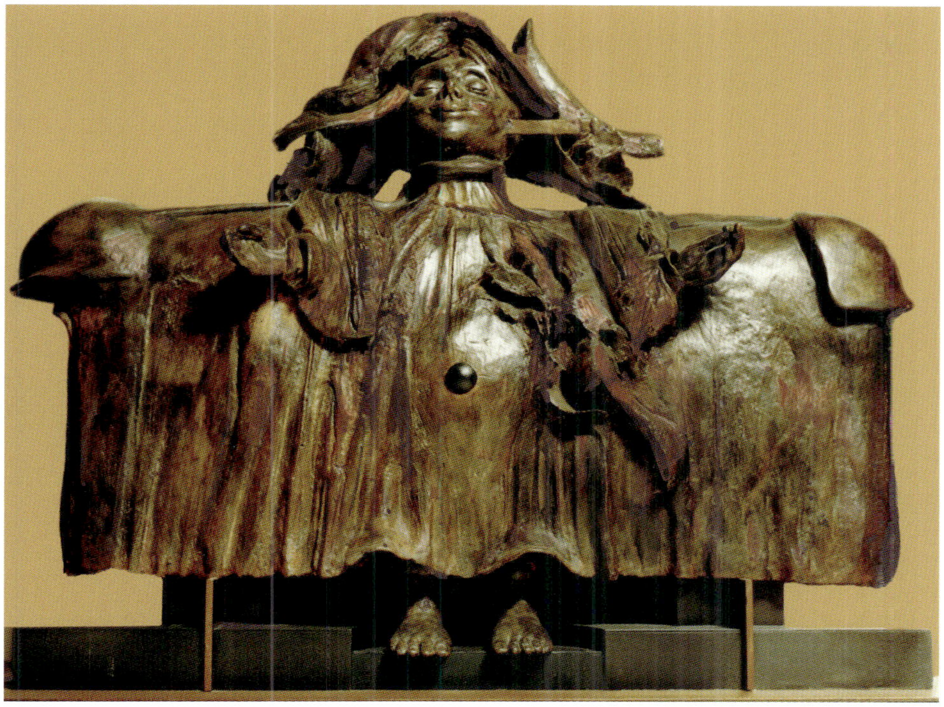

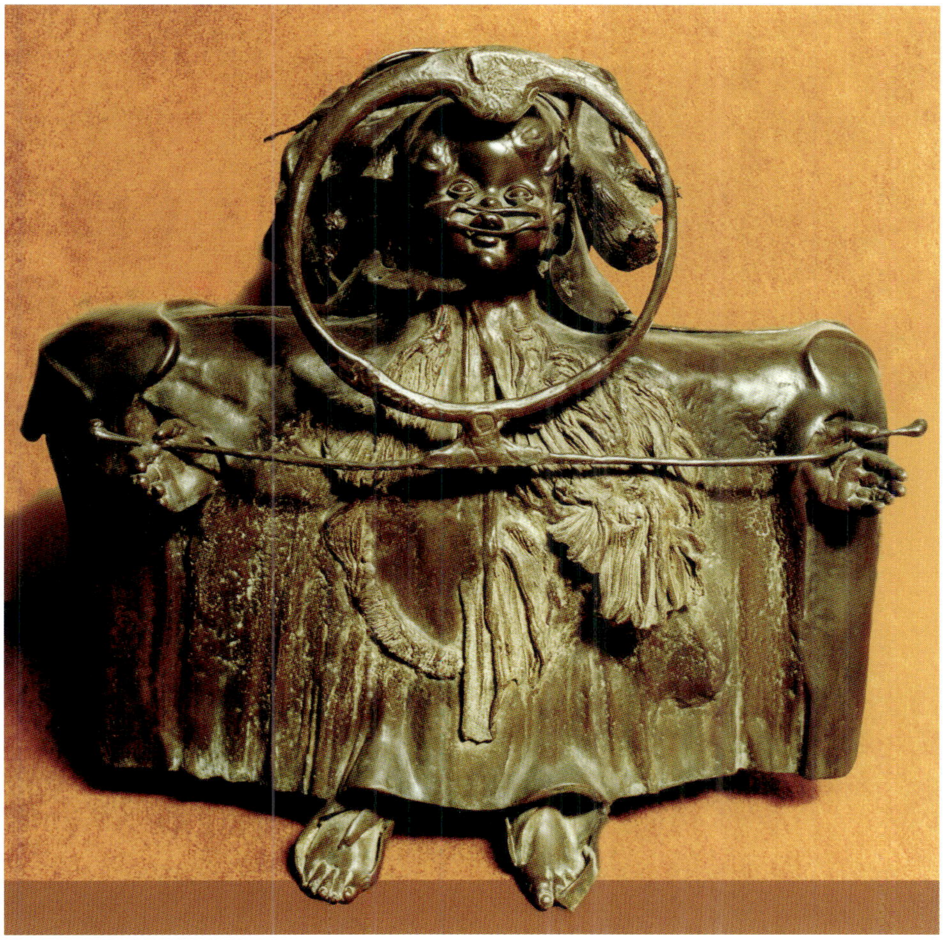

L'éloquence d'un grand silence – 1991 – céramique – 60 x 85 x 17 cm

Coronalis – 1989 – bronze – 61 x 65 x 38 cm

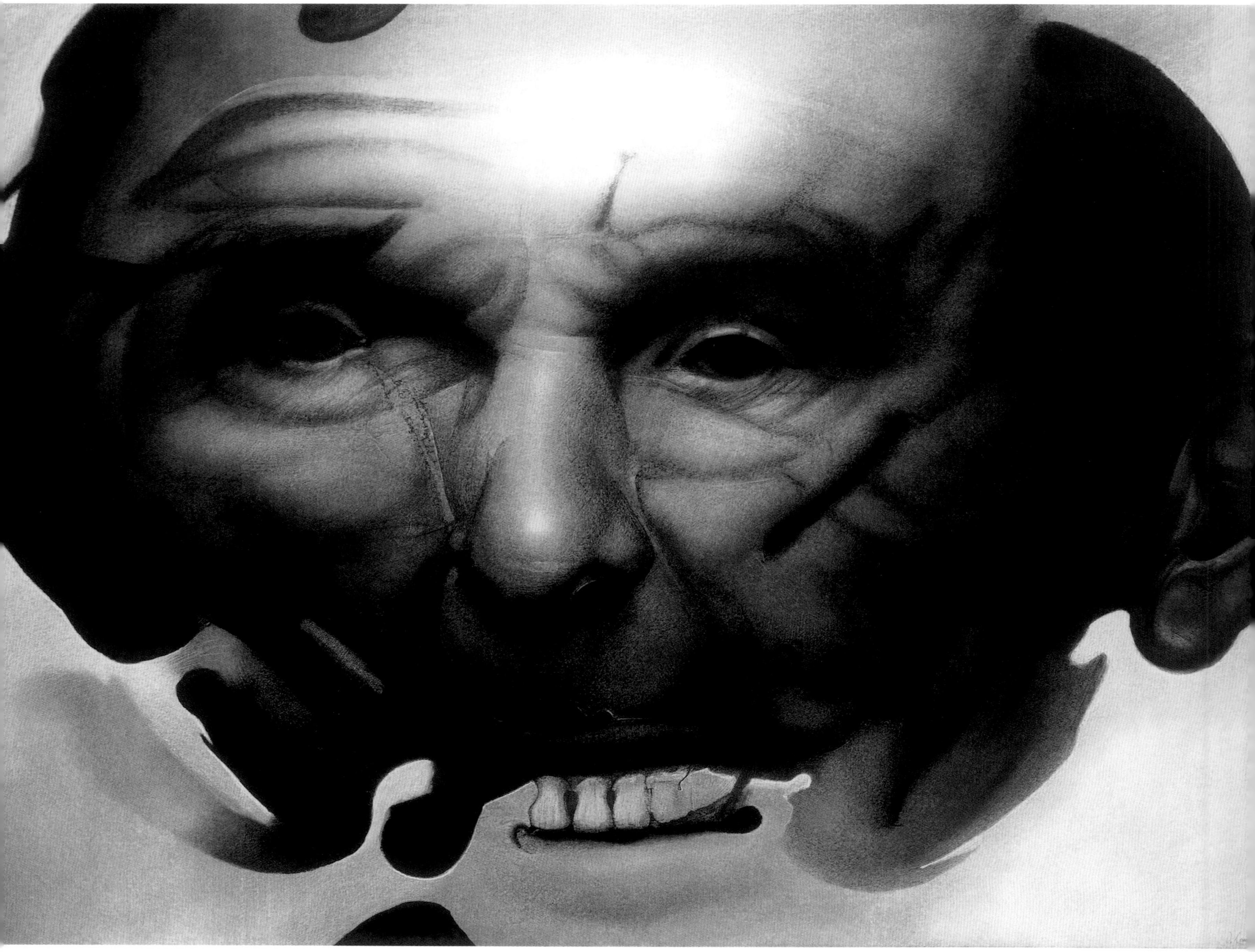

Santiago de Compostela I – 1985 – pastel sur panneau – 129 x 173 cm

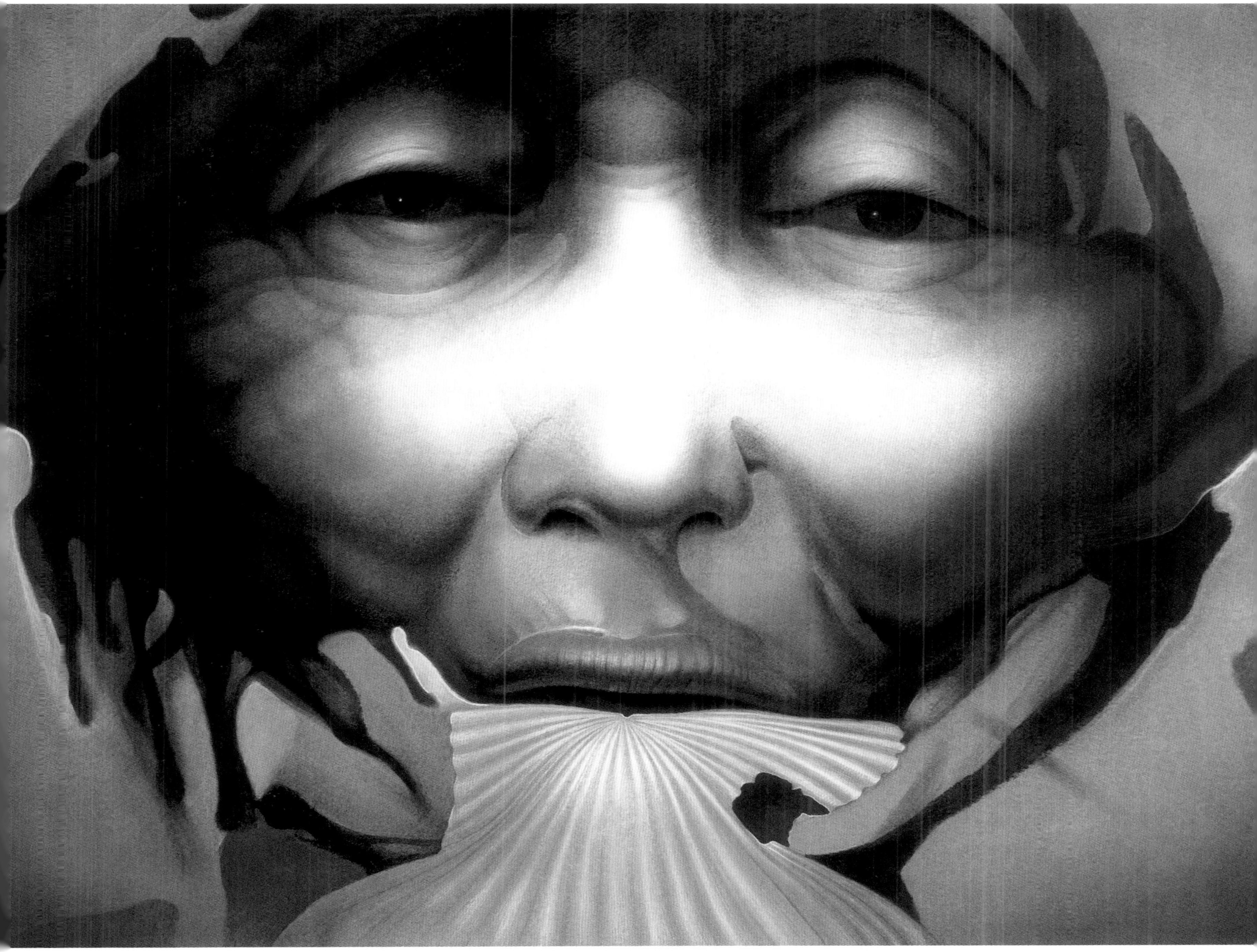

Santiago de Compostela II – 1985 – pastel sur panneau – 129 x 173 cm

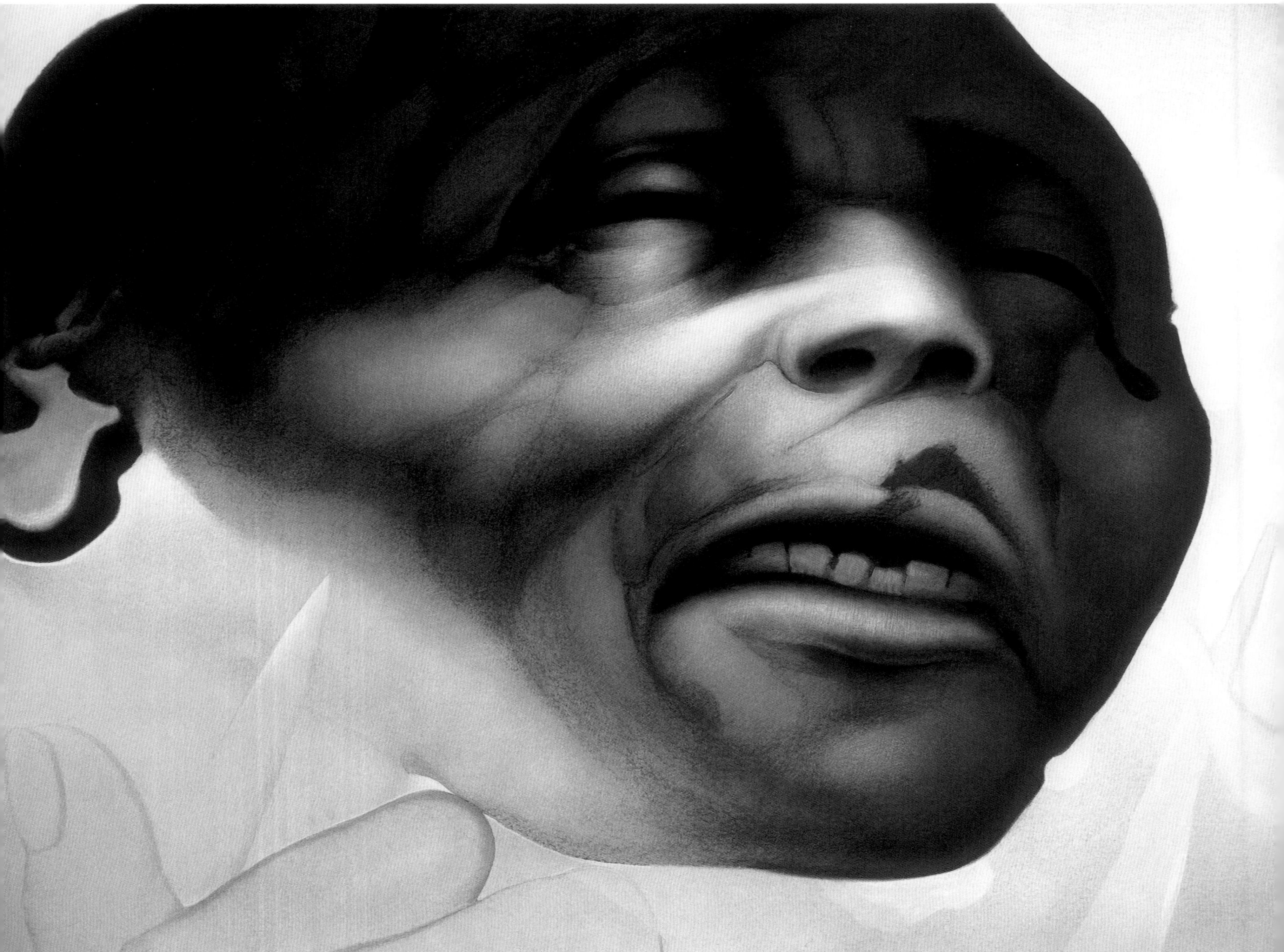

Santiago de Compostela III – 1985 – pastel sur panneau – 129 x 173 cm

Le fait que de nouvelles structures apparaissent à nouveau tôt ou tard du chaos du monde de l'art plastique, comme partout, est entre-temps une règle empirique pour le fonctionnement des systèmes instables, mais il est tout autant garanti que la complexité des nouvelles structures augmente chaque fois. Qui prédira encore comment cela se passera dans le monde de l'art dans un demi-siècle ou un siècle, quelle place occupera l'œuvre d'un maître du 20ème siècle dans ce cadre ? Un patrimoine impressionnant de peintures, de bronzes, d'œuvres d'art en céramique et de sculptures en or, supports de significations, de messages des catacombes mentales de l'humanité, est mis à l'eau tel une arche de Noé. Un *demiourgos* crée dans un processus continu qui ne s'arrête jamais et abandonne ensuite tout là indifféremment. Ce qui se passera ensuite avec ces objets dépend donc non seulement de la force de l'œuvre d'art, mais aussi du *corso delle cose umane*.

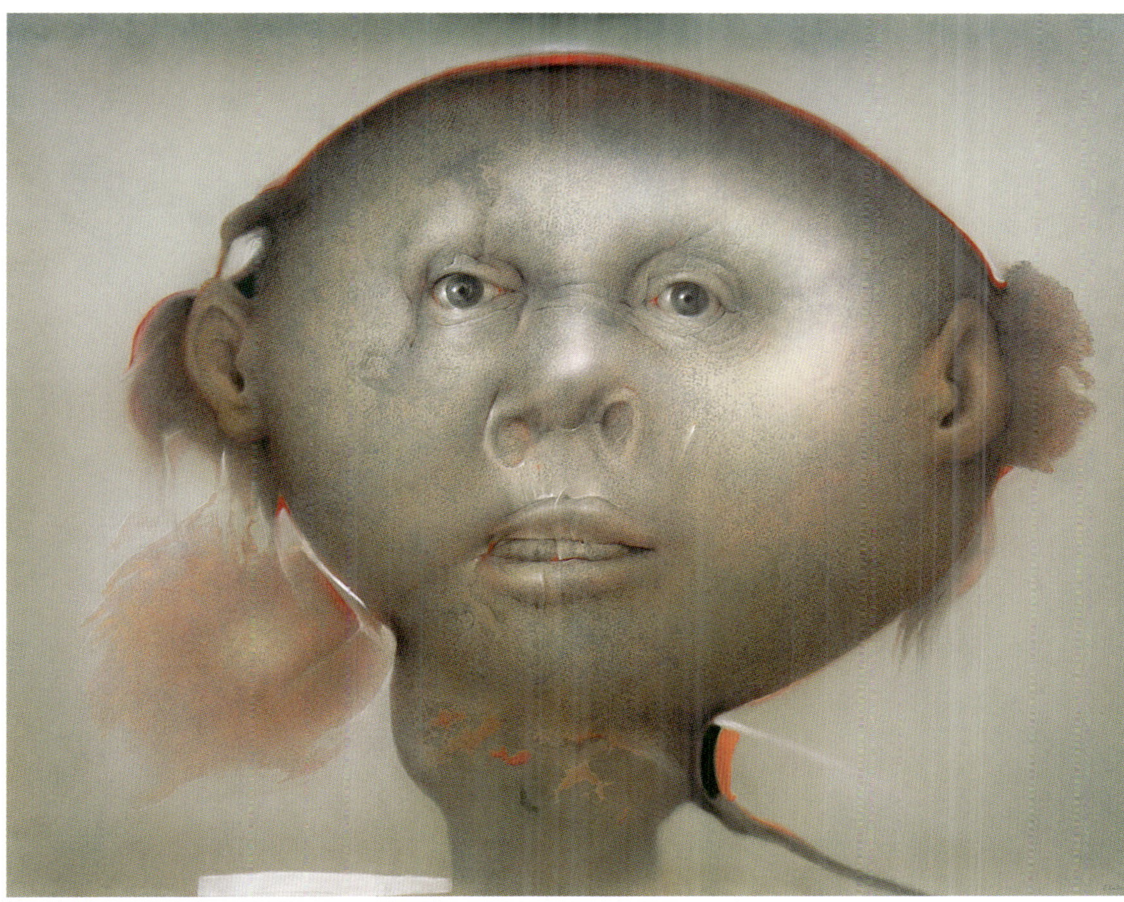

The big time man – 2003 – pastel sur panneau

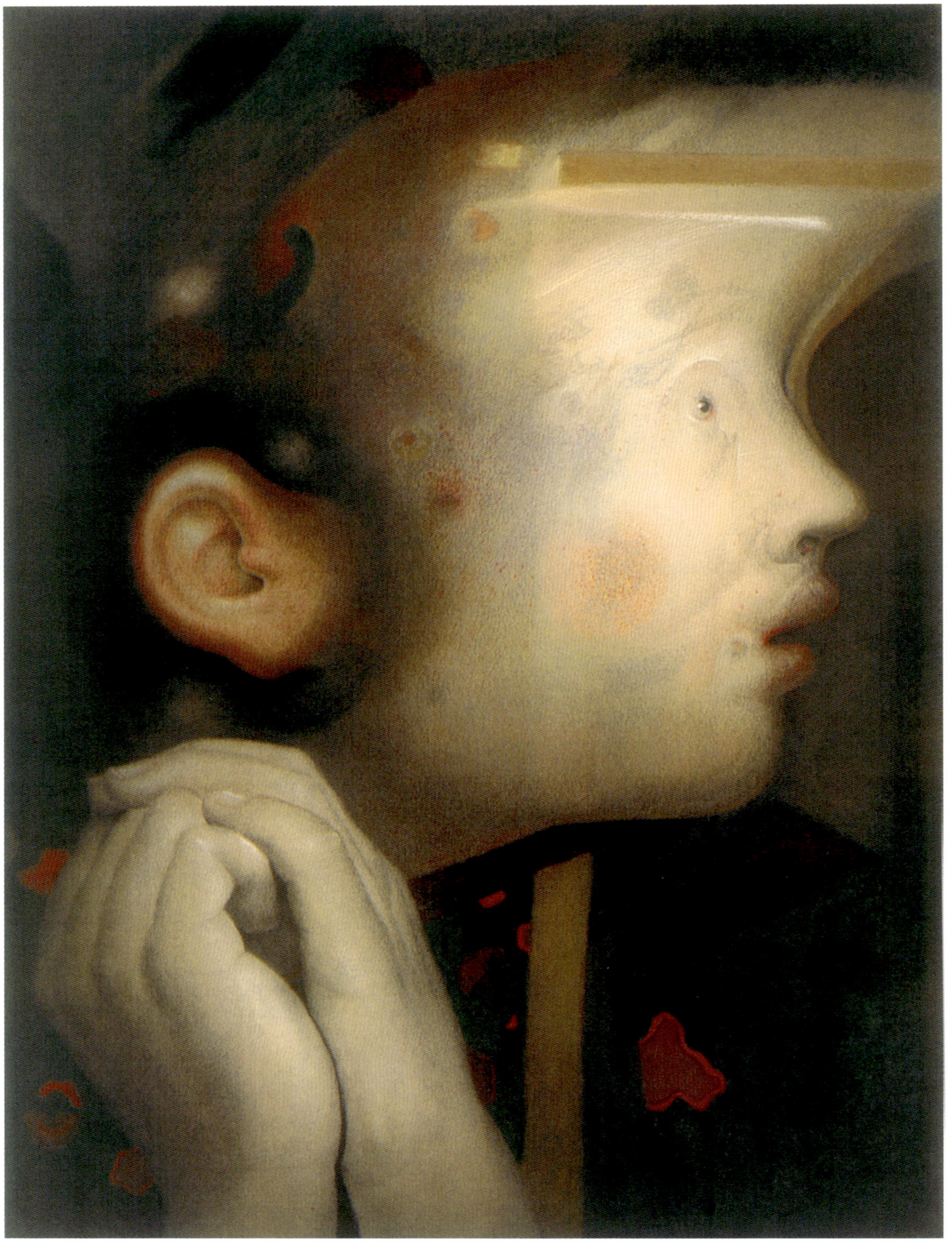

Epicentres – 1995 – pastel sur panneau – 123 x 93 cm

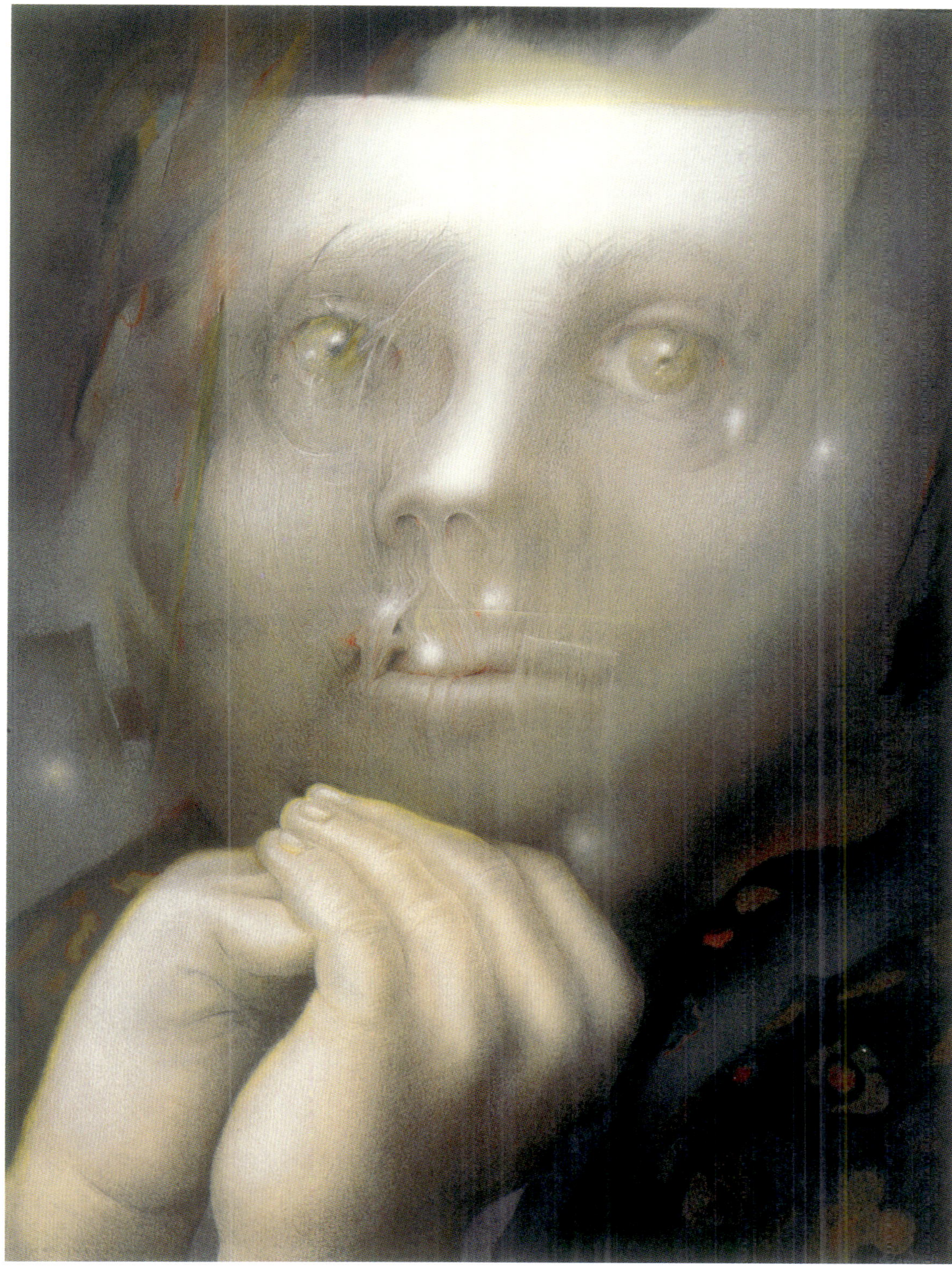

Lampyridae, les lucides – 1995 – pastel sur panneau – 123 x 93 cm

Consolation pour les yeux

Les tableaux En regardant en face *et* Tu che guardi *(*Toi qui regardes*) sont placés comme des signes au mur des salles de notre gouvernement national et ont pour titre le phénomène du regard. Le premier a été considéré par les politiciens qui l'ont acquis comme un symbole de la largesse d'esprit, du fait qu'ils interprétaient assez librement 'l'autre côté' comme les personnes pensant différemment ou l'opposition.*

L'observation visuelle a joué un rôle particulier comme thème à travers son œuvre. Dès sa période organique, des titres comme Erection d'un oeuil *ont surgi et ses œuvres pour les non-voyants confirment également sa compassion avec l'accordeur de piano aveugle, chez qui il a pu se cacher en 1945 pendant sa fuite face à l'occupant. La description de Landuyt de leur première promenade commune après la libération lors de laquelle l'aveugle Alfred palpe un tank est émouvante. Vers le tournant du siècle, l'artiste, alors âgé de près de quatre-vingts ans, a lui-même eu des problèmes à la rétine de l'œil gauche et sa vue a été sérieusement menacée. En dépit du fait qu'il continuait à exercer impitoyablement l'organe affaibli, il a cependant dû subir une opération chirurgicale risquée. Il soumit ensuite à nouveau son œil à un entraînement maniaque et récupéra progressivement la vue. Le spectateur attentif observera souvent dans l'œuvre de cette période un regard éteint ou un œil déclinant dans l'œil gauche de son personnage, ce qui est une tout autre manière de regarder de l'autre côté…*

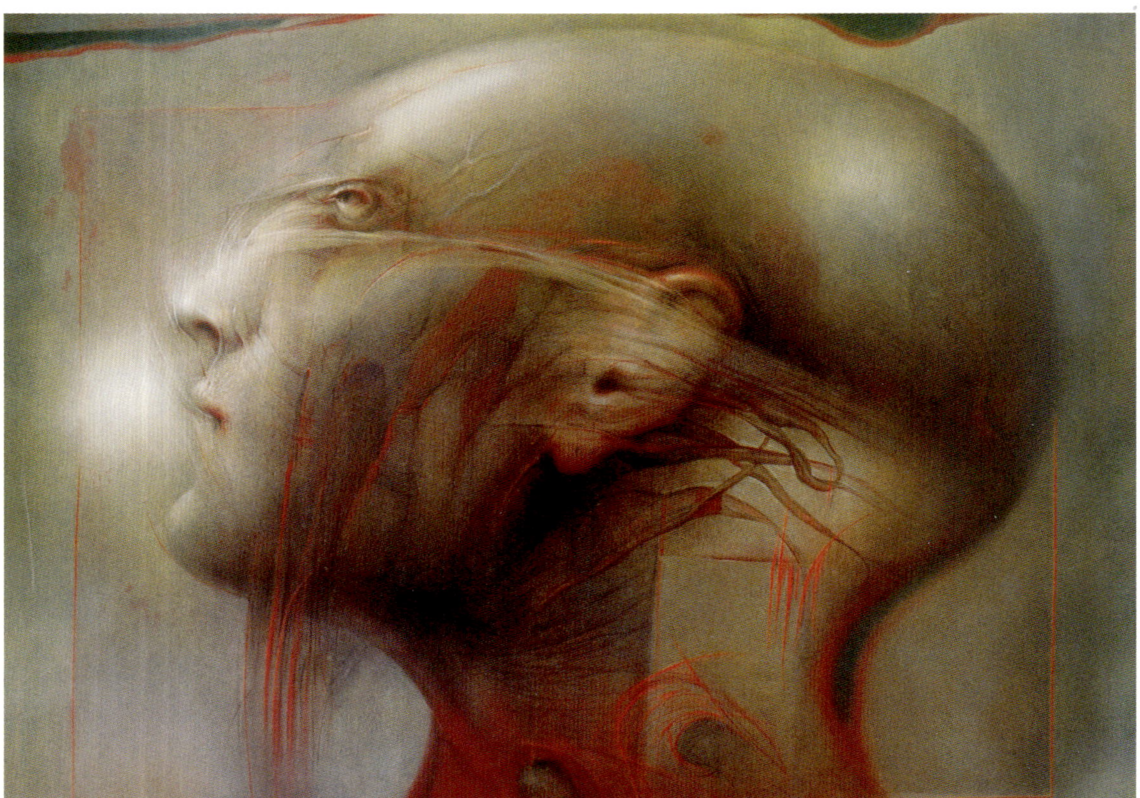

Le souffle vital – 2002 – huile sur panneau – 160 x 202 cm

Pas de début et pas de fin ou le ricorso

Pour Landuyt, il existe un lien de cause à effet entre la ritournelle et la platine d'un tourne-disque, le moulin à prières et le tourbillon, les cercles de fumées qui montent et la torsade de Bernini, l'axe de Cardano et la *ghurra* – la batte à beurre tibétaine qui dans la croyance a permis de créer l'ordre à partir du chaos cosmique. Entre le cycle de nos cellules sanguines et celui de l'accélérateur de particules, entre la forme de croissance giratoire d'un coquillage et celle de la chaîne d'ADN. Les particules subatomiques s'enroulent comme la terre tourne autour de son axe. Les corps célestes sont en rotation et dans leurs distances et leurs ombres, les saisons, les jours et les nuits se succèdent. Rien que cette partie du grand ensemble donne déjà le vertige ; on peut s'en éloigner en tournant.

Tout est en relation avec tout et rien n'est ce qu'il semble. Cela résulte dans l'art de Landuyt en des figures et des images qui ne sont pas ce qu'elles sont, moins encore ce qu'elles semblent. Elles témoignent de cet indéfinissable séjour au bord d'une réalité – mais quelle réalité ? – et sont tout aussi insaisissables que les principes dont elles sont issues.

A travers la civilisation toute entière, la pensée humaine a couru après de telles choses insaisissables avec des modèles religieux, mathématiques et autres. Les anciens Egyptiens étayaient leur relation avec ces grandes questions à l'aide d'un système de *Neters*. Ces essences causales définissaient la vie, de ces clés qui dans leur cohésion fournissaient l'accès aux secrets de l'existence, de la nature et de la création, qui conditionnent celles-ci, et Prigogine n'est à nouveau pas très loin. Ces *Neters* ont permis à Landuyt de comprendre plus de choses dans sa vie d'artiste que la plupart des théories qui tentent d'expliquer l'art.

On reconnaît évidemment aussi ces cycles impossibles à rattraper dans le comportement humain et dans l'histoire. Déjà avant l'éternel retour de Nietzsche, Vico parlait du *ricorso*. Pour le premier, – décrit grossièrement – l'histoire tourne en rond, pour l'autre tout recommence mais toujours d'une autre manière. Dans l'histoire des arts, cela fourmille de styles et de tendances néo, les néos et les -ismes dansent en rond mais ce sont des produits des hommes. Pour Jankélévitch, l'éternel retour était 'une monstrueuse absurdité, car dans la vie il n'y a pas deux moments les mêmes'. Bergson et Prigogine ne le contrediront pas – Landuyt hésite, car il n'ose pas exclure totalement d'autres dimensions avec d'autres réalités.

Ricorso signifie le recommencement complet à partir de la source originale. A partir de cette nouvelle source, le courant va se chercher un nouveau *corso*, peut-être même un autre lit. Ce courant ne représente pas un fil de l'histoire, une évolution, mais est un principe vital, un *Neter*. Le plus grand *ricorso* fut la Renaissance, la plupart des autres cycles

qui se répétaient étaient surtout des modes. Quand un *corso* se termine et que la *poiesis* et la maîtrise sont placées dans une position de pat par Dada, un processus créatif séculaire s'arrête. Dans le monde des échecs, on débarrasse l'échiquier et on replace les pièces pour une nouvelle partie. C'est ce qui pour Landuyt aurait dû ou devrait arriver dans l'art également, si ce n'est que, dans cette position de pat, on a soi-même transformé en art le fait de réfléchir et de publier à ce sujet et que l'on continue à tourner en rond dans ce que Vico a décrit d'une manière si frappante comme 'la barbarie de la pensée'.
Ricorso est donc devenu le titre de la grande rétrospective de Landuyt de 2007.

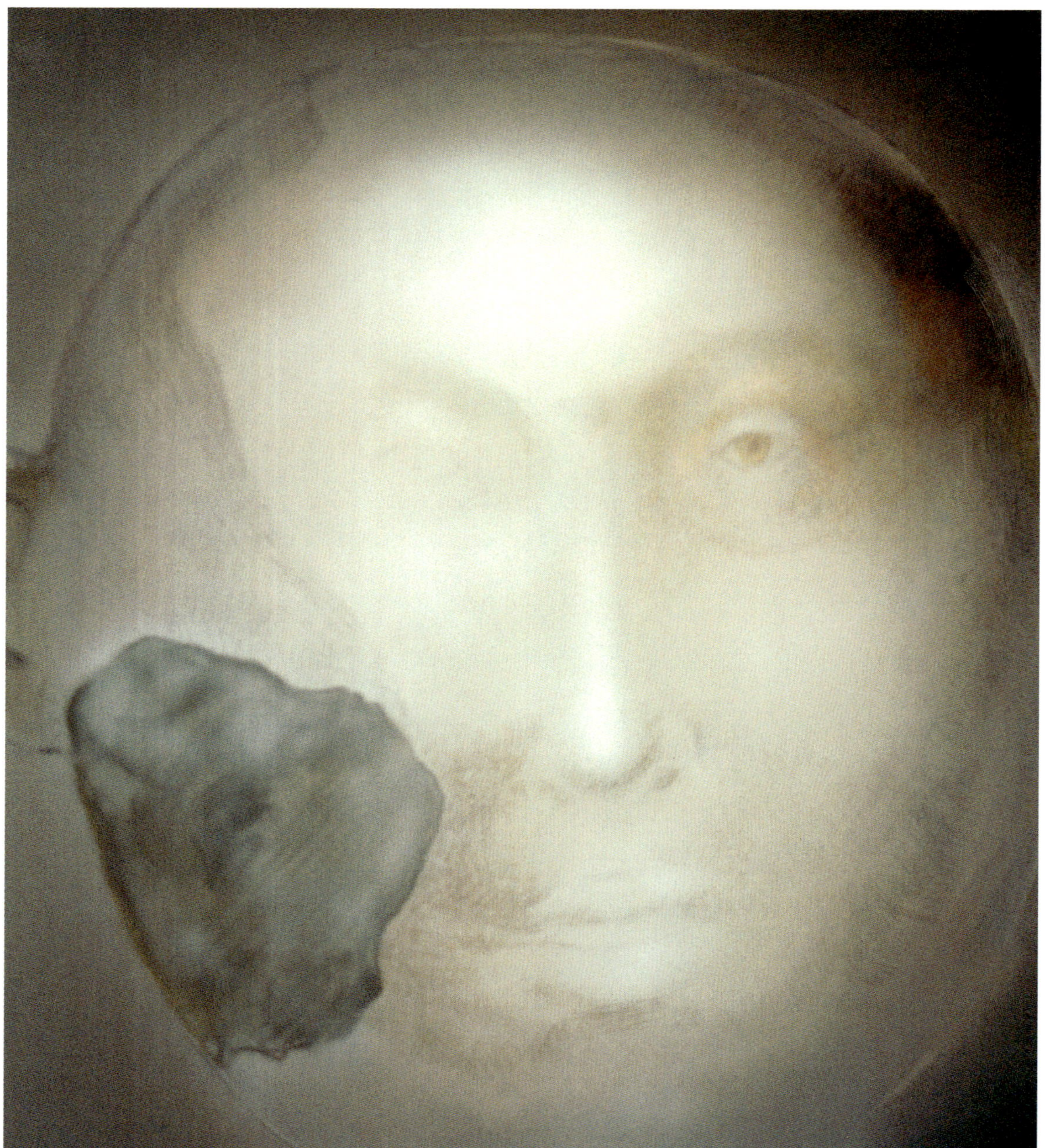

En état d'illumination – 1998 – pastel sur panneau – 157 x 128 cm

Nous sommes bien conscients de l'insuffisance de cet aperçu sommaire, la réalité est encore beaucoup plus complexe dans son jeu d'ensemble de marchés, de pouvoir, d'architecture, de politique et de perception, mais cet aperçu est nécessaire pour expliquer comment un des derniers grands maîtres se situe par rapport à cela. Depuis la fin des années quatre-vingt, dans le sillage des records de prix, on donne la chasse aux œuvres, qui devaient permettre d'organiser de grandes expositions dans les palais italiens et parisiens, pour qu'à la suite de cela elles soient converties en argent dans de grandes maisons de vente aux enchères. Landuyt reçut et examina ces offres venant de l'étranger l'une après l'autre et sur place pour voir si elles étaient correctes mais n'y répondit pas, parce que pour lui l'esthétique est basée sur l'éthique. La vérité est que, quand il s'agit de son métier, de sa connaissance de celui-ci et de son art, Landuyt fait preuve d'une prétention impitoyable – en dehors de cela, il est la modestie même. Le fait de renier les principes de ses parents et grands-parents, leur idéal éthique et social et de jeter par-dessus bord leurs valeurs, ferait disparaître la cohérence qui a caractérisé sa vie et sa pensée et le mettrait au même niveau que ce qu'il a toujours combattu

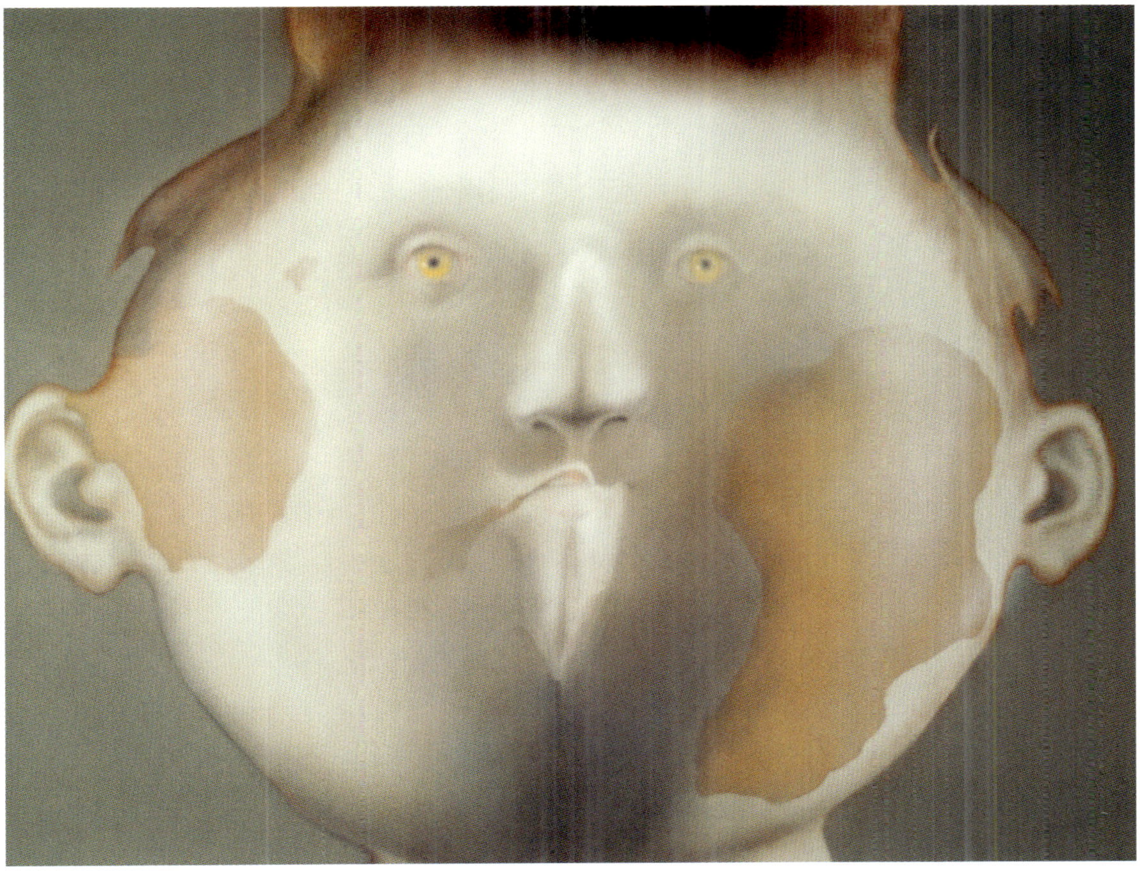

L'état prodigieux – 1998 – pastel sur panneau – 157 x 200 cm

Ce qui le perturbait cependant, c'est la déchéance du respect pour la maîtrise dans le sens classique du terme, le fanatisme croissant à l'encontre de cela, son passage sous silence conscient au profit de l'attention pour ce qui est fait rapidement, ce qui n'est pas fabriqué et les théories qui gravitent autour. Les doutes concernant son choix fondamental entre idéal et grande diffusion ne l'ont pas empêché d'amener la qualité de sa production à son meilleur niveau, de la doter de plus de contenu et de maîtrise, et précisément à cette époque de la faire devenir quelque chose d'unique. Mais le fait que le temps n'avait pas de prise sur sa création portait le risque qu'elle n'ait pas non plus de prise sur le temps et sur la formation de son image. En tant qu'artiste pour le forum, pour la société globale plutôt que pour l'élite, sa conviction est cependant restée intacte.
Personne ne peut prédire l'avenir d'une œuvre, même si, comme dans le cas de Landuyt, elle a résisté aux tempêtes contemporaines et en dépit de la reconnaissance de sa maîtrise. « Tous ceux qui parlent de l'art, en général, finalement, trente ou quarante ans après, font rire les poules », indique Maurice Rheims, le légendaire commissaire-priseur et acheteur pour l'Etat français. C'est par lui qu'une grande partie de l'œuvre de Picasso est entrée en possession de l'état par le biais des droits de succession, ce qui a permis de créer le musée Picasso à Paris. Une certitude ressort au fil du temps de ses considérations passionnantes concernant tout ce qui se passe dans le monde de l'art et dans le commerce de l'art : personne ne le sait. Les chefs-d'œuvre les plus significatifs sont depuis leur naissance voués à monter et à descendre à travers les siècles d'une manière imprévisible en valeur spirituelle et économique. Des œuvres complètes tombent dans le néant et sont dénichées et revalorisées ou non par une science douteuse et un réseau de gain d'argent instable. Personne ne le sait. Dans ce contexte, l'œuvre de Landuyt doit recevoir la place qu'elle mérite et à quoi elle sert : donner à l'homme et à la société l'expérience de la beauté, de l'émotion et de la compréhension, qu'il voulait leur offrir. La vérité est que toutes ces impressionnantes peintures, statues et sculptures en or, où qu'elles se trouvent, n'appartiennent maintenant plus à personne. Elles suivront au fil du temps leur propre cours ; quelqu'un pourra les regarder, les prendre et les chérir pendant la courte durée d'une vie humaine. Ensuite, les gens disparaissent, les objets déménagent et ils continuent à vivre, exposés aux influences du temps et des éléments naturels, jusqu'à ce qu'à leur tour ils redeviennent sans forme et disparaissent…
Entre-temps, il ne faut cependant pas perdre de vue l'essentiel. L'opus de Landuyt comporte beaucoup de choses étranges et choquantes, beaucoup de peine dissimulée et au moins autant de bonté. La mélancolie est comme un habit pour sa générosité. Cet art – et d'autres arts – est la souffrance partagée, qui réunit les gens dans la reconnaissance de leur sort…

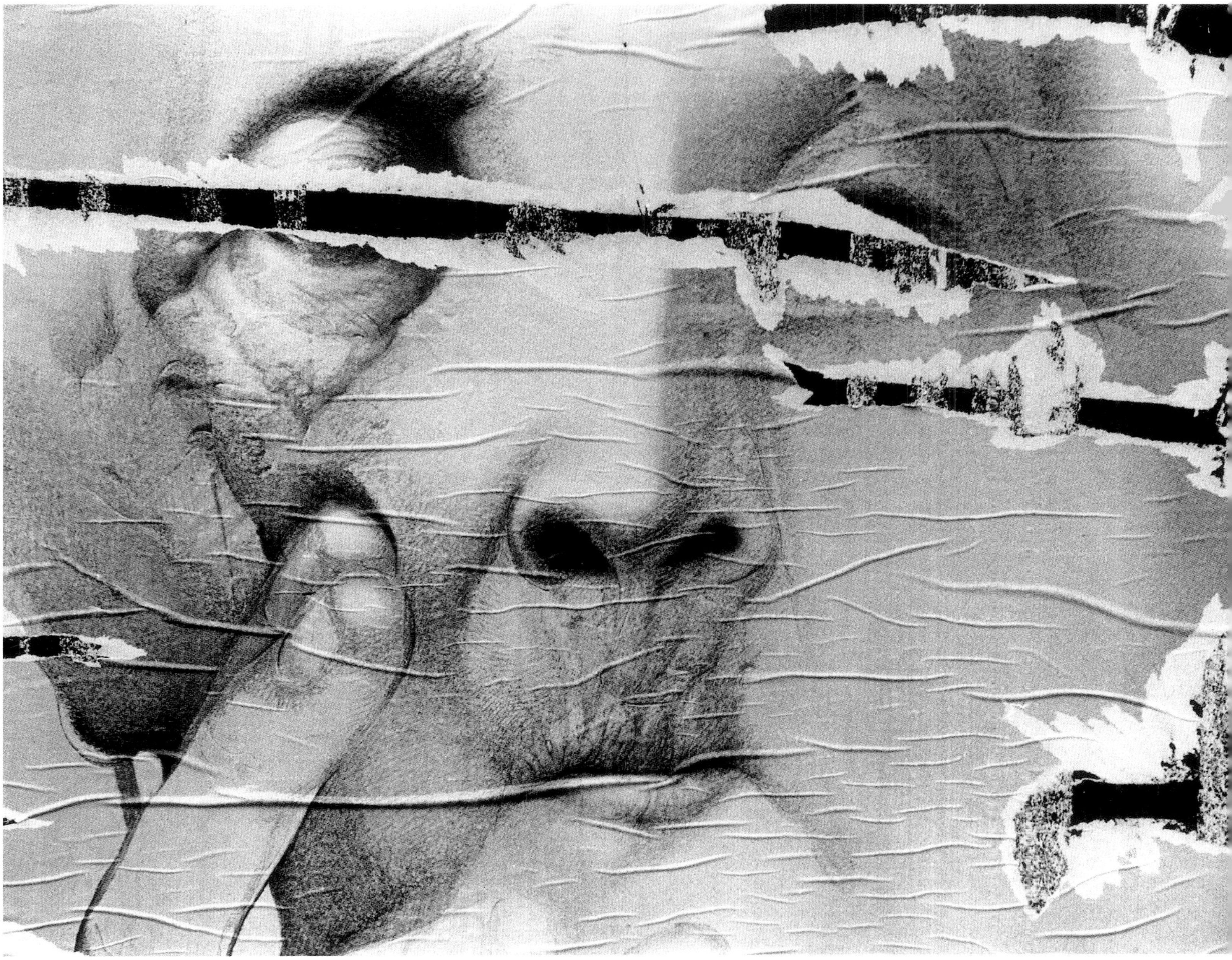

Les bons offices, en reconnaissance – 1980 – affiche – 130 x 100 cm

Bibliographie sélective

BALLEGEER, J.P. *Octave Landuyt.* Bruxelles, Arts & Voyages Lucien De Meyer, 1970.
BOENDERS, FRANS. *Octave Landuyt: Kunst tegen de tijd.* Bruxelles, Art Poche, 1983.
D'HAESE, JAN. *De ateliers van Octave Landuyt.* Venlo-Holland, Uitgeverij Van Spijk B.V., 1980.
LANDUYT, OCTAVE. *Jij, bijvoorbeeld.* Bruxelles/Hasselt, Schleiper, 2000.
LANGUI, EMIEL. *Octave Landuyt.* Bruxelles, A. De Rache, 1978.
MAZARS, PIERRE. *Octave Landuyt: rendre crédible l'imaginaire.* Bruxelles, Art Poche, 1983.
ROBERTS-JONES, PHILIPPE. *Octave Landuyt: Aurum Flandriae.* Zellik, Roularta Art Books, 1994.
RUYSLINCK, WARD. *Octave Landuyt.* Ministère de la Culture néerlandaise de Belgique.
Szymkowiez invite Landuyt. Musée des Beaux-Arts Mons.
SAEGEMAN, ELIE. *Het fossiele licht of Landuyts alleenspraak.* Anvers, Kritak, 1994.

Biographie

Né le 26/12/1922 à Gand, Belgique.

Ancien professeur au Hoger Pedagogisch Instituut de Gand.

Membre de l'Académie Royale de Belgique.

Ambassadeur de la Communauté flamande.

Travaille en tant que peintre, sculpteur, céramiste, joaillier-orfèvre, graveur, designer, créateur de décors et de costumes de théâtre.

Titulaire de diverses distinctions:
Mention, Prix de la Jeune Peinture belge – Prix Monique De Groote – Guggenheim International Award, Belgian Section – Prix de l'Exposition Universelle, Bruxelles – Prix Bianco e Nero, Lugano – Prix Monza pour céramique – Prix du Ministère à Faenza – Prix H.A.M. – Prix de l'Etat pour la Peinture, Belgique – Grand Prix Humanitaire de France – Prix Waler, Biennale de São Paulo – Maîtrise, Classic II, Courtrai – plusieurs Signes d'Or pour industrial design.

Participe à toutes les grandes manifestations d'art:
Dokumenta – biennales de São Paulo, Venise, Tokyo, Paris, Lausanne, Ljubljana, Heidelberg (Gravure européenne), Musée Seiba.

Octave Landuyt – Ricorso

'High Lights'
Kunsthal Sint-Pietersabdij, Gand
6 mai – 26 août 2007
Conseil municipal de la ville de Gand
Echevin de la Culture: Lieven Decaluwe
Exposition:
Direction générale: Johan Van de Wiele
Architecture de l'exposition: Hendrik De Smedt
Remerciements à: Greet Bamps, Martine Blomme,Sabine Burghgraeve, Sonja Calsyn, Isabel De Baere, Beatrice Deboel, Ria De Caestecker, Tony De Dobbelaere, Anita De Hondt, Hélène De Laender, Noël De Pauw, Jaak De Vos, Francine De Vreese, Nele De Vreese, Robert De Waele, Tania Eeckhout, Doreen Gaublomme, Vera Gyselinck, Alain Leveugle, Patrick Leys, Lucrèce Luypaert, Eddy Maes, William Maes, Geertrui Ryckaert, Olga Shepinskaja, Jozef Sneyers, Sofia Temmerier, Rudy Timmerman, Martine Van Asch, Guy Van de Meise, Caroline Van der Vennet, Roger Van der Ween, Dirk Van Hecke, Chris Van Heddegem, Rita Van Oost, Tanja Van Thuyne, Annick Vantielcke, Myriam Vermeire, Ivonne Weewauters, Geert Willems
Partenaires: ATS Groep, Denys, Meyvaert Glass Engineering, W. Lippens Paints
Collaborateur externe: Atento

'Goetic'
Caermersklooster, Centre provincial pour l'Art et la Culture
6 mai – 24 juin 2007
Supervision pour le gouvernement provincial de la Flandre-Orientale:
Service 91: Art et Culture
Député de la Culture: Jozef Dauwe
Directrice: Andrea De Kegel
Chef de service: Carine Stevens
Exposition:
Direction générale: Lode Van Pee, fonctionnaire de la Culture
Remerciements à: Kurt Baeyens, Syf Capoen, Dirk Deneef, Nicolas De Smedt, Dirk De Wulf, Lieve Georges, Ann Huyghe, Kristof Messiaen, Liesbeth Moers, Rita Van Den Steen, Mike Van Rompuy, Kevin Vereecke, Ken Westerlinck
Collaborateur externe: nv Aorta

'Oldies en Design'
Museum van Deinze en de Leiestreek
6 mai – 26 août 2007
Conseil municipal de la ville de Deinze
Echevin de la Culture: Jan Vermeulen
Exposition:
Direction générale: Veerle Van Doorne, conservatrice
Remerciements à: Adeline Beurms, Ludwig Douw, Eric Hertoge, Kathleen Kinds, Wivine Laperre, Carine Naert, Ria Rademakers, Floortje Vantomme
Collaborateur externe: nv De Roo, Deinze

Coordination des visites guidées: Miet Demuynck

Sponsors du projet: Ethias, De Standaard, Dexia, Intersan, Klara, LijnCom, Van Marcke, Volksvermogen

Avec le soutien particulier du Gouvernement flamand, du gouvernement provincial de la Flandre-Orientale, de la ville de Gand, de la ville de Deinze, du Stadsmarketingfonds Gand et du service touristique de Gand.

Couverture: *Ricorso* – 2006 – huile sur toile, marouflé – 168 x 221,5 cm
p. 2: *Homme II* et *Femme II* – 1958 – huile sur panneau – 205 x 76 cm

Remerciements à tous les collaborateurs.

Textes:
Elie Saegeman
Assistance: Jet De Vos

Traduction:
X-L-ENT nv, Roeselare (BE)

Rédaction finale:
Eva Joos

Photographies:
Rony Heirman
Tim Heirman
Marcel Vierstraete
Werner Merchiers
Mona Landuyt
Byttebier
Marita Van laethem

Gestion des documentations et banque de données:
Mona Landuyt
Erfgoedstichting, Courtrai (BE)

Coordination:
Isabelle Landuyt
Karel Puype

Mise en pages:
Octave Landuyt en collaboration avec Graphic Group Van Damme, Oostkamp (BE)

Photogravure:
Graphic Group Van Damme, Oostkamp (BE)

Impression:
Graphic Group Van Damme, Oostkamp (BE)

Une édition de:
Stichting Kunstboek bvba
Legeweg 165
B-8020 Oostkamp
T. **32 50 46 19 10
F. **32 50 46 19 18
info@stichtingkunstboek.com
www.stichtingkunstboek.com

ISBN 978-90-5856-239-5
NUR 642
D/2007/6407/13